Peter Gerdsen • Gesammelte Werke

Band 3

Mensch und Wissenschaft

Kommunikationssysteme I
[1994]

Theorie – Entwurf – Messtechnik

herausgegeben und eingeleitet
von
Hamid Reza Yousefi

gefördert durch
Peter-Gerdsen-Stiftung

Traugott Bautz
Nordhausen 2016

Bibliografische Information der Deutschen Bibliothek
Die Deutsche Bibliothek verzeichnet diese Publikation
in Der Deutschen Nationalbibliographie;
detaillierte bibliografische Daten sind im Internet
über http://dnb.ddb.de abrufbar.

Verlag Traugott Bautz GmbH
99734 Nordhausen 2016

Printed in Germany
ISBN 978-3-95948-044-0
www.bautz.de

Inhalt

Worum geht es in diesem Band?

Band 1:

Der erste Band umfasst die erste Sektion der Gesamtausgabe von Peter Gerdsen mit folgenden Schriften: 13 natur- und ingenieurwissenschaftliche Abhandlungen aus den Jahren 1966-1979 sowie die Monographie ›Hochfrequenzmesstechnik – Messgeräte und Messverfahren‹ aus dem Jahr 1982. Charakteristisch für diese Periode ist, dass die Aufsätze 1966-1970 aus der Industriezeit Gerdsens, die praktische Anwendungen aus der Farbfernsehtechnik behandeln, während der Lehrtätigkeit 1971-1982 eine theoretische Vertiefung für das wissenschaftliche Fundament der studentischen Ausbildung erfahren. Die Hochfrequenzmesstechnik, die als konstitutives Element der Natur- und Ingenieurwissenschaften eine verbindende Bedeutung für Gerdsens Schriften hat, dokumentiert unter dem Paradigma der analogen Nachrichtentechnik eine Kulmination seines Wirkens.

Band 2:

Der zweite Band beschreibt einen vertiefenden Weg des Denkens von Peter Gerdsen. In den 1980er Jahren vollzieht sich ein allmählicher Paradigmenwechsel von der analogen zur digitalen Nachrichtentechnik, welche die Gebiete der Signalübertragung und -verarbeitung umfasst. Dabei tritt an die Stelle der Signaldarstellung durch eine kontinuierliche Spannungszeitfunktion eine solche durch eine Zahlenfolge.

Die Signalverarbeitung wird nicht mehr mit einer Schaltung aus elektrischen und elektronischen Bauelementen durchgeführt, sondern mit einem Zahlenfolgen verarbeitenden Rechenwerk, welches durch einen Signalprozessor realisiert wird. Damit entsteht die Aufgabe, klassische Schaltungen der analogen Signalverarbeitung in Algorithmen für Signalprozessoren umzusetzen. Die neue digitale Nachrichtentechnik ist der analogen hinsichtlich der Präzision weit überlegen.

Diese veränderte Situation erforderte ein radikales Umdenken sowohl bei den Ingenieuren in der Praxis als auch bei den Studenten. Eingeleitet wird der vorliegende Band der Gesamtausgabe von Peter Gerdsen durch den

Aufsatz ›Wandel in der Nachrichtentechnik‹, der in der ›Nachrichtentechnischen Zeitschrift NTZ – Fachmagazin für Telekommunikation und Informationstechnik‹ im November 1997 erschien. Der Aufsatz stellt die Grundzüge des Paradigmenwechsels dar, um diesen in der nachrichtentechnischen Öffentlichkeit zur Diskussion zu stellen.

Mit der anschließenden Monographie ›Digitale Signalverarbeitung in der Nachrichtenübertragung – Elemente, Bausteine, Systeme und ihre Algorithmen‹ gibt Peter Gerdsen der neuen Situation insbesondere für die Ausbildung der Studenten ein sicheres Fundament. Die 1. Auflage des Buches erscheint 1993; auf Grund des großen Erfolges erfolgt 1997 eine 2. Auflage in wesentlich erweiterter Form, die Gegenstand des vorliegenden 2. Bandes der Gesamtausgabe ist. Dabei bezieht sich die Erweiterung hauptsächlich auf die Berücksichtigung von Simulationsprogrammen in der digitalen Signalverarbeitung. Damit wird einem Trend Rechnung getragen, Systeme nach ihrem Entwurf durch Simulation auf einem Computer auf ihre Eigenschaften hin zu überprüfen.

Solche Simulationsprogramme, die auch für die Schaltungen der analogen Nachrichtentechnik entwickelt wurden, sind durch die ständig steigenden Reichenleistungen der Computer möglich geworden. Die Monographie ist geprägt sowohl durch ihren Lehrbuchcharakter, der in zahlreichen Übungsaufgaben zum Ausdruck kommt, als auch von einer gründlichen Darstellung des neuen Gebietes der Nachrichtentechnik.

Band 3:

Kaum ein Gebiet hat eine so stürmische mit tiefgreifenden Paradigmenwechseln verbundene Entwicklung durchlaufen wie die elektrische Nachrichtentechnik. Die analoge Übertragungstechnik wurde abgelöst durch die die digitale Übertragungstechnik; desgleichen die analoge Signalverarbeitung durch die digitale Signalverarbeitung.

Diese beiden Umbrüche waren sehr tiefgreifend, weil sie neue Begriffe und neue Formen des Denkens notwendig machten. In den 90er Jahren kam eine neue Herausforderung auf die Welt der Nachrichtentechnik zu. Während sowohl die analoge als auch die digitale Übertragungstechnik zunächst nur die Nachrichtenübertragung zwischen zwei Punkten im Blickpunkt hatten, bildeten sich schon vor über 100 Jahren Netze von Übertragungswegen heraus, welche die Notwendigkeit von Vermittlungstechniken mit sich brachten. Beispielhaft dafür ist das Fernsprechnetz. Als Folge der Digitalisierung der Übertragungswege, durch die Signale in Form von Zahlenfolgen dargestellt werden, ergab sich die effiziente Möglichkeit die in den Netzknoten auftretende Notwendigkeit der Vermittlung durch Computer zu realisieren.

Während ursprünglich in der Form des Fernsprechnetzes die Mensch-zu-Mensch-Kommunikation dominant war, trat schon frühzeitig Maschine-zu-Maschine-Kommunikation in der Vordergrund, wie es z.B. bei den miteinander kommunizierenden Telefax-Geräten der Fall ist. Diese Situation erfuhr eine wesentliche Erweiterung durch die immer weiter um sich greifenden Computernetze. Besonders markantes Beispiel dafür ist das Internet, das durch die Einführung des WWW-Dienstes (World Wide Web) eine enorme Verbreitung erfuhr und bereits 1989 als Projekt der Forschungseinrichtung CERN entwickelt wurde.

Dieser komplexen und komplizierten Situation wurde eine übergreifende Systemtheorie der Kommunikation notwendig, um Studenten ein vertieftes Verständnis der vielfältigen Kommunikationsnetze unter übergeordneten Gesichtspunkten zu ermöglichen. Für die analoge Nachrichtentechnik hatte Karl Küpfmüller eine ›Systemtheorie der elektrischen Nachrichtenübertragung‹ entwickelt, die bereits 1949 erschien und in zahllosen Auflagen den Ingenieuren der Nachrichtentechnik eine Orientierungshilfe ist.

Inhalt des vorliegenden dritten Bandes ist das Buch ›Kommunikationssysteme 1 – Theorie, Entwurf, Messtechnik‹, das eine ›Systemtheorie der Telekommunikation‹ enthält. So wie zur Beschreibung der Algorithmen in Computern besondere Sprachen in der Form von Algol (**Algo**rithmic **L**anguage), dessen Weiter Entwicklung die Namen Pascal und C⁺⁺ tragen, erforderlich wurden, war dies auch bei der Formulierung einer ›Systemtheorie der Telekommunikation‹ der Fall. Durchgesetzt hat sich zur Beschreibung der Vorgänge in Kommunikationssystemen die Sprache SDL (**S**pecification and **D**escription **L**anguage), die auch wesentlicher Bestandteil des vorliegenden Bandes ist.

[1994] Kommunikationssysteme 1 – Theorie, Entwurf, Messtechnik

Vorwort

Die Kommunikationstechnik hat sich in den letzten Jahren weltweit zu den am stärksten expandierenden technischen Aufgabengebieten entwickelt. Dieser Trend ist durch die rasante Entwicklung der Computer- und Softwaretechnik und durch den zunehmenden Bedarf nach Informationsaustausch zwischen den Rechnersystemen bedingt. Eine Vielzahl bestehender Telekommunikationsnetze sowie lokaler Rechnernetze machen dieses deutlich.

Die Komplexität heutiger Rechneranwendungen erfordert von den sie verbindenden Kommunikationsnetzen einen hohen Komplexitätsgrad, der nur durch den Einsatz von Rechnern und hochintegrierten Telekom-Bausteinen der Mikroelektronik realisiert werden kann. So ist es nicht verwunderlich, dass moderne Kommunikationssysteme in den Vermittlungsknoten und den Endgeräten durch Rechner mit entsprechender Kommunikationssoftware realisiert sind. Kommunikationssysteme und ihre Technik sind damit zum Bindeglied der klassischen Nachrichtentechnik und Informatik geworden. Als Konsequenz hieraus hat sich die Telekommunikation in den letzten Jahren zu einem eigenständigen Fachgebiet entwickelt, mit einer Systemtheorie, spezieller Terminologie, spezieller Entwurfsmethodik und softwaregestützten Entwicklungswerkzeugen sowie einer besonderen Messtechnik.

Die industrielle Praxis zeigt, dass Kommunikationssysteme fast ausnahmslos von Ingenieuren der Nachrichtentechnik und Technischen Informatik konzipiert und realisiert werden. Grundlegendes Wissen der Telekommunikation, ihrer Entwurfsverfahren und messtechnisches Wissen werden deshalb heute bei jedem Ingenieur dieser Fachdisziplin vorausgesetzt. Das vorliegende Buch soll dieses Wissen vermitteln.

Das Buch hat zwei Bände. Dieser **Band I** behandelt die Systemtheorie der Kommunikation und zeigt basierend hierauf systematisch die Schritte zum Entwerfen und Implementieren von Kommunikationssystemen auf. Besonderer Wert wird hierbei auf die Konstruktion der Systeme und das Automatenverhalten ihrer Grundbausteine gelegt. Ausführliche Programmierbeispiele zeigen, wie solche Grundbausteine realisiert werden.

Einen breiten Raum nimmt die Kommunikationsmesstechnik ein. Kommunikationsmesstechnik unterscheidet sich in vielen Punkten von der klassischen Signalmesstechnik. Im letzten Abschnitt dieses Bandes I wird auf die besonderen Messaufgaben eingegangen. Dazu gehören einfache Messaufgaben wie Schnittstellentests und Bitfehlermessungen bis hin zu komplexen Messaufgaben wie Daten-, Protokoll- und Netzanalyse. Detailliert werden der Aufbau sowie die Wirkungsweise von Messgeräten besprochen.

Übungsaufgaben am Ende eines Kapitels, sowohl zur Systemtheorie als auch zur Praxis, sollen dem Leser eine Kontrollmöglichkeit über das Erlernte verschaffen. Ihre Bearbeitung wird dringend empfohlen. Die Lösungen hierzu finden sich im Anhang.

Zur praxisnahen Vertiefung der Kenntnisse und zur direkten Anwendung des Erlernten dient der **Band II: Anleitung zum praktischen Entwurf**. Anhand eines konkreten und vollständigen Projektbeispiels werden alle Entwurfsphasen für ein Kommunikationssystem vorgeführt: von der Anforderungsanalyse über die formale Spezifikation bis hin zur Implementierung.

Das Buch soll helfen, die Lücke zwischen der vielfach recht abstrakten Darstellung der Materie in der Literatur und den praktischen Belangen eines Entwicklungsingenieurs zu schließen, indem es aufzeigt, wie die OSI[1]-Struktur eines Telekommunikationssystems in ein funktionsfähiges System umzusetzen ist. Dabei spielt die Methode eine wichtige Rolle. Bewusst wird deswegen auf eine produktnahe Behandlung von heute marktgängigen Telekommunikationssystemen verzichtet. Vielmehr sollen die prinzipiellen Probleme der Kommunikation und die daraus resultierenden Verfahren und Protokolle besprochen werden. An geeigneten Stellen wird dann jeweils der Bezug zu marktüblichen Systemen gegeben.

In Anlehnung an die Praxis liegt der Schwerpunkt bei der Implementierung naturgemäß in der Software. Die Implementierung der wichtigsten Systembausteine eines Kommunikationssystems wie Instanz, Dienstzugangspunkt, Protokoll und Timer werden ausführlich behandelt. Die hierzu vorhandenen Programmierbeispiele sind in Turbo-Pascal erstellt. Eine Umsetzung der Programmbeispiele in andere Hochsprachen, z.B. C, sollte einem geübten Ingenieur problemlos möglich sein.

Das zweibändige Buch entstand in Anlehnung an eine Vorlesung Kommunikationssysteme, die von den Verfassern an der Fachhochschule Hamburg für Studenten der Nachrichtentechnik im 7. Semester gehalten wird. Es ist

---

1 OSI: Open System Interconnection Referenzmodell der International Standard Organisation (ISO).

gleichzeitig Lehr- und Fachbuch. Als Lehrbuch richtet es sich vornehmlich an Studenten der Nachrichten- und Datentechnik sowie der Technischen Informatik. Als Fachbuch soll es dem bereits in der Praxis tätigen Entwicklungsingenieur sehr hilfreich sein, sich in das Fachgebiet der Kommunikationssysteme mit dem Ziel einzuarbeiten, eigenständig Systembausteine der Telekommunikation zu entwickeln. Vorausgesetzt werden Grundkenntnisse der Nachrichtentechnik, des Softwareentwurfs sowie Pascal-Programmierkenntnisse.

Dem Springer-Verlag, speziell Herrn Dipl.-Ing. Lehnert, möchten wir für die bewährt gute Zusammenarbeit danken. Ein besonderer Dank gilt auch unseren Familien für das uns in den vielen Monaten der Entstehung dieses Buches entgegengebrachte Verständnis.

Hamburg, im Frühjahr 1994
Peter Kröger
Peter Gerdsen

Aufgaben der Telekommunikation

Kommunikation ist ein Vorgang zum Informations- oder Nachrichtenaustausch von Mensch zu Mensch. Der Mensch ist i.a. Erzeuger (Quelle) und Verarbeiter (Sinke) dieser Informationen, wenngleich in zunehmendem Maße als Verarbeiter auch Maschinen in Form von Rechnern an der Kommunikation beteiligt sind. Nach Art der an der Kommunikation beteiligten Quelle und Sinke sind Kommunikationsbeziehungen von Mensch zu Mensch, Mensch zu Maschine und Maschine zu Maschine möglich.

Die Information kann auf verschiedene Arten ausgetauscht werden: als gesprochenes Wort, als geschriebenes Wort, in bildhafter Form, und, wenn Maschinen an der Kommunikation beteiligt sind, als allgemeine Daten. Man unterscheidet grundsätzlich folgende Nachrichtenarten: Sprache, Text, Festbild, Bewegtbild und Daten. Wenn die Informationen über räumliche Entfernungen mit technischen Systemen transportiert werden, nennt man den Informationsaustausch *Telekommunikation*. Im Folgenden soll von dieser Art der Kommunikation gesprochen werden.

Nachrichtenübertragungstechnik

Nachrichtenübertragungssysteme sind technische Systeme, die dem Informationsaustausch zwischen der Quelle und der Sinke dienen. Die Systeme überbrücken die räumliche Entfernung zwischen der Quelle und der Sinke. Ihre wichtigste Aufgabe besteht darin, die Informationen bzw. Nachrichten in elektrische Signale umzuwandeln, diese dann in eine geeignete Form zur Übertragung umzuformen und schließlich die Übertragung zu steuern. Die Signalumformung bezeichnet man als Codierung. Die Codierung stellt die Nachricht als ein physikalisches Signal dar, das sich zur Übertragung über ein Übertragungsmedium (elektrische Leitung, Glasfaserleitung, Luft etc.) eignet.

In der klassischen Betrachtungsweise der Nachrichtenübertragungstechnik wird der gesamte Übertragungsvorgang modellhaft in mehrere Teilfunktionen zerlegt (Bild1). Die aus der Quelle austretende Nachricht wird auf der Sendeseite zunächst mit einem Wandler in ein elektrisches Signal umgeformt. In der Quellencodierung reduziert man Redundanz- und Irrelevanz der Nachricht, um Übertragungsbandbreite einzusparen. Die anschließende Kanalcodierung passt das Signal an die Bandbreite und Dynamik des Übertragungskanals an.

Der Übertragungskanal innerhalb eines Mediums überträgt die Signale vom Sendeort zum Empfangsort.

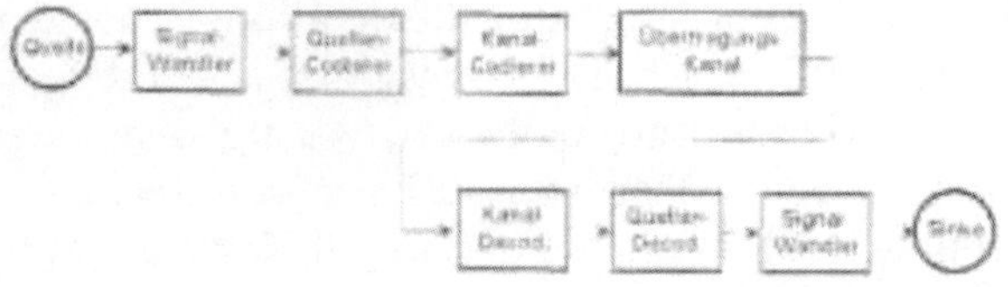

Bild 1. Modell des klassischen Nachrichtenübertragungssystems

Auf der Empfangsseite formen Decodierer die Nachricht spiegelbildlich zur Codierung der Sendeseite um. Der Quellendecodierer fügt dem Signal ggf. die Redundanz wieder zu. Die Nachricht wird in geeigneter Form an die Sinke gegeben. Herkömmliche Nachrichtenübertragungssysteme arbeiten meist mit einer analogen Signaldarstellung auf dem gesamten Übertragungsweg. In neueren Systemen wird aus ökonomischen Gründen und aufgrund ihrer Störsicherheit die digitale Signaldarstellung bevorzugt. Die Quellencodierung muss hierbei zusätzlich die Digitalisierung des analogen Wandlersignals vornehmen.

Die Aufgaben eines Übertragungssystems der klassischen Nachrichtentechnik lassen sich wie folgt zusammenfasen: Signalumformung in den Wandlern, Redundanz- und Irrelevanzreduktion sowie Digitalisierung im Quellencodierer/decodierer, Signalanpassung an die Übertragungseigenschaften des Kanals im Kanalcodierer/Decodierer (Leitungscodierung, Modulation, Störunterdrückung) sowie Taktübertragung und Taktrückgewinnung im Kanalcodierer/decodierer (bei digitaler Übertragung).

Telekommunikationssysteme

Das Modell des klassischen Nachrichtenübertragungssystems lässt zwei Einschränkungen erkennen. Die Kommunikation ist einseitig von der Quelle zur Sinke gerichtet und es sind an der Kommunikation nur jeweils eine Quelle und eine Sinke beteiligt.

Im Allgemeinen ist Kommunikation ein wesentlich umfassenderer Vorgang, wie dies bereits die natürliche Mensch-zu-Mensch-Kommunikation zeigt. Kommunikation beinhaltet die Möglichkeit des Dialogs, d.h. des zweiseitigen Nachrichtenaustausches in Hin- und Rückrichtung zwischen den

Kommunikationspartnern. Außerdem ist die wahlfreie Kommunikation zu einem bestimmten Partner einer Gruppe von Kommunikationsteilnehmern gegeben.

Ein *Telekommunikationssystem* hat dementsprechend neben den Aufgaben der klassischen Nachrichtenübertragungstechnik auch die Aufgabe, mehrere Quellen und Sinken über ein Netz wahlfrei zu verbinden, man spricht von vermitteln. Ferner muss das System den beidseitigen Nachrichtenaustausch unterstützen und geordnet steuern, man nennt dies Dialogsteuerung. Hieraus ergibt sich der in Bild 2 gezeigte prinzipielle Aufbau eines Kommunikationssystems.

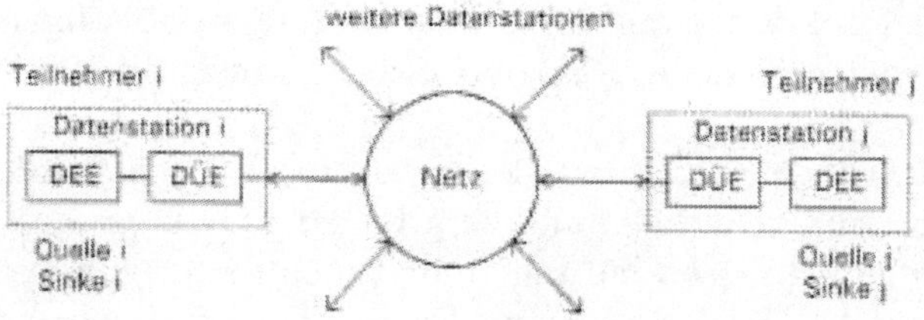

Bild 2. Telekommunikationssystem

DEE : Datenendeinrichtung DÜE : Datenübertragungseinrichtung

Ein Kommunikationsnetz verbindet mehrere Quellen und Sinken, dies sind die Teilnehmer der Kommunikation. Das Netz umfasst die Übertragungswege von und zu den Teilnehmern, deren Betriebsmittel zur Taktung und Synchronisation sowie die Vermittlungsfunktionen, mit denen es wahlfrei und gleichzeitig mehrere Verbindungen zwischen den Teilnehmern herstellt. Insbesondere die Vermittlungsfunktionen können bei räumlich weit ausgedehnten Netzen mit großer Teilnehmerzahl sehr umfangreich sein. Die Funktionen sind meist auf mehrere, räumlich getrennte Vermittlungszentren oder -knoten verteilt, wodurch sich in der Praxis ein erheblicher Steuerungsaufwand in den Netzknoten ergibt. Steuerungsinformation muss zwischen den Knoten ausgetauscht werden. Auch sie ist Bestandteil der Telekommunikation und muss neben der eigentlichen Kommunikation zwischen den Teilnehmern berücksichtigt werden.

Sämtliche Übertragungswege und die Vermittlungsfunktionen sind bidirektional ausgeführt. Die Teilnehmer des Netzes können Informationen senden und empfangen wodurch der zweiseitige Nachrichtenaustausch möglich wird.

Der Teilnehmer besteht aus der Quelle, der Sinke und den technischen Einrichtungen zur Signalumwandlung, Codierung und Decodierung der Nachrichten. Die technischen Einrichtungen fasst man in dem Begriff *Datenstation* zusammen. In Kommunikationssystemen, die ein öffentliches Netz benutzen (z.B. das Fernsprechnetz), sind diese technischen Einrichtungen in Form zweier Geräte realisiert:

Die *Datenendeinrichtung* (DEE) beinhaltet die Quellencodierung/-Decodierung und die Signalwandlung zur Quelle/Sinke. In der *Datenübertragungseinrichtung* (DÜE) finden sich die Funktionen der Kanalcodierung/-decodierung, Taktung und Synchronisation. In beiden Geräten sind darüber hinaus umfangreiche Funktionen zur Steuerung der Kommunikation notwendig. In privaten Netzen sind die DEE und die DÜE meist in einem Gerät integriert.

Die Teilnehmer eines Kommunikationssystems können unterschiedliche Nachrichtenarten produzieren und verarbeiten. Durch verschiedene Datenendeinrichtungen in Verbindung mit Datenübertragungseinrichtungen kann man Sprache, Text, Bilder und Daten über ein Netz übertragen. Als Beispiel sei hier das öffentliche Fernsprechnetz genannt, über das neben dem Fernsprechen auch alternativ die Übertragung von graphischen Informationen (Fax[1]) und Computerdaten möglich ist. Als DÜE wird hierbei ein MODEM [2] eingesetzt. Neueste Entwicklungen in der Kommunikationstechnik bieten darüber hinaus auch die Möglichkeit der Anpassung oder gar der Integration verschiedener Nachrichtenarten in den Endeinrichtungen. Dies setzt in der Regel eine Digitalisierung der Nachrichten im Netz und in den Endeinrichtungen voraus. Das öffentliche Digitalnetz ISDN[3] mit seinen standardisierten, multifunktionalen Endgeräten ist ein typischer Vertreter dieser Kommunikationssysteme.

Zusammenfassend lässt sich sagen, dass das Telekommunikationssystem gewissermaßen eine Erweiterung des klassischen Nachrichtenübertragungssystems darstellt. Das Kommunikationssystem verbindet die Aufgaben der klassischen Nachrichtentechnik mit denen der Informationsverar-

---

1 Fax: Faksimile-Dienst im Fernsprechnetz.

2 MODEM: Kunstwort für eine technische Einrichtung zum Modulieren und Demodulieren.

3 ISDN: Integrated Services Digital Network, Dienstintegriertes öffentliches Digitalnetz der Deutschen Bundespost Telekom.

beitung, der Informatik. Die Nähe der Kommunikationssysteme zur Informatik wird u.a. auch dadurch sichtbar, dass große Teile der Kommunikationssysteme mittels Software anstelle von Hardware realisiert werden.

Es bleibt festzuhalten, dass das Modell der Nachrichtenübertragung im Modell des Telekommunikationssystems enthalten ist. Die Funktionen der reinen Übertragungstechnik sind in den Endeinrichtungen des Teilnehmers und im Netz vorhanden. Die erweiterten Aufgaben des Telekommunikationssystems dagegen sind: Steuerung des zweiseitigen Nachrichtenaustausches, Steuerung des Dialogs zwischen den Teilnehmern, gleichzeitige Verbindung mehrerer Teilnehmer über ein Netz, Übertragung und Verarbeitung unterschiedlicher Nachrichtenarten sowie ggf. Integration verschiedener Nachrichtenarten.

Zur Lösung dieser Aufgaben ist eine spezielle Technik notwendig, die *Kommunikationstechnik*. Ihre Behandlung soll Schwerpunkt des vorliegenden Buches sein, indem die zugrunde liegende Systemtheorie, die eingesetzten Verfahren und Realisierungsmöglichkeiten angesprochen werden. Dabei sollen die Aufgaben der klassischen Nachrichtenübertragung, und deren Techniken als bekannt vorausgesetzt und deshalb hier nur zusammenfassend behandelt werden, wenngleich diese sehr wohl zum Gebiet der Kommunikationssysteme gehören.

1. Systemtheorie der Telekommunikation

Kommunikation über ein Netz, u.U. auch ein weltweites Netz, erfordert, dass die hieran angeschlossenen Geräte bestimmten, für das betreffende Netz festgelegten Standards entsprechen. Die Geräte müssen einerseits kompatibel zu den Netzschnittstellen und andererseits auch untereinander kompatibel sein. Nationale und internationale Normungsgremien legen diese Standards fest. Im Bereich der privaten Kommunikationsnetze tritt nicht selten eine Standardisierung auch dadurch ein, dass Produkte durch namhafte Hersteller erfolgreich vermarktet werden und andere Hersteller sich dann an diesen, bestehenden Realisierungen orientieren.

Dadurch prägen die Produkte dann einen De-facto-Standard. In jedem Fall verstehen sich die Standards nach deren Veröffentlichung als Realisierungsempfehlungen an die Hersteller von Telekommunikationsprodukten und sind nicht zu verwechseln mit Normen. Anhang 9.1 stellt einige wichtige Standardisierungs- und Normungsgremien, die für die Telekommunikation tätig sind, zusammen.

Die Standardisierung eines Kommunikationssystems behandelt die drei Grundthemen: Struktur, Kommunikationsabläufe und Schnittstellen. Geräte, die innerhalb eines Systems kompatibel miteinander kommunizieren sollen, müssen ähnlich in ihrem funktionellen Aufbau ähnlich sein, d.h. ihre Struktur muss ähnlich sein. Kommunikationspartner können sich nur verständigen, wenn sie vorab Vereinbarungen über die zeitliche und logische Abfolge ihrer Kommunikation getroffen haben. Dementsprechend sind die Kommunikationsabläufe der Geräte zu standardisieren. Und schließlich ist einleuchtend, dass Verbindungsschnittstellen zwischen dem Netz und den Geräten festzulegen sind, damit die Signalübertragung kompatibel ist.

Die Festlegungen haben so zu erfolgen, dass mit den Standards nur ein gewisser Rahmen, nicht aber bereits eine ganz bestimmte Technik vorgeschrieben wird. Eine derartig tiefgreifende Standardisierung ist nicht gewünscht, da sie die Innovation in der Gerätetechnik hemmen würde. Sie ist auch nicht notwendig, wie wir sehen werden. Außerdem muss die Standardisierung immer so erfolgen, dass ein genügender Raum für spätere Erweiterungen bleibt; das Kommunikationssystem muss offen für Geräteerweiterungen bleiben.

Die Telekommunikation nennt in diesem Zusammenhang den Begriff des offenen Kommunikationssystems. Ein *offenes Kommunikationssystem* folgt, im Gegensatz zu einem geschlossenen System, internationalen Standards. Teilnehmergeräte und andere Systemteile beliebiger Hersteller können über ein offenes Kommunikationssystem unmittelbar, d.h. ohne zusätzliche Anpassungsfunktionen kommunizieren, sofern sich die Gerätehersteller an die Standards halten. Bekanntestes Beispiel eines derartigen Systems ist das weltweite Fernsprechnetz.

Dieser "größte technische Apparat der Erde" besteht aus einem Verbund internationaler, nationaler und regionaler Fernsprechnetze. An seinen Teilnehmersteckdosen können Fernsprechapparate und Datenübertragungseinrichtungen verschiedenster Hersteller an beliebigen Orten angeschlossen werden. Der Kommunikationsablauf am Fernsprechapparat ist, von geringfügigen Abweichungen abgesehen, immer gleich. Die in den Teilsystemen und den Fernsprechapparaten enthaltene Technik ist sehr unterschiedlich und bleibt den Benutzern des Systems (bewusst) verborgen.

1. 1. Struktur des Kommunikationssystems

Die Kommunikation ist ein Vorgang des Nachrichtenaustausches zwischen mindestens zwei eigenständig agierenden und reagierenden Kommunikationspartnern. Kommunikationspartner können Menschen und Maschinen sein. Eigenständig agierende und reagierende Maschinen bezeichnet man als Automaten. Kommunikation in erweitertem Sinn lässt sich somit als Nachrichtenaustausch zwischen mindestens zwei Automaten auffassen. Wir definieren deshalb:

Kommunikation ist der zeitlich und logisch ablaufende Vorgang eines Nachrichtenaustausches zwischen mindestens zwei Automaten. Der Mensch, ein möglicher Kommunikationspartner, soll hierbei ebenfalls als Automat aufgefasst werden.

Die Kommunikation ist auf die Partner verteilt und gliedert sich in mehrere Teilvorgänge. Dieses allen Kommunikationssystemen eigene Gliederungsprinzip sei am einfachen Beispiel der (natürlichen) Mensch-zu-Mensch-Kommunikation erläutert (Bild 1.1).

Ein Mensch A will einem ihm gegenüber stehenden Menschen B Gedanken übermitteln. Dazu muss er zunächst einmal in einem Teilvorgang Gedanken im Gehirn produzieren. Die Gedanken sind (leider noch nicht) auf direktem Wege übermittelbar und deshalb benutzt Mensch A seine biologischen Fähigkeiten der Übermittlung, indem er seine Kommunikation in weitere Teilvorgänge zerlegt. Er vollführt zunächst eine sprachliche Formulierung seines Problems und baut danach in geeigneter Weise den Dialog zu seinem Gegenüber auf, z.B. durch gezieltes Ansprechen, Gestik, Blickkontakt etc. Ist der Kontakt eindeutig hergestellt, so kann Mensch A die Worte seiner Gedanken aussprechen. Er tut dies durch Ausstoßen von Lauten über seinen Kehlkopf. Die Laute gelangen dann über ein Übertragungsmedium, in diesem Fall Luft, in Form von Schallwellen zum Kommunikationspartner. Die oberen Teilvorgänge laufen im Gehirn ab, der Kehlkopf ist die Anpassung an das Übertragungsmedium.

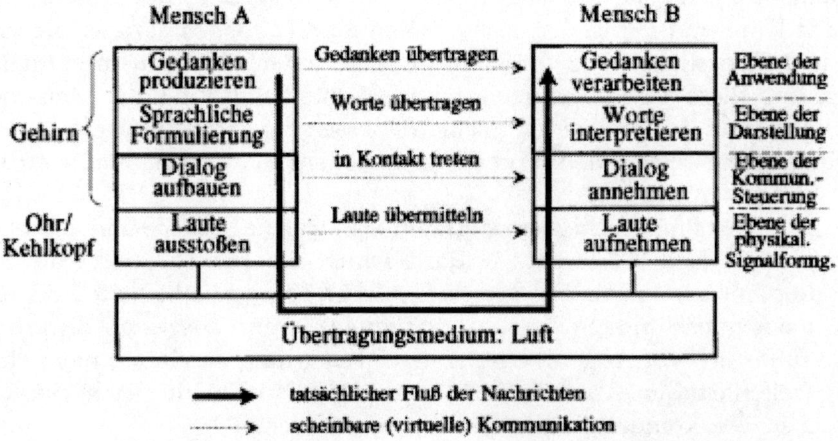

Bild 1.1. Teilvorgänge der Kommunikation am Beispiel: Mensch zu Mensch Kommunikation

Beim Kommunikationspartner, Mensch B laufen die Teilvorgänge in umgekehrter Reihenfolge ab. Über das Ohr nimmt der Mensch die Laute des Mediums auf, formt hieraus Worte, die schließlich zu Gedanken verarbeitet werden.

Die Kommunikation bei beiden Partnern vollzieht sich auf mehreren Schichten, in denen die Teilvorgänge angesiedelt sind:

- die Schicht der *Anwendung* behandelt den Gedankenaustausch,
- die Schicht der *Darstellung* behandelt die Wortübertragung,
- die Schicht der *Kommunikationssteuerung* behandelt die Dialogsteuerung und

- die Schicht der *physikalischen Signalformung* behandelt die Anpassung an das Übertragungsmedium.

Bemerkenswert an dieser Strukturierung der Kommunikation ist, dass, obwohl die Nachrichten von Partner zu Partner vertikal durch alle Schichten fließen, eine scheinbare Kommunikation auf jeder Schicht horizontal zwischen Mensch A und B verläuft. Man spricht von *Virtueller Kommunikation* auf den Schichten. So können auf der Anwendungsschicht scheinbar direkt Gedanken übermittelt werden, auf der Darstellungsschicht scheinbar Worte übertragen werden, usw. bis schließlich auf der untersten Schicht scheinbar Laute übermittelt werden können.

Damit ein geregelter Austausch der Informationen auf jeder Schicht stattfinden kann und damit der gesamte Kommunikationsvorgang erfolgreich abzuwickeln ist, bedarf es Vereinbarungen auf jeder Schicht. In unserem Beispiel sind diese Vereinbarungen durch erlernte Fähigkeiten der Menschen angeeignet. In der Anwendungsschicht müssen die Partner eine gleiche Gedankenlogik besitzen, damit produzierte Gedanken in ihrem Sinn verarbeitet werden können.

In der Darstellungsschicht fordern wir eine gleiche Sprache und einen annähernd gleichen Wortschatz beider Partner. Ein Dialog kommt nur zustande, wenn die Partner ihre Gestik verstehen und schließlich dürfen Laute nur in einem bestimmten Pegel- und Frequenzbereich ausgestoßen werden. Man führe sich vor Augen, was passiert, wenn diese Vereinbarungen nicht eingehalten werden, z.B. dadurch, dass die Partner nicht die gleiche Sprache sprechen: Die Kommunikation ist dann unterbrochen.

In der Kommunikationstechnik nennt man die bilateralen Absprachen auf einer Schicht *(Kommunikations-)Protokoll*. Der Begriff ist der Diplomatie entlehnt, da die Vereinbarungen den Charakter eines diplomatischen Protokolls besitzen.

Ein weiteres Merkmal dieser Strukturierung ist, dass jede Schicht wohldefinierte Teilaufgaben besitzt. Die Teilaufgaben laufen zeitlich und logisch vollkommen unabhängig voneinander ab. Im Interesse einer möglichst zügigen Kommunikation ist es sogar erwünscht, dass die Teilaufgaben sogar gleichzeitig im Sinne einer Parallelverarbeitung ablaufen, wie das vorstehende Kommunikationsbeispiel zeigt.

Mit zunehmender Schichtenhöhe gewinnt die Kommunikation zusätzliche Abstraktion, bzw. ein höheres Niveau. Auf der untersten Schicht können nur Laute ausgestoßen werden, eine offensichtlich primitive Art der Kommunikation. Auf oberster Schicht ist die niveauvollste Art der Kommunikation möglich: der abstrakte Gedankenaustausch.

1. 2. Das OSI-Referenzmodell

Das Beispiel der natürlichen Mensch-zu-Mensch-Kommunikation hat gezeigt, dass eine offene Kommunikation eine Gliederung der Kommunikation in Teilaufgaben in einer Schichtenstruktur erforderlich macht. Damit die Teilsysteme eines Kommunikationsnetzes offen und ggf. weltweit und herstellerunabhängig miteinander kommunizieren können, müssen international gültige Normen für Kommunikationsnetze erarbeitet und eingehalten werden.

Die Normen haben die Schichtenstruktur, deren Teilaufgaben und Protokolle festzulegen. Die International Standard Organisation (ISO) hat hierzu ein Schichtenmodell für die Verbindung offener Kommunikationssysteme entwickelt, das *Open System Interconnection Referenzmodell* oder kurz OSI-Referenzmodell.[1] Das Modell stellt die Rahmenbedingungen für ein offenes Telekommunikationssystem auf. Es dient Herstellern der Computer- und Telekommunikationsbranche als Bezugsstruktur für die Entwicklung ihrer Produkte.

1. 2. 1. Basis-Referenzmodell

Das Referenzmodell der ISO gliedert das Kommunikationssystem in insgesamt 7 Schichten (engl. layer), die sich über dem jeweilig benutzten Übertragungsmedium schichten (Bild 1.2). Jede Schicht beinhaltet wohldefinierte Teilaufgaben der Kommunikation. In der Form des Basis-Referenzmodells besteht das Kommunikationssystem aus gleichartig aufgebauten Teilsystemen (hier mit System A und System B bezeichnet), in denen sich alle 7 Schichten wiederfinden. Auf jeder Schicht legt ein spezifisches Protokoll Nachrichteninhalte, Nachrichtencodierung und Ablauf der Kommunikation fest. Diese Form des Referenzmodells liegt bei vollkommen dezentralisierten Systemen vor, bei denen alle Teilnehmer ohne weitere Netzeinrichtungen direkt miteinander über das Medium kommunizieren (z.B. in einem LAN[2]).

---

1 CCITT: *Empfehlungen der V- und X- Serie,* Band 5: Datenübermittlungsnetze, Offene Kommunikationssysteme, Systembeschreibungstechniken, R. v. Deckers Verlag 1987 und ISO 7498: ISO OSI Basic reference model.

2 LAN: Local Area Network, ein lokales Datennetz.

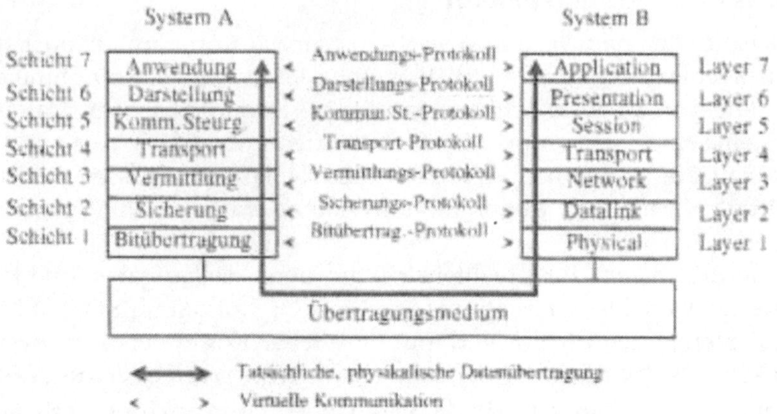

Bild 1.2. OSI-Referenzmodell der ISO (Basis-Referenzmodell)

Die Aufgaben der Kommunikationsschichten lassen sich wie folgt umreißen, wobei an dieser Stelle nur die wichtigsten genannt seien, um die prinzipielle Schichtung zu erläutern. Ausführlich werden die Funktionen in den Abschnitten 2 bis 6 behandelt.

Schicht 1: Bitübertragungsschicht (engl. physical layer)
Diese Schicht dient zur Signaldarstellung der digital vorliegenden Information für das jeweilig benutzte Übertragungsmedium. Die physikalische Signalform (z.B. elektrisches oder optisches Signal), der Pegelbereich und die Bandbreite werden in dieser Schicht festgelegt. Bei synchroner Bitübertragung sind in dieser Schicht zusätzlich die Aufgaben der Taktübertragung und Synchronisierung angesiedelt.

Schicht 2: Sicherungsschicht (engl. datalink layer)
Der Bitstrom der Schicht 1 unterliegt aufgrund von Übertragungsstörungen in Form von Geräusch und Verzerrungen auf dem Medium Übertragungsfehlern. Sie verursachen eine bestimmte, i.a. nicht zu vernachlässigende Bitfehlerhäufigkeit. Aufgabe der Sicherungsschicht ist es, durch bestimmte fehlersichernde Maßnahmen die Übertragungsfehler auf ein tolerierbares Minimum zu senken. Dazu sind eine Blockbildung des kontinuierlichen Bitstroms und der Einsatz eines fehlersichernden Codes notwendig. Der Vorgang heißt *Fehlersicherung*.

In vielen lokal begrenzten Kommunikationssystemen werden häufig Übertragungsmedien von vielen Teilnehmerstationen gleichzeitig genutzt (z.B. bei Bussystemen). In diesen Fällen übernimmt die Sicherungsschicht zusätzlich die Aufgabe, den Zugriff zum Medium zu koordinieren *(link access)*.

Schicht 3: Vermittlungsschicht
oder Netzwerkschicht (engl. network layer)

Diese Schicht vermittelt die Datenströme zu einem ganz bestimmten Ziel innerhalb eines Kommunikationsnetzes. Typische Funktionen der Vermittlungsschicht sind: Adressenvergabe an die Netzwerkteilnehmer, Wegewahl durch ein Netz, Herstellen, Halten und Beenden von Verbindungen zwischen zwei oder mehreren Teilnehmern, Paketbildung von Daten in Paketvermittlungsnetzen, Tarifierung und Gebührenermittlung (typisch bei hoheitlich abzugrenzenden öffentlichen Netzen) und Netzmanagementfunktionen.

Schicht 4: Transportschicht (engl. transport layer)

So wie die Sicherungsschicht die Bitfehler der Bitübertragungsschicht ausgleicht, soll die Transportschicht Unzulänglichkeiten des Kommunikationsnetzes ausgleichen. Diese können z.B. darin bestehen, dass bei einem paketvermittelnden Netz die Datenpakete am Zielort in veränderter Reihenfolge eintreffen, weil sie auf verschiedenen Wegen, d.h. über verschiedene Netzknoten zum Ziel gelenkt werden. Aufgabe der Transportschicht ist es, die Sendereihenfolge am Empfangsort wiederherzustellen. Man bezeichnet diese Funktion als *Sequenzieren*.

Das Kommunikationsnetz kann nicht beliebig viele Datenpakete pro Zeiteinheit transportieren; es hat eine begrenzte Kapazität. Das kann sich bei Datenstationen mit hohem Datenaufkommen störend auswirken. Die Transportschicht gleicht die begrenzte Kapazität des Netzes durch eine Regulierung des Datenstroms in der sendenden Datenstation aus. Diese, für die Transportschicht typische Teilfunktion nennt man *Flusskontrolle*.

Sollten mehrere Netze alternativ zur Auswahl stehen, so hat die Transportschicht die Aufgabe, ein geeignetes Netz auszuwählen (*Select-Funktion*).

Schicht 5: Kommunikationssteuerungsschicht
oder Sitzungsschicht (engl. session layer)

In dieser Schicht werden die Mittel bereitgestellt, um einen Dialog zwischen Datenstationen zu organisieren. Dies betrifft die Verbindungsart (Halb-Duplex oder Duplex). In der Kommunikationssteuerungsschicht werden

Vereinbarungen über die Verbindungsart getroffen. Sind größere Datenmengen als Ganzes zu transportieren, so organisiert diese Schicht den fehlerfreien Transport durch Synchronisationsmechanismen zwischen Datenanfang und -ende, d.h. einer Datensitzung. Folgende Funktionen der Schicht sind hervorzuheben: Vereinbaren der Verbindungsart, Zuteilen der Sendeberechtigung (bei Halbduplex), Synchronisieren bei größeren Datenmengen (z.B. Files), Resynchronisieren bei Datenverlust.

Schicht 6: Darstellungsschicht (engl. presentation layer)
Diese Schicht sorgt für eine der Anwendungsschicht verständliche Darstellung der übertragenen Nachrichten. Unterschiedlichste Nachrichten der Anwendungsschicht (Text, Bild, Sprache etc.) müssen in einer (meist rechnergeeigneten) Form bereitgestellt werden. Es sind Vereinbarungen über den Zeichensatz und die Codierung innerhalb des Zeichensatzes zu treffen. Insbesondere in Rechnernetzen mit unterschiedlicher Darstellungsform der Nachrichten hat diese Schicht die Aufgabe, die unterschiedlichen Darstellungen gegenüber der Anwendungsschicht anzupassen, indem sie eine Syntaxtransformation vornimmt. Die Transformation betrifft die Umsetzung von Code und Zeichensätzen sowie die Anpassung unterschiedlicher Datenstrukturen. Bei komplexen Kommunikationssystemen kann die eindeutige Syntaxtransformation einen erheblichen, technischen Aufwand bedeuten. In vielen Kommunikationssystemen wird deshalb von vornherein eine Vereinheitlichung der Darstellungssyntax angestrebt, die den Vorteil gleicher Darstellungsfunktionen mit sich bringt. Beispiele solcher vereinheitlichten Darstellungsform finden sich vorwiegend in öffentlichen Netzen der Sprach-, Bild- und Textkommunikation (Teletex-Netz, Fax, ISDN).

Schicht 7: Anwendungsschicht (engl. application layer)
Diese höchste Schicht umfasst die anwendungsspezifischen Funktionen des Kommunikationssystems. Die Anwendungsschicht ist Ausgangs- und Zielort aller in einem räumlich verteilten System zu transportierenden Daten. Die Ursache für die Kommunikation in einem verteilten System sind Anwendungsprozesse, die in verschiedenen Subsystemen ablaufen und die zur Erfüllung ihrer Aufgaben miteinander kommunizieren müssen. Die Anwendungsschicht ist daher der kommunikationsbezogene Teil der Anwendungsprozesse, in die letztendlich immer der Mensch integriert ist. Typische Beispiele verteilter Anwendungen sind der File-Transfer zwischen Rechnern, Mitteilungs-u. Auskunftssysteme oder Buchungssysteme. Die Anwendung kann aber auch aus der Kommunikation selbst bestehen, z.B. bei der

Sprach-, Bild- und Textkommunikation. In diesen Fällen stellt die Anwendungsschicht i.a. Schnittstellenfunktionen von und zum Menschen bereit. Es liegt naturgemäß an der Vielfältigkeit unterschiedlicher Anwendungen, dass für die Anwendungsschicht im Gegensatz zu den anderen Schichten keine klar umrissene Aufgabenbeschreibung gegeben werden kann.

Die von der ISO vorgeschlagene Teilung in 7 Schichten erhebt zunächst nicht den Anspruch der Einzigartigkeit. Andere Aufteilungen mit weniger Schichten sind durchaus denkbar und auch realisiert worden (z.B. bei lokalen Rechnernetzen). Das Modell hat sich jedoch in der Praxis weltweiter Kommunikationsnetze bewährt, da es alle Aspekte der Kommunikation beinhaltet. Es stellt eine Obermenge aller in Frage kommenden Funktionen dar und kann im konkreten Fall auf das Notwendigste reduziert werden, z.B. durch Weglassen von Schichten.

Die wichtigsten Gestaltungsmerkmale, die zu der ISO-Schichtung führten, sind: 1. Die Grenzen der Schichten sind so gewählt, dass der Informationsfluss über die Grenzen ein Minimum wird, 2. Die Anzahl der Schichten sind so gewählt, dass pro Schicht nur eine prinzipielle Aufgabe wahrgenommen wird und 3. Die Schichtung ist so vorgenommen, dass das Kommunikationsniveau bzw. der Komfort an Kommunikation zu höheren Schichten hin gesteigert wird.

1. 2. 2. Erweitertes Referenzmodell

Kommunikationssysteme bestehen i.a. aus mehreren Teilsystemen oder -geräten, in denen sich unterschiedliche Funktionen befinden. So sind das Netz mit seinen Netzknoten und die hieran angeschlossenen Datenstationen Teilsysteme eines gesamten Kommunikationssystems. (vergl. Bild 1.2). Um die gerätespezifischen Teilfunktionen in einem Schichtenmodell sichtbar zu machen, bedient man sich des erweiterten OSI-Referenzmodells, wie es in Bild 1.3 gezeigt ist. Das erweiterte OSI-Referenzmodell der ISO erlaubt eine Differenzierung der Schichtenfunktionen bezogen auf das jeweilige Teilsystem.

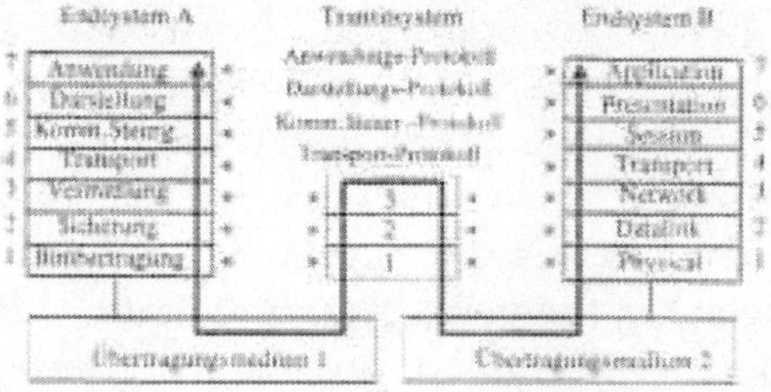

Bild 1.3. Erweitertes Referenzmodell

Im Modell wird zwischen dem *Endsystem* und dem *Transitsystem* unterschieden. Während ein Endsystem alle 7 Schichten umfasst, also die Kommunikationsanwendung beinhaltet, besitzt ein Transitsystem nur die unteren Schichten, z.B. Schicht 1-3, wie im Bild zu sehen. Aufgabe des Transitsystems ist es, Endsysteme über einzelne, unterschiedliche Teilstrecken miteinander zu verbinden. Dies kann über verschiedene Übertragungsmedien oder auch verschiedene Netze erfolgen. Ein Netzknoten mit Vermittlungsfunktionen wird, wie dies im Bild dargestellt ist, als Transitsystem verstanden, in dem die Schichten 1-3, d.h. bis einschließlich der Vermittlungsschicht wiederzufinden sind. Andere Beispiele für Transitsysteme sind Modems (nur Schicht 1), Gateways zwischen unterschiedlichen Rechnernetzen (bis Schicht 3) oder Darstellungsprotokollkonverter (bis Schicht 6).

Das Transitsystem erfüllt Relaisfunktionen für die beteiligten Endsysteme. Zwischen dem Transitsystem und den Endsystemen bedarf es beidseitiger, ggf. auch mehrseitiger unterschiedlicher Protokolle auf den unteren Schichten. Es gehört zum Konstruktionsprinzip der Schichtung, dass die oberhalb des Transitsystems liegenden Schichten der Endsysteme von dieser Teilstreckenkommunikation unberührt bleiben; sie "funktionieren", als ob sie scheinbar direkt miteinander kommunizieren. Ihre Protokolle sind "Ende zu Ende" festgelegt.

Die im Bild gezeigte Darstellung hat nur Modellcharakter. Je nach Bedarf lässt sich die Struktur auf mehre Transitsysteme mit unterschiedlichen Aufgaben und damit unterschiedlicher Schichthöhe ergänzen.

1. 2. 3. Kommunikationsdienste

Ein wesentlicher Gesichtspunkt, der zur Schichtenaufteilung nach dem ISO-Modell führte, ist die Steigerung des Kommunikationskomforts mit zunehmender Schichtenhöhe. Mit jeder zusätzlichen Schicht (beginnend bei dem Übertragungsmedium) ergänzt man die bis dahin vorhandenen Funktionen um weitere Funktionen, deren Aufgabe es ist, die Kommunikation auf ein höheres Niveau zu stellen. Ein spezielles Niveau wird an der Schnittstelle zweier, übereinanderliegenden Schichten erreicht. Alle Funktionen, die unterhalb dieser Schnittstelle liegen, tragen zu dem Niveau bei.

In der ISO-Terminologie heißen die Niveaus *Kommunikationsdienste* oder kurz *Dienste* (engl. services). Dieser Begriff hat sinngemäß vieles mit dem Begriff der Dienstleistung gemein. Kommunikationsdienste werden als Dienstleistung an den Schnittstellen, den Schichtgrenzen, für darüber liegende Schichten geboten. Die Schicht 1 bietet den Dienst der *Bitübertragung*.

Die Schicht 2 bietet (zusammen mit der Schicht 1) den Dienst *gesicherte Bitübertragung*. Die Schichten 1, 2 und 3 bieten zusammen den Dienst *gesicherte Bitübertragung zu einem wählbaren Ziel* usw. Man erkennt an dieser Betrachtungsweise eine funktionell, hierarchische Gliederung des Kommunikationssystems. Sie sei anhand Bild 1.4 verallgemeinert für eine beliebige Schicht, hier die Schicht i, erläutert.

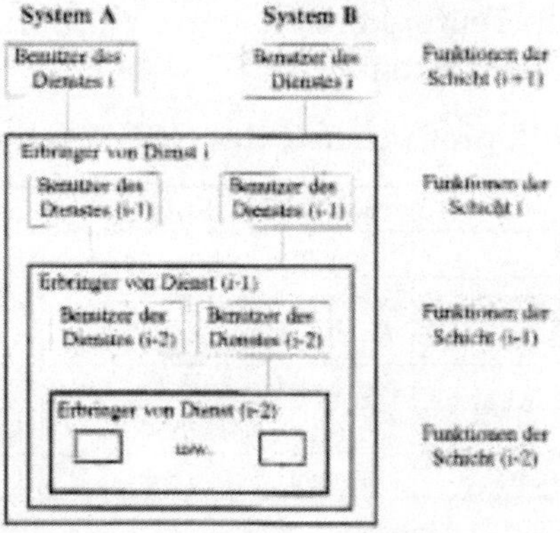

Bild 2.4. Hierarchische Dienststruktur des OSI-Referenzmodells (nach [**Fehler! Textmarke nicht definiert.**])

Die Dienststrukturierung erfolgt so, dass ein *Diensterbringer*, hier der Dienst i, seine "höher" liegenden *Dienstbenutzer* bedient. Dienstbenutzer (engl. service user) vom Dienst i sind alle Funktionen der Schicht i+1, der Diensterbringer (engl. service provider) umfasst alle Funktionen der darunter liegenden Schichten, hier von Schicht 1 bis Schicht i. Sowohl die Dienstbenutzer als auch der Diensterbringer sind räumlich verteilt auf die End- und Transitsysteme des Kommunikationssystems. Die Betrachtungsweise lässt sich nun auf den (hierarchisch inneren) Dienst i anwenden. Dienstbenutzer i sind die Funktionen der Schicht i, Diensterbringer alle Funktionen, die zu den Schichten 1 bis i-1 gehören. Durch rekursive Anwendung des Gliederungsprinzips gelangt man schließlich absteigend in der Hierarchie bis zur Schicht des Übertragungsmediums oder aufsteigend bis zur Anwendungsschicht. Das Übertragungsmedium hat als einzige "Schicht" keinen Diensterbringer mehr und die Anwendungsschicht als einzige Schicht keinen Dienstbenutzer mehr.

Die hierarchische Dienststruktur mit ihren Dienstbenutzer, -erbringerfunktionen liegt jedem offenen Kommunikationssystem zugrunde. Je weiter man in der Hierarchie aufsteigt, umso mächtiger wird der Funktionsumfang

für den Diensterbringer. Gleichermaßen wird die dem Dienstbenutzer angebotene Schnittstelle immer komfortabler und verdeckt dabei zunehmend die Detailprobleme der Kommunikationstechnik, welche in tieferliegenden Schichten behandelt werden.
Bezogen auf das 7 Schichten umfassende OSI-Referenzmodell ergeben sich damit die folgenden 6 Dienste (Tabelle 1.0). Die Dienste repräsentieren jeweils eine Gruppe von Teilfunktionen, die der Benutzer an den Schichtengrenzen getrennt geboten bekommt.

Tabelle 1.1. Kommunikationsdienste des OSI-Referenzmodells

Dienste	engl. Bezeichnung	beteiligte Schichten
Darstellungsdienste	Presentation Services	1,2,3,4,5,6
Kommunikat.steuer.dienste	Session Services	1,2,3,4,5
Transportdienste	Transport Services	1,2,3,4
Vermittlungsdienste	Network Services	1,2,3
Sicherungsdienste	Datalink Services	1,2
Bitübertragungsdienste	Physical Services	1

Die zugegebenermaßen etwas abstrakte Betrachtungsweise möge sich der Leser anhand des einfachen, jedermann bekannten Kommunikationsbeispiels, dem Postbriefdienst, verdeutlichen (Bild 1.5).

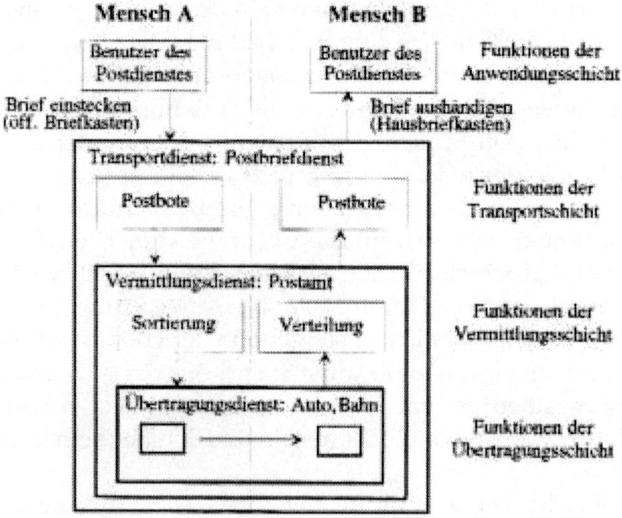

Bild 1.5. Der Postbriefdienst in der Dienststruktur des OSI-Modells

Zusammenfassend seien nochmals die wesentlichen Punkte der hierarchischen Dienststruktur genannt: 1. Dienste sollen den Benutzer von Detailaufgaben der Kommunikation entlasten. 2. Dienste werden an den Schnittstellen zweier, benachbarter Schichten geboten. 3. Benutzer der Dienste i sind Funktionen der Schicht i+1. 4. Diensterbringer der Dienste i sind die Menge aller Funktionen der Schichten 1 bis i.

1. 3. Aufbau einer Kommunikationsschicht

Eine Kommunikationsschicht hebt das Dienstniveau bezogen auf die unterlagerten Schichten an. Die in der einzelnen Schicht angesiedelten Funktionen sind gleichermaßen Dienstbenutzer und Diensterbringer. Die Funktionen einer ganz bestimmten Schicht sollen unabhängig von Funktionen einer anderen Schicht arbeiten können. Hieraus ergibt sich der in Bild 1.6 dargestellte, konzeptionell gleiche Funktionsaufbau innerhalb einer Schicht, hier für eine beliebige Schicht i gezeigt.

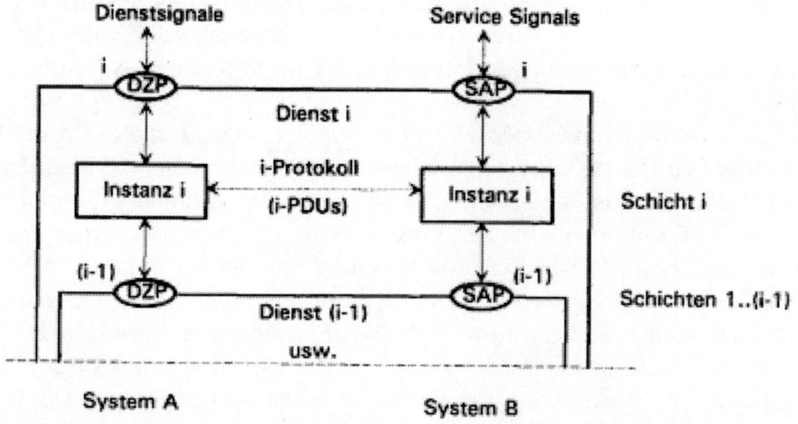

Bild 1.6. Prinzipieller Aufbau der Kommunikationsschicht

DZP = Dienstzugangspunkt (engl. SAP = Service Access Point)

1. 3. 1. Dienstzugangspunkt, Instanz, Protokoll

Ein Dienstbenutzer greift nach Bild 1.6 auf die Dienste einer Schicht an einer Schichtgrenze zu. Er benutzt die Dienste, indem er über definierte Schnittstellen Signale mit den Funktionen der unterlagerten Schicht austauscht. Die

Schnittstellen zwischen den Schichten heißen in der Kommunikationsterminologie *Dienstzugangspunkte*, DZP (engl. *Service Access Point*, SAP), die über sie fließenden Signale *Dienstsignale* (engl. service signal).
Dienstsignale bestehen im Prinzip aus einem Satz von Steuer- und Meldungssignalen, die zwischen dem Dienstbenutzer und dem Diensterbringer ausgetauscht werden. Der Dienstbenutzer steuert damit seine Anforderungen an den Diensterbringer und der Diensterbringer liefert dem Dienstbenutzer Meldungen über Erfolg oder Misserfolg in der Dienstabwicklung. Über die SAPs findet auch der physikalische Nachrichtentransport zwischen den Schichten statt. Dies geschieht innerhalb der Dienstsignale (hierzu mehr in Abschn. 1.3.2)

Die Funktionen innerhalb einer Schicht sind zu Arbeitseinheiten, *Instanzen* (engl. entity) genannt, zusammengefasst, die auf die End- und Transitsysteme räumlich verteilt sind. Zu einer Kommunikationsschicht, die ja aus mindestens zwei Systemteilen besteht, gehören deshalb mindestens zwei gleichrangige Instanzen, je eine in den an der Kommunikation beteiligten Systemen. Man nennt sie Partnerinstanzen. Die Instanzen vollbringen genau die Aufgaben, die ein Dienstbenutzer, von der betreffenden Schicht erwartet.

Die hierarchische Dienststruktur (vergl. Bild 1.4) besagt, dass sich die Instanzen einer Schicht auf die Dienste der unterlagerten Schichten abstützen. Dies bedeutet, dass Instanzen selbständig entscheiden, ob sie einen Dienst durch ihre Funktionen allein vollbringen oder ob dazu der unterlagerte Dienst (am unterlagerten SAP) in Anspruch zu nehmen ist.

Die unterlagerten Schichten bestehen wieder aus Instanzen. Dienstbenutzer einer bestimmten Schicht sind deshalb die Partnerinstanzen der überlagerten Schicht; der Diensterbringer besteht aus den Instanzen sämtlicher, unterlagerten Schichten. Kommunikation in technischem Sinne, also Telekommunikation, besteht demnach aus in Schichten gegliederter Kommunikation von Instanzen. Die Instanz ist die kleinste, eigenständig agierende Kommunikationseinheit innerhalb des Gesamtsystems. Sie ist der Grundbaustein eines Kommunikationssystems. Die Eigenständigkeit der Instanz, als Merkmal hier besonders betont, ist, wie wir später sehen werden, von entscheidender Bedeutung für die Unabhängigkeit der Schichtenfunktionen. Die englische Bezeichnung für Instanz, entity = Wesen, deutet darauf hin, dass es sich hierbei um eine selbständig agierende und reagierende Funktionseinheit handelt.

Da die Partnerinstanzen auf mehrere Systeme verteilt sind, müssen sie ihre Dienstleistung koordinieren. Dies geschieht dadurch, dass die Partnerinstanzen sog. *Protokolldateneinheiten* (engl. protocol data unit, kurz: *PDU*) austauschen. Art, Umfang und Inhalt dieser Steuerinformationen, die innerhalb einer Schicht fließen, hängen von der jeweiligen Schichtenaufgabe ab und sind schichtenspezifisch festzulegen. Diese Festlegungen werden dokumentarisch niedergelegt und man bezeichnet sie als *Protokoll* (engl. protocol). Das Protokoll ist ein Regelverzeichnis, in dem die statischen und dynamischen Eigenschaften des Nachrichtenaustausches zwischen Partnerinstanzen festgelegt sind. Das Protokoll wird in einer meist formalen Art erstellt und gliedert sich in einen *statischen* und einen *dynamischen Protokollteil*. Der statische Protokollteil beschreibt die strukturellen Eigenschaften hinsichtlich: der zu benutzenden Codeworte (Protokoll-Syntax), der Bedeutung der Codeworte (Protokoll-Semantik) und des Aufbau der Steuerinformationen (Protokoll-Rahmen). Dagegen stellt der dynamische Protokollteil die prozeduralen Eigenschaften hinsichtlich des zeitlich-logischen Ablaufs der Instanzen-Kommunikation (Protokoll-Prozedur) dar.

Wir wollen uns wieder anhand eines Beispiels aus der natürlichen Mensch-zu- Mensch-Kommunikation die Vorgänge innerhalb einer Schicht und dabei die Begriffe Instanz und Protokoll verdeutlichen (Bild 1.7).

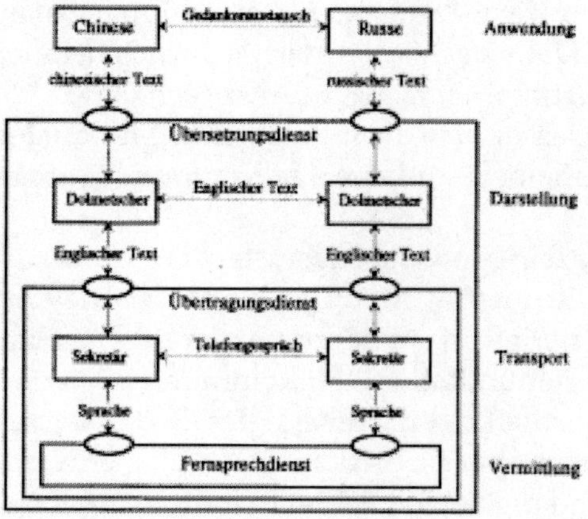

Bild 1.7. Instanzen bei der Mensch-zu-Mensch-Kommunikation (frei nach3)

[3] Tanenbaum, Andrew S.: *Computer Networks,* Prentice-Hall International Inc., 1989.

Nehmen wir an, ein Chinese in Nanking möchte mit einem Russen in Moskau in einen Gedankenaustausch treten. Beide stellen Instanzen der Anwendungsschicht dar. Wir wollen erschwerend annehmen, dass der Chinese und der Russe nur ihre Muttersprache beherrschen, so dass sie auch bei Inanspruchnahme des Fernsprechdienstes nicht kommunizieren können. Die Lösung dieses Problems besteht darin, dass sich beide eines Dolmetscherdienstes bedienen, welcher aus zwei Dolmetschern, einer beim Chinesen, einer beim Russen besteht. Die Dolmetscher sind Instanzen der Darstellungsschicht. Die Kommunikation könnte sich nun folgendermaßen abspielen:

Der Chinese übergibt seine Gedanken in schriftlicher Form an seinen Dolmetscher. Dieser übersetzt den chinesischen Text in englischen Text und übergibt den englischen Text an einen Sekretär mit der Maßgabe, ihn als Telefongespräch an einen Sekretär im entfernten Moskau zu übermitteln. Dieser wiederum zeichnet das englische Gespräch auf und händigt es dem Dolmetscher des Russen aus. Der Moskauer Dolmetscher übersetzt die englisch formulierten Gedanken in russisch, welche nun von dem russischen Anwender gelesen und verstanden werden. Selbstverständlich funktioniert die Kommunikation auch in umgekehrter Richtung. Man sieht, dass sich der Chinese und der Russe, wenn auch nicht sehr komfortabel und schnell, über ihr Problem unterhalten können. Mehr noch, sie "empfinden" ihre Kommunikation scheinbar direkt. Die beiden Anwendungsinstanzen kommunizieren, indem sie den Dolmetscherdienst in Anspruch nehmen, diese wiederum nehmen einen Übertragungsdienst in Anspruch usw.

An dem Beispiel lassen sich die wesentlichen Merkmale der Schichtenkonstruktion, verallgemeinert für beliebige Kommunikationssysteme herausarbeiten:

1. Inkompatible Anwendungsinstanzen können virtuell kommunizieren. Die unterlagerten Dienste stellen die Kompatibilität her.
2. Alle Partnerinstanzen kommunizieren scheinbar "horizontal" (virtuelle Kommunikation). So kommunizieren der Chinese mit dem Russen virtuell auf der Ebene des Gedankenaustausches, die beiden Dolmetscher virtuell auf ihrer Ebene mittels eines englischen Textes und die beiden Sekretäre virtuell über ein Telefongespräch.
3. Die Instanzen einer Ebene können unterschiedliche Funktionen haben. Beispielsweise müssen die beiden Dolmetscher unterschiedlich übersetzen.
4. Die Schnittstellen zwischen den Schichten innerhalb eines Systems, die SAPs können unterschiedlich implementiert sein, ohne dass die Offenheit des Systems hiervon berührt wird.

5. Entscheidend für die Kommunikationsfähigkeit zweier Systeme ist die Eindeutigkeit der Protokolle ihrer Instanzen. Die Dolmetscher beispielsweise müssen sich auf einen englischen Text festgelegt haben und die Sekretäre auf das Telefongespräch. Der gesamte Kommunikationsvorgang ist sofort unterbrochen, wenn hier im Detail Unklarheit herrscht.
6. Partnerinstanzen einer Schicht sind selbständige Einheiten. Sie und ihr spezielles Protokoll sind unabhängig von Vorgängen in den anderen Schichten. So können z.B. die Dolmetscher während ihrer Arbeit von einer englischen Textdarstellung in eine französische wechseln, ohne darüber Information an die anderen Instanzen zu geben, vorausgesetzt, sie beide verständigen sich darauf. Oder die beiden Sekretäre wechseln vom Telefongespräch auf die Übertragung mittels Morsetelegrafie. Werden entsprechend große Datenpuffer zur Verfügung gestellt, so bleibt auch dieser Wechsel in der Anwendungsschicht unbeobachtet.

1. 3. 2. Nachrichteneinheiten

Die Schichtenbildung innerhalb eines Kommunikationssystems erfordert, dass Nachrichten über die Schichtengrenzen, d.h. die Dienstzugangspunkte ausgetauscht werden. Quelle und Ziel des Informationstransfers zweier Systeme sind letztlich immer die Anwendungsinstanzen. Sie benutzen unterlagerte Schichten, genauer den jeweils direkt unterlagerten Dienst, um ihre Nachrichten auszutauschen. Dies erfordert den Austausch von zusätzlichen Informationen zum Steuern der Dienste, den wir detailliert in Abschn. 1.4 ansprechen werden. Hier soll zunächst geklärt werden, mit welchem Transportmechanismus Partnerinstanzen scheinbar "horizontal" ihre Nachricheneinheit PDU übermitteln. Wir nehmen dazu vereinfachend an, dass eine explizite Steuerung des unterlagerten Dienstes nicht notwendig ist und dass die Dienste auf allen Ebenen implizite den Transport der Daten über die Schichtgrenzen hinweg gewährleisten.
er physikalische Transport der Information muss immer in "vertikaler" Richtung durch alle Schichten hindurch erfolgen. Dabei ist zu berücksichtigen, dass auf jeder Schicht neben der eigentlich zu übertragenden Nutzinformation weitere Steuerinformationen zwischen den Partnerinstanzen zu übertragen sind, damit ein scheinbar "horizontaler" Nachrichtenaustausch auf jeder Schicht im Rahmen des Schichtenprotokolls möglich ist.

Der Transportmechanismus muss demzufolge zwei Gesichtspunkte für den Informationsaustausch berücksichtigen: physikalischer Transport von

Nutzdaten über die Schichtgrenzen sowie virtueller Informationsaustausch zwischen Partnerinstanzen verschiedener Teilsysteme mittels Protokoll-Dateneinheiten (PDUs).

1. 3. 2. 1. Transport von Nutzdaten über die Schichtgrenzen

Zur Übertragung der Informationen in vertikaler Richtung durch alle Schichten hindurch wird ein grundsätzlicher Mechanismus zum Verpacken von Daten benutzt, wie er in Bild 1.8 für die sendende Datenstation dargestellt ist.

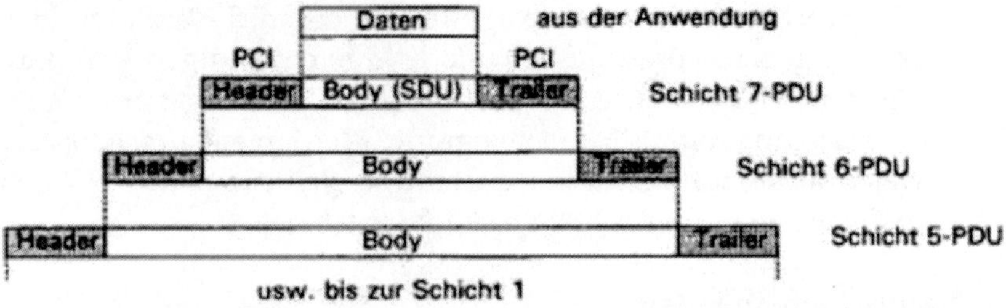

Bild 1.8. Verpackungsmechanismus zum Transport über die Schichtengrenzen

PDU	: Protocol Data Unit	(Protokoll-Dateneinheit)
SDU	: Service Data Unit	(Dienst-Dateneinheit)
PCI	: Protocol Control Information	(Protokoll-Steuerinformation)

Die Anwendungsdaten werden der Anwendungsinstanz als sog. Datenkörper (engl. body) übergeben. Diese ergänzt den Body um Steuerinformationen, welche i.a. als Vorspann (Header) und Nachspann (Trailer) zu einem Datenrahmen formatiert werden. Der Datenrahmen der Schicht 7 wird nun über den Dienstzugangspunkt der Schicht 6-Instanz übergeben. Diese fasst ihn als Body eines neuen Rahmens auf, der seinerseits durch einen Header und Trailer zu einem Schicht 6-Rahmen formatiert wird. Dieser Verpackungsmechanismus setzt sich bis zur unteren Schicht 1 fort, wobei die Länge der Datenrahmen mit zunehmendem Schichtenabstieg zunimmt. Auf der Empfangsseite vollzieht sich der Vorgang in Form einer Entpackung der Datenrahmen in umgekehrter Richtung.

Der Body eines Datenrahmens beinhaltet die Nutzinformation der nächst höheren Schicht. Header und Trailer können, abhängig von der jeweiligen Schicht und dem hier vereinbarten Protokoll, sehr unterschiedliche Arten von Steuerinformation beinhalten. Grundsätzlich wird die Art des Rahmens im Header in codierter Form niedergelegt (z.B. Informationsrahmen, Rahmen für Steuerdaten oder beides). Adressinformationen und Rahmennummern sind weitere typische Inhalte des Headers. Der Trailer dient dem Empfänger i.a. zur Erkennung des Rahmenendes und/oder der Fehlersicherung (meist in der Schicht 2).

In der OSI-Terminologie haben die Begriffe Header, Body und Trailer eine spezielle Namensgebung. Ein Datenrahmen heißt, wie bereits im Abschn. 1.3.1 eingeführt, *protocol data unit (PDU)*. Hierin soll zum Ausdruck kommen, dass es sich um eine Nachrichteneinheit handelt, die zwischen zwei Partnerinstanzen nach den Protokollkonventionen ausgetauscht wird. Header und Trailer fügen die protokollspezifische Steuerinformation hinzu und heißen deshalb *protocol control information*, kurz *PCI*. Der Nutzdatenkörper wird *service data unit*, kurz *SDU* genannt.

1. 3. 2. 2. Informationsaustausch zwischen Partnerinstanzen

Der virtuelle Transport von PDUs zwischen je zwei Partnerinstanzen erfolgt auf der Basis des im vorigen Abschnitt beschriebenen "Verpackungsmechanismus". Der Transportmechanismus wird für drei benachbarte Schichten i+1, i und i-1 dargestellt (Bild 1.9).

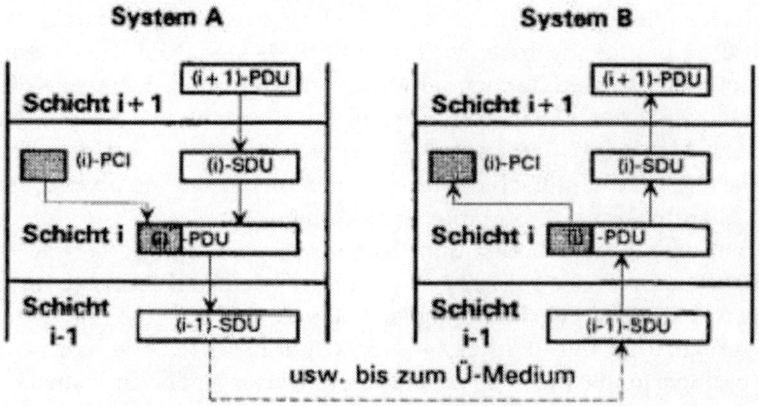

Bild 1.9. Transportmechanismus für Nutz-und Steuerinformation zwischen Partnerinstanzen

Eine i-Instanz des Systems A übernimmt an ihrem überlagerten SAP eine Dienst-Dateneinheit (i)-SDU und stellt ihr Protokollinformation (i)-PCI voran. Die so von der i-Instanz gebildete (i)-PDU hat als Adressaten die Partnerinstanz im System B. Die PDU gelangt dorthin, indem sie an den unterlagerten SAP übergeben wird und spiegelbildlich im Empfangssystem B "entpackt" wird.

Damit eine empfangende Instanz die ihr zugehörige Protokoll-Dateneinheit erkennen und ggf. interpretieren kann, muss im PCI-Teil der PDU irgend eine Adressierung für die Empfangsinstanz erfolgen. Darüber hinaus sind im PCI-Teil weitere Steuerinformationen als Teilfelder formatiert niedergelegt, die die sendende Instanz an ihre empfangende Partnerinstanz im Rahmen des Protokolls übermitteln muss. Als Beispiel für eine typische PDU, bestehend aus PCI und SDU, ist in Bild 1.10 der Aufbau einer Schicht 2-PDU gezeigt.

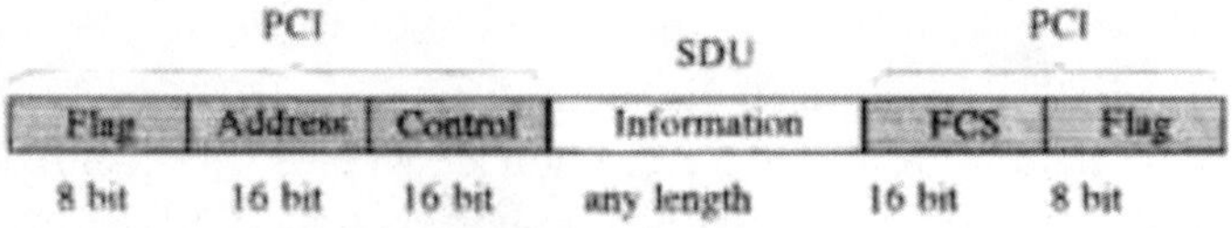

Bild 1.10. PDU-Aufbau (Beispiel Schicht 2-Rahmen)

Die PCI tritt hier geteilt als Header und Trailer auf. Ein Informationsfeld von i.a. variabler Länge bildet die SDU. Mit Hilfe zweier Begrenzungsflags erkennt die empfangende Instanz Start und Ende der PDU. Das Adressfeld beinhaltet die Adressen der Sendeinstanz und der Empfangsinstanz (Quell- und Zieladresse der PDU). Das Control-Feld besteht meist aus mehreren Teilfeldern. U.a. beinhaltet es ein Steuercodewort, das den Typ der PDU festlegt. Hierbei wird unterschieden zwischen Informationsrahmen, Steuer-/Meldungsrahmen und kombinierten Rahmen.

Informationsrahmen dienen dem Datentransport für überlagerte Instanzen. Sie werden von der empfangenden Instanz "entpackt" und dann an den überlagerten SAP abgegeben. Dagegen dienen Steuer- und Meldungsrahmen allein zur Kommunikation zweier Partnerinstanzen. Sie besitzen keine SDU; überlagerte Instanzen sind bei dieser Art des Nachrichtenaustausches nicht betroffen.

Informationsrahmen können im Control-Feld Steuerinformationen für die Partnerinstanz mitübertragen; man nennt sie dann kombinierte Rahmen. Ein kombinierter Transport beider Nachrichtenarten wird dann eingesetzt, wenn eine besonders ökonomische Ausnutzung der Übertragungskapazität des Übertragungsmediums angestrebt wird.

Typisch für eine Schicht 2-PDU ist ein Fehlersicherungsfeld (FCS), das eine Rahmenprüfsumme enthält. Die Empfangsinstanz kann anhand dieses Feldes feststellen, ob ein Übertragungsfehler im Rahmen vorliegt. Weitere Einzelheiten hierzu sollen in Abschn. 3 bei der Behandlung spezieller Protokolle besprochen werden.

Der hier aufgezeigte Transportmechanismus wird zusammenfassend auf zwei verschiedene Arten genutzt: zum Datentransport für überlagerte Instanzen (Service User) und zur Kommunikation zweier Partnerinstanzen untereinander.

Bisher sind wir von der Annahme ausgegangen, dass die SDUs originalgetreu in PDUs "verpackt" werden. Dies muss nicht notwendigerweise der Fall sein. Es kann erwünscht oder sogar notwendig sein, SDUs nach deren Übernahme am SAP in kleinere Einheiten zu zerteilen, und diese dann getrennt in mehreren PDUs zur Partnerinstanz zu übertragen (Bild 1.11). Die *Segmentierung* von Nachrichteneinheiten gehört zu den klassischen Aufgaben der Transportschicht. Segmentierung ist immer dann notwendig, wenn die SDU's einer Schicht zu lang sind, um als Ganzes in der unterlagerten Schicht transportiert zu werden (z.B. größere Dateien). Segmentierung tritt gelegentlich auch in der Fehlersicherungsschicht auf, mit dem Ziel, durch Wahl einer optimalen Blocklänge eine effektive Übertragung zu erreichen.

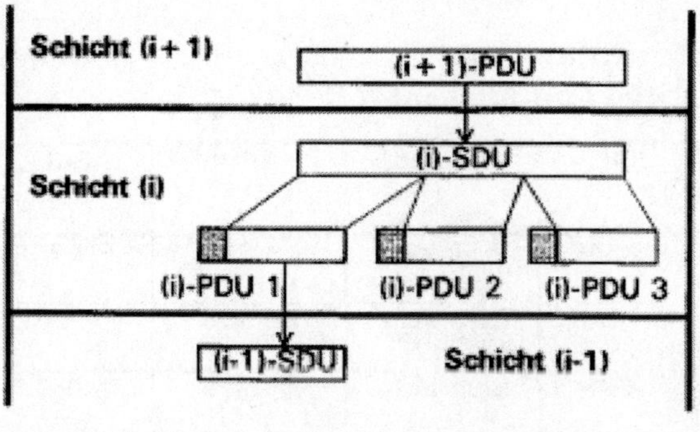

Bild 1.11. Segmentierung von Nachrichteneinheiten

1. 3. 3. Namensgebung für OSI-Elemente

Die bisherigen Betrachtungen zeigten den Aufbau einer Kommunikationsschicht meist verallgemeinert auf. Das Konstruktionsprinzip in den Schichten ist gleich. Es treten immer dieselben *OSI-Elemente* zur Strukturierung auf:

Dienst	Menge von Kommunikationsfunktionen
Service Access Point (SAP)	Schnittstelle, an der auf den Dienst zugegriffen werden kann
Instanzen	Bearbeitungseinheiten einer Schicht
Protokoll	Regelverzeichnis für die Kommunikation von Instanzen
Nachrichteneinheiten PDU,SDU	die über die SAPs gesendeten Signale

In vielen Fällen ist eine Unterscheidung der OSI-Elemente bezogen auf die jeweilige Schicht notwendig. Dies ist insbesondere dann von Bedeutung, wenn übergreifend mehrere Schichten bei Kommunikationsvorgängen zu betrachten sind und gezielt auf OSI-Elemente einer speziellen Schicht Bezug genommen werden soll.

Es hat sich bewährt die Unterscheidung durch eine schichtenbezogene Namensgebung vorzunehmen, indem den OSI-Elementen bei Bedarf ein abgekürzter Schichtenname vorangestellt wird. Tabelle 1.2 stellt die Konvention zur Namensgebung für OSI-Elemente zusammen, wie sie fortan in diesem Buch benutzt wird.

Tabelle 1.2. Schichtenbezogene Namensgebung aller OSI-Elemente

Services	SAP	Instanz	SDU	PCI	PDU
PHysical	PH-SAP	PH-Instanz	PH-SDU	PH-PCI	PH-PDU
DataLink	DL-SAP	DL-Instanz	DL-SDU	DL-PCI	DL-PDU
Network	N -SAP	N -Instanz	N -SDU	N -PCI	N -PDU
Transport	T -SAP	T -Instanz	T -SDU	T -PCI	T -PDU
Session	S -SAP	S -Instanz	S -SDU	S -PCI	S -PDU
Presentation	P -SAP	P -Instanz	P -SDU	P -PCI	P -PDU
Application	-	A -Instanz	-	A -PCI	A -PDU

1. 4. Klassifizierung und Funktionsweise von Kommunikationsdiensten

Dienste werden den Dienstbenutzern (user) an den Dienstzugangspunkten (SAP) geboten. Die Dienste sind in verschiedenen Schichten naturgemäß unterschiedlich im Umfang und in ihrem Komfort; eine detaillierte Aufzählung und eine Behandlung einzelner Dienste würde hier den Rahmen sprengen. Dies erfolgt deshalb gezielt an anderer Stelle, wenn spezifisch auf die Funktionen der Schichten eingegangen wird. Hier wollen wir grundsätzliche Unterscheidungsmerkmale und die prinzipielle Funktionsweise der Dienste aus der Sicht des users kennenlernen und uns dabei auf solche Dienste konzentrieren, die quasi in allen Schichten vorkommen. Wir bezeichnen diese Dienste als *Basisdienste*, im Unterschied zu den *Sonderdiensten*[4], die mehr oder minder einzelnen Schichten zugerechnet werden können.

1. 4. 1. Basisdienste

Dienste sind Leistungen, die vom user gezielt und aktiv mit einer *Dienstanforderung* eingeleitet werden müssen und die dann eine Reihe von Transaktionen in den darunterliegenden Schichten hervorrufen (Bild 1.12).

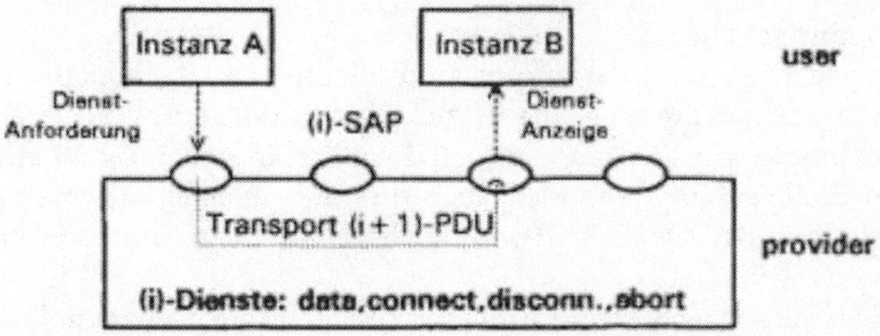

Bild 1.12. Basisdienste: Transaktionen

Allgemein treten diese Transaktionen dann bei dem zugehörigen entfernten SAP in Form einer *Dienstanzeige* in Erscheinung. Die maßgebliche Leistung in jeder Schicht besteht darin, Nachrichteneinheiten, genauer Protokoll-Da-

---

4 Definition und Abgrenzung der Begriffe "Basisdienste" und "Sonderdienste" erfolgen hier lediglich aus Darstellungsgründen. In der Praxis erweisen sie sich als unscharf, wenn man bedenkt, dass der Dienstumfang moderner Kommunikationssysteme ständig erweitert wird.

teneinheiten (PDUs), von einem SAP zum gewünschten Ziel-SAP zu transportieren. Ein Basisdienst, der deshalb von allen Schichten geboten werden muss, ist der Datentransportdienst, oder kurz

data-Dienst.

Der Abruf des data-Dienstes veranlasst den Diensterbringer (provider), Daten zwischen einem Quell-SAP zu einem Ziel-SAP zu transportieren.

Eine wesentliche Voraussetzung zum Transport der SDUs ist, dass zwischen den SAPs eine Verbindung vorhanden ist. Dies ist nicht selbstverständlich. Insbesondere in Datennetzen mit mehreren Endsystemen soll ja eine wahlfreie Datenverbindung zwischen beliebigen Systemadressen zustande kommen. Es müssen hier also vor dem Transport der Nutzdaten Verbindungen zwischen je zwei SAPs aufgebaut werden. Dies ist die klassische Aufgabe der Netzwerkschicht, die eine Verbindung zwischen zwei ganz bestimmten N-SAPs beliebiger Datenstationen des gesamten Kommunikationssystems herstellen muss. Aber auch in anderen Schichten ist a priori nicht von einer bestehenden Datenverbindung zwischen SAPs auszugehen, z.B. wenn beteiligte Systemteile nicht betriebsbereit, gestört oder temporär überlastet sind. Datenverbindungen können gezielt mit dem

connect-Dienst

aufgebaut werden. Als Parameter sind hierbei i.a. die Quell- und die Zieladresse der beteiligten SAPs in der Dienstanforderung zu übergeben. Auf die Adressierung werden wir noch detailliert in Abschn. 4.3.1 eingehen. An dieser Stelle sei angenommen, dass die übergebenen Adressen es dem Dienst erlauben, den Quell-SAP und den Ziel-SAP im gesamten System eindeutig zu identifizieren.

Einmal so aufgebaute Verbindungen müssen, um Betriebsmittel freizugeben, notwendigerweise wieder abgebaut werden, wenn die Datenübertragungsphase beendet ist. Dies macht einen

disconnect-Dienst

notwendig. Mit diesem Dienst (manchmal auch release genannt) wird eine SAP-Verbindung gezielt ausgelöst. Auch hierbei sind in der Dienstanforderung die Adressen der beteiligten SAPs zu übergeben.

Als letzter Basisdienst sei der

abort-Dienst

angesprochen, mit dem eine eingeleitete Transaktion unterbrochen werden kann. Der Dienst wird immer dann benutzt, wenn aufgrund von Fehlersituationen die Kommunikation abrupt unterbrochen werden muss. Er kann vom user angefordert als auch vom provider eigenständig angezeigt werden. Im Falle eines provider-aborts (*p_abort*) sieht sich der provider nicht mehr in der Lage, zuvor angeforderte Dienste zu erbringen. Bei einem user-abort (*u_abort*) ist der user in einen Zustand geraten, in dem alle zuvor angeforderten Dienste abgebrochen werden sollen.

1. 4. 2. Zeitfolgediagramm

Dienste eines providers verhalten sich gegenüber den usern immer kausal. In kausalen Systemen kann eine Wirkung immer erst eintreten, nachdem eine Ursache vorhanden ist. Die auf die Dienstanforderungen einer Instanz eingeleiteten Transaktionen des providers benötigen darüber hinaus eine messbar endliche Zeit, bevor Dienstanzeigen am entfernten SAP für die Partnerinstanz in Erscheinung treten. Dieser Zeitverbrauch hängt von der technischen Realisierung der Instanzen und des Übertragungsmediums ab. Ursachen für den Zeitverbrauch sind z.B. endliche Bearbeitungszeiten in den Instanzen, Übertragungszeiten und Laufzeiten auf dem Übertragungsmedium. Der Zeitverbrauch hat in Kommunikationssystemen eine zentrale Bedeutung. Er soll i.a. so gering wie möglich sein. Dennoch müssen sich die Instanzen als user des Dienstes auf den immer endlichen Zeitverbrauch des Dienstes einstellen. Hierzu bedarf es neben der statischen Beschreibung des Dienstes, wie beispielsweise nach Bild 1.12, auch einer dynamischen Beschreibung des Dienstverhaltens.

Zeitfolgediagramme beschreiben das dynamische Verhalten eines Dienstes aus der Sicht der user. Bild 1.13 stellt ein solches Diagramm verallgemeinert dar. Konventionen zum Aufstellen der Diagramme finden sich in.[5]

Das Zeitfolgediagramm beschreibt die Aktionen und Reaktionen der user und die hiervon ausgelösten Transaktionen des providers in ihrem kausalen und zeitlichen Ablauf. Aktionen, Transaktionen und Reaktionen sind durch Pfeile dargestellt. Ursache und Aktion in unserem Beispiel ist die Dienstanforderung der Instanz A, die Transaktion ist das Übertragen der PDU durch den Dienst und die Reaktion ist die Dienstanzeige bei der Instanz B.

[5] CCITT: *Empfehlungen der V- und X- Serie,* Band 5: Datenübermittlungsnetze, Offene Kommunikationssysteme, Systembeschreibungstechniken, R. v. Deckers Verlag, 1987, Empfehlung X.210.

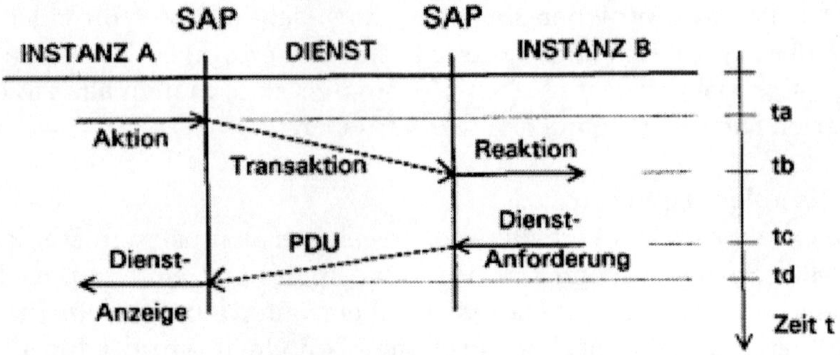

Bild 1.13. Zeitfolgediagramm mit Zeitskalierung und -Marken

In vertikaler Richtung schreitet die Zeit voran. Optional ist die Darstellung einer skalierten Zeitachse t, um den Zeitverbrauch bestimmter Vorgänge maßstäblich zu skizzieren. Die Zeitachse kann ggf. Zeitmarken (t_a, t_b, usw.) tragen, wenn bestimmte Zeitpunkte ausgewiesen werden sollen.

In der Kommunikationstechnik sind Zeitfolgediagramme ein häufig eingesetztes Hilfsmittel, mit dem zeitliche Abläufe, speziell Dienstabläufe und Protokolle in Kurzform und übersichtlich veranschaulicht werden. Auch wir werden im Folgenden häufig davon Gebrauch machen. Leider haben Zeitfolgediagramme einen beschränkten Detaillierungsgrad, so dass sie sich für Spezifikationsaufgaben als zu oberflächlich erwiesen haben. Wir werden deshalb für solche Aufgaben noch andere, besser geeignete Darstellungsmethoden kennenlernen.

1. 4. 3. Dienstprimitive

Dienstanforderung- und anzeige sind Bestandteile der bereits früher eingeführten Dienstsignale. User und provider kommunizieren am SAP über Dienstsignale miteinander. Dienstsignale dienen zum einen dazu, den jeweilig benötigten Dienst des providers zu kennzeichnen, zum anderen zur Übertragung der Protokolldateneinheiten einer Instanz zum provider. Das Dienstsignal ist als Steuersignal an einen SAP aufzufassen, in dem als Parameter die PDU des users bzw. die SDU des providers enthalten ist. Damit die Steuerrichtung und deren Wirkung eindeutig festgelegt sind, bedarf es zusätzlicher Richtungsindikatoren innerhalb eines Dienstsignals, *Dienstprimitive* genannt.

Nach den Konventionen für Dienste der OSI-Schichten [6] sind folgende vier Dienstprimitive definiert, die den Meldungsaustausch zwischen User und Provider regeln:

Tabelle 1.3. Dienstprimitive

Primitiv	Richtung	Bedeutung
request	user --> provider	Dienstanforderung
indication	provider --> user	Dienstanzeige
response (+/-)	user --> provider	Dienstbeantwortung (positiv/negativ)
confirmation (+/-)	provider --> user	Dienstbestätigung (positiv/negativ)

Zur Formulierung eines kompletten Dienstsignals am SAP muss noch ergänzt werden, welcher Dienst angesprochen ist und es müssen mit dem Steuersignal ggf. Parameter übergeben werden. Dies sind beispielsweise PDUs wenn der data-Dienst in Anspruch genommen wird oder Adressen im Fall des connect-Dienstes. Ein komplettes Dienstsignal lässt sich dann gemäß folgender Syntax schreiben:

<Schichtname>_<Dienst> . <Dienstprimitiv>(<(optionale Parameter)>)

Als Schichtname sind die Kurzformen für die jeweilige Schicht vereinbart, also a, p, s, t, n, dl und ph. Dienstsignale sollen im Folgenden in Kleinbuchstaben geschrieben werden, im Unterschied zu PDUs, die wir groß schreiben wollen.

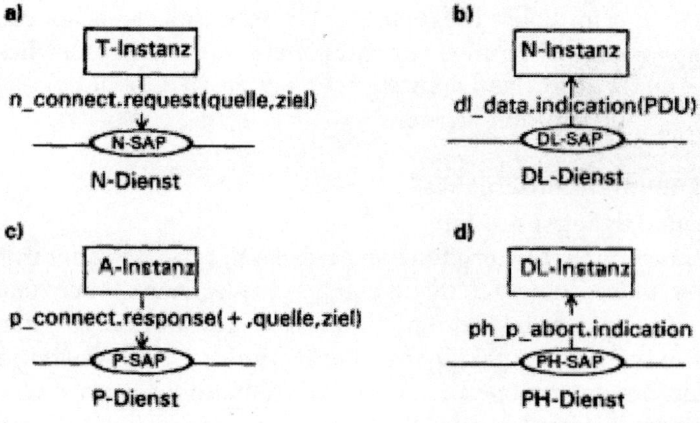

---

[6] CCITT: *Empfehlungen der V- und X- Serie,* Band 5: Datenübermittlungsnetze, Offene Kommunikationssysteme, Systembeschreibungstechniken, R. v. Deckers Verlag, 1987, Empfehlung x. 210.

Bild 1.14. Beispiele für die Nomenklatur und den Gebrauch von Dienstsignalen (Erläuterungen im Text)

Die nachfolgend erläuterten und im Bild 1.14 dargestellten Beispiele mögen den Gebrauch und die Notation von Dienstsignalen verdeutlichen.

a) n_connect.request(quelle,ziel): am Dienstzugangspunkt N-SAP mit der Adresse quelle fordert ein user (T-Instanz) einen Verbindungsaufbau zu einem entfernten N-SAP mit der Adresse ziel.

b) dl_data.indication(PDU) : am DL-SAP zeigt der DL-Dienst der N-Instanz Daten an. Als Parameter taucht hierbei die zu übertragende PDU auf.

c) p_connect,response(+,quelle,ziel) : Die A-Instanz beantwortet am P-SAP einen Verbindungsaufbauwunsch. Als Parameter treten die Adressen und das Pluszeichen auf, was besagt, dass die P-Instanz die Verbindung annehmen will. Andernfalls würde hier ein Negativzeichen eingefügt sein.

d) ph_p_abort.indication: Die PH-Instanz zeigt der DL-Instanz einen provider-Abbruch an. Alle zuvor von der DL-Instanz in Anspruch genommenen Dienste des PH-Dienstes sind nicht mehr verfügbar. Als Ursache könnte z.B. eine Unterbrechung der Übertragungsstrecke (Medium) aufgetreten sein. Es ist möglich, die Ursache des Dienstabbruchs dem user in Form eines Parameters mitzuteilen. In diesem Fall würde das Dienstsignal *ph_p_abort("Grund des Abbruchs")* übermittelt werden.

1. 4. 4. Kommunikationsabläufe an den Dienstzugangspunkten

Dienste können der anfordernden Instanz bestätigt werden oder unbestätigt bleiben. Man unterscheidet dementsprechend zwei Diensttypen: *unbestätigte* und *bestätigte* Dienste. Im Kommunikationsablauf an den Dienstzugangspunkten kommen unterschiedliche Dienstprimitive zur Anwendung. Die Abläufe und die eingesetzten Primitive werden am besten mit einem Zeitfolgediagramm verdeutlicht. Im Bild 1.15 ist dies an zwei SAPs einer beliebigen Schicht dargestellt.

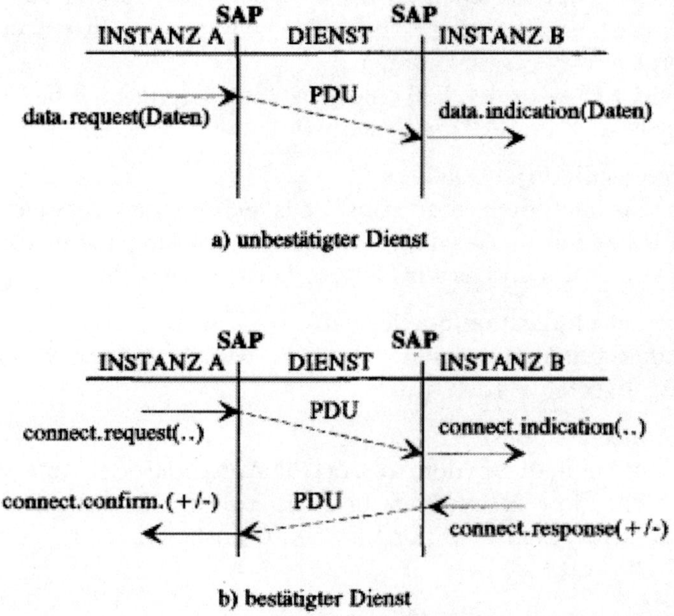

Bild 1.15. Kommunikationsabläufe für einen unbestätigten und bestätigten Dienst

Im Teil a) des Bildes ist der Ablauf für den Fall eines unbestätigten Dienstes gezeigt. Als Beispiel wurde der data-Dienst gewählt. Am SAP des Systems A wird der Dienst mit

data.request(Daten)

angefordert.[7] Die zugehörige Instanz schickt daraufhin eine Protokollnachricht PDU an ihre Partnerinstanz des Systems B. In der PDU sind die zu übertragenden Daten enthalten. Die Partnerinstanz im System B übergibt diese Daten am SAP mit der Anzeige

data.indication(Daten).

Damit ist die Transaktion vollständig abgeschlossen. Ob und wieweit die Daten tatsächlich bei der Partnerinstanz B angelangt sind, erfährt die Instanz A hier nicht. Die Benutzung der Dienstklasse *unbestätigter Dienst* setzt daher

[7] Der Schichtenname im Dienstsignal ist hier bewusst weggelassen, da die Vorgänge verallgemeinert, an einer beliebigen Schicht untersucht werden sollen.

eine bestimmte Mindestsicherheit bei der Dienstabwicklung aus Sicht der Benutzer voraus. Anders ausgedrückt: Die benutzenden Instanzen müssen sich auf den Dienst verlassen können.
Teil b) in Bild 1.15 zeigt den Fall eines bestätigten connect-Teildienstes. Die Dienstanforderung am SAP des Systems A lautet:

connect.request(quelle, ziel).

Der Dienst, das heißt die beiden zum Dienst gehörenden, hier nicht gezeigten Partnerinstanzen prüfen daraufhin die Verbindungsmöglichkeit durch Austausch von PDUs und es wird am SAP des Systems B mit

connect.indication(quelle, ziel)

angezeigt, dass ein Verbindungswunsch besteht. Im System B muss diese Anzeige beantwortet werden durch

connect.response(+/-).

Der Parameter beinhaltet in der Antwort die Annahme oder Ablehnung. Mit einer PDU wird diese Antwort an die Partnerinstanz im System A übertragen, die ihrerseits eine Bestätigung an den Dienstanforderer (Instanz A) in der Form

connect.confirmation(+/-)

abgibt. Bei Benutzung eines bestätigten Dienstes bekommt also der Anforderer dieses Dienstes immer eine Quittung über den Erfolg bzw. Misserfolg seiner Dienstanforderung. Diese Dienstklasse hat daher aus Sicht des Benutzers erhöhte Sicherheit, verbraucht im Ablauf aber auch mehr Zeit als ein unbestätigter Dienst.

Schließlich sei noch festgehalten, dass es den Instanzen bekannt sein muss, ob Dienste unterlagerter Schichten bestätigt oder unbestätigt sind, denn sie müssen in ihrem Verhalten bei Benutzung eines bestätigten oder unbestätigten Dienstes unterschiedlich reagieren. Bei einem unbestätigten Dienst kann eine Instanz nach Anfordern des Dienstes i.a. in ihrer Bearbeitung fortfahren, bei einem bestätigten Dienst muss sie warten, bis die Quittung "confirmation" eintrifft. Bei der Festlegung der Dienste einer Schicht ist festzulegen, welche der Dienste bestätigt und welche unbestätigt ablaufen sollen. Dies gehört zu den Entwurfsaufgaben für ein Kommunikationssystem, auf die wir später zurückkommen werden.

Bestimmte Dienste, so z.B. der connect-Dienst, müssen zwangsläufig bestätigt sein, denn der Benutzer will ja gerade durch Aufruf dieses Dienstes erfahren, inwieweit er eine Verbindung voraussetzen kann oder nicht. Er erwartet demnach eine Antwort, die u.U. auch negativ sein kann, wenn z.B.

die Verbindung abgelehnt wird, weil die Partnerinstanz besetzt ist. Dagegen treten andere Dienste, z.B. der abort-Dienst nur als unbestätigter Typ auf.

Speziell für den Datenübertragungs-Dienst unterscheidet man noch mehrere Grundformen der Dienstabwicklung, bei denen die beiden Typen bestätigt und unbestätigt in Kombination vorkommen[8]. Ihre Transaktionen sollen in den beiden folgenden Abschnitten untersucht werden.

1. 4. 4. 1. Verbindungslos orientierte data-Dienste

Verbindungslos orientierte Datenübertragung (engl. connectionless data services) ist eine Form des data-Dienstes, wie sie häufig in lokalen Netzen eingesetzt wird. Sie arbeitet nach dem Prinzip des Briefpostdienstes (vergl. Bild 1.5). Sie hat auch ähnliche Ausprägungen wie der Briefpostdienst. Wesentliches Kennzeichen ist, dass die Datenübertragung ohne vorhergehenden Verbindungsaufbau zwischen den SAPs beginnt. Jede am SAP zu sendende Dateneinheit muss mit vollständiger Adressinformation übergeben werden:

data.request(quelle,ziel,PDU).

Der Diensterbringer leitet aus den Adressen die Wegeleitung (Routing) der Datenpakete ab. Dieses ist ein recht zeitaufwendiges Verfahren für den Diensterbringer, denn er muss bei jeder Dienstanfrage erneut routen. Die Dienstabwicklung für den Dienstbenutzer ist dagegen recht einfach. Verbindungslos orientierte data-Dienste kommen deshalb meist auch nur in kleineren, lokalen Datennetzen zur Anwendung, bei denen aufgrund der geringen Zahl von Transitsystemen das Lenken der Datenpakete zum Ziel einfach und zeitunkritisch ist.

Datagramm-Dienst (engl. datagram)

Dies ist die einfachste Form des verbindungslos orientierten data-Dienstes. Der Dienst ist ein unbestätigter data-Dienst, wie er bereits im Bild 1.15 (Teil a) zu sehen ist, der allerdings die Übergabe von Adressen bei jeder Anforderung erfordert. Der Dienst ist vergleichbar mit dem normalen Briefdienst. Der Benutzer bekommt keine Antwort auf seine Sendung. Er muss sich auf eine gewisse Zuverlässigkeit des Dienstes verlassen und ggf. durch eigene Maßnahmen, d.h. durch sein Protokoll, für die Zuverlässigkeit und Fehlersicherheit der Datenübertragung sorgen.

---

[8] Sloman, M.; Kramer, J.: *Verteilte Systeme und Rechnernetze*, Hanser-Verlag 1988.

Übergabebestätigungs-Dienst (engl. confirmation of delivery)

Dieser Dienst, vergleichbar mit dem Einschreib-Dienst, ist zuverlässiger als der datagram-Dienst (Bild 1.16). Der Dienst quittiert jede von der Instanz A gesendete Nachricht mit einer Bestätigung. Der Bestätigungsgrad wird als Parameter angegeben. Die Bestätigung kann besagen, dass die Nachricht am entfernten SAP abgeliefert wurde (delivered), dass die Übertragung momentan unmöglich ist (not delivered) oder der Dienst die Nachricht nicht zustellen konnte, weil der Empfänger unbekannt ist (unknown).

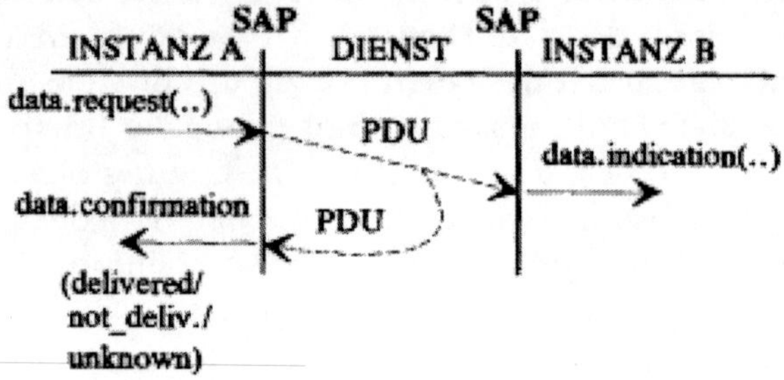

Bild 1.16. Übergabebestätigungs-Dienst

Anfrage-Antwort-Dienst (engl. request-reply)

Dieser Dienst ist ein bestätigender Datendienst. Er arbeitet nach dem Prinzip, wie es in Bild 1.15 (Teil b) dargestellt. Im Unterschied zum Übergabebestätigungs-Dienst quittiert hier nicht der Dienst sondern die empfangende Instanz, indem sie jede Datenanzeige mit *data.response* beantworten muss[9]. Dieses führt dann bei der sendenden Instanz A zur Bestätigung *data.confirmation*. Der Dienst ist sehr zuverlässig, da ja der Empfänger den Erhalt der Nachricht quittieren muss; das Verfahren ist allerdings auch recht schwerfällig in Bezug auf den Datendurchsatz.

1. 4. 4. 2. Verbindungsorientierte data-Dienste

Verbindungsorientierte data-Dienste (engl. connection oriented data services) funktionieren wie der Fernsprechdienst. Vor der Datenübertragung muss eine Datenverbindung zwischen zwei SAPs hergestellt werden, die

---

[9] Im Postverkehr kennt man hierfür den Dienst "Einschreiben mit Rückantwort".

nach Beendigung der Datenübertragung wieder abgebaut wird. Die Transaktionen teilen sich in 3 Operationsphasen auf: 1. Verbindungsaufbau, 2. Datenübertragung, 3. Verbindungsabbau, deren Ablauf in Bild 2.17 gezeigt ist.

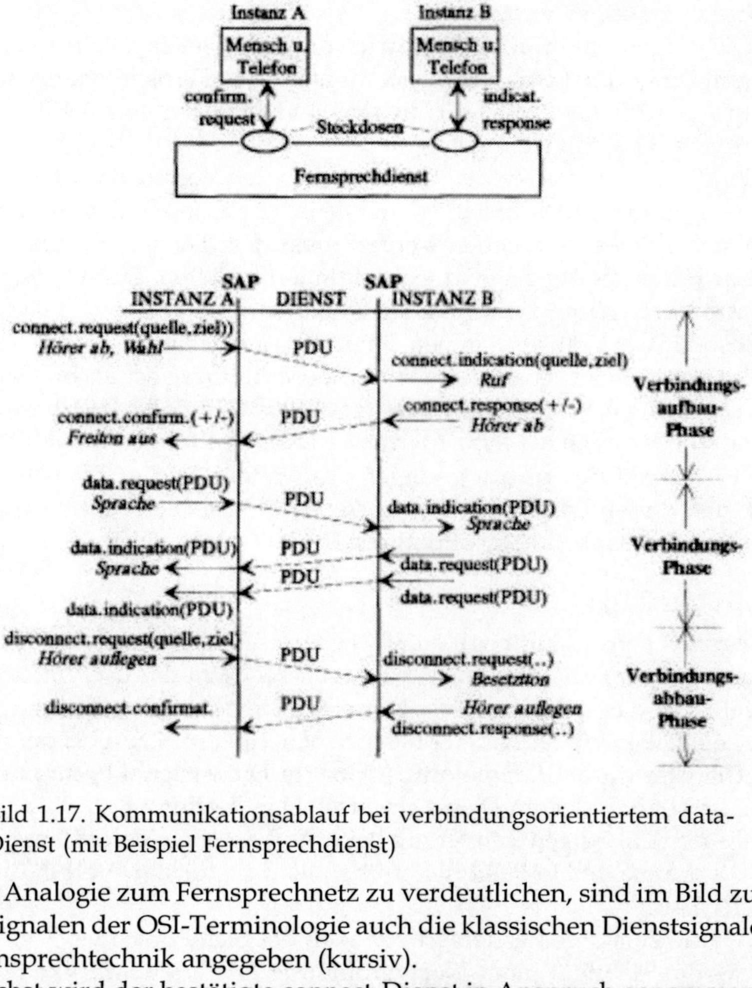

Bild 1.17. Kommunikationsablauf bei verbindungsorientiertem data-Dienst (mit Beispiel Fernsprechdienst)

Um die Analogie zum Fernsprechnetz zu verdeutlichen, sind im Bild zu den Dienstsignalen der OSI-Terminologie auch die klassischen Dienstsignale aus der Fernsprechtechnik angegeben (kursiv).

Zunächst wird der bestätigte connect-Dienst in Anspruch genommen, um zuverlässig eine Verbindung zwischen den SAPs (mit Adressen) aufzubauen. In der Fernsprechtechnik sind die SAPs die Telefonsteckdosen und die Adressen entsprechen den Rufnummern der Teilnehmer. Die Teilnehmer, bestehend aus Mensch mit Telefonapparat, sind die kommunizierenden Instanzen. Nachdem die Verbindung aufgebaut ist, können beidseitig

Daten mit Hilfe des unbestätigten data-Dienstes übertragen werden. In der Fernsprechtechnik sind dies Gesprächsdaten der Teilnehmer. Die Verbindung wird schließlich von einer der beteiligten Instanzen mit dem disconnect-Dienst abgebaut.

Das Zeitfolgediagramm zeigt lediglich den erfolgreichen Aufbau einer Datenverbindung. der Leser möge sich anhand des Fernsprechdienstes selbständig verdeutlichen, welche Transaktionen aufträten, wenn z.B. die gerufene Instanz B besetzt ist.

Verbindungsorientierte data-Dienste haben den Vorteil, dass die Adressen seitens der initiierenden Instanz dem Dienst nur einmal mit dem Dienstsignal connect.request übergeben werden muss. Der Dienst braucht auch nur in dieser Phase die Wegelenkungsfunktionen einleiten. Danach wird quasi eine feste Verbindung zwischen der Quell-Adresse und der Zieladresse in allen beteiligten Transitsystemen eines Kommunikationsnetzes gehalten. Für die user dieses Dienstes erscheint die Verbindung so, als ob eine Übertragungsleitung für sie exklusiv bereitgestellt ist. Deshalb wird dieser Dienst hin und wieder auch als *Dienst virtueller Leitungen* (engl. *virtual circuit*) bezeichnet. Wegen des relativ geringen Aufwandes in den Transitsystemen findet man diesen Dienst meist in größeren, öffentlichen Kommunikationsnetzen vor (Fernsprechnetz, öffentliche DATEX-Netze, ISDN).

1. 4. 5. Dienstgüte

Der Begriff "Dienstgüte" (engl. quality of service) bezieht sich auf bestimmte Eigenschaften der Dienste, wie sie sich aus der Sicht der user darstellen. Er kennzeichnet das Leistungsverhalten eines Dienstes. Die Dienstgüte wird durch sog. Dienstgüteparameter beschrieben. Ein user kann bei der Anfrage eines Dienstes durch Parameterübergabe im Dienstsignal bestimmen, welche Eigenschaften er vom Dienst erwartet. Dies betrifft z.B.

- den zulässigen Zeitverzug beim Aufbau einer Verbindung,
- die maximale Fehlerwahrscheinlichkeit für den Verbindungsaufbau,
- die zulässige Restfehlerhäufigkeit des Sicherungsdienstes,
- die Stabilität einer Netzverbindung (Wahrscheinlichkeit des Abbruchs),
- die Mindestblocklänge für die Übertragung einer PDU oder
- die maximal akzeptierten Kosten für die Datenübertragungsphase.

Der Austausch von Dienstgüteparametern zwischen user und provider findet in der Hauptsache nur Anwendung bei verbindungsorientierten data-

Diensten und dann nur in der Phase des Verbindungsaufbaus. In dem Dienstsignal

connect.request(quelle, ziel, Dienstgüteparameter,....)

werden die Parameter dem Dienst übergeben. Das Dienstsignal

connect.indication(quelle, ziel, Dienstgüteparameter,....)

zeigt der Partnerinstanz die gewählten Parameter an, so dass zwei Partnerinstanzen für die Phase der Datenübertragung mit fest vereinbarten Dienstgüteparametern arbeiten können. Wenn der Dienst die geforderte Dienstgüte nicht bereitstellen kann, lehnt er dies gegenüber dem user mit *connect.confirm(-)* ab.

1. 5. Arbeitsweise der Instanz

In diesem Abschnitt wollen wir einiges über die Funktionsweise der Instanzen kennenlernen. Die Instanzen sind die kleinsten Arbeitseinheiten innerhalb des Kommunikationssystems. Instanzen vollführen die Aufgaben innerhalb einer Schicht; es sind die Bausteine des Kommunikationssystems. Ihre Arbeitsweise zur Dienstabwicklung ist von entscheidender Wichtigkeit für das Verständnis von Kommunikationssystemen. Dies gilt für die Analyse und Bewertung von Teilfunktionen innerhalb eines Systems, aber viel mehr noch für den Entwurf von Telekommunikationssystemen.

Im letzten Kapitel haben wir den statischen Aufbau und die dynamischen Abläufe für Kommunikationsdienste studiert. Hier soll nun untersucht werden, in welcher Weise die Instanzen als Bausteine der Schichten diesen Ablauf realisieren, mit welchen Mechanismen sie sich auf die unterlagerten Schichtenfunktionen abstützen und wie die Kommunikation zur Partnerinstanz bewerkstelligt wird. Es wird sich zeigen, dass die Arbeitsweise der Instanzen in allen Schichten ähnlicher Natur ist, nach einem ganz bestimmten Schema funktioniert. Dieses Schema gilt es, hier herauszuarbeiten.

1. 5. 1. Endliche Automaten

Wesentliches Merkmal des Instanzenverhaltens ist die eigenständige Arbeitsweise innerhalb der jeweiligen Schicht. Instanzen agieren, ohne dass die Funktion oder gar Existenz anderer Instanzen vorausgesetzt werden muss. Sie kommunizieren mit ihrer Umgebung über Signale. Bild 2.18 zeigt die einzelne Instanz in dieser Umgebung. Die Instanz "sieht" ihre Umgebung an dem überlagerten und dem unterlagerten SAP und ferner an der virtuellen

Schnittstelle zu ihrer Partnerinstanz. Über diese Schnittstellen findet der Signalaustausch statt. Die Instanz empfängt an den Schnittstellen Eingangssignale.

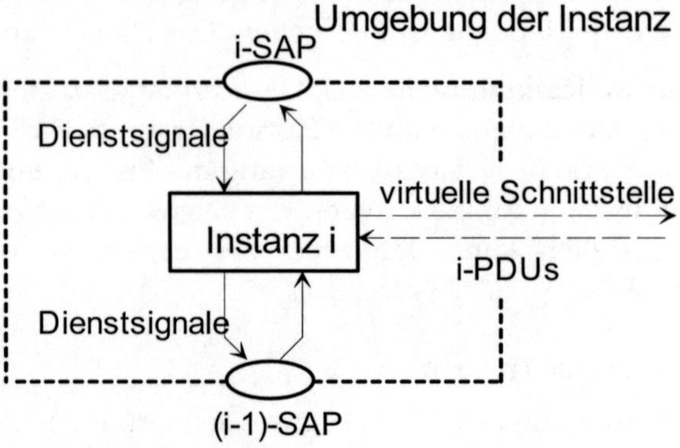

Bild 1.18. Instanz und Schnittstellen zur Umgebung

In Abhängigkeit der eintretenden Signale vollführt die Instanz bestimmte, der Schicht zugehörige Aufgaben und meldet über Ausgangssignale den Erfolg bzw. Misserfolg in der Bearbeitung der Eingangssignale. Dabei ist die Menge und die Art der Eingangssignale, welche zu Bearbeitungsvorgängen innerhalb der Instanz führen, wichtig; nur bestimmte, zulässige Eingangssignale unter ganz bestimmten Bedingungen oder Zuständen, in denen sich die Instanz befindet, führen zu entsprechenden Bearbeitungen. Andere, unzulässige Signale werden von der Instanz ignoriert.

Aufgrund ihrer Eigenständigkeit erfüllen Instanzen technisch betrachtet die Merkmale von endlichen Automaten im Sinne der Automatentheorie[10]. Sie agieren und reagieren zustands- und ereignisabhängig; die Zahl der Ereignisse und die Zahl ihrer dabei durchlaufenen Zustände sind endlich. In der englischsprachigen Literatur sind solche Automaten unter dem Begriff *Finite State Machine (FSM)* bekannt.[11]

---

[10] Hopcroft, Ullman: *Einführung in die Automatentheorie,* Formale Sprachen u. Komplexitätstheorie, Addison-Wesley 1990.

[11] Belina, Ferenc u.a.: *SDL with applications from Protocoll Specification,* Prentice Hall International, 1991 und Hopcroft, Ullman: *Einführung in die Automatentheorie,* Formale Sprachen u. Komplexitätstheorie, Addison-Wesley 1990.

1. 5. 1. 1. Finite State Machine (FSM)

Finite State Machines oder endliche Automaten sind Teil einer verallgemeinerten Automatentheorie. Ihr Verhalten ist definiert über einen Satz endlich vieler *Zustände* (engl. *state*), einen Satz von endlich vielen Eingangssignalen sowie Beschreibungen der ereignisabhängigen Zustandsübergänge, auch *Transitionen* genannt (engl. *transition*).

Zur Beschreibung der möglichen Zustandsübergänge bedient man sich entweder einer *Zustandsübergangstabelle* (engl. *state transition table*) oder aber, was i.a. übersichtlicher ist, eines Graphen.[12] Bei der Graphenmethode werden die Zustände durch Zustandssymbole dargestellt und Pfeile zwischen den Zuständen markieren Ereignisse, die die Transition kennzeichnen. Eine im Bereich der Prozessautomation weit verbreitete Graphen-Methode ist beispielsweise die Petri-Netz-Methode.[13] Im Bestreben, Instanzenabläufe und dynamische Abläufe von Kommunikationsprotokollen formal zu beschreiben, gab es Ansätze, diese Methode auch für Kommunikationssysteme einzusetzen.[14]

In der Hauptsache wollen wir in diesem Buch eine vom CCITT für Kommunikationssysteme empfohlene und standardisierte Beschreibungstechnik, die **SDL-Methode**[15] wählen. Sie hat sich heute allgemein bei Kommunikationssystemen für Zustandsbeschreibungen durchgesetzt[16] und hat ge-

---

[12] Rembold, Ulrich (Hrsg): *Einführung in die Informatik für Naturwissenschaftler und Ingenieure,* Hanser-Verlag 1987.

[13] Rosenstengel, Bernd und Udo Winand: *Petri-Netze,* eine anwendungsorientierte Einführung, Vieweg 1991.

[14] Berthelot, Gerard und Richard Terrat: *Petri net theory for the correctness of protocols,* IEEE Trans. Commun., Vol. COM-30, 1982, S. 2497-2505; Bochmann et al: *Experience with Formal Specifications Using an Extended State Transition Model,* IEEE Transact. on Comm., Vol 30, No.12, Dec. 1982, S. 2506-2513; Danthine, A. A. S.: *Protocol Representation with Finite State Machines,* IEEE Transactions on Communication, Vol. COM-28, June 1980, S. 632-642; Diaz, M.: *Modelling and analysis of communication and cooperation protocols using Petri net based models,* Computer Networks, Vol. 6, 1982, S. 419-441.

[15] SDL = Specification and Description Language.

[16] Belina, Ferenc u.a.: *SDL with applications from Protocoll Specification,* Prentice Hall International, 1991; Kröger, Peter: *SDL-Graphik (Specification and Description Language),* Skriptum Fachhochschule Hamburg, FB Elektrotechnik u. Informatik, 1990 und CCITT: *Specification and Description Language SDL,* Recommendation

genüber den bisher bekannten Methoden genauere Spezifikationsmöglichkeiten. Die SDL-Beschreibungstechnik definiert eine Reihe von Symbolen, mit denen man das Verhalten von zustandsabhängigen Automaten in sehr übersichtlicher und exakter Weise darstellen kann. Im Folgenden sollen nun die wesentlichen SDL-Symbole insoweit zusammengestellt werden, wie sie zur Beschreibung der dynamischen Abläufe innerhalb von Instanzen notwendig sind. Einfache Beispiele sollen die Symbole und die Automatenabläufe erklären. Eine vollständige Liste aller in diesem Buch verwendeten SDL-Symbole ist dem Anhang (Abschn. 9.4) zu entnehmen.

Anzumerken ist, dass die SDL-Methode viel weitreichender auch für den Entwurf von Kommunikationssystemen einzusetzen ist. Wir werden in Abschn. 7 darauf zurückkommen.

Der einfache, endliche Automat ist definiert durch einen Satz von Ereignissen, einen Satz von endlich vielen Zuständen und einen Graphen zur Beschreibung der Zustandsübergänge. Der Graph eines solchen Automaten benötigt zwei Symbole:

Im Zustandsdiagramm wird eine Verkettung dieser Symbole vorgenommen, wobei die Transitionen durch gerichtete Linien dargestellt sind. Das folgende, in Bild 1.19 gezeigte Beispiel möge das Verhalten dieses Automaten verdeutlichen.

Die Ereignisse e1, e2 und e3 veranlassen den Automaten, seinen (Ausgangs)zustand A zu verlassen. Bei einem Ereignis e1 kehrt der Automat in seinen Ausgangszustand zurück, im Falle von e2 und e3 werden die neuen Zustände B bzw. C angenommen.

Z.100.

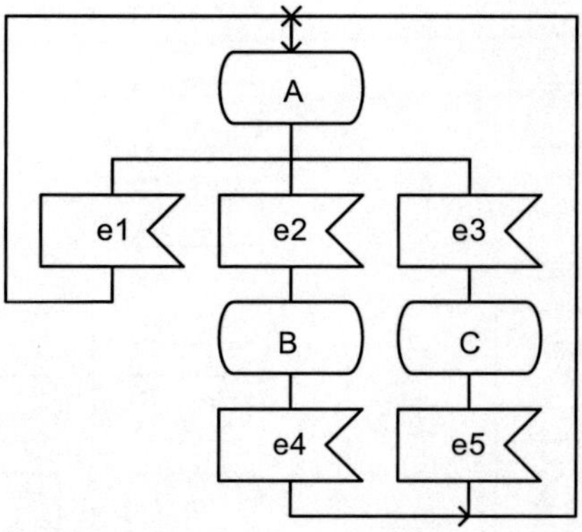

Bild 1.19. Zustandsdiagramm eines einfachen Automaten in SDL-Symbolik

Durch weitere Ereignisse e4 und e5 kehrt der Automat wieder ín seinen Grundzustand zurück. Diese Rückkehr in den Grundzustand aus allen Folgezuständen ist eine Eigenschaft der hier betrachteten Automaten. Würde nämlich in irgend einem Zustand kein Signal mehr wirksam sein, so würde der Automat in diesem Zustand unendlich lange verharren. Es kommt zum Systemstillstand (engl. deadlock). Deadlock-freie Automaten sollen im Folgenden immer vorausgesetzt sein.

1. 5. 1. 2. Extended Finite State Machine (EFSM)

Extended Finite State Machines sind eine Erweiterung der einfachen, endlichen Automaten. Sie erlauben die Speicherung und Bearbeitung von Variablen und sind deshalb mächtiger als einfache Automaten. Je nach Typ der Variablen sind verschieden anzuwendende mathematische Operationen auf die Variablen zulässig. Bild 1.20a demonstriert ein einfaches Beispiel eines solchen Automaten, einen modulo 8 -Zähler, der die Integer-Variable z als Zählerstand benutzt. Wichtigstes Kennzeichen dieser Automaten ist, dass sie auch Anweisungsoperationen, Abfragen bzw. Vergleichsoperationen und sich daran anschließende Verzweigungen im Graphen zulassen. Das SDL-Diagramm benötigt zur Automatenbeschreibung zusätzliche Symbole für den Start des Automaten, für die Variablenbearbeitung und für Vergleichsoperationen.

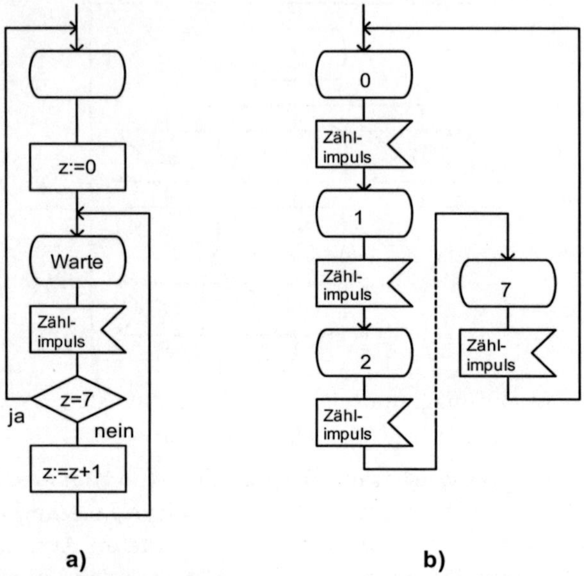

Bild 1.20. Modulo 8- Zähler als

a) Extended Finite State Machine **b)** Finite State Machine (zum Vergleich)

Extended Finite State Machines lassen sich grundsätzlich auf Finite State Machines zurückführen. Im Teil b des Bildes ist der Zählautomat zum Vergleich als einfach endlicher Automat realisiert. Dabei wird der Zählerstand durch den Automatenzustand repräsentiert. Man erkennt, dass wegen der fehlenden Möglichkeit der Variablenbearbeitung i.a. erheblich mehr Zustände als beim erweiterten Automaten auftreten.

1. 5. 1. 3. Communicating Extended Finite State Machine (CEFSM)

Automaten, die mit ihrer Umgebung kommunizieren, bezeichnet man als Communicating Extended Finite State Machines. Wesentliche (zusätzliche) Eigenschaft dieser Klasse von Automaten ist, dass sie sowohl Ereignisse der Umgebung annehmen als auch Ergebnisse an die Umgebung abgeben. Die meisten technischen Automaten sind dazu bestimmt, auf Ereignisse der Umgebung mit Ergebnissen gegenüber der Umgebung zu reagieren. Als Umgebung tritt häufig der bedienende Mensch auf (z.B. Warenautomat, Geldautomat, Rechenmaschine); allgemein kann aber auch ein anderer Automat als Kommunikationspartner Umgebung sein.

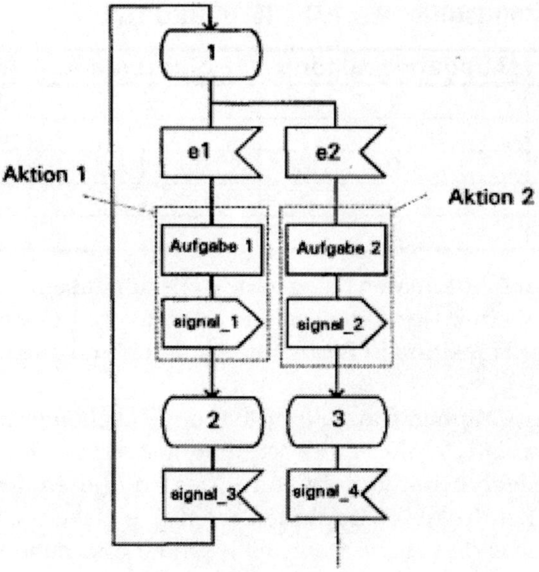

Bild 1.21. Beispiel einer Communicating Extended Finite State Machine

Die Kommunikation des Automaten mit seiner Umgebung geschieht in Form von endlich vielen Eingangs- und Ausgangssignalen. Im SDL-Graphen nach Bild 1.21 treten nun verschiedene Symbole für Eingangs- und Ausgangssignale auf:

Bei den Transitionen in die Zustände 2 und 3 vollzieht der Automat Aktionen, die sich auf interne Verarbeitungsaufgaben beziehen und die auch das Senden von verschiedenen Ausgangssignalen an die Umgebung beinhalten.

1. 5. 1. 4. Zustandsübergangstabelle

Eine zur Graphenmethode alternative Beschreibung von Automaten ist die Zustandsübergangstabelle. Sie definiert auf ihren Tabellenplätzen die Zustände des Automaten, die hierin zulässigen Ereignisse und die daraufhin durchzuführenden Transitionen. Tab. 1.4 zeigt eine solche Zustandsübergangstabelle, passend zu dem Beispiel aus Bild 1.21.

Tabelle 1.4. Zustandsübergangstabelle zu Bild 1.21

Ereignis	Ausgangszustand	Folgezustand	Aktionen
e1	1	2	Aktion 1
e2	1	3	Aktion 2
signal_3	2	1	...
signal_4	3	...	...
...	...	...	...

Jede Transition des Automaten belegt eine Zeile der Tabelle. Die Tabelle ordnet in jeder Zeile einer Kombination aus Ereignis und einem Ausgangszustand genau eine Transition in Form von Aktionen und einem Folgezustand zu.

Gegenüber der Graphen Darstellung hat das Tabellenverfahren den Vorteil, dass es mit relativ einfachen Beschreibungswerkzeugen (Texteditoren) auskommt. Dagegen benötigt man zum Erfassen und Ändern bei der Graphen Methode komfortable Graphikeditoren. Sie stehen jedoch heute zur Verfügung, so dass dies nicht mehr als Nachteil anzusehen ist. Nachteilig beim Tabellenverfahren ist, dass das Automatenverhalten trotz formaler Korrektheit unanschaulich beschrieben ist; die graphische Darstellung ist übersichtlicher. Ein weiterer Nachteil besteht in der eingeschränkten Beschreibungsmöglichkeit für erweiterte Automaten. Beipielsweise können keine verzweigten Aktionen (Abfragen) mit verschiedenen Zielzuständen formuliert werden, da ja pro Zeile immer nur eine Transition angegeben werden kann. Man ist deshalb gezwungen, in solchen Fällen erweiterte Automaten zuvor auf einfache Automaten zurückzuführen, was die Beschreibung u.U. erheblich umfangreicher gestalten kann. Aus den genannten Gründen, soll deshalb in diesem Buch die Graphen Methode in SDL-Form bevorzugt angewendet werden.

1. 5. 2. Instanz als endlicher Automat

Die Instanzen eines Kommunikationssystems tragen alle Merkmale der letztbehandelten Automatenklasse CEFSM (siehe hierzu nochmals Bild 1.18): Verarbeitung von Eingangssignalen, zustands- und ereignisabhängiges Ablaufverhalten, ggf. Bearbeitung von Variablen, Signalgebung zur Umgebung.

Die Umgebung einer Instanz wird gebildet von der überlagerten und der unterlagerten Instanz sowie der Partnerinstanz. Eingangs- und Ausgangssignale sind Dienstsignale und Protokolldateneinheiten (PDUs). Hiermit können wir nun das prinzipielle Verhalten der Instanz als Automat mit einem SDL-Graphen erklären. Wir skizzieren dazu die notwendigen Instanzenschritte am Beispiel des bestätigten connect-Dienstes (vergl. Bild 1.15b), weil hierin alle prinzipiellen Umsetzungsvorgänge innerhalb der Instanz sichtbar werden.

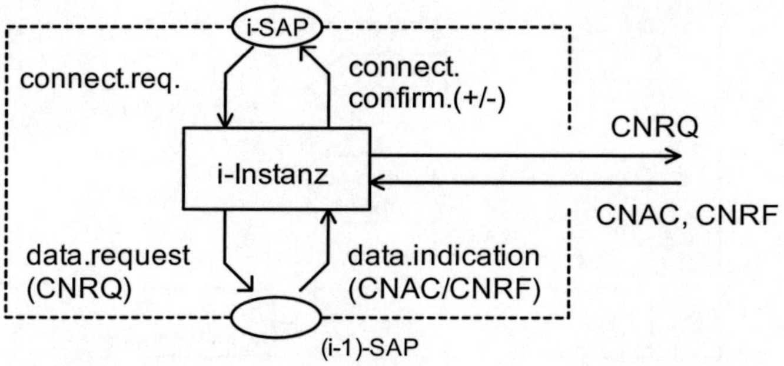

Bild 1.22. Instanzen-Signale zur Abwicklung eines connect-Dienstes

In Bild 1.22 sind die zugehörigen Dienstsignale einer beliebigen Instanz i und die PDUs zur Partnerinstanz dargestellt, die zur Abwicklung des connect-Dienstes benötigt werden. Hierin haben die frei definierten, aber für die Partnerinstanzen verbindlichen PDUs folgende Bedeutung:

CNRQ	Verbindungsanfrage-PDU an die Partnerinstanz (CoNnectReQuest)
CNAC	Bestätigungs-PDU der Partnerinstanz (CoNnectACcept)
CNRF	Ablehnungs-PDU von der Partnerinstanz (CoNnectReFuse)

Die PDUs werden mit Hilfe des data-Dienstes der unterlagerten Schichten von und zur Partnerinstanz transportiert.

Das Automatenverhalten der i-Instanz ist in Bild 1.23 zu sehen. Die Instanz möge sich in einem Grundzustand *Ruhe* befinden. Das Dienstsignal *connect.request* veranlasst sie, an ihre Partnerinstanz eine PDU *CNRQ* zu senden und dann in einen Wartezustand überzugehen. Die Instanz wartet nun auf eine Antwort-PDU von ihrer Partnerinstanz, die positiv (CNAC) oder negativ (CNRF) ausfallen kann. Wenn die PDU *CNAC* eintrifft, bestätigt die Instanz dieses an ihre überlagerte Instanz mit dem Dienstsignal *connect.confirmation(+)* und wechselt dann in den *Verbunden*-Zustand. Andernfalls, bei eintreffender PDU *CNRF*, erfolgt eine negative Bestätigung *connect.confirmation(-)* und die Rückkehr in den Ruhe-Zustand.

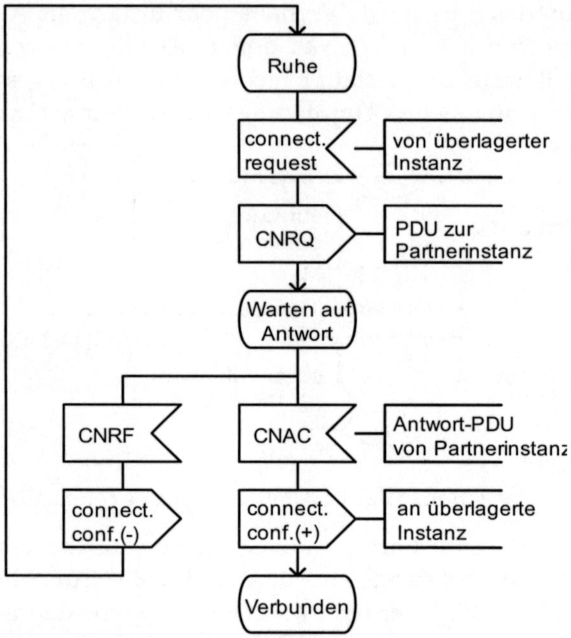

Bild 1.23. Automatenverhalten der Instanz (Ausschnitt)

Das Instanzenverhalten ist nur ausschnittsweise zur Verdeutlichung des Prinzips dargestellt. Der vollständige Automat i-Instanz würde eine Reihe von zusätzlichen Transitionen im Graphen benötigen. Beispielsweise fehlt die Transition für die Rückkehr aus dem Zustand *Verbunden* in den Ausgangszustand *Ruhe* und es fehlt die Transition für den Aufbau einer Verbindung, die von der Partnerinstanz initiiert wird. Ferner sei angemerkt, dass aus Platzgründen in den Graphen Symbolen nicht die vollständige Schreibweise von Dienstsignalen und PDUs gewählt wird. Parameter sind nur insoweit angegeben, als sie für den Ablauf wichtig sind. Für das Senden und Empfangen von PDUs wird grundsätzlich eine Kurzschreibweise gewählt, bei der nur das virtuelle Signal PDU, nicht aber das vollständige, reale Dienstsignal aufgeführt ist, z.B.

CNAC anstatt (i-1)_data.indication(CNAC).

Zusammenfassend ist festzuhalten, dass zu einer vollständigen Beschreibung einer Instanz folgende Punkte gehören: Festlegung der zu verarbeitenden Dienstsignale, Festlegung der zu verarbeitenden PDUs, Festlegung des Automatenverhalten der Instanz in Abhängigkeit der Dienstsignale und

PDUs.

Damit wird deutlich, dass die Instanzenbeschreibung einer Kommunikationsschicht gleichbedeutend mit einer Beschreibung des jeweiligen Protokolls für die betreffende Schicht ist. Graphen Beschreibungen, so z.B. der SDL-Graph, sind deshalb eine geeignete Methode, Kommunikationsprotokolle in einer formalen Weise zu beschreiben.

1. 5. 3. Zeitgeber (Timer)

Häufig ist es erforderlich, dass eine Instanz nach Ablauf einer bestimmten Zeit in einen neuen Zustand übergehen soll. Beispielsweise könnte eine Störung oder Unterbrechung im normalen Signalfluss dazu führen, dass eine Instanz unzulässig lange oder gar immer in einem Zustand verharren würde, wenn erwartete Signale ausbleiben. Ein derartiger Stillstand würde z.B. in Bild 1.23 auftreten, wenn sich die Instanz im Zustand *Warten auf Antwort* befindet und eine Antwort aufgrund einer Störung im Übertragungsweg gänzlich ausbleibt. Die Instanz muss deshalb zusätzlich über einen Zeitüberwachungsmechanismus verfügen, der immer dann, wenn erwartete Signale ausbleiben, eine alternative Transition bewirkt, um ein deadlock zu verhindern.

Der Zeitüberwachungsmechanismus wird in Kommunikationssystemen in Form eines *Zeitgebers* (engl. *Timer*) realisiert. Der Timer ist ein Uhrzeit-Automat innerhalb eines End- oder Transitsystems, der zentral von den Kommunikationsinstanzen desselben Gerätes genutzt wird. Er nimmt von den Instanzen Zeitauftragssignale entgegen, verwaltet die laufende Zeit und kann die Instanzen nach Ablauf dieser Zeiten benachrichtigen.

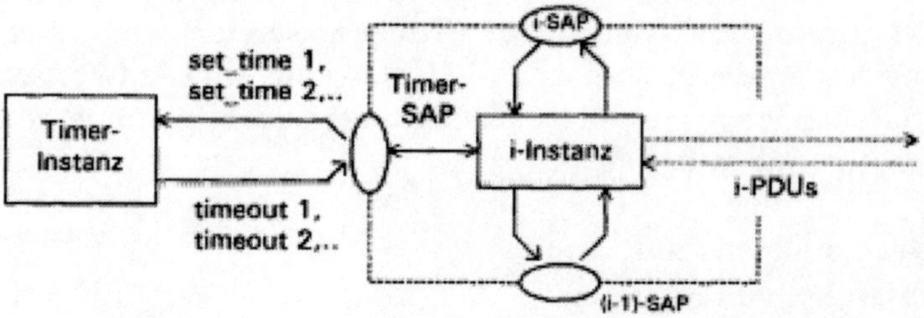

Bild 1.24. Instanzenkommunikation mit einem Timer

Der Timer kann als eine weitere Instanz innerhalb eines Kommunikationssystems betrachtet werden, der über spezielle Timer-Dienstzugangspunkte von den übrigen Instanzen erreichbar ist und mit dem die Instanzen Zeitsignale austauschen (Bild 1.24). Die Zeitauftragssignale *set_time 1, set_time 2* usw. übermitteln dem Timer Zeitaufträge. Als Parameter werden absolute Zeiten oder relative Zeiteinheiten auf einer Zeitbasis, z.B. Millisekunden übermittelt. Nach Ablauf dieser Zeiten antwortet der Timer der Auftrag gebenden Instanz mit den Wecksignalen *timeout1*, *timeout2* usw. Die Timer- Instanz fungiert also gewissermaßen als "Wecker" für die übrigen Instanzen.

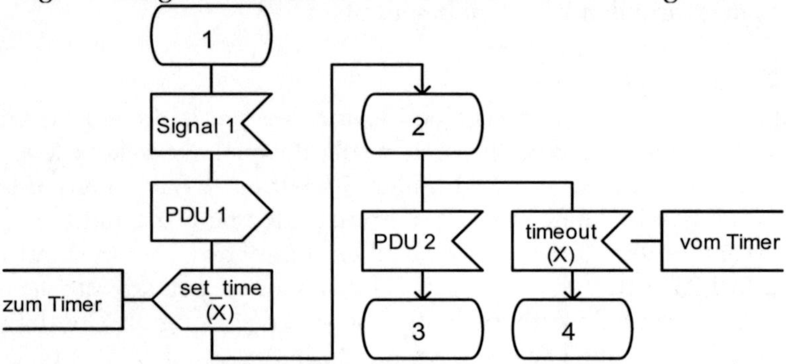

Bild 1.25. Zeitsteuerung der Instanz

Die Verwendung der Zeitsignale zur Instanzensteuerung ist in Bild 1.25 zu sehen. Die Instanz sendet ein Zeitauftragssignal *set_time(x)* an den Timer, nachdem sie an die Partnerinstanz *PDU 1* gesendet hat. Sie geht dann in den Zustand 2. Wenn innerhalb der Zeit x kein (erwartetes) Signal *PDU 2* erscheint, führt das nun vom Zeitgeber an die Instanz gesendete Wecksignal *timeout(x)* zur Transition in den Zustand 4. Andernfalls ginge die Instanz in den Zustand 3, in dem das Wecksignal *timeout(x)* wirkungslos bliebe.

Zeitsignale sind in der hier besprochenen Weise zur Vermeidung von deadlocks grundsätzlich dann an den Timer zu senden, wenn eine PDU zur Partnerinstanz gesendet wird und die Instanz auf eine Antwort wartet, deren Eintreffen in Frage gestellt ist. Der Zeitauftrag erfolgt immer unmittelbar nach dem Aussenden der PDU.

1. 5. 4. Mechanismen zum Senden und Empfangen von Signalen

Die Instanzen kommunizieren mit ihrer Umgebung mittels Signalen. Sie empfangen und senden diese Signale immer über Dienstzugangspunkte (SAPs). Ein Ausgangssignal einer Instanz ist gleichzeitig ein Eingangssignal einer anderen Instanz, für die das Signal bestimmt ist. Die Instanzen sollen unabhängig voneinander arbeiten, das bedeutet u.a., dass sie auch zeitlich unabhängig voneinander, also asynchron im Sinne einer Parallelverarbeitung Signale senden und empfangen müssen. Die SAPs müssen deshalb als Pufferspeicher ausgelegt sein, in denen gesendete Signale bis zum Zeitpunkt der Verarbeitung durch die Empfangsinstanz gespeichert werden. Einmal von einer Instanz empfangene Signale müssen nach deren Verarbeitung aus dem SAP gelöscht werden, damit sie nicht fälschlicherweise ein zweites Mal auf die Instanz wirken.

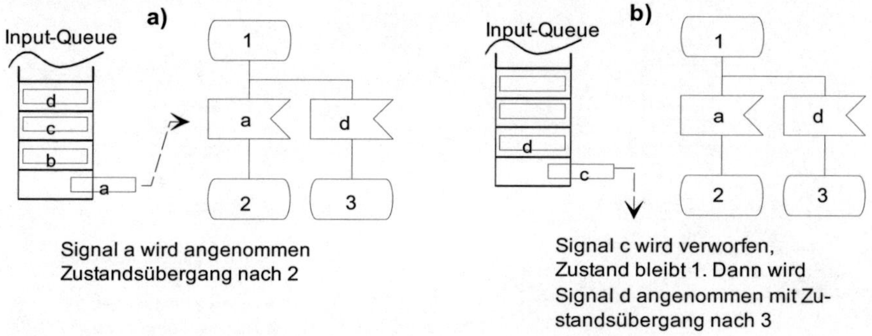

Bild 1.26. Signalspeicher- und Verarbeitungsmechanismus

Die SAPs sind üblicherweise Warteschlangen (Input-Queue) mit einer bestimmten Speichertiefe, so dass sie gleichzeitig mehrere, aufeinanderfolgende Signale aufnehmen können. Sie sind nach dem FIFO-Prinzip organisiert. Bild 1.26 zeigt den Empfangsmechanismus aus der Warteschlange und das zugehörige Verhalten der Instanz.

Die empfangende Instanz bedient sich aus dem SAP. Sie liest immer genau ein Signal und löscht es danach aus dem SAP. Man sagt, die Instanz "verbraucht" das Signal. Wegen der Unabhängigkeit der Instanzen kann die Reihenfolge der Signale im SAP durchaus unpassend zum Automatenverhalten sein. Im Beispiel befindet sich die Instanz im Zustand 1, in dem nur die Signale a und d zulässig sind. Gehört das momentan gelesene Signal zu einem gerade erwarteten, so führt es zu einer Transition (Teil a); ist es ein nicht erwartetes bzw. nicht identifizierbares, findet keine Transition statt (Teil b). Grundsätzlich wird das gelesene Signal durch die Instanz nach "Verbrauch" gelöscht.

Vereinfachend wurde hier zunächst angenommen, dass die Instanz nur Signale aus <u>einer</u> Eingangs-Warteschlange zu bedienen hat. Tatsächlich sind natürlich mindestens 3 Warteschlangen entsprechend den 3 angrenzenden SAPs zu bedienen: der überlagerte SAP, der unterlagerte SAP und der Timer-SAP. Timer-Signale als Wecksignale für die Instanzen reihen sich gemäß Bild 1.27 wie alle übrigen Signale in die SAP-Warteschlangen ein. Tritt das Wecksignal *timeout 5* vor dem erwarteten Signal b ein, so geht die Instanz in den Zustand 6, ansonsten in den Zustand 7. Im Zustand 7 würde dann das (nicht mehr relevante) timeout-Signal von der Instanz verworfen werden.

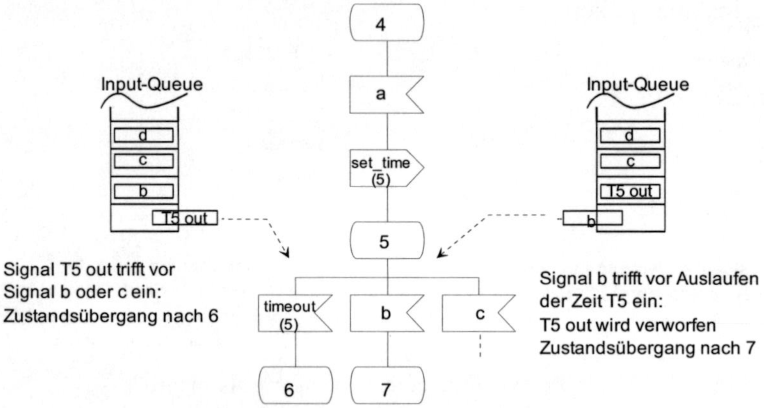

Bild 1.27. Verarbeitung von Timer-Signalen

Wenn mehr als eine Eingangswarteschlange für die Instanz eingesetzt wird, wie dies bei Instanzen des Kommunikationssystems der Fall ist, so findet das Lesen aus den verschiedenen Speichern nacheinander statt. Dabei werden grundsätzlich Signale aus dem Timer-SAP zuletzt bearbeitet. Eine mögliche Bearbeitungsreihenfolge wäre z.B.

1. überlagerter SAP,
2. unterlagerter SAP,
3. Timer-SAP.

Aus jedem dieser SAPs wird pro Berabeitungsschritt immer genau ein Signal gelesen, das dann den aufgezeigten Mechanismen unterliegt. Das Bearbeiten von <u>mehreren</u> Warteschlangen in einer festgelegten Reihenfolge ist daher modellhaft gleichzusetzen mit einem Mechanismus, bei dem mehrere sendende Instanzen priorisiert in <u>eine</u> Empfangswarteschlange schreiben dürfen.

1. 6. Übungsaufgaben

Für die mit einem (L) gekennzeichneten Aufgaben sind die Lösungen im Anhang (Abschn. 9.6) angegeben.

Aufgabe 1.1:
Erläutern Sie die Kommunikationsbegriffe *Dienst, Instanz* und *Protokoll.*

Aufgabe 1.2:
Was ist ein Dienstsignal und aus welchen Elementen ist es aufgebaut?

Aufgabe 1.3:
Erläutern Sie die Kommunikationsbegriffe *PDU, SDU* und *PCI.*

Aufgabe 1.4 (L):
Konstruieren Sie ein Schichtenmodell für Morsetelegraphie, bei der die Anwendung in der Übertragung von Texten besteht. Welche Funktionen haben die einzelnen Schichten in Sende- und Empfangsrichtung? Welche PDUs werden zwischen den Partnerinstanzen übertragen?

Aufgabe 1.5 (L):
Zwei PC's mit serieller Schnittstelle sollen weiträumig über eine Glasfaserleitung verbunden werden, wobei eine Fehlersicherung eingesetzt wird. Skizzieren Sie das Schichtenmodell.

Aufgabe 1.6 (L):
Im Halbduplex arbeitende Kommunikationssysteme besitzen einen unbestätigten Session-Dienst *give-tokens,* mit dem Partner jeweils nach Beendigung einer Folge von Datenübertragungen (*data-Dienst*) das Senderecht übergeben wird.

Zeichnen Sie ein Zeitfolgediagramm unter Benutzung der S-PDUs:

- *DT* für Datenübertragung
- *GT* für Berechtigungsübergabe

Aufgabe 1.7:
Erklären Sie die Umgebung und das grundsätzliche Verhalten einer Kommunikationsinstanz. Welche Aufgabe haben Timer für das Instanzenverhalten?

Aufgabe 1.8 (L):
Beschreiben Sie das Instanzenverhalten für einen unbestätigten data-Dienst mit Hilfe eines SDL-Graphen. Die Übertragung sei Duplex und die Partnerinstanzen verwenden die PDU *DATA* zur Übermittlung der Information.

Aufgabe 1.9 (L):
Es ist das Instanzenverhalten für den Übergabebestätigungsdienst nach Bild 1.16 mit einem SDL-Graphen zu beschreiben (A-Seite). Definieren Sie hierzu geeignete PDUs für die Dienstabwicklung der Partnerinstanzen.

2. Bitübertragungsschicht

Die Stationen eines Kommunikationssystems werden durch Übertragungsmedien wie elektrische Kabel, optische Kabel oder Funkstrecken miteinander verbunden. Sie allein gestatten den physikalischen Informationsaustausch zwischen den Stationen. Die zu übertragenden Informationseinheiten sind Bits, die je nach Art des Mediums in der Form von elektrischen, optischen oder Funk-Signalen auf dem Medium dargestellt werden müssen. Aufgabe der Bitübertragungsschicht als unterster Schicht des OSI-Referenzmodells ist es, die mechanischen, elektrischen und funktionellen Mittel für die Bit-Darstellung auf dem Übertragungsmedium bereitzustellen. Die Bitübertragungsschicht umfasst daher die Funktionen der digitalen Nachrichtenübertragungstechnik wie Kanalcodierung und Kanaldecodierung, Regeneration und ggf. Taktübertragung. Diese Funktionen werden zur Hauptsache als Hardware innerhalb spezieller Telekommunikationsbausteine realisiert; die Bausteinsteuerung und die Anpassung an höhere Schichten werden zum Teil in Software gelöst.

2. 1. Dienste der Bitübertragungsschicht

Die Hauptaufgabe der Bitübertragungsschicht ist die physikalische Bitdarstellung für das jeweilig benutzte Übertragungsmedium. Durch Bereitstellung entsprechender

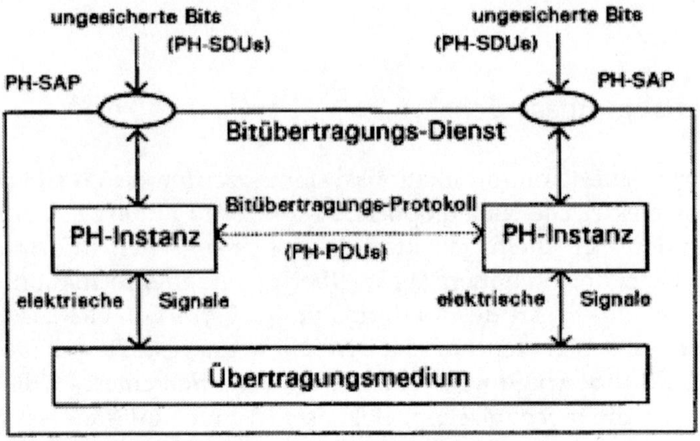

Bild 2.1. Aufbau des Bitübertragungs-Dienstes (engl. physical service)

Funktionen soll diese Schicht zusammen mit dem Übertragungsmedium dann einen Kommunikationsdienst liefern, der die Sicherungsinstanzen von dieser spezifischen "Darstellungsaufgabe" entlastet. Bild 2.1 zeigt die daraus resultierende Dienststruktur des Bitübertragungsdienstes (engl. physical service).

Der Bitübertragungsdienst ist an den physikalischen Dienstzugangspunkten PH-SAP verfügbar, zwischen denen nacheinander ungesicherte Bits in der Form von PH-SDUs übertragen werden können. Die Aufgabe der Bitübertragung wird von zwei Instanzen im Rahmen eines Bitübertragungsprotokolls erledigt. Hierin sind u.a. festgelegt: die mechanische Schnittstelle zum Übertragungsmedium (verwendeter Stecker, Pin-Belegung), die Signaldarstellung der Bits bzw. Impulse auf dem Medium (Pegel, Impulsform bzw. spektrale Eigenschaften der Grundimpulse), die Synchronisation (synchrone oder asynchrone Übertragung), das Rahmenformat bei asynchroner Übertragung (Aufbau PH-PDU), die Bittaktübertragung bei synchroner Übertragung (PH-PDU), das Verfahren der Richtungstrennung (Zweidraht- oder Vierdrahtübertragung, Simplex, Halbduplex oder Voll-Duplex-Übertragung) und ggf. das Multiplexverfahren auf dem Übertragungsmedium, wenn mehrere PH-Instanzen das Medium gemeinsam benutzen (Zeit-, Frequenzmultiplex-Verfahren).

Nach der CCITT-Empfehlung X.200[1] sind die Aufgaben, die der Bitübertragungsdienst zu erbringen hat: die Aktivierung und Deaktivierung einer Systemverbindung zwischen zwei PH-SAPs, die ungesicherte Bitübertragung und die Störungsbenachrichtigung an die Sicherungsinstanzen. Diese Funktionen sind an den PH-SAPs mit Hilfe der in Tab. 2.1 gezeigten vier Dienstsignale steuerbar.

Tabelle 2.1. OSI-Bitübertragungsdienste

Dienst	request	indicat.	resp.	conf.	Parameter
activate	x	x	x	x	Dienstgüteparameter
data	x	x			Bit:0 oder 1 (oder Bitblock)
abort		x			Ursache(n)
deactivate	x	x	x	x	

Primitive (x = vorhanden)

Der wichtigste und in den meisten einfachen Kommunikationssystemen auch ausreichende Dienst ist der unbestätigte *data*-Dienst, dessen Parameter das Bit mit 0 bzw. 1 ist. Man nimmt an, dass zwischen den PH-SAPs mit dem Einschalten der Stationen eine Verbindung mit fest programmierten Übertragungsparametern initialisiert wurde, über die dann Bits übertragen werden können. Mit jedem *data.request(bit)* wird dem Dienst ein Bit übergeben, das dann am Empfangs-SAP mit *data.indication(bit)* abgeliefert wird.

Die in der Bitübertragungsschicht eingesetzten Kommunikationsbausteine arbeiten meist so, dass sie blockweise Bits übertragen, z.B. in einem Block von 5 bis 8 Bits (siehe weiter unten). Dann muss die Bitübertragungsinstanz eine Blockbildung vornehmen, oder aber, was i.a. effektiver ist, nicht bitweise am PH-SAP übertragen werden, sondern, abgestimmt auf die Bausteinfähigkeiten, mit jedem data-primitiv bereits ein Bitblock übergeben werden. Streng genommen liegt dann nicht ein Bitübertragungsdienst sondern ein Bitblock-Übertragungsdienst mit den Dienstsignalen

ph_data.request(bitblock)
ph_data.indication(bitblock)

vor.

Soll vor der eigentlichen Datenübertragung eine Verbindung zwischen den SAPs hergestellt werden, so lässt sich dies durch Benutzung des bestä-

[1] CCITT: *Empfehlungen der V- und X- Serie,* Band 5: Datenübermittlungsnetze, Offene Kommunikationssysteme, Systembeschreibungstechniken, R.v.Deckers Verlag 1987.

tigten *activate*-Dienstes erreichen. Damit wird i.a. die Hardware der Bitübertragungsinstanzen initialisiert und die Synchronität der Partnerinstanzen hergestellt. Optional können im Dienstsignal Dienstgüteparameter wie z.B. die einzustellende Übertragungsgeschwindigkeit oder die maximal zulässige Bitfehlerhäufigkeit übergeben werden.

Eine bestehende Systemverbindung wird mit dem *deactivate*-Dienst wieder abgebaut. Aktivieren und Deaktivieren von Datenverbindungen auf physikalischer Ebene werden in der Praxis häufig bei Übertragungssystemen mit ferngespeisten Geräten benutzt, um bei nicht mehr benötigter Datenübertragung die verwendete Hardware in einen stromsparenden Zustand zu schalten. Beispiele hierfür sind das ISDN-Netz mit seinen Übertragungsstrecken zum Teilnehmerendgerät oder eine Datenfunkstrecke, bei der die Sender abgeschaltet werden, wenn die Strecke nicht mehr benötigt wird. Ist dies nicht notwendig, so kann auf den Aktivierungs- und Deaktivierungsdienst verzichtet werden und statt dessen die Datenverbindung mit dem Einschalten der Geräte und fester Einstellung der Dienstgüteparameter gestartet werden und bestehen bleiben.

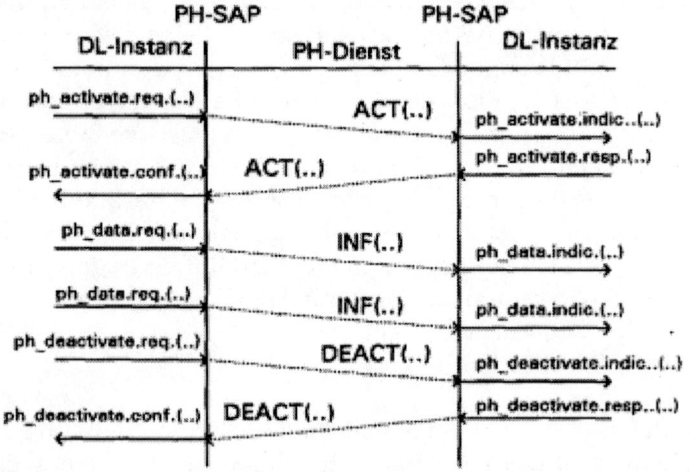

Bild 2.2. Zeitfolgediagramm PH-Dienst mit Aktivierung/Deaktivierung

Zum Aktivieren und Deaktivieren ist ein umfangreicheres Protokoll zwischen den PH-Instanzen notwendig als dies der Fall ist, wenn eine Systemverbindung a priori vorausgesetzt werden kann. Das Protokoll kennt unterschiedliche PDUs für die Aktivierung, die Deaktivierung und die eigentliche Datenübertragung. Bild 2.2 zeigt am Zeitfolgediagramm die drei Phasen für die PH-Instanzen: Aktivierung, Bitübertragung und Deaktivierung. Zur Steuerung der drei Phasen sollen folgende PDUs über das Medium übertragen werden und von der Empfängerinstanz unterschieden werden:

ACT (Parameter) zur Aktivierung mit Parameterübertragung,

INF(Bits) zur Übertragung von Bits,

DEACT zum Deaktivieren,

Zur Codierung und Übertragung der PDUs gibt es zwei grundsätzliche Möglichkeiten, die von dem eingesetzten Übertragungsmedium abhängen:

1. Das Medium bietet neben einem Sende- und Empfangskanal weitere parallele Kanäle zur Steuerung an (meist in der Form weiterer Verbindungsleitungen). Dann erfolgen die Aktivierung und Deaktivierung über von den Datenübertragungsleitungen getrennten Steuer- und Meldeleitungen. Die Schnittstellenleitungen nach der CCITT-Empfehlung V.24 sind ein typisches Beispiel hierfür (s. Abschn. 2.4.1)
2. Das Medium besitzt nur 2 Übertragungskanäle für die Sende- und Empfangsrichtung, so dass alle PDUs über diese Leitungen übertragen werden müssen. Es ist dann in den PH-Instanzen eine Blockbildung für mehrere Bits vorzunehmen, wobei innerhalb eines Bitrahmens in einem *Header* die Art der PDU und innerhalb eines *Bodies* die Parameter codiert werden (vgl. Abschn. 1.3.2). Mit der PDU *ACT* können im Body Dienstgüteparameter und mit der PDU *INF* mehrere Bits auf einmal übertragen werden.

Fehlersituationen in der Bitübertragungsschicht, z.B. fehlende Verbindung oder unzulässig hohe Bitfehlerhäufigkeit zeigt ein *abort*-Dienst am SAP mit einem *ph_p_abort.indication* an, bei dem der Grund als Parameter übergeben werden kann. Die Feststellung solcher Fehler erfordert ein entsprechendes Protokoll mit den dazu nötigen PH-PDUs, d.h. auch hierbei müssen die PH-Instanzen i.a. Blockbildungen zur Codierung solcher PDUs vornehmen.

2. 2. Übertragungskanäle

Transportmittel für PH-PDUs ist das Übertragungsmedium. Das Medium muss die PDUs in Hin- und Rückrichtung übertragen. Dies ist die Mindestforderung an ein Übertragungsmedium. Komplexere Bitübertragungsdienste *erfordern* darüber hinaus die Differenzierung weiterer, verschiedener PDUs in den beiden Richtungen. Zur Unterscheidung muss das Medium verschiedene Übertragungskanäle besitzen, die als getrennte Träger verschiedener PDUs dienen. Die Kanalisierung der PDUs wird durch Codierung sowie Multiplex-Bildung erreicht, wobei im Prinzip die drei Multiplexverfahren *Raummultiplex, Zeitmultiplex, Frequenzmultiplex* oder Mischformen hiervon zum Einsatz kommen können. Um bei der Vielzahl von Übertragungsverfahren noch eine geeignete Standardisierung von Schnittstellen zum Übertragungsmedium sicherzustellen, hat man frühzeitig erkannt, dass in der Bitübertragungsschicht die Aufgaben der Bitübertragung sinnvoll in die Technik der digitalen Übertragung und die Anpassung an die Kommunikationstechnik zu trennen sind. Die Bitübertragungsschicht wird deshalb gerätetechnisch in Form einer Datenendeinrichtung (DEE) und einer Datenübertragungseinrichtung (DÜE) realisiert. In dieser Form bekommt die Bitübertragungsschicht die Struktur des erweiterten OSI-Referenzmodells mit Transitsystemen (Bild 2.3).

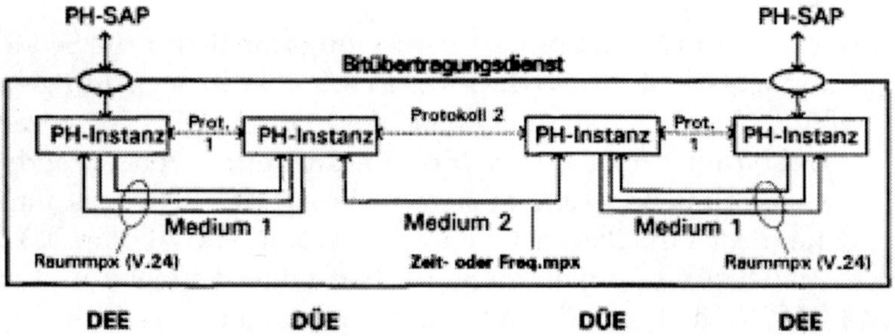

Bild 2.3. Bitübertragungsdienst mit Datenübertragungseinrichtung

Der Bitübertragungsdienst wird durch mindestens 4 PH-Instanzen und 3 *Teilstreckenmedien* gebildet. Wenn die Bitübertragung über weitere Teilstrecken mit verschiedenen Medien erfolgen soll, so hat der Dienst in Erweiterung zu Bild 2.3 weitere Transitsysteme, die den Übergang zwischen den Medien bewirken.

Typisches Beispiel dieser Übertragungsanordnung ist die MODEM-Übertragung bei großer Distanz zwischen den beteiligten DEEn. Die DÜEn erfüllen dabei die Modulations- und Demodulationsaufgaben. Zwischen einer

DEE und der zugehörigen DÜE wird wegen der räumlichen Nähe meist eine Mehrfachleitung eingesetzt (Raummultiplex); zwischen den DÜEn werden elektrische Zweidrahtleitungen, Glasfaserleitungen oder Funkstrecken in Verbindung mit einem Zeit- oder Frequenzmultiplexverfahren zur Trennung der PDUs verwendet. Die Aufteilung der Bitübertragungsaufgaben erlaubt nun eine getrennte Standardisierung für die beidseitigen Protokolle:

1. Standardprotokolle zwischen DEE und DÜE mit dem Ziel, eine möglichst universelle DEE-Schnittstelle zu bekommen und
2. Standardprotokolle zwischen den DÜEn mit dem Ziel, den verschiedenen Übertragungsverfahren gerecht zu werden.

Eine sehr weit verbreitete Geräteschnittstelle ist die Schnittstelle nach CCITT V.24. Die meisten Datenendeinrichtungen, so auch Personalcomputer, verfügen heute über diese Schnittstelle. Wir wollen uns deshalb später ausführlicher mit dieser Schnittstelle und ihrer Standardprotokolle beschäftigen.

Beispiele standardisierter Übertragungsschnittstellen zwischen DÜEn sind die a/b-*Schnittstelle* des analogen Fernsprechnetzes, welche die PDU-Übertragung im Frequenzmultiplex erledigt oder die U-Schnittstelle des digitalen ISDN, die PDUs im Zeitmultiplex überträgt. Da die Übertragungseigenschaften der DÜE-Kanäle entscheidenden Einfluss auf die Leistungsfähigkeit der Kommunikationssysteme haben, sollen in den folgenden Abschnitten in einem kurzen Abriss die wichtigsten Merkmale und Einflussgrößen der digitalen Übertragungstechnik zusammengefasst werden. Für eine weitergehende Behandlung dieses Themas sei auf die spezielle Literatur verwiesen, z.B.[2]

2. 3. Digitale Übertragung

Die digitale Übertragung basiert auf dem Prinzip der Impulsübertragung. Hierbei wird die zu übertragende Nachricht durch Impulse dargestellt, deren Impulsflächen proportional zur Nachricht sind. Bild 2.4 zeigt schematisch die Übertragungsglieder einer digitalen Übertragungsstrecke mit ihren Frequenzgängen $\underline{F}(f)$.

---

[2] Gerdsen, Peter: *Digitale Übertragungstechnik,* Teubner Studienskripten 1983; Söder, Günter und Karlheinz Tröndle: *Digitale Übertragungssysteme,* Springer-Verlag 1985; Walke, Bernhard: *Datenkommunikation I,* Teil 1: Verteilte Systeme, ISO/OSI-Architekturmodell und Bitübertragungsschicht, Hüthig Verlag 1987 und Gerdsen, Peter und Peter Kröger: *Digitale Signalverarbeitung in der Nachrichtenübertragung,* Springer-Verlag 1993.

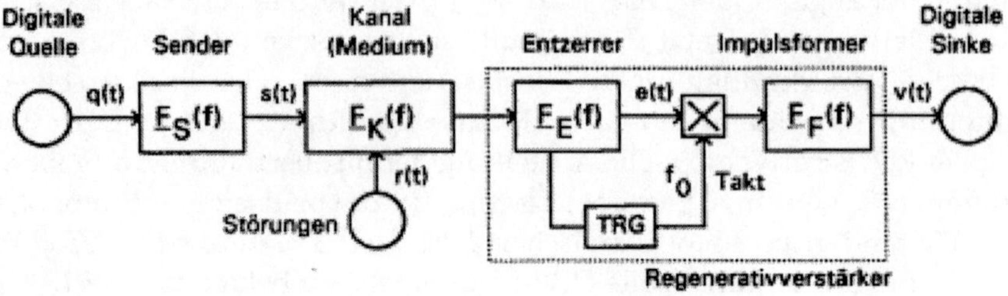

Bild 2.4. Modell eines digitalen Übertragungssystems

Die zu übertragende digitale Nachricht q(t) wird in einem impulsformenden Sendefilter $\underline{F}_S(f)$ an die Übertragungseigenschaften des Kanals angepasst. Dabei wird bei einem endlichen Zeichenvorrat der Quelle zu jedem Zeichen ein besonderer Impuls geformt. Durch den bandbegrenzenden Kanal werden die Impulse verzerrt und es werden Störungen überlagert (Rauschen, Übersprechen usw.). Auf der Empfangsseite werden die Impulse in mehreren Stufen eines Regenerativverstärkers wiederhergestellt. Dieser besteht aus einem Kanalentzerrer sowie einem mit dem Übertragungstakt f_o arbeitenden Abtaster. Der Abtasttakt wird aus dem übertragenen Digitalsignal mit Hilfe einer Taktregenerationsschaltung (TRG) gewonnen.

Das von der Quelle gelieferte Signal q(t) ist ein wert- und zeitdiskretes Signal und lässt sich bei isochroner [3] Übertragung in der Form

$$q(t) = U_o T_o \sum_n q(n)\, \delta(t-nT_o) \qquad n = 0, \pm1, \pm2, .. \qquad (2.1)$$

beschreiben. Darin sind

UoTo eine beliebige Spannungs-Zeit-Fläche,

q(n)	eine zufällige Zahlenfolge, die die Nachricht der Quelle repräsentiert,
To = 1/fo	der Impulsabstand,
δ(t)	der Einheits-Dirac-Impuls.

Am Ausgang des Senders entsteht mit der Impulsantwort des Sendefilters $g_S(t)$ ein Sendepuls

[3] Isochrone Übertragung bedeutet, dass das Digitalsignal aus einer Folge von äquidistanten Impulsen mit konstanter Impulsdauer besteht.

$$s(t) = U_o T_o \sum_n q(n)\, g_s(t-nT_o) \qquad n = 0, \pm 1, \pm 2, .., \qquad (2.2)$$

der nach Durchlaufen des Kanals und des Entzerrers die Form

$$e(t) = U_o T_o \sum_n q(n)\, g_e(t-nT_o) \qquad n = 0, \pm 1, \pm 2, .. \qquad (2.3)$$

annimmt. In (2.3) beschreibt $g_e(t)$ die Impulsantwort der gesamten Übertragungsstrecke als Fourier-Rücktransformierte ihres Gesamtfrequenzgangs $\underline{F}_{ges}(f)$:

$$g_e(t) \quad \underline{F}_{ges}(f) = \underline{F}_S(f) \cdot \underline{F}_K(f) \cdot \underline{F}_E(f) \qquad . \qquad (2.4)$$

Das Empfangssignal e(t) besteht aus überlagerten, gewichteten und zeitverschobenen Grundimpulsen der Form $g_e(t)$. Da die Impulsformung die Quellinformation q(n) nicht verändert, kann die Quellinformation aus dem Empfangssignal e(t) unter bestimmten Voraussetzungen durch äquidistante Abtastung mit dem Takt f_o im Regenerativverstärker zurückgewonnen werden. Bild 2.5 zeigt beispielhaft die Signalverläufe im Empfänger.

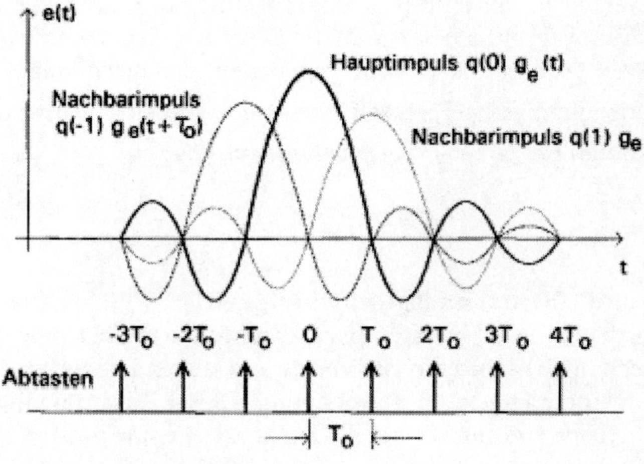

Bild 2.5. Übertragung digitaler Impulse ohne Nachbarzeichenbeeinflussung

Durch den Kanalfrequenzgang und den Entzerrer werden die Impulse verzerrt, so dass sich das Empfangssignal e(t) aus der Überlagerung vieler Einzelimpulse ergibt, die nicht während einer Taktperiode abklingen. Man spricht von Nachbarzeichenbeeinflussung. Die Quellinformation q(n) steckt in den Amplituden der Einzelimpulse. Sie kann trotz der Verzerrung fehlerfrei durch Abtastung zurückgewonnen werden, wenn man durch besondere Formung des Empfangsgrundimpulses $g_e(t)$ dafür sorgt, dass sich die Einzelimpulse an den Abtaststellen nicht beeinflussen. Der Impuls $g_e(t)$ muss bei t=0 einen zu q(n) proportionalen Wert haben und an allen Nachbarstellen nT_o mit $|n| > 0$ Nullstellen aufweisen.

Die Bedingungen zur verzerrungsfreien Impulsübertragung wurden erstmals 1928 von H. Nyquist formuliert.[4] Demzufolge heißen Impulsformen, die diese Bedingung erfüllen, Nyquist-Impulse. Bild 2.5 zeigt einen solchen Impuls mit

$$g_e(t) = \frac{1}{T_o} \frac{\sin(\pi f T_o)}{\pi f T_o} = f_o \, \mathrm{si}\,(\pi f T_o) \qquad . \qquad (2.5)$$

Wenn keine weiteren Störungen auf der Strecke vorhanden sind und derartige Grundimpulse zur Übertragung verwendet werden, ist die Zeichenfolge v(n) am Ausgang der Strecke bis auf einen systembedingten konstanten Faktor und eine Laufzeit identisch mit der Zeichenfolge q(n) am Eingang. Die Bedingung wird im Wesentlichen durch die Dimensionierung eines Entzerrers eingestellt. In Abhängigkeit vom gegebenen Kanalfrequenzgang $\underline{F}_K$, dem Sendefilterfrequenzgang $\underline{F}_S$ sowie einem geeigneten Gesamtfrequenzgang erhält man den Entzerrer-Frequenzgang aus (2.4) zu

$$\underline{F}_E(f) = \frac{\underline{F}_{ges}(f)}{\underline{F}_F(f) \cdot \underline{F}_K(f)} \qquad . \qquad (2.6)$$

2. 3. 1. Schritt- und Übertragungsgeschwindigkeit

Die maximal erreichbare Übertragungsgeschwindigkeit über eine digitale Strecke, gemessen in bit/s und die zur Verfügung stehende Bandbreite eines Kanals stehen in einem engen Zusammenhang. Dieser Zusammenhang soll im Folgenden gezeigt werden. Dabei sei zunächst ein störungsfreier Kanal angenommen.

---

4 Nyquist, Harry: *Certain Topics in Telegraph Transmission Theory,* Trans. AIEE 47, 1928, S. 617-644.

2. 3. 1. 1. Übertragung ohne Störungen

Legt man einen Empfangsimpuls $g_e(t)$ gemäß (0.0) fest, so gehört dazu ein Tiefpasskanal mit einem idealisierten, rechteckförmigen Gesamtfrequenzgang, wie er im Bild 2.6 zu sehen ist.

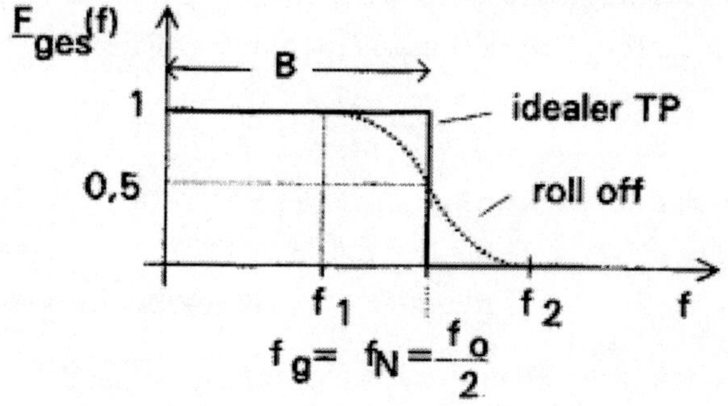

Bild 2.6. Gesamtfrequenzgänge für Tiefpasskanäle

Dieser Tiefpass hat eine Bandbreite von $B = f_g = f_o/2$, die in diesem Zusammenhang als *Nyquistfrequenz* f_N bezeichnet wird. Über die Strecke lassen sich theoretisch Impulse im minimalen Abstand T_o verzerrungsfrei übertragen, oder anders ausgedrückt, die Impulsfolgefrequenz bzw. *Schrittgeschwindigkeit* v_s beträgt unter störungsfreien Voraussetzungen maximal

$$v_s = f_o = 2\,f_g \left[\frac{\text{Impulse}}{\text{s}}\,,\ \text{Baud}\right]. \qquad (2.7)$$

Die Schrittgeschwindigkeit, auch Baudrate genannt, wird in Anzahl der Impulse pro Sekunde gemessen; für sie wird abgekürzt die Einheit Baudot (Baud) geschrieben. Den gleichen Sachverhalt drückt das *erste Nyquistkriterium* aus: Ein Tiefpasskanal erlaubt theoretisch eine Bandbreiteausnutzung

$$BA = \frac{f_o}{B} = 2\ \frac{\text{Impulse}}{\text{s} \cdot \text{Hz}} \,. \qquad (2.8)$$

In der Praxis zeigt sich jedoch, dass dieser theoretische Grenzfall nicht erreicht werden kann. Er stellt unrealisierbar hohe Anforderungen an die Genauigkeit der Empfängerabtastung und damit an die Taktregeneration im Empfänger. Wie an Bild 2.5 zu sehen ist, würden bereits geringfügige Phasenabweichungen (Jitter) im Abtasttakt zu sehr großen Übertragungsfehlern führen. Man muss deshalb bezogen auf die Taktperiode T_0 schneller abklingende Grundimpulse wählen. Dies führt zu modifizierten Gesamtfrequenzgängen $\underline{F}_{ges}(f)$ mit stetig abfallender Filterflanke und Erhöhung der notwendigen Bandbreite (s. Bild 2.6). Eine symmetrische Abflachung um den Punkt (f_g ; 0,5) des Gesamtfrequenzgangs wird roll off genannt. Mit den beiden Eckfrequenzen f_1 und f_2 definiert man einen *roll-off-Faktor*

$$r = \frac{f_2 - f_1}{f_2 + f_1} \quad . \tag{2.9}$$

Die notwendige Bandbreite beträgt nun

$$B = f_2 = f_g\,(1 + r) \quad , \tag{2.10}$$

woraus sich eine in der Praxis reduzierte Schrittgeschwindigkeit

$$v_s = 2\,\frac{f_g}{1 + r}\ \text{[Baud]} \qquad \text{für den Tiefpasskanal} \tag{2.11}$$

ergibt.

Zur *Übertragungsgeschwindigkeit* $v_ü$, die in bit/s gemessen wird, gelangt man, indem die Informationsmenge betrachtet wird, welche mit jedem Impuls übertragen wird. Bei einer rein binären Übertragung von Impulsen treten nur zwei verschiedene Impulszustände

$$q(n) = \begin{cases} 1 \\ 0 \end{cases} \tag{2.12}$$

entsprechend der Binärinformation 0 und 1 auf dem Kanal auf. Hierbei sind Schritt- und Übertragungsgeschwindigkeit gleich, weil mit jedem Taktschritt eine Informationsmenge von 1 Bit übertragen wird. Während die Schrittgeschwindigkeit durch die Verzerrungseigenschaften des Kanals begrenzt ist, kann die Übertragungsgeschwindigkeit erhöht werden, indem bei gleicher Schrittgeschwindigkeit die Informationsmenge pro Impuls vermehrt wird. Dies erreicht man dadurch, dass bei einem binären Digitalsignal Blöcke zu je m Bit zu einem Impulszustand codiert werden und in einem Taktschritt ein ganzer Block von m Bit Information übertragen wird. Ein Block und damit der einzelne Impuls kann

$$M = 2^m \tag{2.13}$$

Zustände annehmen, so dass sich mit (2.11) die Übertragungsgeschwindigkeit zu

$$v_ü = \text{ld}\, M\, \frac{2\,f_g}{1+r} \left[\frac{\text{bit}}{\text{s}}\right] \tag{2.14}$$

ergibt.

Die bisherigen Angaben zur Schrittgeschwindigkeit und Übertragungsgeschwindigkeit gelten für einen Tiefpasskanal, d.h. für eine Basisbandübertragung. Liegt ein Bandpasskanal vor, wie z.B. im analogen Fernsprechnetz, so muss das Digitalsignal zur Übertragung im Sender einem Sinusträger aufmoduliert und im Empfänger demoduliert werden. Bei der Modulation entstehen zwei Seitenbänder, so dass die Bandbreite B des Bandpasskanals mindestens das Doppelte der des Tiefpasskanals betragen muss. Somit gilt für den digitalen Bandpasskanal

$$v_S = \frac{B}{1+r}\ [\mathrm{Baud}]\quad v_{\ddot{u}} = \mathrm{ld}\, M\, \frac{B}{1+r}\ \left[\frac{\mathrm{bit}}{\mathrm{s}}\right] . \qquad (2.15)$$

Auch hierbei können m Bits zu einem Block zusammengefasst werden, mit dem dann M Zustände des Sinusträgers moduliert werden.

Die Übertragungsgeschwindigkeit gibt die Anzahl der Bits pro Sekunde an, die der Bitübertragungsdienst transportieren kann und ist deshalb ein wichtiges Gütemaß dieses Dienstes. Alle höheren Kommunikationsschichten übertragen ihre Daten physikalisch über diesen Dienst. Für die Leistungsfähigkeit des Kommunikationssystems ist es deshalb wichtig, eine möglichst große Übertragungsgeschwindigkeit zu erzielen.

2. 3. 1. 2. Übertragung mit Störungen

Die Gleichungen (2.14) bzw. (2.15) lassen vermuten, dass sich die Übertragungsgeschwindigkeit beliebig gegenüber der Schrittgeschwindigkeit steigern lässt, wenn nur eine genügend große Blockbildung vorgenommen wird. Tatsächlich begrenzen aber die Kanalstörungen die Übertragungsgeschwindigkeit. Durch Vergrößerung der Bitblöcke treten immer mehr Impulszustände auf dem Kanal auf, die den Entscheidungsspielraum des Regenerativverstärkers einengen. Die Geräusche überlagern sich diesen Zuständen, was dazu führt, dass die verschiedenen Zustände im Empfänger nicht mehr eindeutig unterscheidbar sind. Die Einengung des Entscheidungsspielraums in Verbindung mit der statistischen Schwankung der Abtastzeitpunkte, bedingt durch Jitter, begrenzen die Zahl unterscheidbarer Zustände im Regenerativverstärker und damit die erzielbare Übertragungsgeschwindigkeit.

Eine theoretische Grenze in der Übertragungsgeschwindigkeit bei vorhandenem Geräusch kann mit dem Shannon'schen Theorem über die *Kanalkapazität* C berechnet werden.[5] Wenn der Kanal durch weißes, bandbegrenztes Rauschen (normalverteilt) gestört wird, ergibt sich diese Grenze zu

$$C = v_{ü\,max} = B\,ld\left(1 + \frac{S}{N}\right) \quad in \left[\frac{bit}{s}\right] \quad . \tag{2.16}$$

Darin sind S/N der Signal-Geräuschabstand auf dem Kanal und B die Kanalbandbreite. Z.B. können über einen Telefonkanal mit der systembedingten 3 kHz-Bandbreite und typischerweise 30 dB Geräuschabstand niemals mehr als 30 kbit/s übertragen werden, unabhängig davon, wieviele Impulszustände codiert werden. In der Praxis ist es jedoch sehr schwierig, die Kanalkapazität auch nur annähernd zu erreichen, weil nichtideale Übertragungseigenschaften des Mediums in Verbindung mit technischen Realisierungsschwierigkeiten nur erheblich niedrigere Übertragungsgeschwindigkeiten bei einer hinreichend geringen Fehlerhäufigkeit zulassen. Übertragungsgeschwindigkeiten von ungefähr 9600 bit/s auf einer Telefonleitung können gut erreicht werden, wenn 4-bit Gruppen bei einer Schrittgeschwindigkeit von 2400 Baud gesendet werden. Richtwerte über die praktisch erreichbaren Übertragungsgeschwindigkeiten bei den heute gebräuchlichen Übertragungsmedien findet man in Tab. 2.2.

Tabelle 2.2. maximale Übertragungsgeschwindigkeiten einiger Medien (typische Werte)

Medium	$v_ü$	Regeneratorabstand
Glasfaserleitung	100..500 Mbit/s	< 1 km
Breitband-Koaxialleitung	150 Mbit/s	< 10 km
Basisband-Koaxialleitung	10 Mbit/s	< 1 km
Zweidrahtleitung verdrillt	0,3..1 Mbit/s	<3 km

2. 3. 2. Bitfehler

Aufgrund der Kanalverzerrung und der Störgeräusche auf dem Kanal treten bei der digitalen Übertragung unvermeidbare Fehler auf. Diese Fehler entstehen im Regenerativverstärker bei dem begrenzten Entscheidungsspielraum durch falsche Zuordnung der Impulszustände zu den Zeichen des

[5] Shannon, Claude E.: *A Mathematical Theory of Communication,* Bell System Technical Journal, 1948, Vol. 27 S. 379-423 und S. 623-656.

Symbolvorrats. Falschzuordnungen treten durch Amplitudenstörungen und Phasenschwankungen in der Taktregeneration (Jitter) auf. Sie sind umso häufiger, je größer die Kanalverzerrungen, das Kanalrauschen und umso größer die Anzahl von zu unterscheidenden Impulszuständen sind. Auf den physikalischen Dienstzugangspunkt bezogen bedeuten Fehlentscheidungen des Empfängers, dass bei der Binärübertragung einzelne Bits verfälscht werden. Als Maß für die Fehlentscheidungen wird die *relative Bitfehlerhäufigkeit* (engl. BER = **B**it **E**rror **R**atio) definiert:

$$\text{BER} = \frac{\text{Anzahl falscher Bits}}{\text{Gesamtzahl gesendeter Bits}} \qquad (2.17)$$

Sie ist neben der Übertragungsgeschwindigkeit die wichtigste Größe zur Beurteilung der Qualität einer digitalen Strecke.

Bei einer genügend großen Anzahl gesendeter Bits nimmt die Bitfehlerhäufigkeit den Wert der *Bitfehlerwahrscheinlichkeit* P_o an. Die Bitfehlerwahrscheinlichkeit hängt bei gegebener Wahrscheinlichkeitsdichtefunktion der Störungen von dem Signal-Geräusch-Abstand im Übertragungskanal, der Anzahl von Impulszuständen und auch von der Qualität des Regenerativverstärkers ab. Für ein binäres Digitalsignal, einen idealen Regenerativverstärker und normalverteiltes Geräusch kann zur Abschätzung der Bitfehlerwahrscheinlichkeit ein analytischer Ausdruck angegeben werden[6]:

$$P_o = \frac{M-1}{M}\,\text{erfc}\left(\sqrt{\frac{3}{2}\,\frac{\rho}{M^2-1}}\right). \qquad (2.18)$$

Darin ist ρ der Signal-Geräuschabstand auf dem Übertragungskanal, M die Stufenzahl und *erfc* die komplementäre Fehlerfunktion (error function complement)

$$\text{erfc}\,(x) = 1 - \frac{2}{\sqrt{\pi}}\int_0^x \exp\left(-\xi^2\right)\,d\xi \qquad (2.19)$$

Das folgende Diagramm zeigt die Bitfehlerwahrscheinlichkeit als Funktion des Signal-Geräusch-Abstandes bei einem binären Signal (M=2).

---

[6] Bocker, Peter: *Datenübertragung,* Band 1, Grundlagen, Springer 1976.

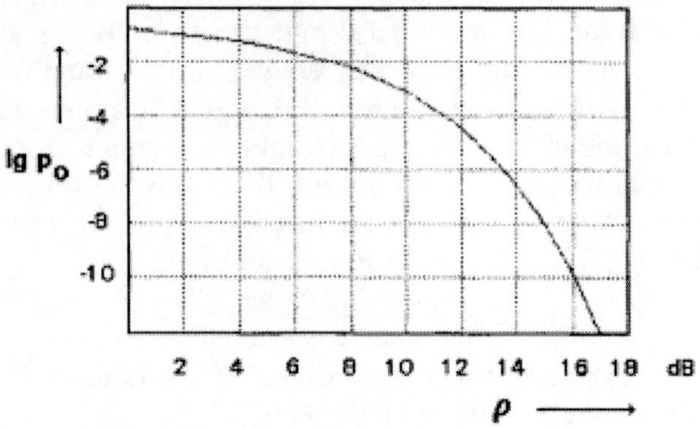

Bild 2.7. Bitfehlerwahrscheinlichkeit als Funktion des Signal-Geräusch-Abstandes auf dem Übertragungskanal (bipolares Binärsignal, normalverteiltes Geräusch)

Das Bild verdeutlicht die Unanfälligkeit der digitalen Übertragungstechnik gegenüber Störungen. Signal-Geräusch-Abstände von wenig mehr als 10 dB reichen bereits aus, um eine recht fehlerfreie Übertragung mit $P_o < 10^{-4}$ zu erzielen.

2. 3. 3. Laufzeit und Übertragungszeit

Wenn ein Block bestimmter Bitlänge m bei endlicher Geschwindigkeit $v_ü$ übertragen wird, so vergeht auf der Sendeseite eine endliche *Übertragungszeit* $T_ü$ vom ersten gesendeten bis zum letzten gesendeten Bit, nämlich

$$T_ü = \frac{m}{v_ü}. \tag{2.20}$$

Aufgrund einer endlichen Ausbreitungsgeschwindigkeit v_d der Signale auf dem Medium und einer endlichen Entfernung d wird ein Sendesignal erst nach einer bestimmten Laufzeit T_d beim Empfänger registriert. Deshalb wird der Bitblock nicht komplett beim Empfänger eingetroffen sein, bevor nicht die *Transferzeit* T_T mit

$$T_T = T_ü + T_d = \frac{m}{v_ü} + \frac{d}{v_d} \tag{2.21}$$

vergangen ist. Bei niedrigen Übertragungsgeschwindigkeiten und geringen Laufzeiten ist die Laufzeit meist gegenüber der Übertragungszeit zu vernachlässigen, so dass $T_T \approx T_ü$ gesetzt werden kann.

Tabelle 2.3. Typische Ausbreitungsgeschwindigkeiten und bezogene Laufzeiten einiger Übertragungsmedien

Medium	v_d [m/s]	T'_d [μs/km]
Funkkanal	$3 \cdot 10^8$	3,33
Freiraum-Infrarot	$3 \cdot 10^8$	3,33
Glasfaserleitung (Quarzglas)	$2 \cdot 10^8$	5
Basisband-Koaxialleitung (50/75 Ω)	$2{,}3 \cdot 10^8$	4,33
Zweidrahtleitung (verdrillt)	$2{,}5 \cdot 10^8$	4

Die Laufzeit hängt von dem eingesetzten Medium ab. Für eine Funkübertragung kann näherungsweise mit der Lichtgeschwindigkeit $v_d = 3 \cdot 10^8$ m/s gerechnet werden; für eine leitungsgebundene Übertragung ist die Ausbreitungsgeschwindigkeit etwas niedriger. Als Anhaltspunkt zur Abschätzung der Laufzeiten möge Tab. 3.3 dienen. Soll beispielsweise ein Block von 100 Bit über eine Zweidrahtleitung mit 2400 bit/s übertragen werden, so ergibt sich eine Übertragungszeit von

$$T_{ü} = \frac{100 \text{ bit}}{2400 \text{ bit/s}} = 42 \text{ ms} \quad .$$

Wenn die Leitung eine Länge von 100 km mit einer Laufzeit von 4 μs/km hat, ist die Laufzeit 0,4 ms, also im Vergleich zur Übertragungszeit vernachlässigbar.[7] Dagegen würde eine Funkübertragung über einen geostationären Satelliten bei einer Entfernung von 2 x 36.000 km die sehr viel größere Laufzeit von 240 ms verursachen. Man erkennt, dass für eine leitungsgebundene Übertragung, selbst für sehr lange Leitungen, die Laufzeit in der Regel vernachlässigbar gegenüber der Übertragungszeit ist. Ausnahmen findet man nur bei Übertragungssystemen, die mit sehr hohen Übertragungsgeschwindigkeiten oder über große Entfernungen arbeiten, wie dies z.B. bei Satellitenübertragungen der Fall ist.

2. 3. 4. Basisbandübertragung

Unter der Basisbandübertragung werden alle Übertragungsverfahren zusammengefasst, bei denen das Übertragungsmedium ein Tiefpasskanal oder zumindestens durchlässig für sehr niedrige Frequenzen, wenig oberhalb

---

7 In der Laufzeit sind keine Verzögerungszeiten berücksichtigt, die in den Regeneratoren akkumulieren

von 0 Hz ist. Das sind alle elektrischen Leitungen bzw. Übertragungswege mit Tiefpasscharakteristik. Kennzeichen der Basisbandverfahren ist, dass sie rechteckförmige Sendeimpulse der Taktdauer T_0 verwenden. Das geschieht nicht nur zur Vereinfachung, sondern entspricht durchaus der Praxis. Die Impulse werden auf dem Übertragungsweg verzerrt; im Entzerrer des Regenerativverstärkers wird dann dafür gesorgt, dass die Nachbarzeichenbeeinflussung so gering wie möglich ist. Beispiele für Datenübertragungssysteme, die im Basisband arbeiten sind: die lokalen Rechnernetze (z.B. Ethernet, 10 Mbit/s), die öffentliche Datennetze wie DATEX-L und DATEX-P oder das dienstintegrierte Digitalnetz ISDN (ca. 300 kbit/s im Teilnehmeranschlussbereich).

Bei den Basisbandübertragungsverfahren unterscheidet man zwischen *uncodierten* und *codierten* Verfahren.

2. 3. 4. 1. uncodierte Übertragung

Wenn die Übertragungsmedien eine im Verhältnis zur Bitrate große Bandbreite besitzen, kann auf eine Codierung ganz verzichtet werden und die rechteckförmigen Sendesignale der DEE können direkt übertragen werden. Die empfangenen Impulse sind häufig so geringfügig verformt, dass keine Nachbarzeichenbeeinflussung auftritt; bei sehr niedrigen Übertragungsgeschwindigkeiten über geringe Entfernungen kann sogar auf eine Entzerrung verzichtet werden. Man bezeichnet diese Übertragung als Gleichstromdatenübertragung. Man kann nach Bild 2.8 in Form von Einfachstromimpulsen (unipolar) oder Doppelstromimpulsen (bipolar) übertragen.

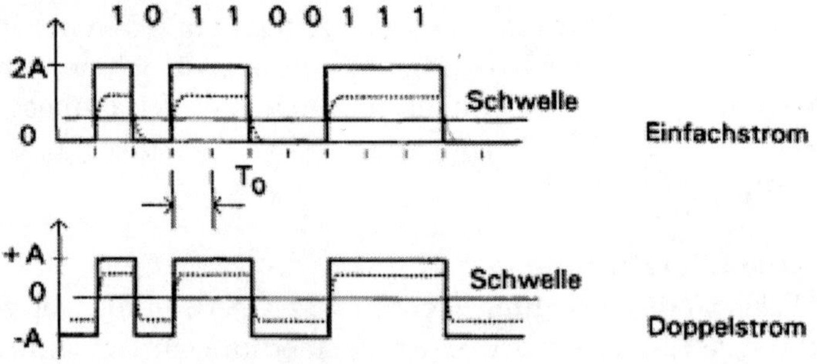

Bild 2.8. Übertragung mit Einfach- und Doppelstromsignal (gestrichelt: Empfangssignal)

Das einzelne Bit wird hierbei als Gleichspannungspegel über eine Taktperiode T_0 auf dem Medium dargestellt. Das Einfach- und Doppelstromverfahren, bei dem eine unmittelbare Umsetzung der O/1-Binärsignale in 2 Spannungspegel erfolgt, ist auch unter dem Namen *NRZ* (nonreturn- to-zero) bekannt und das mit Abstand am häufigsten verwendete Bitübertragungsverfahren. Das Signal kehrt nicht nach Null zurück, wenn mehrere 1-Bits nacheinander übertragen werden. Eine Variante ist das *RZ* (return-to-zero), bei dem nach der halben Taktperiode generell der Binärzustand 0 angenommen wird.

Die Impulse sind am Empfangsort bedämpft und geringfügig verformt. Doppelstromimpulse sind zur Amplitudenregeneration günstiger, da sie mit einer von der Leitungsdämpfung unabhängigen Regeneratorschwellspannung von 0 Volt arbeiten. Der Sender besitzt zur Erzeugung dieser Signale lediglich einen Pegelwandler, der z.B. aus einem üblicherweise in TTL-Pegel vorliegenden Quellsignal ein auf ±A pegelgewandeltes Rechtecksignal erzeugt.
Uncodierte Übertragung, meist mit Doppelstromsignalen, wird zwischen der DEE und der DÜE eingesetzt oder allgemein immer dann, wenn nur über geringe Entfernungen übertragen wird, z.B. innerhalb von Gebäuden.

Eine häufig verwendete Form bei der uncodierten Übertragung ist die *asynchrone Übertragung*, bei der mehrere Bits zu einem kurzen Bitblock zusammengefasst werden, der dann beginnend mit einem Startbit übertragen wird (siehe Abschn. 2.4.3). Zwischen den einzelnen Blöcken tritt eine längere Sendepause ein. Asynchrone Übertragung hat gegenüber der synchronen Übertragung den Vorteil, dass die Taktinformation nicht mit übertragen werden muss und der Takt nicht regeneriert werden muss. Stattdessen synchronisiert der Empfänger mit dem Beginn des Startbits einen Taktgenerator, der die Bitsynchronität für die Dauer des kurzen Bitblocks hinreichend genau aufrecht hält. Das Verfahren ist jedoch langsamer als die synchrone Übertragung.

2. 3. 4. 2. Übertragung mit Codierung

Im Allgemeinen bieten die Medien eine galvanische Verbindung zwischen Sender und Empfänger der Datenübertragungseinrichtung, d.h. es können Signale mit einem Gleichstromanteil übertragen werden. Sind dagegen in der Übertragungsstrecke Trennübertrager oder Koppelkondensatoren enthalten, so muss durch geeignete Codierung der Gleichstromanteil beseitigt werden. Im Empfänger kann der Gleichstromanteil wiederhergestellt werden.

Auch aus anderen Gründen ist das von der DEE gelieferte binäre NRZ-Signal für eine direkte Übertragung ungeeignet. Beispielsweise können sehr lange Nullfolgen im Signal auftreten, die im Empfänger zum Synchronitätsverlust führen. Auch hierzu muss durch eine geeignete Codierung vor der Übertragung sichergestellt werden, dass fortwährend genügend spektrale Energie bei der Taktfrequenz gesendet wird. Eine weitere Notwendigkeit der Codierung besteht in der spektralen Verformung des Digitalsignals zum Zweck der Erhöhung der Übertragungsgeschwindigkeit oder zur Verminderung von Nebensprechen in Leitungsbündeln, wie sie z.B. in Fernsprechnetzen vorzufinden sind.

Die Codierung erzeugt aus dem binären Signal der Quelle q(n) ein mehrstufiges Signal s(n); hieraus erklärt sich grundsätzlich die spektrale Verformung des Digitalsignals zum Zweck der Kanalanpassung. Durch das Auftreten mehrerer Stufen wird ein codiertes Signal störanfälliger als ein binäres Digitalsignal.

Jede Form der Codierung benötigt zur Decodierung im Empfänger die Taktinformation. Asynchrone Übertragung scheidet hierbei aus. Zur synchronen Decodierung muss bei diesen Verfahren immer die Taktinformation des Senders mit übertragen werden. Dies geschieht in der Regel durch Verwendung spezieller Codes, bei denen die Taktinformation als Spektrallinie im Sendespektrum enthalten ist oder (seltener verwendet) in Form eines zusätzlichen Pilottones bei der Taktfrequenz.

Symbolweise Codierung

Bei der symbolweisen Codierung wird mit jedem ankommenden binären Quellsymbol q(n) ein Codesymbol s(n) erzeugt, das außer von dem momentanen Quellsymbol auch von endlich vielen vorangegangenen Quellsymbolen abhängt. Die Taktrate des Binärsignals ist identisch mit der Taktrate auf dem Übertragungskanal. Eine wichtige Klasse von Übertragungscodes zur symbolweisen Codierung sind die Pseudo-Mehrstufencodes (engl. partial-response-codes), die ein mehrstufiges Signal der Takt- bzw. Symbolrate T_O erzeugen. Bild 2.9 zeigt ein Beispiel eines solchen Codierers, bestehend aus einem Vorcodierer und einem linearen Codiernetzwerk.

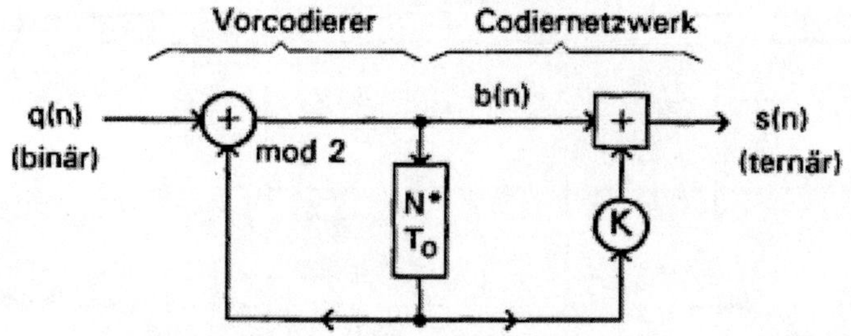

Bild 2.9. Coder für Pseudoternärcode

Der Coder beinhaltet eine modulo 2-Addition, ein Verzögerungsglied um N Taktschritte, einen Konstantenmultiplizierer K und eine Addierstelle. Der Vorcodierer erzeugt das ebenfalls binäre Signal b(n) und sorgt dafür, dass es bei einem Übertragungsfehler nicht zu einer Fehlerfortpflanzung im Empfänger kommt. Außerdem bietet sich durch diese Vorcodierung eine einfache Decodierung der Folge s(n). Die eigentliche Umcodierung von binär auf mehrstufig bewirkt ein lineares Netzwerk gemäß der Codierergleichung

$$s(n) = b(n) + K\, b(n-N) \quad . \tag{2.22}$$

Weit verbreitet sind die sog. *Pseudoternärcodes*, bei denen die Sendefolge s(n) mit 3 Zuständen auftritt. Hierbei ist K entweder +1 oder -1 und die verschiedenen Ternärcodes unterscheiden sich in der Ordnungszahl N. Einige spezielle Codes für N=1 und ihre Ausgangssignale sollen anhand Bild 2.10 besprochen werden.

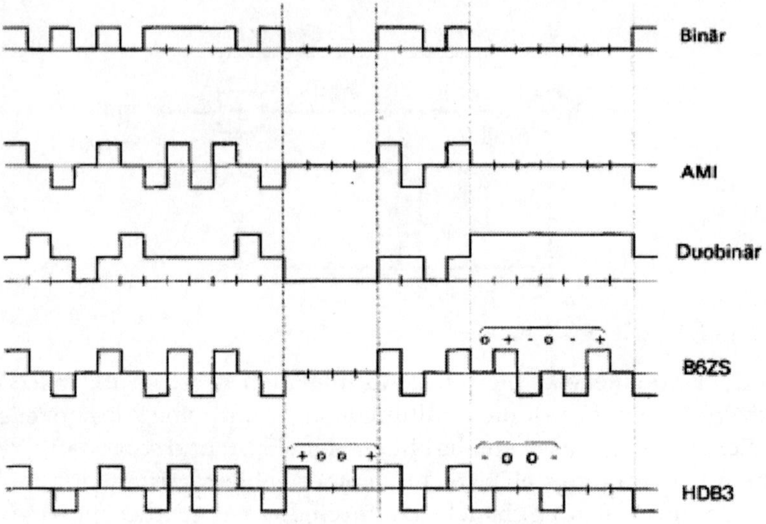

Bild 2.10. Coderausgangssignale bei verschiedenen Pseudoternär-codes (oben: binäres Quellsignal)

Der bekannteste Vertreter ist der *AMI-Code* (von: alternate mark inversion) mit N=1 und K=-1, auch unter dem Namen Bipolarcode 1.Ordnung geläufig. Der Code ist gleichstromfrei. Eine binäre 0 wird auch als ternäre 0, eine binäre 1 dagegen wird alternierend als +1 und -1 codiert. Es können niemals zwei gleiche Polaritäten +,+ oder –,– aufeinanderfolgen.

Bei N=1 und K=+1 erhält man den *Duobinär-Code*, der nicht gleichstromfrei ist und die ternären Stufen 0, +1, +2 besitzt. Auch hierbei wird eine binäre 0 als ternäre 0 codiert, aber es können beliebig lange Folgen gleichen Pegels auftreten. Dieser Code ist bezüglich der Nachbarzeichenbeeinflussung weniger störanfällig als der AMI-Code, weil aufeinander folgende Stufenübergänge immer nur in der Größe von 1 auftreten können.

Nachteilig bei beiden Codes ist, dass bei langen 0-Folgen, beim Duobinärcode auch 1–Folgen das Coderausgangssignal konstant ist. Dann ist über lange Zeit keine Taktinformation im Signal enthalten, die aber zur Taktregeneration im Empfänger unbedingt benötigt wird. Um dies zu vermeiden, wurden einige Codes entwickelt, die auf dem AMI-Code basieren, jedoch so modifiziert sind, dass lange Nullfolgen nicht vorkommen. Beim *B6ZS-Code* werden 6 aufeinanderfolgende binäre 0-Symbole je nach der Polarität des vorangegangenen Symbols durch die Symbolfolgen

+ – 0 – + bzw. 0 – + 0 + – ersetzt.

Tritt bei der Übertragung kein Fehler auf, so kann der Decoder aufgrund der Verletzung der AMI-Regel diese eingeschobene Symbolfolge erkennen und wieder als 6 binäre Nullen interpretieren.

Beim *HDB3-Code* (von: **h**igh **d**ensity **b**ipolar code of order **3**) werden jeweils 4 aufeinanderfolgende Nullen durch 4 von der AMI-Codierung abweichende Folgen codiert. Um den Code gleichstromfrei zu halten, werden 4 verschiedene Folgen eingeblendet. Je nach der Polarität des letzten Symbols vor der 4-Takte langen Nullfolge und der Polarität des letzten Symbols, das die AMI-Regel verletzt hat, gibt es die folgenden Einfügungen anstelle von 0,0,0,0.

Tabelle 2.4. Codeeinfügung beim HDB3-Code

		Polarität des vorangegangenen Symbols	
		+	–
Polarität der letzten Codeverletzung	+	–1 0 0 –1	0 0 0 –1
	–	0 0 0 +1	+1 0 0 +1

Eine recht vollständige Übersicht gebräuchlicher Codes findet man in [8]. Ebenso findet man dort auch die Zusammenstellung ihrer spektralen Eigenschaften.

Blockcodierung

Bei der Blockcodierung wird jeweils eine Folge von m_q Binärsymbolen zu einem Block mit einer Folge von m_c Codesymbolen auf dem Übertragungskanal umcodiert. Das Hauptziel der Blockcodierung besteht in der Erhöhung der Übertragungsgeschwindigkeit, weshalb bei diesen Codes immer

$$m_q > m_c \tag{2.23}$$

gewählt wird. Damit eine Echtzeitübertragung möglich ist, müssen die Symboldauern T_q und T_c von Quellsignal und Coderausgangssignal unterschiedlich sein, wobei gilt:

$$m_q T_q = m_c T_c \quad . \tag{2.24}$$

[8] Bocker, Peter: *Datenübertragung,* Band 1, Grundlagen, Springer 1976 und Söder, Günter und Karlheinz Tröndle: *Digitale Übertragungssysteme,* Springer-Verlag 1985.

Bei Blockcodes wird meist ternär codiert, d.h. das Ausgangssignal besteht aus 3 Zuständen 0, +und –. Der Code wird in der Form "m_q B m_c T" bezeichnet. Weit verbreitet sind der *3B2T-* und der *4B3T-Code.*[9] Bei ersterem werden je 3 Binärsymbole durch 2 Ternärsymbole ersetzt. Die Umcodierung geschieht, wie Bild 2.11 zeigt, mit Hilfe einer Zuordnungstabelle.

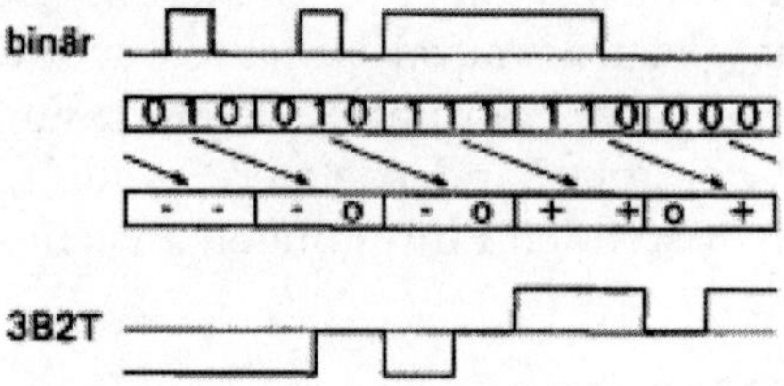

Code-Tabelle

q1	0	0	0	0	1	1	1	1
q2	0	0	1	1	0	0	1	1
q3	0	1	0	1	0	1	0	1
c1	-	o	-	-	+	+	o	+
c2	-	-	o	+	-	o	+	+

Bild 2.11. Blockcodierung 3B2T-Code (mq=3; mc=2)

Bei dem 3B2T-Code ist also die Symbolrate $1/T_c$ des Coders gegenüber der Symbolrate $1/T_q$ des Quellsignals um 1/3 niedriger. Je kleiner das Verhältnis T_q/T_c ist, desto höher kann bei einem Kanal mit gegebener Bandbreite die Übertragungsgeschwindigkeit $v_ü$ bezogen auf das binäre Quellsignal sein. Allerdings wirkt sich ein zu kleines Verhältnis ungünstig auf die Fehleranfälligkeit des Codes aus.

2. 3. 5. Modem-Übertragung

Im vorigen Abschnitt wurde die Basisbandübertragung über Tiefpasskanäle behandelt. Viele Übertragungskanäle besitzen jedoch eine Bandpasscharakteristik. Solche Kanäle haben häufig eine kleine relative Bandbreite, d.h. eine im Verhältnis zur Mittenfrequenz niedrige Bandbreite. Das mit Abstand am häufigsten für Datenübertragung genutzte Netz mit Bandpasscharakteristik ist das weltumspannende analoge Fernsprechnetz mit einer Bandbreite von 300 Hz bis 3,4 kHz.

Bei einem Bandpasskanal kann die Kanalanpassung nicht mehr durch spektrale Verformung mittels Codierung erfolgen, sondern es muss eine Modulation eines sinusförmigen Trägers mit dem binären oder auch mehrstufigen Basisbandsignal stattfinden, um die Dateninformation zu übertragen.

---

[9] Söder, Günter und Karlheinz Tröndle: *Digitale Übertragungssysteme*, Springer-Verlag 1985.

In Empfangsrichtung muss ein Demodulator das Basisbandsignal zurückgewinnen. Modulation und Demodulation zum Zweck der Kanalanpassung gehören zu den klassischen Aufgaben der Datenübertragungseinrichtung (DÜE). Da die Übertragung stets bidirektional, im Duplex-Betrieb arbeitet, beinhaltet die Datenübertragungseinrichtung immer einen **MO**dulations- und einen **DEM**odulationsteil. Hieraus erklärt sich das Kunstwort MODEM als Bezeichnung für diese DÜE.

Bild 2.12 zeigt die Zusammenschaltung von DEE und Modem am Beispiel des analogen Fernsprechnetzes.

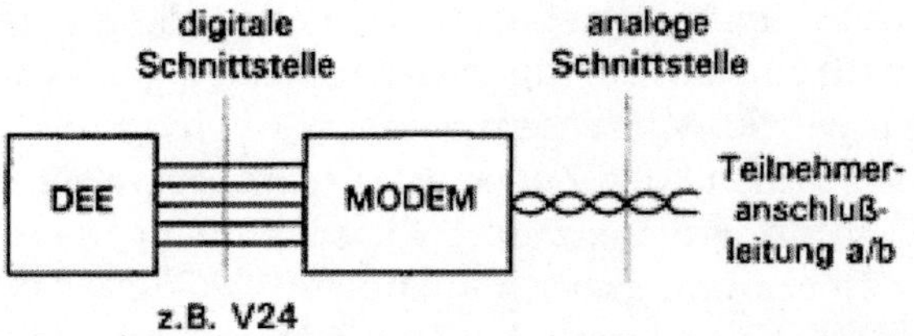

Bild 2.12. MODEM-Übertragung im analogen Fernsprechnetz

Das Modem wird als DÜE zwischen die digitale Standardschnittstelle, z.B. nach V.24, und die analoge Zweidrahtschnittstelle des Fernsprechnetzes geschaltet. An der Digitalschnittstelle werden die Daten in Hin- und Rückrichtung in getrennten Leitungen im Basisband übertragen; auf der analogen Zweidrahtleitung wird beidseitig moduliert übertragen.

2. 3. 5. 1. Aufbau eines Modems

Ein Modem ist ein Transitsystem der Schicht 1; es ist die Realisierung einer Bitübertragungsinstanz. Dazu stellt es Funktionen zum Modulieren und Senden eines Signals, zum Empfangen und Demodulieren eines Signals und zur Automatensteuerung der Bitübertragungsinstanz bereit.

Bei Modems ist zu unterscheiden zwischen einem *Modem für Festverbindungen* und einem *Wählmodem*, wie es im vermittelnden, analogen Fernsprechnetz eingesetzt wird. Ein Wählmodem besitzt neben den oben genannten Schicht 1- Funktionen auch Instanzenfunktionen zum Herstellen der Schicht 1-Verbindung über das Fernsprechnetz zu einem wählbaren Teilnehmer. An dieser Stelle soll der Einfachheit halber zunächst von einem Modem für Festverbindungen ausgegangen werden. Auf die besonderen Funktionen von Wählmodems werden wir im Abschnitt Bitübertragungsprotokolle (Abschn. 2.4) zurückkommen.

In Bild 2.13 sind die Funktionen eines Modems als Blockschaltbild dargestellt. Das Modem besitzt einen Sendeteil (oberer Pfad) und einen Empfangsteil (unterer Pfad).

Sendeteil

Das binäre Digitalsignal wird über die Sendeleitung TD (Transmit Data) dem Modem zugeführt. Hier wird es zunächst in einem Scrambler verwürfelt, um bei langen Nullfolgen im Empfänger eine Taktregeneration zu gewährleisten. In einem Codierer wird zur Erhöhung der Übertragungsgeschwindigkeit aus dem binären Signal ein mehrstufiges erzeugt. Am Ausgang des Codierers entsteht ein digitales Basisbandsignal, wie es in Abschn. 2.3.4.2 behandelt wurde. Mit diesem Signal wird eine sinusförmige Trägerschwingung entsprechend den Zuständen des Basisbandsignals in ihren Parametern (Amplitude, Frequenz oder Phasenwinkel) moduliert. Für Modems niedriger Übertragungsgeschwindigkeit (300-1200 bit/s) entfällt der Codierer und es wird stattdessen der Träger in nur zwei Zuständen moduliert.

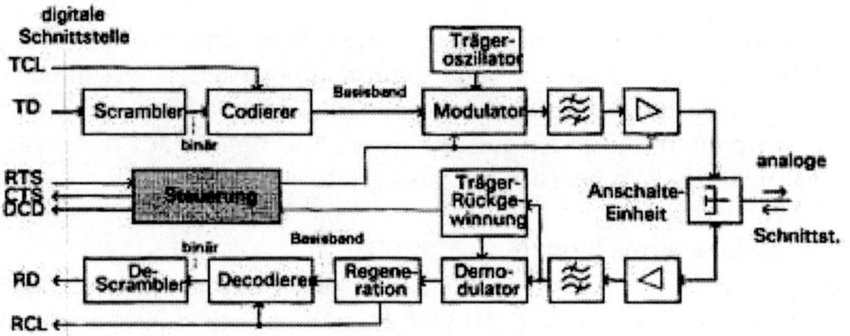

Bild 2.13. Funktionsaufbau eines Modems

Zur Unterdrückung unerwünschter Modulationsprodukte und zur Bandbegrenzung dient der Bandpass hinter dem Modulator. Das Bandpasssignal wird verstärkt und über eine Anschalteeinheit auf der Zweidrahtleitung ausgesendet. Zur Impedanzanpassung an die Übertragungsleitung und zur Richtungstrennung zwischen Sende und Empfangsteil wird eine Anschalteeinheit mit Differentialübertrager benutzt.

Empfangsteil

Der Differentialübertrager liefert ein analoges Bandpasssignal in Empfangsrichtung. Das Signal unterliegt je nach Leitungsdämpfung erheblichen Pegelschwankungen und muss daher für die nachfolgende Signalverarbeitung mit einem geregelten Verstärker auf einen einheitlichen Pegel gebracht werden. Der nachfolgende Bandpass dient zur Störunterdrückung.

Die angewendeten Modulationsverfahren arbeiten im Interesse eines besseren Signal-Geräusch-Abstandes nach der Demodulation mit einem Trägerrest oder mit unterdrücktem Träger. Daher muss zur Demodulation eine Trägerrückgewinnung vorgenommen werden. Das bandbegrenzte Signal wird unter Trägerzusatz demoduliert und anschließend zu einem mehrstufigen Basisband-Digitalsignal regeneriert. Bestandteile der Regeneration sind ein Entzerrer, eine Taktrückgewinnung (Schrittakt) und eine Amplitudenregeneration.

Im Entzerrer wird der Amplituden- und der Gruppenlaufzeitgang des Übertragungsmediums digital entzerrt (im Basisband). Für langsame Modems bis 1200 bit/s arbeitet man mit einem fest eingestellten Kompromissentzerrer. Hochgeschwindigkeitsmodems mit 9600 bit/s und darüber besitzen ein adaptives Entzerrerfilter.

Das Basisbandsignal wird im Decodierer zu einem binären Signal umgeformt und die Verwürfelung im Descrambler rückgängig gemacht. Auf der Empfangsleitung RD (Receive Data) werden die Daten zur DEE gesendet. Wenn mit codierten Basisbandsignalen gearbeitet wird, benötigt der Coder einen Sendetakt (TCL) und der Decoder einen Empfangstakt (RCL).

Steuerung

Im Steuerteil eines Modems ist das Automatenverhalten der Bitübertragungsinstanz realisiert. Bei Modems für Festverbindungen betrifft dies zur Hauptsache die Aktivierungs- und Deaktivierungsprozedur, ggf. auch mit Einstellung der Übertragungsgeschwindigkeit. Über die Leitung RTS (Request To Send) wird der Sendeteil des Modems eingeschaltet. Auf der Leitung CTS (Clear To Send) zeigt das Modem die Sendebereitschaft an. Ankommende Daten erkennt das Modem an dem vorhandenen Träger; dies wird auf der Leitung DCD (Data Carrier Detect) zur DEE signalisiert.

Modems sind heute als hochintegrierte digitale Schaltkreise verfügbar. Die Signalverarbeitung ist, bis auf die Anschalteeinheit und die Verstärker, zum größten Teil mit Digitaler Signalverarbeitung realisiert[10], die Steuerungsaufgaben übernimmt meist ein Microprozessor oder sie sind in einfachen Ausführungen durch Digitallogik innerhalb eines Modem-Chips gelöst.

2. 3. 5. 2. Modulationsarten

Durch Modulation werden die digitalen Basisbandsignale so umgeformt, dass ihre Spektralanteile im Übertragungsbereich des Bandpasskanals liegen. Grundsätzlich lassen sich alle Parameter einer sinusförmigen Schwingung

$$u(t) = A \cos (2\pi f_T\, t + \varphi) \qquad (2.25)$$

modulieren. Die modulierte Schwingung besitzt dann im wesentlichen nur Spektralanteile in der Umgebung der Trägerfrequenz f_T.

Es würde sicherlich über den Rahmen dieses Buches hinausgehen, wenn das Gebiet der Modulationstechniken im Detail erörtert wird. An dieser Stelle soll deshalb nur eine kurze Übersicht gegeben werden. Für eine weitergehende Behandlungen dieses Themas sei auf die spezielle Fachliteratur verwiesen, z.B.[11]

Bild 2.14 zeigt die Zeitfunktionen des binären Basisbandsignals und die sich bei verschiedenen Modulationsverfahren ergebenden Bandpasssignale.

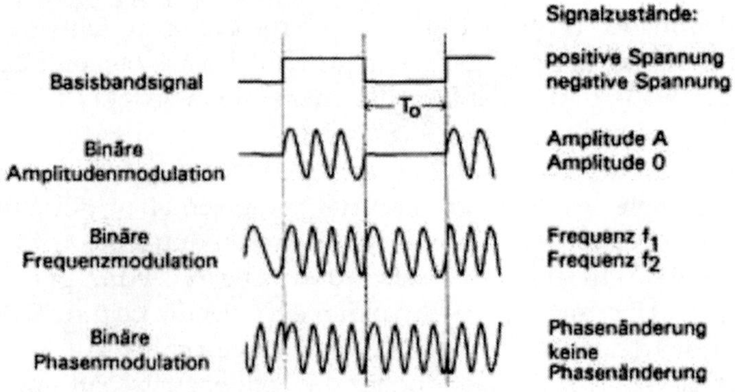

Bild 2.14. Digitale Modulationsarten

---

[10] Gerdsen, Peter und Peter Kröger: *Digitale Signalverarbeitung in der Nachrichtenübertragung,* Springer-Verlag 1993.

[11] Bocker, Peter: *Datenübertragung,* Band 1, Grundlagen, Springer 1976 und Gerdsen, Peter: *Digitale Übertragungstechnik,* Teubner Studienskripten 1983.

Die *Amplitudenmodulation* (AM) verändert die Amplitude A mit der digitalen Information, bei konstanter Trägerfrequenz f_T und Phase. Bei binärer Modulation wird die Amplitude zwischen zwei Werten umgetastet, weshalb man auch von Amplitudenumtastung spricht engl. (engl. **A**mplitude **S**hift **K**eying: ASK). Um einen möglichst großen Störabstand zu erhalten wird immer mit einem Modulationsgrad von 100 % gearbeitet, so dass bei der binären 1 beispielsweise die Amplitude A Volt und bei der binären 0 die Amplitude 0 Volt gesendet wird.

Bei der Modulation eines Sinusträgers entstehen zwei Seitenbänder, so dass zur Realisierung einer bestimmten Schrittgeschwindigkeit i.a. mindestens die doppelte Kanalbandbreite zur verzerrungsfreien Übertragung gegenüber einem Tiefpasskanal benötigt wird. Bei gegebener Bandbreite B des Banpasskanals ergibt sich somit anstelle von (2.11) eine Schrittgeschwindigkeit

$$v_S = \frac{B}{1+r} \text{ [Baud]} \qquad \text{für den Bandpasskanal .} \qquad (2.26)$$

Bei der Zweiseitenbandamplitudenmodulation ist die Bandbreitenausnutzung des Kanals schlecht, da in beiden Seitenbändern die gleiche Information übertragen wird. Zu einer besseren Ausnutzung gelangt man mit der *Einseitenband-AM,* bei der entweder nur das obere oder das untere Seitenband übertragen wird. Eine Variante ist die *Restseitenbandübertragung,* bei der ein Teil des zweiten Seitenbandes mit übertragen wird. Beide Verfahren verlangen aber einen größeren Aufwand bei der Demodulation im Empfänger.

Die Amplitudenmodulation ist sehr störanfällig. Wesentlich störunanfälliger, dafür aber auch breitbandiger sind die *Frequenzmodulation* (FM, engl. **F**requency **S**hift **K**eying: FSK) oder die *Phasenmodulation* (PM, engl. **P**hase **S**hift **K**eying: FSK).

Bei binärer FSK wird der Träger entsprechend des binären Basisbandsignals zwischen zwei Kennfrequenzen f_1 und f_2 umgetastet. Die Trägerfrequenz tritt selbst nicht in Erscheinung. Den Mittelwert der Kennfrequenzen

$$f_M = \frac{f_1 + f_2}{2} \qquad (2.27)$$

bezeichnet man als Mittenfrequenz. Der Bandbreitebedarf und der Störabstand werden zur Hauptsache durch den Modulationsindex

$$h = \frac{\Delta f}{f_N} \qquad (2.28)$$

bestimmt. Darin sind

$$\Delta f = \left| \frac{f_1 - f_2}{2} \right| \qquad (2.29)$$

der Frequenzhub und f_N die Nyquistfrequenz.

Die Nyquistfrequenz steht in engem Zusammenhang mit der Schrittgeschwindigkeit. In wird gezeigt[12], dass ein guter Kompromiss bezüglich Bandbreitebedarf und Geräuschabstand erreicht wird, wenn $h=2/\pi$ gewählt wird. In diesem Fall liegt der Hauptanteil der Leistung des modulierten Signals innerhalb einer Bandbreite

$$B = 2\, f_N = \pi\, \Delta f \qquad \text{mit} \qquad h = \frac{2}{\pi} \quad . \qquad (2.30)$$

Aus (2.30) entnimmt man den notwendigen Frequenzhub und mit $v_S=2f_N$ die maximale Schrittgeschwindigkeit der FSK bei gegebener Kanalbandbreite B:

$$v_S = \pi\, \Delta f \qquad \text{(binäre FSK)} \quad . \qquad (2.31)$$

Sie ist bei binärer FSK gleich der Übertragungsgeschwindigkeit $v_ü$.

Bei der Phasenmodulation (PSK) wird die Trägerphase φ mit der digitalen Information umgetastet. Zur Bestimmung der Momentanphase wird im Empfänger eine Bezugsphase der gleichen Frequenz benötigt. Dies erfordert eine Übertragung der Trägerschwingung mit Regeneration der Bezugsschwingung. Da die Regeneration mit einer Phasenunsicherheit von π verbunden ist, wird häufig eine Differenz-Phasenmodulation (engl. **D**ifferential **P**hase **S**hift **K**eying :DPSK) durchgeführt. Hierbei liegt die Information in der Phasendifferenz zwischen zwei aufeinanderfolgenden Taktschritten. DPSK wird nicht nur zur Übertragung binärer, sondern auch ternärer, quaternärer und okternärer Digitalsignale benutzt. Dadurch lässt sich die Übertragungsgeschwindigkeit steigern. Es wird eine Gruppe von Bits zu einem mehrwertigen Signal codiert und die Stufen dann einzelnen Differenzphasen des Trägersignals zugeordnet. Beispielsweise arbeitet eine $DPSK_8$ mit 8 verschiedenen Differenzphasen.

Eine besonders wirksame Methode zur Erhöhung der Übertragungsgeschwindigkeit ohne Verbreiterung des Übertragungsbandes ist die *Quadraturamplitudenmodulation* (QAM). Sie findet Anwendung in Modems höherer Geschwindigkeit (z.B. 9600 bit/s). Auch bei dieser Übertragungsart wird das binäre Signal blockcodiert. Die Zustände des mehrwertigen Signals modu-

---

12 Bocker, Peter: *Datenübertragung,* Band 1, Grundlagen, Springer 1976.

lieren dann gleichzeitig die Amplitude und die Phase der Trägerschwingung, wodurch sich eine beträchtliche Erhöhung der Übertragungsgeschwindigkeit gegenüber der Schrittgeschwindigkeit erzielen lässt, allerdings auf Kosten der Störsicherheit.

2. 3. 6. Richtungstrennung

Die Übertragungswege in Datennetzen, insbesondere bei öffentlichen Datennetzen oder auch dem Fernsprechnetz, bestehen zum größten Teil aus Zweidrahtleitungen. Hierbei entsteht das grundsätzliche Problem der Richtungstrennung zwischen gesendetem und empfangenem Datenstrom. Nur bei Übertragungsstrecken geringer Entfernung, z.B. zwischen DEE und DÜE, wird eine Vierdrahtleitung zur Trennung der Sende- von den Empfangsdaten eingesetzt. Die Richtungstrennung gehört zu den Aufgaben der DÜE. Bei der Richtungstrennung über Zweidrahtwege unterscheidet man das Frequenzgetrenntlageverfahren (Frequenzmultiplex), das Zeitgetrenntlageverfahren (Zeitmultiplex) und das Gleichlageverfahren.

Beim Frequenzgetrenntlageverfahren wird ein unterschiedliches Frequenzband zum Senden und Empfangen benutzt. Bis auf wenige Ausnahmen, z.B. in der Satellitenkommunikation und in Funknetzen werden heute meist Zeitgetrenntlage- und Gleichlageverfahren benutzt, bei denen der Sende- und der Empfangspfad im gleichen Frequenzband arbeiten. Bei der Zeitgetrenntlage wird abwechselnd gesendet und empfangen. Die Bitübertragungsinstanzen arbeiten dann im Halb-Duplex-Betrieb. Bei der Gleichlage wird gleichzeitig und im gleichen Frequenzbereich gesendet und empfangen und die Trennung erfolgt über ein richtungsabhängig dämpfendes 3-Tor. Das Gleichlageverfahren benötigt von allen Verfahren die niedrigste Übertragungsbandbreite, weshalb es trotz seines größeren technischen Aufwandes heute fast ausnahmslos eingesetzt wird und hier beschrieben werden soll.

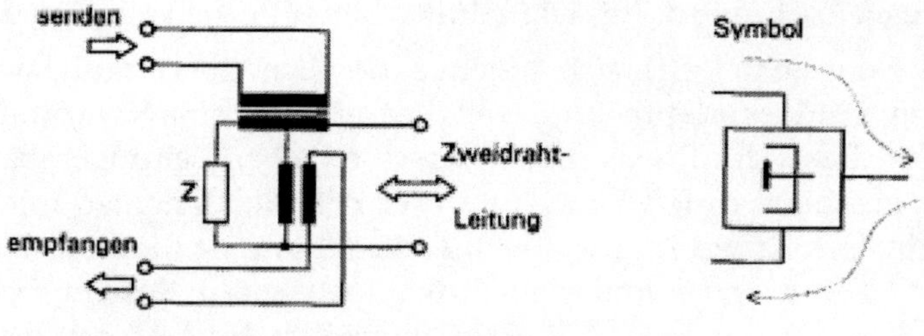

Bild 2.15. Gabelschaltung mit Differentialübertrager

Die Richtungstrennung kann mit einem Differentialübertrager geschehen, der in einer aus der Fernsprechtechnik bekannten Gabelschaltung betrieben wird (Bild 2.15).

Die Gabel ist ein Viertor, bei dem ein Tor mit der Leitungsnachbildungsimpedanz Z abgeschlossen ist. Die in ein Tor eingespeiste Energie wird durch die Differenzbildung zum größten Teil in das im Uhrzeigersinn benachbarte Tor gesendet, so dass zwischen dem Sende und dem Empfangstor eine Dämpfung auftritt. Wichtig ist, dass vom Sendesignal kein Anteil in den Empfangspfad gelangt. Dies kann auch bei einer noch so sorgfältig ausgeführten Gabel mit einer guten Leitungsnachbildung nicht ausreichend gewährleistet werden. Die Gabel hat in der Praxis Unsymmetrien und die Impedanz Z kann immer nur eine Kompromissnachbildung für einen sehr begrenzten Frequenzbereich sein. Dadurch gelangt in der Praxis eine unerwünschtes Echo in den Empfangspfad.
Eine Lösung dieses Problem ist das adaptive Echokompensationsverfahren, wie es Bild 2.16 zeigt.

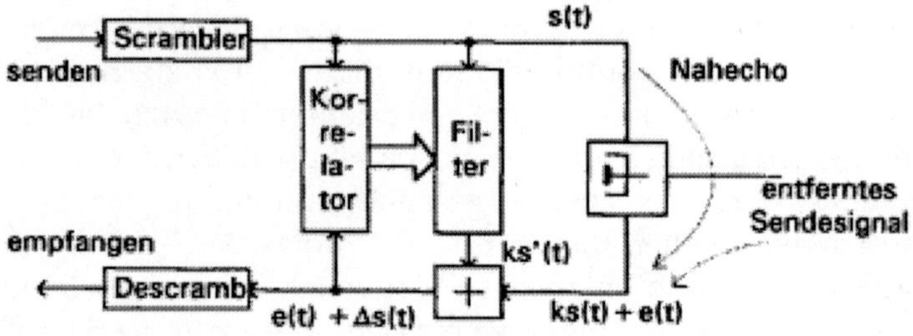

Bild 2.16. Echokompensationsverfahren

Bei dem Verfahren wird das Sendesignal s(t) gefiltert und mit einer solchen Phasenlage dem entfernten Sendesignal e(t) überlagert, dass das Nahecho nahezu ausgelöscht wird. Ein Digitalfilter bildet an seinem Ausgang näherungsweise das Echo k·s(t) nach, indem es den Echoübertragungsweg simuliert. Das Filter muss adaptiv sein, weil die Gabel nur eine Kompromissnachbildung für die in der Praxis sehr unterschiedlichen Leitungen besitzt. Die Adaption geschieht durch Einstellung der Filterkoeffizienten mittels eines Korrelators. Das Kriterium für die Filtereinstellung ist die Korrelation zwischen dem Sendesignal und dem unkompensierten Restempfangssignal Δe(t). Der Korrelator regelt das Filter solange nach, bis Δe(t) genügend klein, d.h. das Echo nahezu unterdrückt ist. Damit die Auslöschung hinreichend gut funktioniert, müssen das Sendesignal s(t) und das entfernte Sendesignal e(t) möglichst unkorreliert sein. Dies wird durch eine Verwürfelung/Entwürfelung vor der Echokompensation erreicht.

2. 4. Bitübertragungsprotokoll am Beispiel der seriellen Schnittstelle V.24

Es gibt heute eine große Vielfalt von standardisierten Bitübertragungsprotokollen. Sie lassen sich grob in solche für öffentliche Datennetze und solche für private, lokale Netze einteilen. Für öffentliche Netze sind für den Anwender die Bitübertragungsprotokolle zwischen der DEE und der DÜE maßgebend, während für die Hersteller von Modems auch die Bitübertragungsprotokolle zwischen den DÜEn wichtig sind (vergl. Bild 0.2). Die Bitübertragungsprotokolle für öffentliche Netze sind in verschiedenen Serien von CCITT-Empfehlungen festgelegt, und zwar: V-Serie zur Übertragung im analogen Fernsprechnetz, X-Serie zur Übertragung in digitalen Datennetzen (leitungs- und paketvermittelnd), I-Serie zur Übertragung im digitalen, dienstintegrierenden Netz ISDN.

Die in diesen Serien zusammengefassten Regelungen beziehen sich nicht nur auf die Bitübertragungsschicht, sondern in der Regel auf alle Aspekte der Bitübertragung, der Fehlersicherung und der Vermittlung. In diesem Zusammenhang sei auf Anhang 10.2 und 10.3 verwiesen, in denen die wichtigsten Regelungen zusammengefasst sind. Eine umfassende Behandlung aller gängigen Bitübertragungsprotokolle würde den Rahmen dieses Buches sprengen; es kann deshalb nur exemplarisch auf einige Protokolle eingegangen werden. Weil die Protokolle auf der digitalen Schnittstelle zwischen DEE und DÜE für den Anwender besonders interessant sind, wollen wir uns im Folgenden auf diese konzentrieren.

Die am weitesten verbreitete Geräteschnittstelle zwischen einer DEE und einer DÜE ist die serielle Schnittstelle RS 232C, benannt nach der Norm der amerikanischen **E**lectronic **I**ndustries **A**ssociation als **R**ecommended **S**tandard unter der Nr. **232** in der Version **C** (EIA RS 232 C).

Die Norm ist ebenfalls in DIN 66020 und in der CCITT-Empfehlung V.24 beschrieben. Jeder PC verfügt über diese Schnittstelle; sie soll im Folgenden kurz *V.24-Schnittstelle* genannt werden. Sie ist die Standard-Schnittstelle für die Kommunikation zwischen Terminals, Hostrechern, Personalcomputern (PC), und z.T. auch rechnergesteuerten Messgeräten. Ebenfalls wird sie zwischen der DEE und der DÜE bei der Modemübertragung über das analoge

Fernsprechnetz benutzt. Wegen der weiten Verbreitung wollen wir hier beispielhaft ein übliches Bitübertragungsprotokoll für diese Schnittstelle behandeln.

Die Datenübertragung über die Schnittstelle ist immer binär und kann synchron oder asynchron sein. In Verbindung mit einem Terminal oder einem PC als DEE ist die Übertragung, bedingt durch die in diesen Geräten verwendeten Kommunikationsbausteine[13], immer asynchron. In der DÜE wird dann, abhängig davon, ob codiert oder uncodiert zur entfernten DÜE übertragen wird, in eine synchrone Übertragung umgesetzt.

Das Protokoll in der Bitübertragungsschicht gliedert sich in folgende Teile: Mechanische Beschreibung der Steckverbindung, Leitungen und ihre Bedeutung, Elektrische Beschreibung, Datenformat, Kommunikationsabläufe.

2. 4. 1. V.24-Schnittstelle

Die CCITT-Empfehlung V.24 beschreibt die Leitungen, ihre Bezeichnung und die Bedeutung der Leitungen.[14] Es wird dort festgelegt, dass die DEE mit der DÜE über folgende Steckverbindungen verbunden wird: 25-polig nach ISO 2110 oder 9-polig nach ISO 4902

Die 9-polige Verbindung ist für den asynchronen Betrieb und bei einfachen Modem-Ausführungen ausreichend; die 25-polige Verbindung wird u.a. bei synchroner Betriebsweise benötigt, um den Schritttakt zwischen DEE und DÜE zu übertragen. Bild 2.17 zeigt die Leitungen, ihre Steckerbelegung und die Einwirkung der Leitungen auf die Funktionsblöcke der DÜE (Modem).

---

[13] Die Bitübertragungsinstanz wird realisiert durch einen besonderen Baustein, **U**niversal **A**synchronous **R**eceiver **T**ransmitter (UART) und i.a. in Verbindung mit entsprechender Software.

[14] CCITT: *Empfehlungen der V- und X-Serie,* Band 1: Datenübertragung über das Telefonnetz, R.v. Decker`s, 1985.

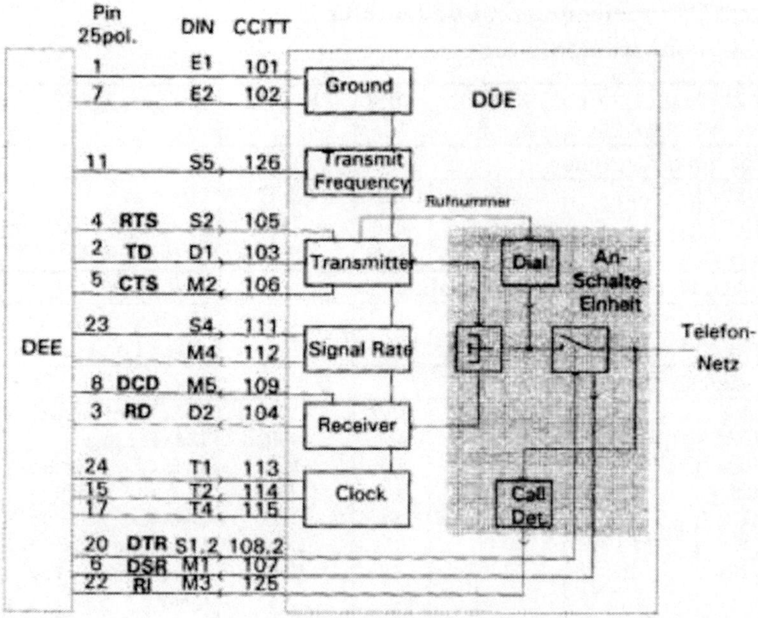

Bild 2.17. V.24-Leitungen und Funktion

Die einzelnen Leitungen haben die Funktion, Protokolldateneinheiten (PDUs) zu übertragen. Man unterscheidet folgende Typen von Leitungen (nach DIN):

E	Masseleitungen
D	serielle Datenübertragung von und zur DÜE
S	Steuerleitungen zur DÜE
M	Meldeleitungen von der DÜE
T	Taktleitungen von und zur DÜE

In Tab. 2.5 sind in Kurzform die Bedeutungen der Leitungen (PDUs) zusammengefasst, wobei die Leitungen nach Anwendungszwecken gruppiert wurden. Bei den Richtungsbezeichnungen "Transmit" und "Receive" bildet die DEE den Bezugspunkt.

Tabelle 2.5. Pinbelegung und Bedeutung der V.24-Schnittstellenleitungen

V.24 Nr.	ISO 2110 Pin (25)	ISO 4902 Pin (9)	DIN	PH-PDU	Bedeutung
Mindestkonfiguration					
102	7	5	E2	GND	Ground
103	2	3	D1	TD	Transmit Data
104	3	2	D2	RD	Receive Data
Zusätzlich bei Aktivierung/Deaktivierung der PH-Verbindung					
105	4	7	S2	RTS	Request To Send
106	5	8	M2	CTS	Clear To Send
Zusätzlich für Modems:					
108.2	20	4	S1..2	DTR	Data Terminal Ready
107	6	6	M1	DSR	Data Set Ready
109	8	1	M5	DCD	Data Carrier Detect
125	22	9	M3	RI	Ring Indicator*)
111	23	–	S4	DRS	Data Rate Select **)
112	12	–	M4	DRS	Data Rate Select **)
126	11	–	S5	STF	Select Transm. Fre quency ***)
zusätzlich für Synchronübertragung an V.24:					
113	24	–	T1	TCL	Transmit Clock DEE)
114	15	–	T2	TCL	Transmit Clock (DÜE)
115	17	–	T4	RCL	Receive Clock (DÜE)

*) bei Modem mit automatischer Rufannahme

**) wenn Modem umschaltbar in zwei Übertragungsgeschwindigkeiten ist

***) wenn im Modem zwei Sendeträgerfrequenzen möglich sind

Zur Datenübertragung in einer Mindestkonfiguration benötigt man drei Leitungen:

Ground (GND)

Der gemeinsame Masse-Rückleiter für die unsymmetrischen Schnittstellenleitungen ist Pin 7 (Betriebsmasse). Pin 1 ist die Gehäuseerde.

Transmit Data (TD)

Über diese Leitung werden die Sendedaten seriell zur DÜE übertragen.

Receive Data (RD)

Auf dieser Leitung empfängt die DEE die seriellen Daten von der

DÜE.

Wenn die DÜE vor der eigentlichen Datenübertragungsphase aktiviert werden muss, z.B. bei allen Modems, sind weitere Leitungen zu benutzen:

Request To Send (RTS)
Der Sender der DÜE wird über die Steuerleitung S2 von der DEE eingeschaltet. Die Leitung wird zur Aktivierung der DÜE benutzt.

Clear To Send (CTS)
Die DÜE meldet ihre Betriebsbereitschaft zum Senden an die DEE.

Data Carrier Detect (DCD)
Der Empfänger überwacht den Empfangspegel an seinem Eingang. Überschreitet der Pegel einen bestimmten Wert, so wird dies als gültiges Empfangssignal gedeutet und über die Meldeleitung M 5 an die DEE gemeldet. DCD wird in der Aktivierungsprozedur benutzt, indem ein Modem an das Partnermodem eine unmodulierte Trägerschwingung sendet.

Einige Modems gestatten die Wahl von zwei Übertragungsgeschwindigkeiten und auch die Wahl von zwei Sende-Trägerfrequenzen. Die Steuerung und Meldung geschieht über die Leitungen

Data Rate Select (DRS) und

Select Transmission Frequency (STF).

Bei Wählmodems muss zusätzlich eine Steuerung am Telefonnetz veranlasst werden. Dazu dienen die folgenden Leitungen:

Data Terminal Ready (DTR)
Wenn die DEE sendebereit ist, kann sie über die Steuerleitung S 1.2 veranlassen, dass die DÜE an das Netz geht. Dies bedeutet, die DÜE schließt die Schleife am Telefonnetz.

Data Set Ready (DSR)
Die DÜE meldet auf dieser Leitung, dass die Netzanschaltung erfolgt ist. Dies geschieht entweder durch Auswertung des Wähltones auf der Fernsprechleitung oder nach einer eingestellten Zeit, nachdem das DTR-Signal gesendet wurde.

Ring Indicator (RI)
Bei automatischem Betrieb erkennt die Anschalteeinheit im Block *Call Detection* einen ankommenden Ruf (klingeln) und zeigt dies der DEE auf der Meldeleitung M 3 an.

Die Übertragung der Wählinformation, also der Teilnehmerrufnummer, erfolgt auf der Datenleitung TD in einer speziellen PDU. Die Rufnummer wird im Modem gespeichert und kann nach dem Schleifenschluss an der Telefonleitung gewählt werden (Impuls- oder Tonwahl). Für synchrone Datenübertragung auf der V.24-Schnittstelle dienen schließlich die Leitungen

Transmit Clock und

Receive Clock,

wobei auf der Taktleitung T 1 der Sendeschrittakt der DEE an die DÜE und auf der Leitung T 2 der Sendeschrittakt der DÜE an die DEE übertragen wird. Die DEE soll auf der Datenleitung TD ein Datensignal geben, bei dem die 0/1-Übergänge in gleichen Schritten erfolgen, wie auf der Leitung T 2 getaktet wird.

2. 4. 2. Elektrische Eigenschaften

Die Logikzustände der V.24-Schnittstelle werden mit Doppelstromimpulsen zwischen einem positiven und negativen Potential gegenüber der Masseleitung dargestellt. Auf den Datenleitungen TD und RD werden die Logikzustände 1 und 0, auf allen übrigen Leitungen die Logikzustände EIN=aktiv und AUS=inaktiv unterschieden. Hierfür gelten die Pegelbereiche nach der CCITT-Richtlinie V.28 für unsymmetrische Leitungen [15]. Sie sind in Bild 2.18 dargestellt.

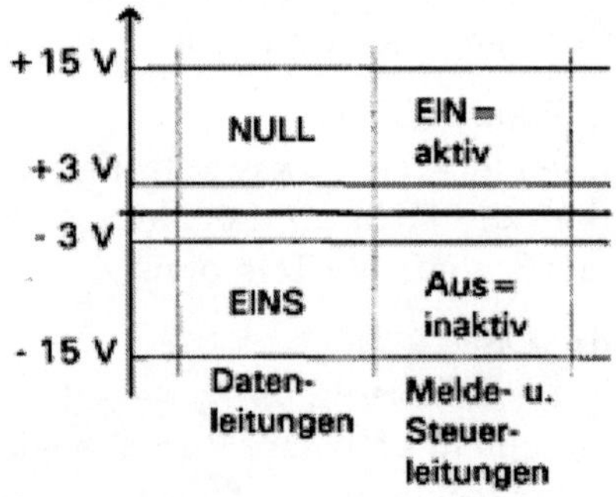

Bild 2.18. Logikzustände und gültige bzw. zulässige Pegelbereiche der V.24-Schnittstelle

[15] CCITT: *Empfehlungen der V- und X-Serie,* Band 1: Datenübertragung über das Telefonnetz, R.v. Decker`s, 1985.

Der zulässige Spannungsbereich auf allen Leitungen liegt zwischen - 15V und +15V. Auf den Datenleitungen ist logisch 1 zwischen - 3V und -15V und logisch 0 zwischen +3V und +15V. Auf den Steuer- und Meldeleitungen sowie auf den Taktleitungen liegen die gültigen Pegel für die Logikzustäne EIN/AUS ebenfalls in diesem Bereich. Weitere Einzelheiten zu den elektrischen Festlegungen, z.B. den zulässigen Grenzen für die Innenimpedanz und die Eingangsimpedanz, kann man der Empfehlung V.28 entnehmen.

2. 4. 3. Asynchrones Format

Auf der V.24-Schnittstelle wird sehr häufig asynchron übertragen. Das Verfahren ist auch als Start-Stop-Verfahren bekannt und geht von einer Blockbildung über eine Anzahl von Bits aus (Bild 2.19).

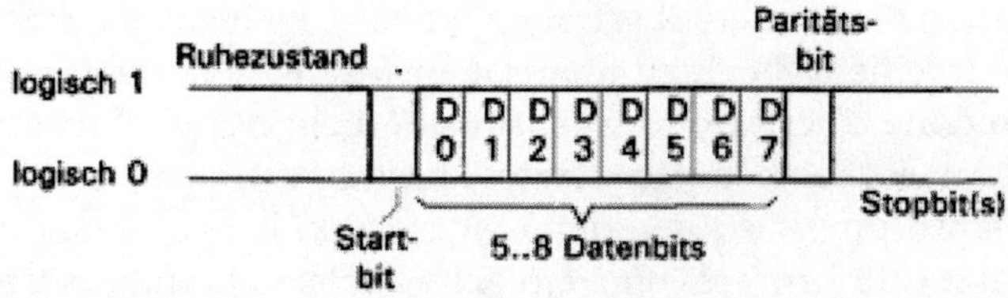

Bild 2.19. Asynchrones Übertragungsformat bei Start-Stop-Verfahren

Jeder Block wird aus dem Ruhezustand (logisch 1) mit einer 0 als Startbit begonnen. Innerhalb eines Blockes können jeweils 5 bis zu 8 Datenbits gesendet werden (einstellbar). Am Ende der Datenbits kann ein Paritätsbit eingefügt sein, bei dem folgende Optionen gewählt werden können:

a) gerade Parität,
b) ungerade Parität,
c) Paritätsbit 1 (fest, d.h. unabhängig vom Datenwort),
d) Paritätsbit 0 (fest, d.h. unabhängig vom Datenwort),
e) kein Paritätsbit.

Bei gerader Parität wird die binare Summe der Werte der einzelnen Datenbits D0 bis max. D7 durch das Paritätsbit zu einer geradzahligen Binärsumme ergänzt, bei ungerader Parität entsprechend zu einer ungeradzahligen Summe. Der Block wird durch 1 bis 2 Stopbits beendet, wobei statt 2 nur 1,5 Stopbits gesendet werden, wenn der Block 5 Datenbits enthält. Die Zahl der Stopbits legt den kleinsten Abstand zwischen zwei Blöcken fest.

Beim Start-Stop-Verfahren muss der Empfänger die Blockgrenzen und die Bitgrenzen innerhalb des Blocks erkennen. Dies geschieht durch Abtastung der Empfangsleitung mittels eines Empfangstaktgenerators, der mit der fallenden Flanke des Startbits gestartet wird. Seine Frequenz, ist auf die Baudrate eingestellt, die im Sender und Empfänger gleich sein muss. Die wählbaren Blockparameter *Anzahl Datenbits*, *Paritätsbit* und *Anzahl Stopbits* müssen im Sender und Empfänger ebenfalls gleich eingestellt sein. Dann lassen sich die Bitgrenzen durch Abzählen von Taktschritten ermitteln.

Die Datenbitanzahl wird in der Praxis häufig in Anlehnung an eine zeichenorientierte Übertragung gewählt, bei dem die Anwendung z.B. in der Übertragung von Zeichen aus einem festgelegten Alphabet besteht, z.B. 7- oder 8-bit codierte ASCII-Zeichen (siehe Anhang 10.5). Dabei wird mit einem Block genau ein Zeichen, bestehend aus 7 oder 8 Bits und beginnend mit dem niedrigstwertigen Bit, übertragen. Sollen dagegen nicht zeichenorientierte Binärinformationen übertragen werden, so bietet es sich an, jeweils 8 Bit (1 Byte) in einem Block zu übertragen. Streng genommen ist dann der damit verbundene Übertragungsdienst nicht mehr nur ein Bitübertragungsdienst, sondern ein Zeichen- bzw. Byte-Übertragungsdienst.

Die Paritätsprüfung wird von den eingesetzten Kommunikationsbausteinen unterstützt und kann als eine einfache Fehlersicherung betrachtet werden: Sie gehört eigentlich bereits zur Schicht 2 des Kommunikationssystems. Die einfache Paritätsprüfung liefert jedoch keine große Fehlersicherheit. Je nach Aufwand in der Schicht 2 kann (in einfachen Systemen) entweder auf diese Funktion zurückgegriffen werden, oder aber in der Schicht 2 eine gesonderte, wirksamere Fehlersicherung eingesetzt werden (s. hierzu Abschn. 3). Bei letzterer wird dann ein Blockformat ohne Paritätsbit eingestellt (Option e)).

2. 4. 4. Kommunikationsabläufe

Da die V.24-Leitungen Protokolldateneinheiten transportieren, ist die Art der Leitungsverbindung Bestandteil des Protokolls. Hinsichtlich der Kommunikationsabläufe auf der V.24-Schnittstelle sind verschiedene Betriebskonfigurationen zu unterschieden, je nachdem, ob mit oder ohne DÜE gearbeitet wird.

2. 4. 4. 1. Direktbetrieb

Im einfachsten Fall, in der Regel bei Entfernungen bis zu einigen 10 m, können die Datenendeinrichtungen direkt über ein V.24-Kabel, also ohne Einschaltung von Modems miteinander verbunden. Diese Konfiguration wird als Direktbetrieb oder *Nullmodem-Betrieb* bezeichnet. Bild 0.2 zeigt die dazu benötigten Anschlüsse mit Verbindungen sowie das Zeitfolgediagramm für den Kommunikationsablauf.

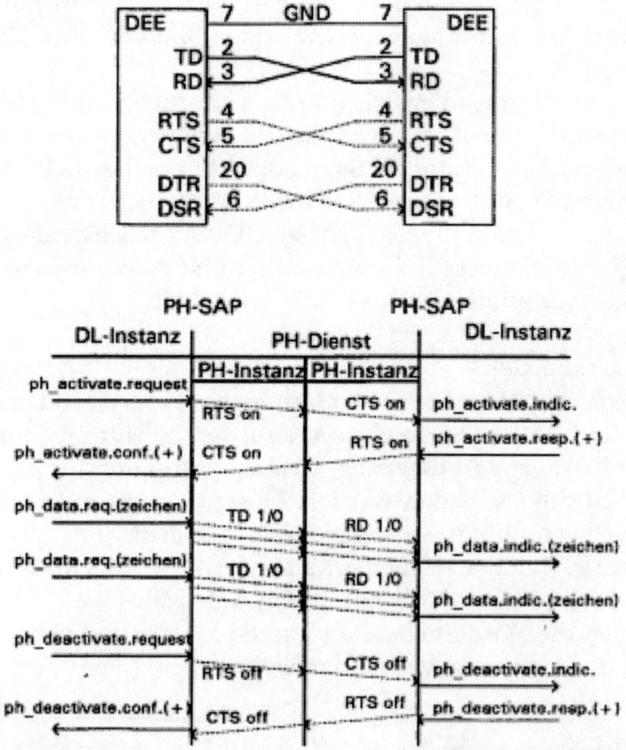

Bild 2.20. V.24-Leitungsverbindungen und Ablauf im Direktbetrieb (Nullmodem)

Von den V.24-Leitungen werden maximal nur 7 Leitungen benötigt. Bis auf die Masseleitung sind die Anschlüsse gekreuzt verbunden. Die Leitungen DTR und DSR werden nicht für den Kommunikationsablauf benötigt; sie können jedoch verbunden werden, wobei DTR in beiden Endeinrichtungen statisch auf EIN gelegt ist.

I.a. muss die Verbindung zwischen den PH-SAPs vor der Datenübertragung mit Hilfe der entsprechenden Dienstsignale aktiviert und danach deaktiviert werden. Zur Übertragung der PDUs benutzt man die Leitungen RTS und CTS, die auf EIN und später wieder auf AUS geschaltet werden. Die eigentliche Datenübertragung geschieht auf der TD- bzw. RD-Leitung. Mit jedem Dienstsignal ph_data.request wird der PH-Instanz ein Bitblock, bestehend aus 5 bis 8 Bits übergeben, der dann im asynchronen Format als 0/1-Wechsel zur Partnerinstanz übertragen wird. Mit dem Eintreffen des Stopbits liefert die Empfangsinstanz den Bitblock am DL-SAP ab (ph_data.indication).

Wird kein Aktivierungsdienst benötigt, weil davon ausgegangen wird, dass die Verbindung bereits mit dem Einschalten des Systems besteht, kann auf die Steuerung der Leitung RTS und die Abfrage der Leitung CTS verzichtet werden und stattdessen RTS in beiden Systemen statisch auf EIN geschaltet werden. In vielen Endgeräten, so z.B. in PCs haben alle nicht benötigten Leitungen definiertes Ruhepotential (1 und AUS), so dass man dann nur 3 Leitungen verbinden muss: TD, RD und GND.

2. 4. 4. 2. Modembetrieb

Bei der Übertragung über größere Entfernungen werden Modems zwischen die Datenendeinrichtungen geschaltet. Auf der Zweidrahtleitung müssen verschiedene PDUs zur Aktivierung, Deaktivierung und für den normalen Datenaustausch unterschieden werden. Dies geschieht mit Hilfe der Ruf- und Tonsignalisierung im analogen Fernsprechnetz und der Trägerfrequenzerkennung. Zur Steuerung des Modems werden zusätzlich die Leitungen DTR, DSR, RI sowie DCD benötigt (vgl. Tab. 2.5).

Bild 2.21 zeigt die Zusammenschaltung der Strecke, bei der die V.24-Anschlüsse nun nicht gekreuzt verbunden werden.

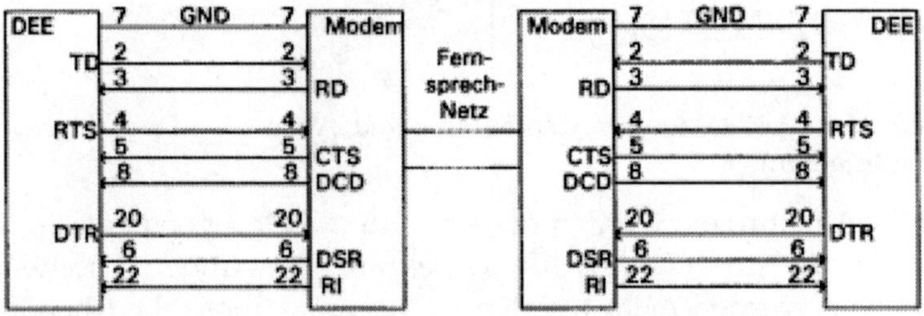

Bild 2.21. V.24-Leitungsverbindungen bei Modem-Betrieb

Zur Herstellung einer Modem-Verbindung zwischen zwei DEEn müssen zwei Phasen des Verbindungsaufbaus unterschieden werden:

1) **Herstellung einer Verbindung über das Fernsprechnetz**
   Dies geschieht mit Hilfe der Anschalteeinheit und über die Leitungen DTR, DSR und RI (vergl. Bild 2.17).

2) **Herstellung der Datenverbindung bei bestehender Fernsprechverbindung bzw. bei einem Modem für festgeschaltete Leitungen**
Dieser Vorgang, der manchmal als Modem-Handshaking bezeichnet wird, geschieht durch Steuerung der Leitungen RTS, CTS und der Erkennung des Trägersignals vom Partnermodem (DCD).

In der Phase 1 wird vermittlungstechnisch eine Verbindung zu einem beliebigen Fernsprechteilnehmer hergestellt. Hierbei stellt sich die Frage, ob dieses nicht zu den grundsätzlichen Funktionen der Schicht 3 gehört und deshalb nicht Gegenstand der Bitübertragungsschicht ist. Wenn dies, wie allgemein üblich, dennoch der Bitübertragungsschicht zugeordnet wird, so hat das folgende Gründe: Datennetze arbeiten in der Vermittlungsschicht in der Regel in einer paketorientierten Betriebsweise, bei der nacheinander und in kurzen Abständen Pakete zu verschiedenen Netzteilnehmern gesendet werden. Dazu muss zu jeder DEE eine physikalisch feste Verbindung, zumindest zeitweise, vorhanden sein. Wenn im Fernsprechnetz bei jedem zu sendenden Paket jedesmal erst eine Fernsprechverbindung aufgebaut werden müsste, so wäre dies höchst unwirtschaftlich hinsichtlich des Durchsatzes von Datenpaketen. Das Fernsprechnetz mit seiner Durchschaltetechnik ist für die Belange der Datenvermittlung nicht konzipiert. Es wäre vollkommen überlastet, wenn viele Datenteilnehmer nur für die Dauer der Übertragung eines einzelnen Paketes oder auch einer Gruppe von Paketen eine Fernsprechverbindung temporär aufbauen. Die Folge wäre ein häufiges Blockieren der Fernsprechvermittlungsstellen mit der Folge eines sehr geringen Durchsatzes für die Datenendeinrichtungen. Das Fernsprechnetz bietet keinen Fehlersicherungsdienst (Schicht 2). Dieser ist aber die Voraussetzung für eine optimale Vermittlungsschicht in einem Datennetz, die sich ja vom Prinzip her nach dem OSI-Modell auf die Schicht 2 abstützt. Es würde erhebliche Strukturierungsprobleme mit komplizierten Abläufen in den Stationen eines Kommunikationssystems hervorrufen, wenn die vermittlungstechnischen Modemfunktionen wie Wählen, Rufen usw. innerhalb einer Schicht 3-Instanz angesiedelt würden, ohne eine unterlagerte Schicht 2-Instanz benutzen zu können.

Aus diesen genannten Gründen muss bei der Datenübertragung das Fernsprechnetz als gesamtes zu einer erweiterten Bitübertragungsschicht gezählt werden. Die Erweiterung besteht darin, dass es für die Anwender, das sind die DL-Instanzen, wahlweise und zeitlich begrenzt physikalische Verbindungen aktiviert und wieder deaktiviert. Das Aufbauen solcher Verbindungen am DL-SAP wird deshalb auch nicht mit dem sonst üblichen *connect*-Dienstsignal sondern mit dem *activate*-Dienstsignal vorgenommen.

Die beiden Phasen des Verbindungsaufbaus sollen im Folgenden näher betrachtet werden. Wir wollen zunächst die Abläufe der Phase 2 besprechen, da sie auch bei der Modem-Übertragung über Festverbindungen stattfinden, um danach die ggf. vorgeschaltete Phase 1 ergänzen zu können.

Datenverbindung herstellen

Bild 2.22 zeigt die Abläufe beim Aufbau einer Datenverbindung zwischen DEE und Modem im Zusammenspiel auf der rufenden und gerufenen Seite. Ist eine physikalische Verbindung zwischen den Modems auf der Zweidrahtleitung vorhanden und möchte eine DEE darüber eine Datenverbindung aufbauen, so schickt sie auf der Leitung S2 das Signal RTS an das Modem. Darauf sendet das rufende Modem ein Initialisierungssignal, bestehend aus einer Tonfolge, an das Partnermodem. Das gerufene Modem erhält dadurch Gelegenheit, sich auf den Empfang vorzubereiten, indem es folgende Aktionen durchführt: Erkennung des Trägersignals, Meldung an seine DEE über die Leitung M5 mit DCD (Träger erkannt), Rückgewinnung des Trägers, Verstärkungsregelung, Einstellung des Entzerrers.

Die Dauer des Initialisierungssignals wird *turn around time* genannt und ist eine wichtige Eigenschaft des Modems. Sie bedingt eine Totzeit bei Halb-Duplexmodems, wenn ein Wechsel der Übertragungsrichtung vorbereitet werden muss. Die turn around time liegt bei Modems niedriger Geschwindigkeit bei etwa 10 ms und bei Hochgeschwindigkeitsmodems, bedingt durch den erhöhten Einstellaufwand für den adaptiven Entzerrer, bei einigen 100 ms.

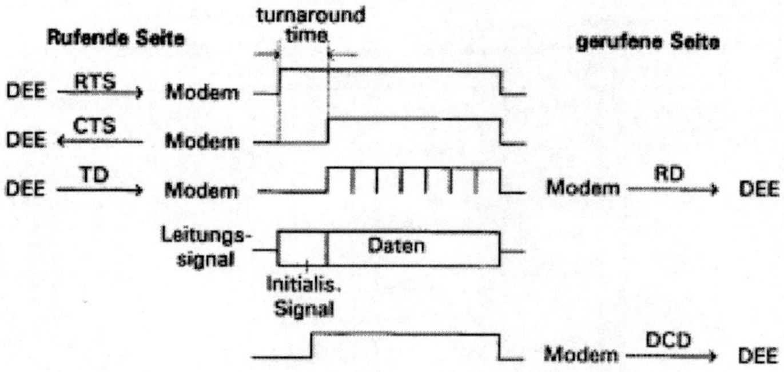

Bild 2.22. DEE-Modem-Kommunikation zur Herstellung der Datenverbindung

Nach Ablauf der turn around time schickt das rufende Modem an seine DEE das Signal CTS, wodurch die DEE mit der Datenübertragung beginnt.

Beim gerufenen Modem ist das auslösende Signal das Initialisierungssignal, das zum Senden von DCD an die gerufene DEE führt und damit den Datenempfang vorbereitet.

Der Aufbau einer Datenverbindung ist grundsätzlich immer einseitig und zwar unabhängig davon, ob ein Halbduplex- oder Vollduplex-Modem verwendet wird. Will beispielsweise die gerufene DEE in Bild 0.2 ihrerseits Daten senden, so muss auch sie eine (einseitige) Datenverbindung zur Gegenstelle nach dem gleichen Verfahren aufbauen. Bei Duplex-Modems kann dies gleichzeitig geschehen, bei Halbduplex-Modems nur nacheinander.

Die Beendigung einer Datenverbindung wird an der rufenden Seite durch Rücknahme des Signals RTS (RTS=AUS) eingeleitet. Es werden keine Daten mehr gesendet. Damit geht auf der gerufenen Seite DCD zurück (DCD=AUS); die gerufene DEE wertet dies als Beendigung der Datenübertragung in dieser Richtung.

Fernsprechverbindung herstellen

Die Herstellung einer Verbindung über das Fernsprechnetz erfolgt nach den Regeln zur Zeichengabe an einem Fernsprechanschluss. Anhand des Zeitfolgediagramms in Bild 2.23 soll nun der komplette Kommunikationsablauf in der Bitübertragungsschicht vom Verbindungsaufbau über die Phase der Datenübertragung bis zum Abbau der Fernsprechverbindung betrachtet werden. Hierin eingebunden ist der Aufbau und Abbau einer Datenverbindung zwischen den Modems.

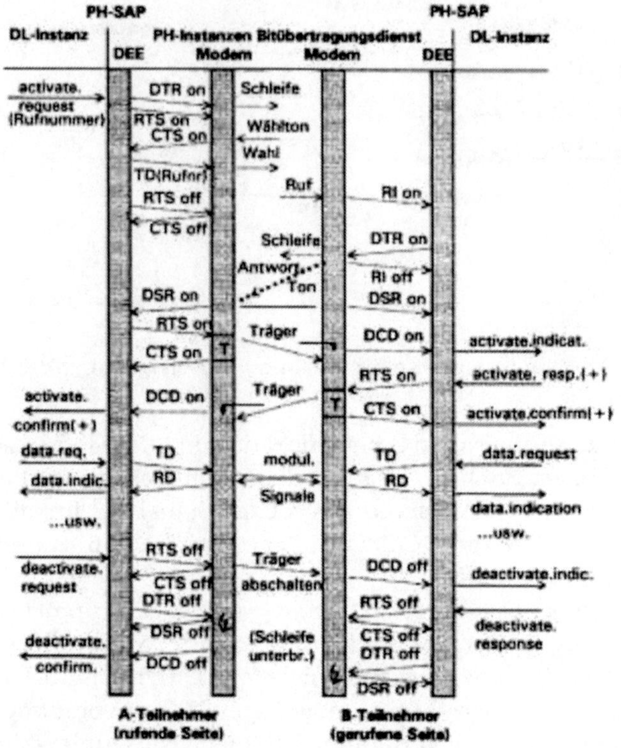

Bild 2.23. Kommunikationsablauf am Modem für eine Fernsprechverbindung

Verbindungsaufbau bei der rufenden Seite (A-Teilnehmer):
Die DL-Instanz der DEE leitet eine Verbindung mit dem *activate*-Dienstsignal ein; dabei übergibt sie der PH-Instanz die Rufnummer des gewünschten Fernsprechteilnehmers. Die DEE sendet an das Modem *DTRon*, wodurch im Modem die Schleife geschlossen wird. Die Rufnummer wird auf der Sendeleitung *TD* zum Modem übertragen. Dazu muss die DEE vorher *RTSon* senden und vom Modem *CTSon* bestätigend erhalten, um in den Dialog mit dem Modem zu treten. Das Fernsprechnetz legt unmittelbar nachdem die Schleife geschlossen wurde einen Wählton an das Modem an und signalisiert damit die Bereitschaft zur Wahlaufnahme. Hierauf sendet das Modem die Wahlziffern, z.B. in Impulswahl.

Bei erfolgreicher Herstellung einer Verbindung antwortet das Partnermodem des B-Teilnehmers mit einem 2100 Hz-Antwortton. Dies ist das Zeichen für das A-Modem, dass die Fernsprechverbindung vorhanden ist; es signalisiert dies mittels *DSRon* an die DEE. Nun kann die Datenverbindung aufgebaut werden.

Erhält das Modem *RTSon,* beginnt es für die turn-around-Zeit das Initialisierungssignal auf die Leitung zu senden (unmodulierte Trägerschwingung), nach deren Beendigung *CTSon* zur DEE signalisiert wird. Die PH-Instanz der DEE hat in diesem Zustand eine einseitige Datenverbindung zur PH-Instanz des B-Teilnehmers (A→B). Bevor die Aktivierung der Verbindung an die DL-Instanz bestätigt werden kann, muss auch noch die Datenverbindung in Gegenrichtung (B→A) bestehen. Dies wird durch das Aussenden eines Trägersignals des B-Modems veranlasst. Wenn das Modem empfangsseitig ein Trägersignal auf der Leitung detektiert, wertet es dies als Verbindungswunsch des B-Teilnehmers und signalisiert dies an seine DEE mittels *DCDon.* Die erfolgreiche Herstellung einer Datenverbindung in der PH-Instanz der DEE wird der DL-Instanz mit dem Dienstsignal *activate.confirmation(+)* bestätigt. Danach kann die eigentliche Datenübertragung in beiden Richtungen beginnen. Dieser Zustand kann also erst erreicht werden, nachdem folgende Bedingungen erfüllt sind:

a) die Fernsprechverbindung besteht (DSR=EIN) ,
b) die Datenverbindung A→B besteht (CTS=EIN) ,
c) die Datenverbindung B→A besteht (DCD=EIN) .

Verbindungsaufbau bei der gerufenen Seite (B-Teilnehmer):
Das Fernsprechnetz sendet auf der Leitung des B-Teilnehmers einen Ruf (klingeln). Der Rufdetektor im Modem erkennt dieses Signal und zeigt dies mit *RIon* bei seiner DEE an. Die DEE antwortet mit *DTRon* und veranlasst, dass das Modem die Schleife schließt. Das Modem "hebt ab" und nimmt den Ruf an. Unmittelbar danach sendet das Modem für eine gewisse Zeit den Antwortton auf die Leitung zur A-Seite und meldet danach mit *DSRon,* dass die Fernsprechverbindung hergestellt ist. Das Modem muss nun auf ein Trägersignal warten, das Zeichen, dass die A-Seite eine Datenverbindung aufbaut. Ist dies der Fall, so meldet das Modem *DCDon* an die DEE, womit dessen PH-Instanz mittels activate.indication die Verbindung bei der DL-Instanz anzeigt. Diese Aktivierung muss von der DL-Instanz bestätigt werden (*activate.response*). Im positiven Fall baut nun die PH-Instanz die Datenverbindung B→A mit *RTSon, CTSon* auf.

Auch auf der gerufenen Seite kann mit der eigentlichen Datenübertragung erst begonnen werden, wenn die Meldeleitungen des Modems DSR, DCD und CTS in den Zustand EIN gebracht wurden und an die DL-Instanz *activate.confirmation* gemeldet wurde.

Verbindungsabbau

Jede Seite kann die Verbindung auslösen. Dies geschieht durch eine der beteiligten DL-Instanzen mit *deactivate.request*. Im Bild 2.23 ist angenommen, dass dies bei der A-Seite erfolgt. Daraufhin wird in rascher Folge bei der A-Seite die Datenverbindung abgebaut (*RTSoff, CTSoff*) und die Fernsprechverbindung ausgelöst (*DTRoff, DSRoff*).

Bei der B-Seite führt das Ausbleiben des Trägers zu *DCDoff*, womit die Deaktivierung bei der DL-Instanz angezeigt wird (*deactivate.indication*). Schließlich baut die PH-Instanz der DEE die Datenverbindung ab (*DTRoff*) und das Modem "legt auf".

Das Zeitfolgediagramm kann natürlich nur ein bestimmtes Szenario darstellen, in diesem Fall die Abläufe, wenn der Verbindungsaufbau erfolgreich vonstattengeht. In den einzelnen Zuständen der Instanzen können bei Misserfolg auch andere Zustände eintreten, die dann einen anderen Ablauf hervorrufen, als er im Bild gezeigt ist. Zur vollständigen Spezifikation bedarf es entweder weiterer Zeitfolgediagramme oder einer genaueren Spezifikation des Automatenverhaltens jeder einzelnen Instanz mit Hilfe von SDL-Diagrammen. Die Übungsaufgaben 2.1 und 2.2 im nächsten Abschnitt liefern hierzu Beispiele.

Abschließend muss erwähnt werden, dass der beschriebene Ablauf nur exemplarisch für eine mittlerweile große Vielfalt von Modems, verschiedener Normen sein kann. Details zu den standardisierten Modems findet man in[16]; dort kann man auch das Wählverfahren im Einzelnen nachlesen, z.B. in der Richtlinie V.25bis.

2. 5. Übungsaufgaben

Für die mit einem (L) gekennzeichneten Aufgaben sind die Lösungen im Anhang (Abschn. 10.6) angegeben.

[16] CCITT: *Empfehlungen der V- und X-Serie,* Band 1: Datenübertragung über das Telefonnetz, R.v. Decker`s, 1985.

Aufgabe 2.1 (L):

Konstruieren Sie ein Zeitfolgediagramm für die DEE/Wählmodem-Kommunikation auf der rufenden Seite für den Fall, dass die Fernsprechverbindung innerhalb einer bestimmten Zeit nicht zustande kommt, z.B. durch Ausbleiben des Wähltons (vergl. Bild 0.2).

Aufgabe 2.2 (L):

Das Automatenverhalten der PH-Instanz einer rufenden DEE bei der Wählmodem-Kommunikation ist mit Hilfe von Bild 0.2 zu konstruieren.

3. Sicherungsschicht

Die Sicherungsschicht soll "Schwachpunkte" der Bitübertragungsschicht mindern. Durch die Instanzen der Sicherungsschicht soll den Netzwerkinstanzen ein höherer Kommunikationskomfort angeboten werden, als es mit der einfachen Bitübertragung möglich ist.

Die Bitübertragungsschicht überträgt einzelne Bits, ggf. auch Bytes. Sie liefert einen Dienst am physikalischen Dienstzugangspunkt, der eine Signaldarstellung für das jeweilig benutze Übertragungsmedium liefert. Die Bitübertragung ist aufgrund der Kanalstörungen nicht fehlerfrei. Die höchste Resistenz gegen Störungen haben binäre Signale, die als physikalische Darstellungen von Null-Eins-Folgen daher am häufigsten vorkommen. Der Einfluss der Störungen besteht darin, dass der Empfänger gelegentlich eine Eins anstelle einer Null und eine Null anstelle einer Eins erkennt. Abhängig vom gewählten Medium, der Übertragungsgeschwindigkeit und der Störursachen muss mit einer bestimmten Fehlerwahrscheinlichkeit in der Bitübertragung gerechnet werden. Die Sicherungsschicht (engl. data link layer) hat nun die Aufgabe, mit Hilfe technischer Maßnahmen eine *Fehlersicherung* des Bitstromes gegen Bitfehler vorzunehmen. Die Sicherung des Bitstromes geschieht durch Blockbildung und Codierung. Die Funktion der Fehlersicherung bietet den N-Instanzen eine gesicherte Übertragung ihrer Datenblöcke an den DL-Dienstzugangspunkten.

Fehlersicherung ist nicht die einzige Aufgabe der Sicherungsschicht. Weitere Aufgaben der Sicherungsschicht resultieren aus der Organisierung und Nutzung der zur Verfügung stehenden Übertragungswege bzw. Kanäle.

In den meisten Fällen sind Datenstationen über Zweidrahtleitungen miteinander verbunden. Im einfachsten Fall besteht das Datennetz lediglich aus zwei Stationen die über eine Zweidrahtleitung verbunden sind. Wenn nun beide Stationen gleichzeitig senden, würde es zu Kollisionen auf der Leitung kommen. Komplizierter werden die Verhältnisse, wenn drei oder mehr Datenstationen an einer gemeinsamen Zweidrahtleitung betrieben werden. Hier liegt der typische Bus-Betrieb eines lokalen Netzes vor. Es bedarf einer Hierarchie oder der gezielten Abstimmung unter den Stationen, wer, wann das Übertragungsmedium zum Senden benutzen darf, damit es nicht zu Kollisionen kommen kann. Diese Funktion der Datenstationen nennt man

Kanalsteuerung (engl. *link management*). Sie ist Aufgabe der Sicherungsschicht.

Gesicherte Datenverbindungen zwischen DL-SAPs der Sicherungsschicht sind immer Punkt zu Punkt-Verbindungen, d.h., die Datenblöcke einer sendenden N-Instanz werden immer zu einem ganz bestimmten DL-SAP einer empfangenden N-Instanz übertragen. Wird nun das unterlagerte Übertragungsmedium von mehreren Stationen quasi gleichzeitig genutzt (z.B. in Bussystemen), so ist es Aufgabe der Sicherungsschicht, für eine zielgerechte Übertragung der Daten zwischen je zwei DL-SAPs zu sorgen. Hierzu müssen in der Sicherungsschicht sog. logische Verbindungen zwischen DL-SAPs hergestellt werden. Die Datenpakete werden dazu mit Adressen versehen und im Adressmultiplex über die gemeinsame Übertragungsleitung (physikalische Verbindung) gesendet. Die empfangenden DL-Instanzen können aufgrund der Adressen erkennen, ob ein Datenpaket für sie bestimmt ist oder nicht. Das Herstellen und die Steuerung solcher logischen Punkt zu Punkt-Verbindungen ist Aufgabe der Sicherungsschicht und wird unter dem Begriff *Verbindungssteuerung* (engl. *logical link control*) zusammengefasst.

Die *(Block-)Synchronisation* ist eine Aufgabe, welche im Zusammenhang mit der Blockbildung in der Sicherungsschicht steht. Sie erlaubt den Sicherungsinstanzen, aus dem empfangenen Bitstrom die Grenzen der Übertragungsblöcke zu erkennen und danach den Block in seine Bestandteile (Adressen, Information usw.) zu zerlegen.

Es kann vorkommen, dass eine N-Instanz an ihrem unterlagertem DL-SAP in sehr rascher Folge Datenblöcke überträgt, die N-Partnerinstanz aber aufgrund begrenzter Bearbeitungsgeschwindigkeit mit den Empfangsdaten nicht Schritt halten kann. Um einen Rückstau mit möglicherweise Datenverlust zu vermeiden, besitzen die DL-Instanzen einen *Flusskontrollmechanismus*. Hiermit wird die sendende N-Instanz von der zeitweiligen Überbelastung der empfangenden N-Instanz in Kenntnis gesetzt und zum Sendestop aufgefordert.

Anzumerken bleibt, dass Synchronisation und Flusskontrolle keine exklusiven Funktionen der Sicherungsschicht sind. Diese Probleme können i.a. in jeder Kommunikationsschicht auftreten.

Insgesamt beschreibt der englische Begriff Data Link Layer die Aufgaben der Sicherungsschicht umfassender und treffender. Streng übersetzt ist die Schicht 2 eine "Datenverbindungsschicht" mit folgendem Funktionsumfang:

Verbindungssteuerung für Datenverbindungen, Synchronisieren der Datenteilnehmer (DL-Instanzen), Kanalsteuerung, gesicherte und zuverlässige Bitübertragung über die Verbindung, Flusskontrolle.

Wir wollen in den folgenden Abschnitten zunächst die wesentlichen und typischen Funktionen der Sicherungsschicht behandeln und dann anschließend betrachten, durch welche Dienste und Protokolle diese Funktionen den Netzwerkinstanzen bereitgestellt werden kann. Dabei werden wir uns weitgehend auf die Gesichtspunkte der Sicherungsschicht in öffentlichen Netze abstützen. Am Ende dieses Kapitels soll dann schließlich noch ein Blick auf die speziellen Belange der Sicherungsschicht in lokalen (privaten) Netzen geworfen werden.

3. 1. Fehlersicherung

Die Fehlersicherungstheorie hat Verfahren entwickelt, um die Übertragung gegen Fehler zu sichern, indem sie Möglichkeiten schafft, Fehler in der Null-Eins-Folge im Empfänger zu erkennen und ggf. auch zu korrigieren. Die gebräuchlichen Verfahren und ihre Wirksamkeit in Hinblick auf die Sicherheit gegen Bitfehler sollen hier besprochen werden.

Inwieweit eine Bitfehlerhäufigkeit unzulässig hoch ist und ob überhaupt eine Fehlersicherung notwendig ist, kann im Einzelfall nur anhand der jeweiligen Datenübertragungsanwendung entschieden werden. Zwei Beispiele mögen dies verdeutlichen.

Ein Übertragungskanal habe eine Bitfehlerhäufigkeit von 10^{-5}. Über ihn werden einmal Sprachdaten in 8-Bit-PCM-Worten (Telefonqualität) und einmal ein Computerprogramm in einer Länge von 100 kByte übertragen. Im ersten Fall ist der Mensch die empfangende Anwendungsinstanz. Bei einem zeitlichen Abstand der Sprachdatenabtastwerte von 125 µs würde im Mittel alle $10^5 \frac{125\mu s}{8} = 1{,}56$ s ein Abtastwert der Sprache verfälscht werden. Der Mensch würde dies zwar als störendes "Knackgeräusch" wahrnehmen doch weder die Silben-, Wort- noch Satzverständlichkeit würde bei dieser Bitfehlerhäufigkeit hierunter leiden. Der Mensch nimmt selbständig eine "Korrektur" der auftretenden Fehler vor. Aufgrund der hohen Redundanz in der menschlichen Sprache sind technische Maßnahmen zur Fehlersicherung nicht notwendig, da der Mensch diese Fehlersicherung selbst durchführt, indem er die "natürliche" Redundanz ausnutzt.

Im zweiten Fall ist ein verarbeitendes Programm der Datenempfänger. Bei der Übertragung muss man im Mittel mit $8{\cdot}10^5/10^5 = 8$ verfälschten Bits rechnen. Das Computerprogramm enthält keine Redundanz; ein Bitfehler in der Übertragung wäre bereits zu viel. Das so übertragene Programm würde auf dem Empfänger-Rechner nicht mehr funktionieren. Fehlersicherung ist in diesem Fall notwendig.

3. 1. 1. Prinzip

Das Prinzip der Fehlersicherung in der Sicherungsschicht besteht darin, dem Bitstrom "künstlich" Redundanz in Form zusätzlicher Bits hinzuzufügen. Dieses wird mit einer Codierung erreicht. Weitaus am häufigsten werden dazu die linearen systematischen Blockcodes verwendet. Dabei wird die zu sichernde Null-Eins-Folge in Informationsblöcke der Länge m eingeteilt. Jedem Block werden k Prüfbits angehängt, die nach einer Rechenvorschrift aus den m Informationsbits berechnet werden.

Bild 3.1. Prinzip der Fehlersicherung

Dem Informationsblock $\underline{I}_S$ auf der Sendeseite mit m Stellen werden im Codierer mit Hilfe der Rechenvorschrift k Prüfstellen angehängt. Der so entstandene Übertragungsblock $\underline{W}_S$ von n=m+k Stellen wird übertragen, dabei eventuell verfälscht und dann im Empfänger auf Fehler untersucht. Diese Untersuchung ist möglich, wenn dem Empfänger der Code bzw. die Rechenvorschrift bekannt ist, mit der die redundanten Prüfstellen hinzugefügt wurden. Dabei werden aus dem Informationsteil des Empfangsblockes $\underline{W}_e$ die Prüfstellen neu berechnet und mit den empfangenen Prüfstellen verglichen. Der Vergleich erfolgt durch Addition modulo 2 und ergibt einen Block, der Korrektor oder Syndrom genannt wird.

Bei geeigneter Wahl einer Codierung ist anhand des Korrektors ein Übertragungsfehler erkennbar und auch eine Fehlerkorrektur bis zu einem gewissen Grad an Bitfehlern möglich, so dass schließlich ein fehlerfreies Codewort Ie zurückgewonnen wird.

Zur Formulierung der Rechenvorschrift gibt es zwei Möglichkeiten:

1. Durch die Darstellung der Blöcke als Zeilenvektoren ist eine Formulierung der Rechenvorschrift mit Hilfe der Matrizenrechnung möglich.

2. Durch die Darstellung der Blöcke als Polynome ist eine Formulierung der Rechenvorschrift mit den Operationen der Addition, Multiplikation und Division von Polynomen möglich.

Hieraus leiten sich Codier-und Prüfvorschriften ab, von denen wir in Abschn. 3.1.4 die wichtigsten kennenlernen werden.

Man unterscheidet zwei unterschiedliche Prinzipien der gesicherten Blockübertragung, die sich aus der Verfahrensweise des Empfängers und Senders im Fehlerfall ableiten lassen. Wenn der Empfänger eine selbständige Korrektur verfälschter Bits vornimmt so spricht man von *(Vorwärts)-Fehlerkorrektur*, engl. Forward Error Correction (FEC). In der Datenübertragung wird jedoch meist ein anderes Verfahren benutzt. Hierbei stellt der Empfänger lediglich fest, ob der Übertragungsblock Fehler aufweist, es wird nur *Fehlererkennung* durchgeführt. Ein als fehlerhaft erkannter Block wird vom Empfänger verworfen und eine Neuübertragung durch den Sender veranlasst. Dieses geschieht dadurch, dass der Empfänger dem Sender die empfangenen Blöcke quittiert. In der Regel werden dabei nur Bestätigungen für korrekt empfangene Blöcke zum Sender geschickt und wenn Bestätigungen ausbleiben, wiederholt der Sender nach einer gewissen Zeit die Übertragung automatisch. Letzteres Verfahren der Fehlererkennung ist sehr verbreitet und man nennt es *Automatische Wiederholung bei Anforderung*, engl. Automatic Repeat Request (ARQ).

Das ARQ- Verfahren erfordert einen Rückkanal vom Empfänger zum Sender und es erfordert i.a. ein kompliziertes Sicherungs-Protokoll zwischen Sende- und Empfangsinstanz. Es belastet die Übertragungsstrecke mit zusätzlichen Daten. Sind Übertragungsfehler relativ selten- dies ist in den meisten Rechnernetzen der Fall-, so ist der Zusatz an Steuerinformation recht gering und das Verfahren sehr effektiv. Das FEC- Verfahren wird demgegenüber nur bei sehr gestörten Nachrichtenübertragungsstrecken eingesetzt, bei denen die Zahl der Rückübertragungen ein unzumutbar hohen Wert annehmen würden (Beispiel: interplanetare Weltraum-Kommunikation). Es hat den Vorteil, dass es mit vergleichsweise einfachen Sicherungs-Protokollen auskommt.

3. 1. 2. Fehlerkorrektur

Redundanz in einer Nachricht bedeutet, dass der Empfänger einer Nachricht diese Redundanz nutzen kann, um Störungen zu unterdrücken. Dieses Prinzip liegt auch der Fehlersicherung des binären Bitstromes zugrunde. Zu den Informationsblöcken von m bit wird eine Redundanz von k bit hinzugefügt. Hier stellt sich nun die Frage, wieviel Redundanz hinzuzufügen ist, damit ein bestimmter Grad an Fehlerkorrektur erreicht werden kann.

3. 1. 2. 1. Hammingdistanz und maximal korrigierbare Fehlerzahl

Alle fehlerkorrigierenden Codes beruhen auf folgendem Grundgedanken. Aus der Menge der 2^n möglichen Übertragungscodeworte wird nur ein Teil erlaubter, nämlich 2^m mit fehlerfreien besetzt. Nur diese sind bei Übertragung fehlerfrei. Die übrigen, unerlaubten Codeworte kann der Empfänger als falsch klassifizieren, weil sie in einer oder mehr Stellen verfälscht sind. Zur Korrektur sucht der Empfänger aus den 2^m erlaubten Codeworten eines aus, das dem empfangenen Codewort möglichst ähnlich ist. Dabei kann es passieren, dass je nach Anzahl verfälschter Stellen der Empfänger eine falsche Zuordnung trifft. Falschentscheidungen des Empfängers sind umso unwahrscheinlicher, je mehr sich die erlaubten Codeworte in ihren Stellen unterscheiden. Damit eine gute Korrigierfähigkeit erreicht wird, müssen sich daher die 2^m erlaubten Codeworte in möglichst vielen Stellen unterscheiden. Als Maß unterschiedlicher Stellen zweier Codeworte $\underline{W}_i$ und $\underline{W}_j$ wird die *Distanz* der Codeworte $d(\underline{W}_i; \underline{W}_j)$ definiert. So beträgt beispielsweise die Distanz der Codeworte $\underline{W}_1=(1, 0, 1, 0)$ und $\underline{W}_2=(0, 0, 1, 1)$

$$d(\underline{W}_1 ; \underline{W}_2) = 2 , \tag{3.1}$$

weil sich die Codeworte in 2 Stellen unterscheiden. Die Distanz d lässt sich mit dem *Gewicht* w der Codeworte $\underline{W}$ in modulo 2-Rechnung ausdrücken zu

$$d(\underline{W}_i ; \underline{W}_j) = w(\underline{W}_i \oplus \underline{W}_j) \quad . \tag{3.2}$$

Das Gewicht w eines Codewortes entspricht der Anzahl seiner Einsen. Mit dem obigen Beispiel erhält man:

$$\underline{W}_1 \quad = \quad 1\ 0\ 1\ 0$$

$$\underline{W}_2 \quad = \quad 0\ 0\ 1\ 1$$

$$\underline{W}_1 \oplus \underline{W}_2 = 1\ 0\ 0\ 1 \quad \text{zwei Einsen, daher } w = 2 \quad . \tag{3.3}$$

Als *Korrekturfähigkeit* e eines Codes bezeichnet man die maximale Anzahl von Bitfehlern, die im Empfänger korrigiert werden kann. Beispielsweise bedeutet e=3, dass in einem Block von n bit bis zu 3 bit verfälscht sein können, ohne dass der Empfänger eine Falschentscheidung trifft. Die Korrekturfähigkeit ist durch das Minimum aller Distanzen bestimmt, die im Code vorkommen können. Dieses Minimum wird *Hamming-Distanz* h genannt.

$$h = \mathrm{Min}\{\, d(\underline{W}_i ; \underline{W}_j)\,\} \qquad i \neq j \tag{3.4}$$

Stellt man alle 2^n möglichen Codeworte in einem n-dimensionalen Codewortraum dar, in dem die 2^m erlaubten ganz bestimmte Positionen einnehmen und die unerlaubten die Positionen dazwischen einnehmen, so lassen sich die Distanzen zweier beliebiger Codeworte geometrisch als Abstand zwischen ihnen deuten (Bild 3.2).

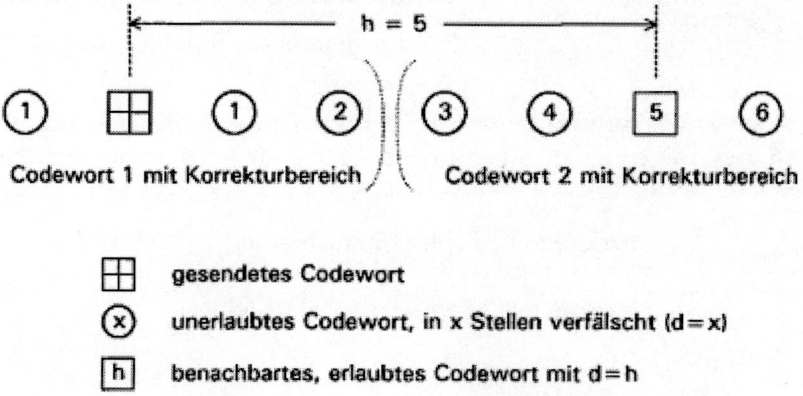

Bild 3.2. Codewortdarstellung im Codewortraum

Zwei erlaubte Codeworte mit einem minimalen Abstand besitzen die Hamming-Distanz. Zwischen ihnen befinden sich mehrere unerlaubte Codeworte; das sind solche, die in einer oder mehreren Stellen einen Bitfehler aufweisen. Zu jedem erlaubten Codewort gehört ein bestimmter Korrekturbereich. Solange die Anzahl der Bitfehler im Codewort die Grenze des Korrekturbereiches nicht überschreitet, ordnet der Empfänger Codeworte immer dem richtigen, erlaubten Codewort zu, d.h. die Korrektur ist dann richtig. Mit dieser Darstellung lässt sich eine Beziehung zwischen der Hamming-Distanz d und der Korrekturfähigkeit e eines Codes angeben. Im gezeigten Beispiel kann ein 2-facher Fehler korrigiert werden, da die Hamming-Distanz d=5 ist. Verallgemeinert muss daher, um einen e-fachen Fehler korrigieren zu können, für die Hamming-Distanz gelten:

$$h \geq 2e + 1 \quad . \tag{3.5}$$

3. 1. 2. 2. Anzahl Prüfstellen

Wenn die Korrekturfähigkeit e eines Codes festgelegt wird, lässt sich die

Zahl der notwendigen Korrekturstellen innerhalb eines Übertragungscodewortes bestimmen. Es sei

m : Zahl der Informationsstellen,

k : Zahl der Prüfstellen für eine Fehlerkorrektur,

n=m+k : Stellenzahl der Übertragungscodeworte,

e : Zahl korrigierbarer Bitfehler im n-stelligen Codewort.

Ein n-stelliges (erlaubtes) Codewort ist von einem Korrekturbereich umgeben, in dem folgende Anzahlen unerlaubter Codewortkombinationen auftreten:

$\binom{n}{1}$ Codeworte mit 1 Fehler (Einfachfehler),

$\binom{n}{2}$ Codeworte mit 2 Fehlern (Zweifachfehler),

.... usw. bis

$\binom{n}{e}$ Codeworte mit e Fehlern (e-facher Fehler).

Insgesamt enthält ein Korrekturbereich damit

$$\sum_{i=0}^{e} \binom{n}{i}$$

korrigierbare Codeworte. Hierin ist das erlaubte Codewort enthalten. Es gibt 2^m Korrekturbereiche. Die Codeworte dürfen jeweils nur zu einem Korrekturbereich gehören; die Korrekturbereiche dürfen sich nicht überschneiden. Dies bedeutet, dass die Anzahl korrigierbarer Codeworte in 2^m Korrekturbereichen immer kleiner oder höchstens gleich der Gesamtanzahl n-stelliger Codeworte sein darf:

$$2^m \sum_{i=0}^{e} \binom{n}{i} \leq 2^n = 2^{m+k} \quad . \tag{3.6}$$

Mit einer einfachen Umformung erhält man aus (3.6) eine Bedingung für die

Anzahl der erforderlichen Prüfstellen:

$$k \geq \mathrm{ld} \sum_{i=0}^{e} \binom{n}{i} = \mathrm{ld} \sum_{i=0}^{e} \binom{m+k}{i} \quad . \tag{3.7}$$

Bei gegebener Stellenzahl m und geforderter Korrigierfähigkeit e ist zur Ermittlung der Prüfstellenzahl k (3.7) iterativ auszuwerten, bis die Ungleichung erfüllt ist. Beispielsweise benötigt ein 4-stelliges Informationscodewort 3 Prüfstellen, um Einfachbitfehler (e=1) korrigieren zu können, aber bereits 6 Prüfstellen, wenn auch Zweifachbitfehler korrigiert werden sollen.

3. 1. 3. Fehlererkennung

Die Fähigkeit eines Codes bei gegebener Prüfstellenzahl Fehler zu erkennen ist i.a. viel größer als diese auch korrigieren zu können. Deswegen wird im Bereich der Datenübertragung meist nur eine Fehlererkennung eingesetzt. Der Empfänger korrigiert dann nicht automatisch, sondern fordert bei erkanntem Blockfehler eine Übertragungswiederholung vom Sender an.

Für die linearen, systematischen Blockcodes gilt der Satz, dass die Summe von zwei gültigen Übertragungscodeworten wieder ein gültiges Übertragungscodewort ergibt. Somit ist das Gewicht eines Übertragungscodewortes zugleich die Distanz zwischen zwei anderen Codeworten. Das aus lauter Nullen bestehende Codewort ist die Summe zweier gleicher Übertragungscodeworte und das unter allen möglichen Codeworten vorkommende kleinste Gewicht ist zugleich die Hammingdistanz h des Codes.

Fehler bei der Übertragung kann man sich entstanden denken durch die Addition eines n-stelligen Fehlerwortes $\underline{F}$, das an den Fehlerstellen eine Eins, sonst aber eine Null aufweist. Damit ein Fehler erkannt wird, darf das entsprechende Fehlerwort mit keinem Übertragungswort übereinstimmen. Dies ist der Fall, wenn alle Übertragungsworte $\underline{W}_S$ mehr Einsen als die vorkommenden Fehlerworte $\underline{F}$ haben. Bezeichnet man nun die maximale Anzahl von erkennbaren Fehlern mit e, so muss das Gewicht aller Übertragungscodeworte größer als das maximale Fehlergewicht e des Fehlerwortes $\underline{F}$ sein. Da das Gewicht eines Codewortes zugleich Distanz zweier Codeworte ist, muss die Hamming-Distanz als kleinste vorkommende Distanz zweier gültiger Übertragungsworte daher um eins größer sein als das maximale Fehlergewicht:

$$h \geq e + 1 \text{ (für Fehlererkennung)} \quad . \tag{3.8}$$

Ein einfacher Zusammenhang zwischen erforderlicher Prüfstellenzahl und

Fehlererkennbarkeit wie er mit (0.0) für das Korrekturverfahren angegeben wurde, ist nicht ableitbar. (0.0) wird in der Praxis dann für Abschätzungen so interpretiert, dass die Mindesterkennbarkeit des Codes e beträgt, wenn er eine Korrekturfähigkeit e besitzt. Für die Ermittlung der Erkennungsfähigkeit muss dann nach (0.0) die Hammingdistanz ausgewertet werden, d.h. das Codewort mit dem niedrigsten Gewicht (nicht Null-Codewort) bestimmt werden. Um beispielsweise bis maximal 5 Fehler in einem Übertragungsblock zu korrigieren, muss ein Code mit einer Hammingdistanz

$$h = 2\,e + 1 = 11 \tag{3.9}$$

gewählt werden. Bei dem gleichen Code kann man dann aber

$$e = h - 1 = 10 \tag{3.10}$$

Bitfehler im Wort erkennen.

3. 1. 4. Codierung der Prüfstellen

Die Prüfstellen werden im Sender nach bestimmten Rechenregeln aus den Informationsstellen des Informationscodewortes gebildet. Der Empfänger berechnet aus dem empfangenen Codewort nach den gleichen Regeln die Prüfstellen neu und vergleicht sie mit den gesendeten Prüfstellen. Zwei der gängigsten Verfahren zur Codierung von Prüfstellen sollen behandelt werden.

3. 1. 4. 1. VRC/LRC-Codierung

Eine sehr einfache Methode zur Fehlersicherung ist die Paritätsprüfung. Ist ein m-stelliger Informationsblock $\underline{I}_S$ gegeben, so wird eine Prüfstelle so hinzugefügt, dass die Summe null ergibt, d.h. der entstandene Übertragungsblock $\underline{W}_S$ enthält eine gerade Anzahl Einsen. Man spricht dann von gerader Parität; es kann aber auch eine ungerade Parität vereinbart sein. Mit der Darstellung der Codeworte als Zeilenvektoren erhält man beispielsweise bei m=5 mit

$$\underline{I}_S = (I_1, I_2, I_3, I_4, I_5) \tag{3.11}$$

den Übertragungsblock

$$\underline{W}_S = (I_1, I_2, I_3, I_4, I_5, P) \quad . \tag{3.12}$$

Darin ist P ein Prüfbit, das nach der modulo 2-Bedingung

$$I_1 \oplus I_2 \oplus I_3 \oplus I_4 \oplus I_5 \oplus P = 0 \tag{3.13}$$

gebildet wird. Alle ungeradzahligen Bitfehler in einem Block werden auf diese Weise im Empfänger erkannt. Diese Art der Paritätsprüfung heißt

Querparität (engl. **V**ertical **R**edundancy **C**heck: VRC) und findet häufig bei der Blockcodierung nach dem Start-Stop-Verfahren Anwendung (vergl . Bild 3.19).

Die Methode der VRC-Paritätsprüfung lässt sich durch die gleichzeitige Anwendung einer Längsparität (engl. **L**ongitudinal **R**edundancy **C**heck: LRC) erweitern. Hierbei ordnet man eine Anzahl b von gleichlangen Teilübertragungsblöcken der Länge m+1 gemäß (3.12) zu einem Gesamtblock und überträgt am Ende des Gesamtblockes einen zusätzlichen Teilblock. Dieser besteht aus den in Längsrichtung gebildeten Paritybits. Tab. 3.1 zeigt ein Beispiel für m=5 und b=3.

Tabelle 3.1. Blockcodierung mit VRC- und LRC-Prüfung

→ Übertragungsreihenfolge der Bits eines Teilblockes

Übertragungs-reihenfolge der Teilblöcke ↓

I_{11}	I_{12}	I_{13}	I_{14}	I_{15}	P_{1V}
I_{21}	I_{22}	I_{23}	I_{24}	I_{25}	P_{2V}
I_{31}	I_{32}	I_{33}	I_{34}	I_{35}	P_{3V}
P_{1L}	P_{2L}	P_{3L}	P_{4L}	P_{5L}	

Die vertikale (VRC-) Prüfung erstreckt sich über eine beliebige Zeile i mit der Bedingung

$$I_{i1} \oplus I_{i2} \oplus I_{i3} \oplus I_{i4} \oplus I_{i5} \oplus P_{iV} = 0 \tag{3.14}$$

und die longitudinale (LRC-) Prüfbedingung für eine beliebige Zeile j ergibt

$$I_{1j} \oplus I_{2j} \oplus I_{3j} \oplus P_{jL} = 0 \quad . \tag{3.15}$$

Die gleichzeitige VRC- und LRC-Codierung wird Kreuzsicherung genannt. Es ist damit möglich, Einfachfehler zu korrigieren (Parity-Fehler im Kreuzungspunkt aus Zeile und Spalte). Ferner können Zweifachfehler erkannt werden.

3. 1. 4. 2. CRC-Codierung

Eine Untermenge der systematischen Blockcodes zur Fehlersicherung sind die zyklischen Codes, die auf der Darstellung eines Blocks als Polynom beruhen[1]. Die englische Bezeichnung dieser Codierung heißt **C**yclic **R**edundancy **C**heck (CRC). Zur Polynomdarstellung eines Blockes gelangt man, indem man ihn als Dualzahl auffasst, deren Ziffern den Koeffizienten eines

---

1 Nussbaumer, Henri J.: *Computer Communication Systems*, Volume 1: Data Circuits, Error Detection, Data Links, Wiley & Sons, 1987.

Polynoms zur Basis b=2 entsprechen. So entspricht einem Codewort als Zeilenvektor

$\underline{W} = (1\,1\,0\,1\,0\,1\,1)$

das Polynom

$$W(b) = 1 \cdot b^6 + 1 \cdot b^5 + 0 \cdot b^4 + 1 \cdot b^3 + 0 \cdot b^2 + 1 \cdot b^1 + 1 \cdot b^0$$

bzw. in Kurzform

$$W(b) = b^6 + b^5 + b^3 + b^1 + b^0 \quad .$$

Ein zyklischer Code ist durch ein *Generatorpolynom* G(b) festgelegt. Das Generatorpolynom ist vom Grad k; mit ihm werden die k Prüfstellen P(b) eines Übertragungscodewortes $W_s(b)$ ermittelt. Ist I(b) das m-stellige Informationscodewort, so bildet der Sender das Übertragungscodewort gemäß

$$W_s(b) = b^k\, I(b) + P(b) \quad . \tag{3.16}$$

Dabei werden durch die Multiplikation mit b^k die Informationsstellen um k Stellen nach links verschoben und dann das k-stellige Prüfmuster addiert. Das Prüfpolynom ermittelt der Sender aus der Polynomdivision

$$\frac{b^k\, I(b)}{G(b)} = Q(b) + \frac{P(b)}{G(b)} \quad . \tag{3.17}$$

Die Gleichung bedeutet, dass sich das Prüfpolynom P(b) als Rest bei der Division von $b^k\, I(b)$ durch das Generatorpolynom ergibt. Da dieser Rest gemäß (0.0) im Übertragungscodewort W(b) addiert ist, sind alle möglichen und fehlerfrei übertragenen Codeworte ohne Rest durch das Generatorpolynom teilbar, bis zu einem gewissen Grad verfälschte Codeworte jedoch nicht. Dies beschreibt die Arbeitsweise der Fehlererkennung im Empfänger:

1. Division des empfangenen Codewortes $W_k(b)$ durch das Generatorpolynom G(b) ,
2. wenn die Division ein Restpolynom ergibt, so ist das empfangene Codewort falsch, andernfalls ist es richtig.

Das gleiche Generatorpolynom dient also zur Codeworterzeugung im Sender und zur Fehlererkennung im Empfänger. Die zeitaufwendigen Polynomoperationen bei dieser Codierung, Multiplikation und Division, kann man sehr einfach und schnell mit Hilfe von Schieberegistern durchführen. Zyklische Codierung hat außerdem den Vorteil, dass die in der Datenübertragung typischen Büschelfehler gut erkannt werden. Solche Fehler, bei denen eine ganze Kette von aufeinanderfolgender Bits verfälscht ist, treten vermehrt bei burstartigen Störungen auf, z. B. im Fernsprechnetz. Werden k

Prüfstellen verwendet und ist das Generatorpolynom demnach k-ten Grades, so lässt sich nachweisen, dass man Büschelfehler bis zu einer Länge von k Bits erkennen kann. Aufgrund dieser Eigenschaft wird die CRC-Codierung heute als das Standardverfahren in der Sicherungsschicht eingesetzt. Man verwendet Generatorpolynome 16. Grades, mit denen man Büschelfehler bis zu 16 Bit Länge erfasst.

3. 1. 5. Fehlersicherheit

Jede Form von Fehlersicherung garantiert keine unbegrenzte Sicherheit gegen Übertragungsfehler, denn sowohl das Fehlerkorrekturverfahren als auch das Fehlererkennungsverfahren besitzen bei gegebenen Aufwand an Prüfstellen Grenzen. Fehler größer als e in einem n-stelligen Übertragungsblock können nicht korrigiert werden bzw. sind nicht zu erkennen. Wir wollen an dieser Stelle quantitativ untersuchen, welche Restfehler bei einem bestimmten Sicherungsaufwand zu erwarten sind. Da das Auftreten von Fehlern ein zufälliger Vorgang ist, der den Gesetzen der Wahrscheinlichkeitstheorie unterliegt, müssen Aussagen über die Fehlerwahrscheinlichkeit getroffen werden.

3. 1. 5. 1. Blockfehlerwahrscheinlichkeit

Entscheidend für die Fehlersicherungstheorie ist die Blockbildung in der Null-Eins-Folge, wobei sich die Aussage richtig oder falsch nicht mehr auf ein Element der Folge, sondern auf einen ganzen Block bezieht. Somit ist zunächst die *Blockfehlerwahrscheinlichkeit* P_B zu berechnen. Wir gehen zunächst von einem ungesicherten Block der Länge m aus. P_B hängt von der Bitfehlerwahrscheinlichkeit P_o und der Blocklänge m ab. Ist m=1, so ist die Blockfehlerwahrscheinlichkeit P_B gleich der Bitfehlerwahrscheinlichkeit P_o. Mit steigender Blocklänge m nimmt die Blockfehlerwahrscheinlichkeit P_B zu. Ist P_o die Wahrscheinlichkeit für den fehlerhaften Empfang einer Stelle, so ist $1-P_o$ die Wahrscheinlichkeit für den richtigen Empfang einer Stelle. Die Wahrscheinlichkeit dafür, dass alle m Stellen richtig sind, beträgt dann bei statistischer Unabhängigkeit der Bitfehler $(1-P_o)^m$. Die Blockfehlerwahrscheinlichkeit P_B ist nun die Wahrscheinlichkeit dafür, dass der Block falsch ist, also

$$P_B = 1 - (1-P_o)^m \, . \qquad (3.18)$$

Der Ausdruck für die Blockfehlerwahrscheinlichkeit lässt sich mit der Newtonschen Binomialformel

$$(a+b)^m = \sum_{i=0}^{m} \binom{m}{i} a^{(m-i)} \, b^i \qquad (3.19)$$

umformen. Man setzt $a = 1 - P_o$ und $b = P_o$ und erhält

$$P_B = \sum_{i=0}^{m} \binom{m}{i} P_o{}^i \, (1-P_o)^{(m-i)} \quad . \qquad (3.20)$$

Nach dem Additionssatz der Wahrscheinlichkeitslehre muss darin

$$\binom{m}{i} P_o{}^i \, (1-P_o)^{(m-i)}$$

die Wahrscheinlichkeit für das Auftreten eines i-fachen Fehlers sein. Das folgende Diagramm zeigt die Blockfehlerwahrscheinlichkeit als Funktion des Signal-Geräusch-Abstands in dB für die Blocklängen m=1, m=16 und m=512. Man erkennt das Anwachsen der Fehlerwahrscheinlichkeit mit zunehmender Blocklänge gegenüber der Bitfehlerwahrscheinlichkeit $P_o=P_B(m=1)$.

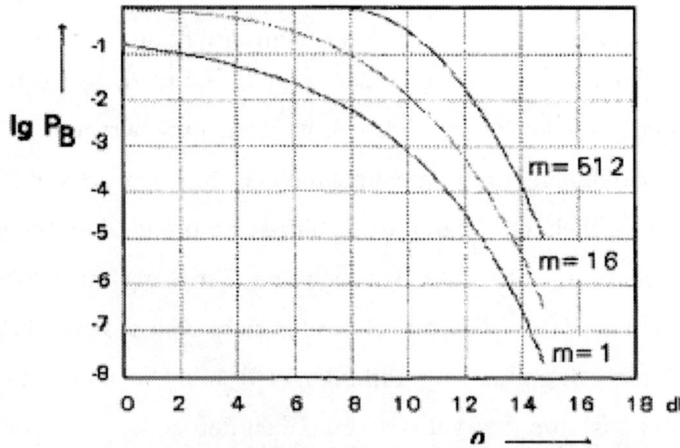

Bild 3.3. Blockfehlerwahrscheinlichkeit als Funktion des Signal-Geräuschabstandes für verschiedene Blocklängen

3. 1. 5. 2. Restfehlerwahrscheinlichkeit

Der Einsatz eines Fehlersicherungsverfahrens soll die Blockfehlerwahrscheinlichkeit herabsetzen, es kann jedoch nicht die absolute Fehlerfreiheit garantieren. Es verbleibt ein Rest an fehlerhaften, nicht erkannten Blöcken, der durch die *Restfehlerwahrscheinlichkeit* P_R erfasst wird. Man versteht darunter die Blockfehlerwahrscheinlichkeit bei Einsatz eines Fehlersicherungsverfahrens. Die Restfehlerwahrscheinlichkeit bezieht sich auf einen durch Anhängen von k Prüfstellen gesicherten Block der Länge n=m+k und ist zu vergleichen mit der Blockfehlerwahrscheinlichkeit eines ungesicherten Blocks der Länge m. Mit Fehlersicherungsverfahren erzielt man Restfehlerwahrscheinlichkeiten, die um einige Zehnerpotenzen kleiner als die Blockfehlerwahrscheinlichkeiten ohne Sicherung sind. Ist nun

$$\binom{n}{i} P_o{}^i \ (1-P_o)^{(n-i)} \qquad (i = 0,1,2,3..)$$

die Wahrscheinlichkeit für einen i-fachen Fehler in einem jetzt n-stelligen Übertragungsblock, so erhält man die Wahrscheinlichkeit, dass in einem Übertragungsblock kein Fehler oder 1 bis maximal e Fehler auftreten zu

$$\sum_{i=0}^{e} \binom{n}{i} P_o{}^i \ (1-P_o)^{(n-i)}.$$

Nach Passieren des Fehlersicherungsverfahrens sind alle Blöcke richtig, bei denen entweder alle Stellen richtig waren oder nicht mehr als e Stellen verfälscht wurden. Dann ist die Restfehlerwahrscheinlichkeit gleich der Wahrscheinlichkeit, dass der Fehler <u>nicht</u> erkannt wird:

$$P_R = 1 - \sum_{i=0}^{e} \binom{n}{i} P_o{}^i \ (1-P_o)^{(n-i)} \quad . \qquad (3.21)$$

Hierin ist die obere Grenze für das jeweilige Verfahren einzusetzen, womit deutlich wird, dass bei gegebenen Codeworten mit m Informationsstellen und k Korrekturstellen die Restfehlerwahrscheinlichkeit für Fehlererkennung immer kleiner ist als diejenige bei Fehlerkorrektur.

3. 1. 5. 3. Gewinn

Um den durch Fehlersicherung infolge Fehlererkennung mit Wiederholung erzielten Gewinn zu kennzeichnen, wird die Blockfehlerwahrscheinlichkeit

P_B nach (3.18) von m=(n-k) -stelligen ungesicherten Blöcken ins Verhältnis gesetzt zur Restfehlerwahrscheinlichkeit P_R von n-stelligen gesicherten Blöcken nach (3.21). Man definiert den *Gewinn* bei der Fehlersicherung als

$$G = \frac{P_B}{P_R} = \frac{1 - (1-P_o)^{n-k}}{1 - \sum_{i=0}^{e} \binom{n}{i} P_o^{\,i} \, (1-P_o)^{(n-i)}} = f\,(P_o, e, n) \quad . \tag{3.22}$$

Zur Bestimmung des Gewinns ist ein Zusammenhang zwischen der Blocklänge n und der Anzahl der Prüfstellen k bei gefordertem e aufzustellen. Er lässt sich für die *Fehlerkorrektur* leicht finden. Man erhält ihn mit (3.7) an der unteren Grenze:

$$k_{min} = \mathrm{ld} \sum_{i=0}^{e} \binom{n}{i} \quad . \tag{3.23}$$

Das folgende Diagramm zeigt die graphische Darstellung des Gewinns in Abhängigkeit von der Blocklänge n bei verschiedenen Bitfehlerwahrscheinlichkeiten P_o.

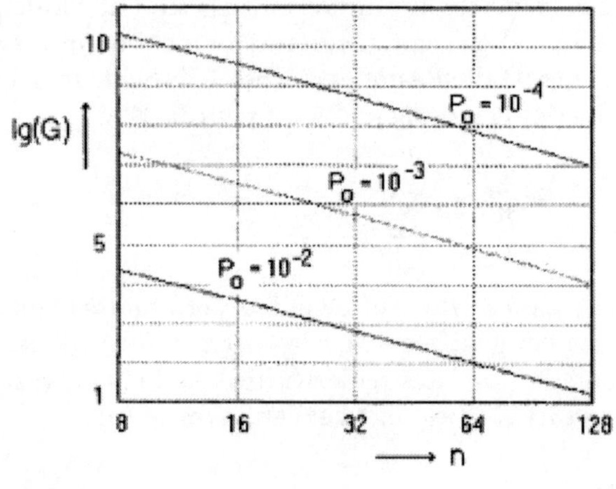

Bild 3.4. Gewinn an Fehlersicherheit bei einem fehler<u>korrigierenden</u> Verfahren (e =3)

Man erkennt deutlich den großen Gewinn der Fehlersicherung. Beispielsweise reduziert sich die Fehlerwahrscheinlichkeit bei $P_0=10^{-3}$ und einer Blocklänge n=128 10000-fach gegenüber der Fehlerwahrscheinlichkeit ohne Sicherung der Blöcke. Man sollte allerdings bei der Betrachtung des Gewinns an Fehlersicherheit nicht den Aufwand für die Fehlersicherung und seine Auswirkung auf die Übertragungsgeschwindigkeit der Nutzdaten aus den Augen verlieren. Im Beispiel erfordern e=3 zu korrigierende Bitfehler pro Block k=19 Korrekturstellen. Das bedeutet bei einer Blocklänge von 128 Bit, dass pro Block nur m=n-k=109 Bit Nutzinformation übertragen werden können. Dieser als Durchsatz bezeichnete Effekt wird später noch genauer zu untersuchen sein.

In der Datenübertragung wird meist *Fehlererkennung* eingesetzt, für die ein so einfacher Zusammenhang zwischen k und n nicht angegeben werden kann. Der Gewinn wird dennoch mit der obigen Formel berechnet. Die Berechnung ergibt dann ein zu kleines Ergebnis, das jedoch für Mindestabschätzungen verwendet werden kann.

3. 2. Dienste der Sicherungsschicht

Die Funktionen der Sicherungsschicht wie Fehlersicherung, Kanalsteuerung und Verbindungssteuerung sollen die Funktionen der unterlagerten Bitübertragungsschicht in der Weise ergänzen dass die Kommunikation für die Benutzer, das sind die Netzwerkinstanzen, auf einem höheren Dienstniveau möglich ist. Wir wollen nun untersuchen, welche Dienste den Netzwerkinstanzen durch die Funktionen der Sicherungsschicht angeboten werden kann und mit welchen Dienstsignalen diese verfügbar werden.

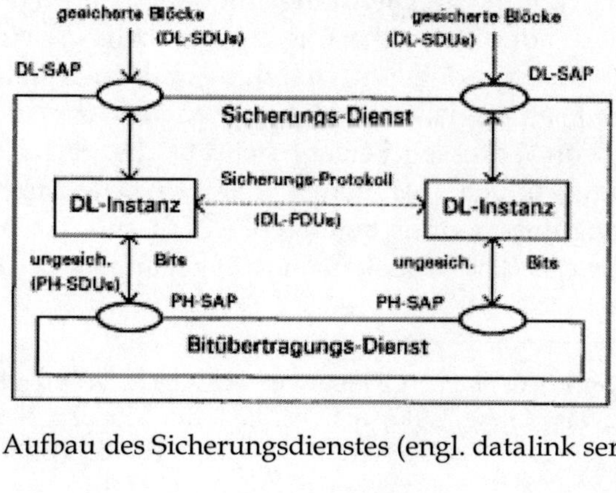

Bild 3.5. Aufbau des Sicherungsdienstes (engl. datalink service)

Die Netzwerkinstanzen nutzen die Dienste der Sicherungsschicht am DL-Dienstzugangspunkt (s. Bild 3.5). Die Hauptaufgabe der Sicherungsschicht besteht darin, auf der Basis einer ungesicherten Bitübertragung durch Blockbildung und Anwendung von Fehlersicherungsverfahren den Netzwerkinstanzen eine gesicherte Blockübertragung zu ermöglichen.

Die Sicherungsinstanzen (DL-Instanzen) übernehmen die Aufgabe der Fehlersicherung. Dabei haben sie folgende, nacheinander abzulaufende Teilaufgaben auszuführen:

<u>in Senderichtung:</u>	<u>in Empfangsrichtung:</u>
- Bitblock am DL-SAP übernehmen,	- Bits am PH-SAP sequentiell lesen,
- Rahmen bilden,	- Rahmen zusammenstellen,
- Rahmen bitweise an PH-SAP geben.	- Rahmen auf Fehler prüfen,
	- fehlerfreie Blöcke an DL-SAP geben.

Zur Abwicklung des ARQ-Verfahren und der dabei anfallenden Übertragung von Steuerinformation zur Partnerinstanz benutzen die DL-Instanzen Prokolldateneinheiten, deren Bedeutung, Codierung und deren Ablauf in Sicherungsprotokollen geregelt ist.

Eine gesicherte Blockübertragung über je zwei DL-SAPs setzt voraus, dass zwischen den beteiligten DL-SAPs eine Datenverbindung besteht, welche ggf. vor der eigentlichen Datenübertragung aufgebaut werden muss. Die Sicherungsdienste werden deshalb in drei Gruppen angeboten[2]:

1. Dienste für den Aufbau einer Verbindung zwischen DL-SAPs,
2. Dienste für die gesicherte Datenübertragung zwischen DL-SAPs und
3. Dienste für den Abbau einer Verbindung zwischen DL-SAPs.

Tabelle 3.2 stellt das komplette Dienstangebot der Sicherungsschicht, gruppiert nach den Phasen der Datenübertragung, dar. Aus diesem Angebot an Diensten kann für einen speziellen Anwendungsfall eine Auswahl getroffen werden. In einigen Dienstsignalen sind Adressen als Parameter angegeben. Die Verwendung von Adressen bezieht sich auf den Sicherungsdienst in Mehrpunkt-Konfigurationen, bei denen mehrere Datenstationen ein gemeinsames Übertragungsmedium benutzen. Auf diesen Aspekt wird später, bei der Behandlung des Link Managements eingegangen. Die Dienste sollen

---

[2] Nussbaumer, Henri J.: *Computer Communication Systems,* Volume 1: Data Circuits, Error Detection, Data Links, Wiley & Sons, 1987 und Conard, James W.: *Services and Protocols of the Data Link Layer,* Proceedings of the IEEE, Vol.71, No12, Dec.1983.

nun in den folgenden Abschnitten erläutert werden.

Tabelle 3.2. OSI-Dienste der Sicherungsschicht

Dienst	req.	ind.	resp.	conf.	Parameter
Verbind.aufbau:					
connect	x	x	x	x	Adressen, Dienstgüteparameter
activate	x			x	Adressen
acquire	x			x	welche Übertragungsstrecke
negotiate	x	x	x	x	Dienstgüteparameter
Transferphase:					
data	x	x			Information, Adressen
expedited_data	x	x	x	x	Information, Adressen
flow control	x	x			on, off
reset	x	x	x	x	Adressen der Verbindung
notify	x	x		x	Adressen
abort	x	x			Adressen der Verbindung
Verbind.abbau:					
disconnect	x	x		x	Adressen
deactivate	x			x	Adressen

Primitive (x = vorhanden)

3. 2. 1. Datenübertragungsdienste

Die Netzwerkinstanzen nutzen die gesicherte Blockübertragung mit Hilfe eines unbestätigten data-Dienstes, in dem im Parameterfeld der zu übertragende Informationsblock übergeben wird. Das sendeseitige Dienstsignal

dl_data.request(Informationsblock)

veranlasst die DL-Instanzen zu den oben beschriebenen Teilaufgaben. Auf der Empfangsseite wird dann der gesichert übertragene Block mit dem Dienstsignal

dl_data.indication(Informationsblock)

an die Netzwerkinstanz übergeben.

Bei diesen Dienstsignalen wird ein verbindungsorientierter data-Dienst angenommen, bei dem vor der eigentlichen Datenübertragungsphase ein Verbindungsaufbau zur Zielinstanz erfolgt. Ist der Dienst verbindungslos orientiert, dann müssen Adressen als Parameter übergeben werden.

Der data-Dienst der Sicherungsschicht braucht nicht bestätigt zu sein. Es ist ja gerade Aufgabe der Sicherungsinstanzen für eine zuverlässige und gesicherte Blockübertragung zu sorgen. Bei dieser Festlegung ergeben sich zwei verbleibende Probleme:

1. Aufgrund einer dauerhaften Unterbrechung des Übertragungsmediums kommt überhaupt keine Übertragung von DL-PDUs zustande oder
2. Die Bitfehlerhäufigkeit ist zeitweise so groß, dass die Instanzen dauernd Übertragungen wiederholen würden.

Zur Lösung dieser Probleme liefern die DL-Instanzen einen *provider-abort*-Dienst. Mit ihm kann den Netzwerkinstanzen während der Datenübertragungsphase ggf. mitgeteilt werden, dass eine Übertragung nicht mehr möglich oder aufgrund zu vieler Übertragungsfehler nicht mehr effektiv ist.

Die weiteren Dienste während der Datenübertragungsphase sind:

expedited_data

Wenn dieser Dienst geboten wird, können Netzwerkinstanzen damit einem Datenblock Übertragungsvorrang vor allen normalen Datenblöcken geben, die sich in der Eingangswarteschlange (DL-SAP) der DL-Instanzen befinden.

flow_control

Der Dienst sorgt für die Regulierung der Blockübertragungsrate am sendeseitigen DL-SAP. Die Dienstabwicklung wird später, im Rahmen der Sicherungsprotokolle besprochen.

reset

Mit diesem Dienst kann eine Netzwerkinstanz erreichen, dass alle von ihr auf einer Verbindung gesendeten Datenblöcke, die sich noch in der Sicherungsschicht (einschließlich DL-SAP) befinden, gelöscht werden. Die entfernte Partnerinstanz wird davon in Kenntnis gesetzt.

notify

Hiermit kann eine N-Instanz den gegenwärtigen Status einer DL-Verbindung abfragen (Verbunden, Nicht verbunden).

3. 2. 2. Verbindungsauf- und Abbau- Dienste

Verbindungsauf- und Abbau-Dienste sind in Zusammenhang mit einem verbindungsorientierten data-Dienst zu benutzen. Dies wird häufig in größeren Netzen oder in Mehrpunktübertragungssystemen angewendet. Mit dem bestätigten connect-Dienst baut eine N-Instanz eine Verbindung zwischen DL-SAPs ganz bestimmter physikalischer Adressen auf. Als Parameter sind die Adressen anzugeben. Stehen dem Sicherungsdienst alternativ mehrere Übertragungswege zur Verfügung, so sind i.a. Dienstgüteparameter ansprechbar (Beispiele: Durchsatz, Restfehlerwahrscheinlichkeit, Antwortzeit). Das Auslösen einer Verbindung geschieht mit einem disconnect-Dienst.

activate/deactivate

Der Dienst aktiviert/deaktiviert die Schicht 2. Zweck dieses Dienstes ist es, Datenverbindungen zeitweise außer Betrieb zu setzen und sie wieder zu reaktivieren. Es handelt sich hierbei um einen Übergabebestätigungsdienst (vergl. Bild 2.16). Der Dienst wird in lokalen Netzen auch häufig zum erstmaligen Verbindungsaufbau benutzt, an den sich dann eine Datenübertragungsphase anschließt.

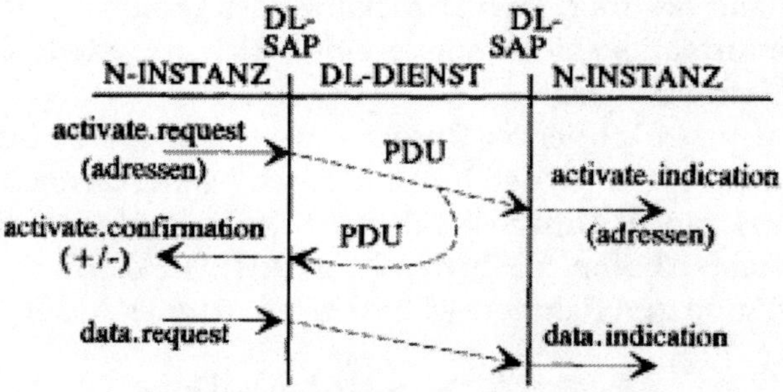

Bild 3.6. Benutzung des activate-Dienstes

aquire

Mit dem Dienst kann eine N-Instanz gezielt eine der möglichen Übertragungsstrecken der Sicherungsschicht auswählen, z.B. eine mit geringer Restfehlerwahrscheinlichkeit oder hoher Übertragungsgeschwindigkeit.

negotiate

Mit diesem Dienst vereinbaren N-Instanzen Dienstgüteparameter für eine DL-Verbindung.

3. 3. Sicherungsprotokolle

Das Verfahren der Fehlersicherung erfordert eine Blockbildung von aufeinanderfolgenden Bits des Informationsstromes, wobei an einen Block von m Informationsbits ein Block von k Prüfbits angehängt wird. Der so gebildete zusammenhängende Block muss durch weitere Steuerinformationen zu einem Schicht 2-Rahmen bzw. einer DL-PDU ergänzt werden, um dem Empfänger Start und Ende des Rahmens zu kennzeichnen. Das Sicherungsprotokoll legt das Rahmenformat der DL-PDUs, den Umfang der PDUs, ihre Codierung und den Kommunikationsablauf der Sicherungsinstanzen fest. Bei der Betrachtung der Kommunikationsabläufe wollen wir uns auf das (gebräuchlichste) ARQ-Verfahren beschränken.

3. 3. 1. Rahmenformate

Allen gebräuchlichen Rahmenformaten ist eine bestimmte Grundstruktur gemeinsam. Man benötigt die Kennzeichnung von Rahmenanfang und Rahmenende, in Mehrpunkt-Konfigurationen eine Adresse, die angibt, wohin der Rahmen befördert werden soll, gelegentlich auch gefolgt von der Adresse des Absenders, Meldungen und Kommandos zur Organisation des Informationsaustausches bzw. zur Abwicklung des Protolls, den zu übertragenden Nutzinformationsblock sowie einen Sicherungsteil, der Übertragungsfehler erkennbar macht.

Auf Grund der strukturierten Zusammensetzung dieser Informationen soll der Empfänger die einzelnen Informationen wieder trennen und gesondert verarbeiten können. Zunächst unterscheidet man folgende Felder in der DL-PDU (vgl. auch Abschn. 1.3.2): den Kopf bzw. HEADER, den Datenkörper bzw. BODY und den Rahmensicherungsteil bzw. TRAILER.

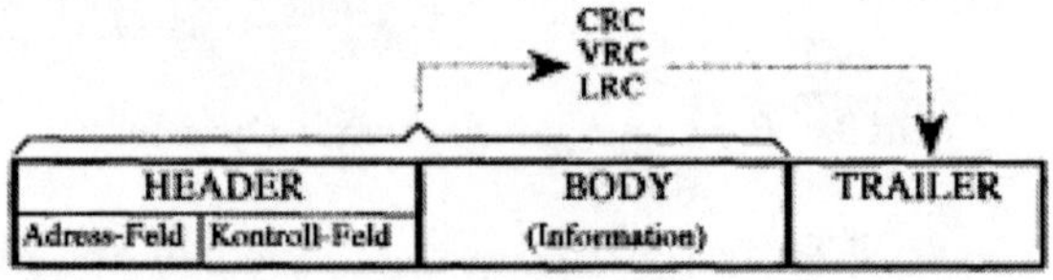

Bild 3.7. Allgemeines Format einer DL-PDU

Der Header besteht nach Bild 3.7 in der Regel aus einem Adressfeld und einem Kontrollfeld, das die Meldungen und Kommandos enthält. In der Sicherungsschicht enthält der Trailer eine Bitkombination zur Fehlersicherung, die aus den Bits von Body und häufig auch Header berechnet werden.

Besonders zu beachten sind die Probleme der Rahmengrenzen und der Transparenz. Transparenz bedeutet, dass jede beliebige Kombination von Bits als Information übertragen werden kann und Informationen und Steuerzeichen unterscheidbar bleiben. Die Probleme werden bei zeichen- und bitorientierten Datenformaten unterschiedlich gelöst.

3. 3. 1. 1. Zeichenorientiertes Format

Ein zeichenorientiertes Format wird häufig im Bereich der reinen Textübertragung mit einem begrenzten Zeichenvorrat eingesetzt. Grundlage für die zeichenorientierten Rahmenformate bzw. Protokolle - es kommt vor, dass Protokoll und Rahmenformat synonym verwendet werden - sind die Zeichencodes, die auch Alphabete genannt werden. Der Rahmen besteht aus einer Folge von Zeichen des Alphabets. Besonders häufige Anwendung finden der **A**merican **S**tandard **C**ode for **I**nformation **I**nterchange, abgekürzt ASCII-Code, der genormt ist in DIN 66003, CCITT V.3 und ISO 646 sowie der **E**xtended **B**inary **C**oded **D**ecimal **I**nterchange **C**ode, abgekürzt EBCDIC-Code. Diese Zeichencodes enthalten neben Buchstaben, Ziffern, Sonderzeichen auch Übertragungszeichen, Formatsteuerzeichen, Gerätesteuerzeichen, Informationstrennzeichen und Zeichen zur Codeerweiterung.

Für die zeichenorientierten Datenformate sind folgende Übertragungssteuerzeichen von Bedeutung:

- ENQ ENQuiry, Stationsaufforderung zum Verbindungsaufbau
- EOT End Of Transmission zum Verbindungsabbau
- SOH Start Of Header
- STX Start of TeXt
- ETX End of TeXt
- ACK ACKnowledge, positive Bestätigung
- NAK Negative AcKnowledge, Aufforderung zur Wiederholung
- DLE Data Link Escape, Umschaltung für eine codetransparente Zeichenfolge
- SYN SYNchronus Idle, zum Herstellen und Erhalten des Synchronismus zwischen Datenstationen
- ETB End of Transmission Block, zeigt das Ende eines Übertragungsblock an, weist auf einen folgenden Block hin

Die Codierung der Zeichen nach dem ASCII-Alphabet ist der Tabelle im Anhang 9.5 zu entnehmen.

Zwei bekannte Vertreter der zeichenorientierte Protokolle sind das **B**inary **S**ynchronous **C**ommunication Protokoll (abgekürzt BSC) von der Fa. IBM [3] und das **D**igital **D**ata **C**ommunication **M**essage **P**rotokoll (abgekürzt DDCMP) von der Fa. Digital Equipment.

Die Bezeichnung Binary Synchronous Communication weist auf das Problem der Synchronisation hin, die in dreierlei Hinsicht erfolgen muss: Bitsynchronisation, Zeichensynchronisation und Rahmensynchronisation.

Bild 3.8 zeigt anhand einiger Beispiele den Rahmenaufbau des weit verbreiteten BSC-Formats.

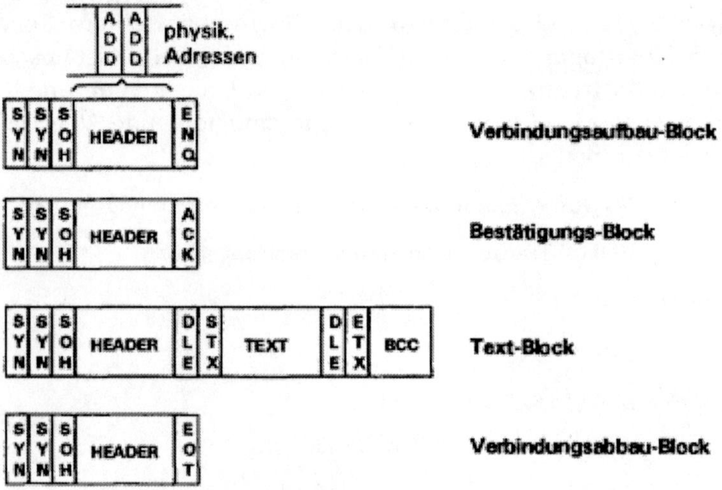

Bild 3.8. BSC-Protokoll, Beispiele für das Rahmenformat (BCC = Block Check Character)

Charakteristika des BSC-Formats sind: Jeder Rahmen wird durch eine Folge von SYN-Zeichen begrenzt. Transparenz kann erreicht werden, indem jedem Steuerzeichen ein DLE-Zeichen vorangestellt wird. Beginn des Kopfes und des Textes sowie dessen Ende werden durch die Steuerzeichen SOH, STX, EXT gekennzeichnet. Ein Zeichen (BCC) wird als Prüfzeichen verwendet (LRC-Codierung). Innerhalb des Headers können Adressen übertragen werden. Dies sind Stationsadressen, die bei der Übertragung in Mehrpunktanordnungen, z.B. bei einer Bus-Anordnung, benötigt werden. In der Regel ist dafür je ein Zeichen für die Quell- und die Zieladresse reserviert.

---

3 Conard, James W.: *Character Oriented Data Link Control Protocols,* IEEE Transactions on Communications, Vol. COM-28,4, April 1980, S. 445-454.

Bei asynchroner Übertragung erfolgt die Bit- und Zeichensynchronisation bereits in der Bitübertragungsschicht. Dann kann auf die Übertragung von SYN-Zeichen verzichtet werden. Allerdings ist die asynchrone Übertragung vergleichsweise langsam.

3. 3. 1. 2. Bitorientiertes Format

Wesentlich leistungsfähiger sind Protokolle auf der Grundlage bitorientierter Rahmenformate. Die Anzahl der für die Steuerinformation aufzuwendenden Bits ist relativ zur Anzahl der Informationsbits kleiner als bei den zeichenorientierten Datenformaten und die Anzahl der im Body übertragenen Informationsbits ist unbeschränkt. Bild 3.9 zeigt den Rahmenaufbau. Ein standardisiertes Protokoll, das diesen Rahmentypus verwendet, ist mit der **H**igh Level **D**ata **L**ink **C**ontrol-Procedure verwirklicht (abgekürzt HDLC), die maßgeblich von der Fa. IBM entwickelt wurde.[4]

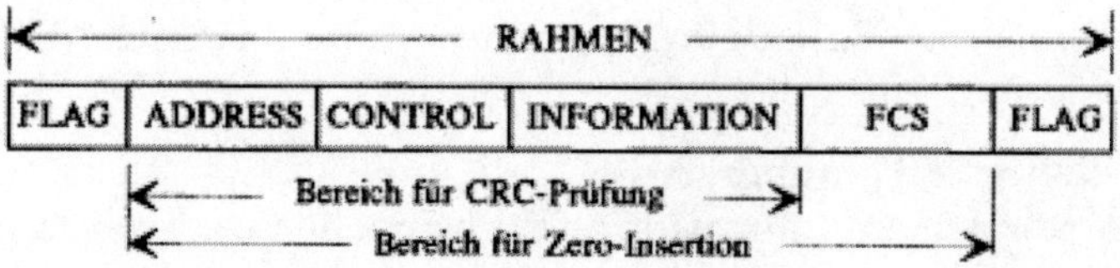

Bild 3.9. Bitorientiertes Rahmenformat

Charakteristika dieses Rahmenformats sind eine Rahmenbegrenzung durch die Bitkombination 01111110 als Flag, die dem Empfänger zur Rahmensynchronisation dient, ein Header bestehend aus 8 (16) Bit-Adressfeld (Quell- oder Zieladresse) und 8 Bit-Kontrollfeld, Informationsfeld beliebiger Bit-Länge, Frame-Check-Sequenz (FCS), Blocksicherungsfeld mit 16 Bit und CRC-Check.

Die Transparenz bzw. die Bitfolgeunabhängigkeit der Übertragung erfordert, dass die Bitkombination der Flags zwischen den Rahmenbegrenzungen nicht wieder vorkommt. Dazu fügt die sendende Instanz überall dort, wo fünf aufeinanderfolgende Einsen auftauchen, eine zusätzliche Null ein (Zero Insertion). Die empfangende Instanz entfernt dann jede Null, wenn sie unmittelbar nach fünf aufeinanderfolgenden Einsen erkannt wird.

---

4 Carlson, David E.: *Bit-Oriented Data Link Control Procedures,* IEEE Transactions on Communications, Vol. 28, No4, April 1980 und IBM: *SDLC, Synchrone Datenübertragungssteuerung,* Allgemeiner Überblick, IBM-Broschüre GA 12-2111-2, 1979.

Das Blocksicherungsfeld wird aus Header und Body mit dem Generatorpolynom

$$G(b) = b^{16}+b^{12}+b^{5}+1$$

nach CCITT V.41 berechnet.

Das Kontrollfeld dient zur Codierung der Kommandos und Antworten für die PDUs der Sicherungsschicht. Es identifiziert die Funktion des Rahmens. Drei unterschiedliche Rahmentypen gibt es, die sich im Aufbau des Kontrollfeldes unterscheiden:

- **I-Rahmen (Information)**
  Sie dienen der eigentlichen Informationsübertragung und ermöglichen die Steuerung des ARQ-Verfahrens,
- **S-Rahmen (Supervisory)**
  Sie enthalten kein Informationsfeld, dienen der Flusskontrolle und übernehmen Bestätigungsaufgaben im Rahmen des ARQ-Verfahrens,
- **U-Rahmen (Unnumbered)**
  Sie können ein Informationsfeld beinhalten und werden für Link Management (z.B.Verbindungsauf- und -abbau) benötigt.

Eine Übersicht über den Aufbau des Kontrollfeldes bei den verschiedenen Rahmen vermittelt die folgende Tabelle.

Tabelle 3.3. Aufbau des Kontrollfeldes für I-, S-, und U-Rahmen

Bits in der Reihenfolge der Übertragung

Rahmentyp	1.	2.	3.	4.	5.	6.	7.	8.
I-Rahmen (Kommando/Antwort)	0	N(S)			P/F	N(R)		
S-Rahmen (Kommando/Antwort)	1	0	S	S	P/F	N(R)		
U-Rahmen (Kommando/Antwort)	1	1	M	M	P/F	M	M	M

Bit 1 = 0 codiert das I-Rahmenformat. Bit 1=1 zusammen mit der Codierung von Bit 2 legt ein S- oder U-Rahmenformat fest. N(S) ist eine Sendefolgenummer und N(R) eine Empfangsfolgenummer. Sie dienen den DL-Instanzen zur Bestätigung korrekt eingegangener Rahmen nach einem Sliding Window-Prinzip. Dieses Prinzip und die Bedeutung der Nummern wird an späterer Stelle, in Abschn. 3.3.2.3 beschrieben.

Allen Rahmen gemeinsam ist das Poll/Final-Bit. P/F=1 zeigt in der Regel an, dass eine sendende Instanz eine Antwort erwartet, bevor sie wieder sendet. Mit den zwei S-Bits im S-Rahmen werden 4 Supervisory-PDUs in folgender Weise codiert:

Bit 4 3	PDU	Bedeutung
0 0	RR	Receive Ready
0 1	RNR	Receive Not Ready
1 0	REJ	REJect
1 1	SREJ	Selective REJect

RR Bereitschaft zum Empfang von Rahmen, gleichzeitig positive Bestätigung der Rahmen mit den Nummern bis N(R) - 1.

RNR zeigt der Sendeinstanz an, dass die RNR aussendende Empfangsinstanz hinsichtlich Verarbeitungsgeschwindigkeit überfordert ist.

REJ wird gesendet, um die Wiederholung des Rahmens mit der Nummer N(R) und der nachfolgenden Rahmen zu veranlassen.

Mit den 5 M-Bit eines U-Rahmens lassen sich 32 Befehle (B) und 32 Antworten (A) spezifizieren. Einige, für das Linkmanagement wichtige, seien hier genannt:

Tabelle 3.4. Codierung der Linkmanagement-Befehle (auszugsweise nach[5])

3	4	6	7	8	PDU	B/A	Bedeutung
0	0	0	0	0	UI	B/A	Unnumbered Information
0	0	0	0	1	SNRM	B	Set Normal Response Mode, zum Verbindungsaufbau
0	0	0	1	0	DISC	B	DISConnect, zum Verbindungsabbau
0	0	1	1	0	UA	A	Unnumbered Ackknowledgement, Bestätigung auf U-Rahmen-Befehl
1	0	0	0	1	FRMR	A	FRaMe Reject, Ungültiger Rahmen wurde empfangen

[5] IBM: *SDLC, Synchrone Datenübertragungssteuerung,* Allgemeiner Überblick, IBM-Broschüre GA 12-2111-2, 1979.

3. 3. 2. Kommunikationsabläufe

Das Verfahren der Fehlererkennung mit Bestätigung und Rückübertragung (ARQ) erfordert ein Sicherungsprotokoll, das den Kommunikationsablauf zwischen Sende- und Empfangsinstanz regelt. Im Protokoll ist zu berücksichtigen, das i.a. auf der Sicherungsschicht eine zweiseitig gerichtete Informationsübertragung und dementsprechend auch eine zweiseitige Bestätigung zwischen den beteiligten Instanzen stattfindet. Die Übertragung kann dann Halb-Duplex oder Voll-Duplex vonstattengehen. Im Halb-Duplex arbeitende Instanzen wechseln ihre Funktion als Sender und bestätigender Empfänger ab, während bei der Voll-Duplex-Übertragung beide Instanzen gleichzeitig als Sender und bestätigender Empfänger fungieren.

3. 3. 2. 1. Send and Wait-Prinzip

Das Send and Wait-Prinzip ist die einfachste Ausführung der ARQ-Sicherungsprotokolle. Es wird sehr häufig auf der Basis eines zeichenorientierten Formats eingesetzt. Hierbei arbeiten die Instanzen typischerweise im Halb-Duplex. Anhand von Zeitfolgediagrammen sollen schrittweise die Konstruktionsmerkmale des Ablaufs herausarbeitet werden, indem verschiedene Fehlerszenarien betrachtet werden.

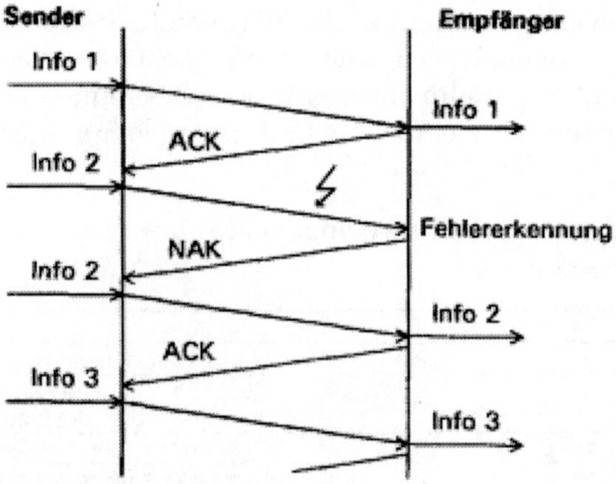

Bild 3.10. Send and Wait-Prinzip (Schritt 1)

Schritt 1

In Bild 4.10 ist zunächst der Fall eines Fehlers bei der Informationsübertragung dargestellt. Der Sender schickt die 1. Information zum Empfänger. Sie wird dort auf Fehler untersucht. Im Fehlerfall sendet der Empfänger eine negative Bestätigung (engl. Negative Acknowledge, NAK) zurück, sonst eine positive (engl. ACKnowledge). Bei positiver Bestätigung wird die 2. Nachricht geschickt sonst die 1. wiederholt. In jedem Fall wartet der Sender nach Abschicken einer Nachricht auf eine Bestätigung, bevor er die nächste Nachricht sendet. Aus diesem Verhalten hat das Protokoll seinen Namen bezogen: Send and Wait.

Es handelt sich bisher um ein weitgehend ungestörtes Szenario; die einzige Störung, die das Protokoll berücksichtigt, ist die fehlerhafte Übertragung eines Informationsblocks.

Schritt 2

Wenn eine Nachricht ganz verloren geht, kann der Empfänger keine Bestätigung senden. Damit ist der in Wartestellung befindliche Sender blockiert. Dieses Problem kann beseitigt werden durch die Verwendung eines Timers auf der Sendeseite.

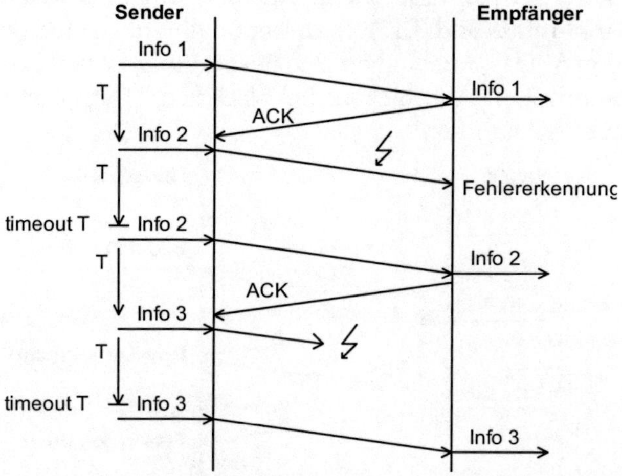

Bild 3.11. Send and Wait-Prinzip (Schritt 2, Verzicht auf NAK, Timerbenutzung)

Nach dem Abschicken einer Nachricht erwartet der Sender entweder eine Bestätigung oder das Auslaufen des Timers (timeout T), das als Signal dafür gewertet wird, dass die Nachricht nicht angekommen ist. Eine negative Bestätigung und das Auslaufen des Timers erfordern also die gleiche Reaktion: die erneute Sendung der bereits abgeschickten Nachricht. Daher kann auf eine negative Bestätigung (NAK) verzichtet werden. Stellt der Empfänger einen Fehler in der Nachricht fest, antwortet er einfach nicht. Damit gelangt man zu den *PAR-Protokollen* (engl.: Positive Acknowledge Retransmit).

Schritt 3
Der Fall, dass eine Nachricht ganz verlorengeht, wurde durch einen Timer gelöst. Eine neue Situation entsteht jedoch, wenn eine Nachricht im Empfänger nicht ankommt, weil die physikalische Verbindung ganz unterbrochen ist oder wenn während der Sendung der Empfänger abgeschaltet wird. In beiden Fällen erfolgen unaufhörliche Wiederholungen. Der Sender befindet sich in einer Endlosschleife. Die Lösung besteht darin, dass der Sender die Anzahl der Wiederholungen zählt und bei Erreichen einer Grenze die Sendung unterbricht. Er gibt dies seiner übergeordneten N-Instanz durch die Meldung *p_abort* (provider abort) zur Kenntnis.

Schritt 4
Als nächstes wird der Fall untersucht, dass statt einer Nachricht eine Bestätigung nicht ankommt (Bild 3.12). In diesem Fall wurde eine Nachricht fehlerfrei empfangen. Das Ausbleiben der Bestätigung veranlasst den Sender zu einem wiederholten Abschicken der Nachricht. Damit ist ein Duplikat beim Empfänger entstanden.

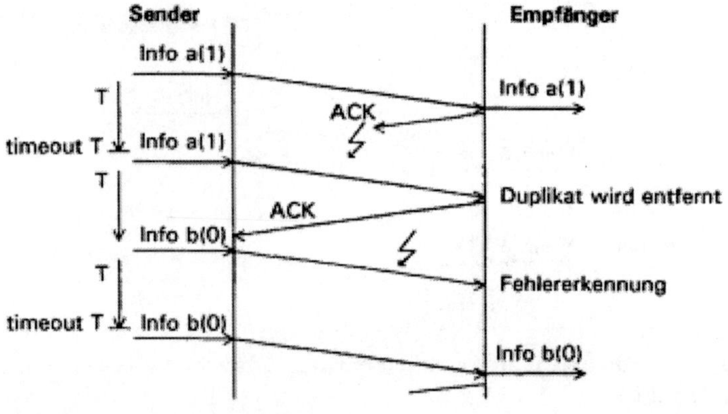

Bild 3.12. Send and Wait-Prinzip (Schritt 4, Vermeidung von Duplikaten)

Wenn eine Bestätigung des Empfängers zwar abgeschickt wird, aber erst ankommt, nachdem der sendeseitige Timer ausgelaufen ist, entsteht die gleiche Situation. Die einfachste Lösung besteht in der Numerierung der Nachrichtenblöcke, wobei eine zyklische Numerierung modulo M gewählt wird. Das Zeitfolgediagramm zeigt, dass beim einfachen Send and Wait-Protokoll eine Zählung modulo 2 ausreicht. Sender und Empfänger zählen ihre Nachrichten. Die Nummer der Nachricht wird mit übertragen. Gelangt eine Nachricht mit einer nicht erwarteten Nummer zum Empfänger, so wertet er dies als Indiz für ein Duplikat und verwirft die Nachricht.

Der beschriebene Send and Wait-Ablauf hat also zusammengefasst folgende Konstruktionsmerkmale:

1. Timer,
2. positive Bestätigung,
3. Wiederholungszähler,
4. Numerierung der Nachrichtenblöcke.

Aus den dargestellten Szenarien lässt sich nun durch Zusammenfassung das Automatenverhalten der Sicherungsinstanz mit Hilfe eines SDL-Graphen konstruieren (Bild 3.13), der im Folgenden beschrieben wird.

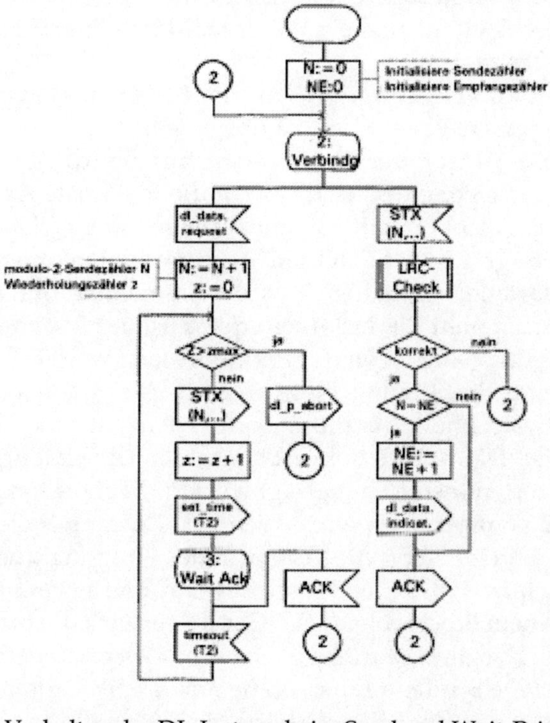

Bild 3.13. Verhalten der DL-Instanz beim Send and Wait-Prinzip (zeichenorientiertes Format)

Es wird zunächst vereinfachend angenommen, dass die Sicherungsinstanzen eine Datenverbindung über ihre unterlagerten PH-SAPs besitzen, sie selbst also im Zustand einer Verbindung sind, in dem Daten erfolgreich übertragbar sind (Zustand 2: VERBINDG).

Für das Protokoll sei ein zeichenorientiertes Format mit zwei PDUs vereinbart:

STX-PDU zur Übertragung eines Informationsrahmens und

ACK-PDU zur Übertragung einer Bestätigung

Die Instanz kann entweder Blöcke senden oder empfangen (Halb-Duplex-Betrieb). Der linke Teil des Bildes beschreibt die Sendepfade, der rechte Teil die Empfangspfade der DL-Instanz. Die Instanz arbeitet mit drei Zählern: - ein modulo-2- Sendezähler N gibt die Nummer des nächsten Sendeblocks an, ein modulo-2- Empfangszähler NE gibt die Nummer des nächsten, erwarten Empfangsblocks an und ein Wiederholungszähler Z zählt die Anzahl misserfolgter Übertragungen.

Die Zähler N und NE werden bei Start der Instanz initialisiert, der Zähler Z beim ersten Versuch, einen Block zu übertragen.

Bei einem Sendeauftrag der überlagerten Instanz (dl_data.request) wird der Sendezähler inkrementiert und, sofern die maximale Anzahl von Wiederholungen noch nicht erreicht ist, der Block mit einer STX-PDU zur Partnerinstanz übertragen. In der PDU sind die Information und die Sendenummer N des Sendezählers enthalten. Z wird inkrementiert und ein Zeitauftrag T 2 gesetzt. Danach geht die Instanz in den Zustand 3, in dem sie auf eine positive Bestätigung (ACK) von der Partnerinstanz wartet. Wenn innerhalb der Zeit T2 keine Bestätigung eintrifft wird der Sendevorgang in einer Schleife so oft wiederholt, bis die maximale Anzahl von Sendeversuchen zmax erreicht ist. Dann findet ein Abbruch der Übertragung statt, indem dies der überlagerten Instanz angezeigt wird (dl_p-abort.ind.) und der Ausgangszustand 2 angenommen wird. Wenn im Zustand 3 die erwartete Bestätigung ACK eintrifft, kehrt die Instanz in den Ausgangszustand 2 zurück.

Der Empfangspfad wird durchlaufen, wenn die Instanz eine STX-PDU empfängt. Bei einem Blockfehler (LRC-Check) verwirft die Instanz den Block und kehrt in den Zustand 2 zurück. Ist der Block korrekt, so prüft die Instanz die darin enthaltene Sendenummer, ob sie mit ihrer erwarteten Nummer NE übereinstimmt. Ist dies der Fall, so gibt sie die Information an die überlagerte Instanz mit *dl_data.indication* ab, bestätigt den Block (ACK) und kehrt in den Ausgangszustand zurück. Ist der empfangene Block ein Duplikat (NE ungleich N), so wird nur bestätigt und der Block verworfen.

In dieser sehr einfachen Form des Protokolls kann immer nur ein Block nacheinander übertragen werden. Die Richtung "Senden" oder "Empfangen" kann nur im Zustand 2 gewählt werden und erfolgt in Abhängigkeit des zuerst eintreffenden der beiden Signale *dl_data.request* oder STX. Anzumerken bleibt noch, dass es in dieser einfachen Form des DL-Protokolls zu einem deadlock kommen kann, wenn sich zwei Instanzen, ausgehend vom Zustand 2, quasi gleichzeitig Blöcke senden wollen. Sie gelangen dann beide in den Zustand 3, in der sie nicht bestätigen können, weil sie selbst auf eine Bestätigung warten. Abhilfe kann ein geeignetes Protokoll schaffen, das die Funktion des Linkmanagements besser löst, z.B. dadurch, dass eine Station als Leitstation bevorrechtigt wird und die übrigen Stationen als Folgestationen dann nur auf Anforderung der Leitstation senden dürfen.

3. 3. 2. 2. Verbindungsauf- und Abbau

Eine Schicht 2- Verbindung muss nicht notwendigerweise nach dem Initialisieren der DL-Instanzen dauerhaft vorhanden sein. Es kann sogar aus Gründen einer effektiven Nutzung der Übertragungswege ökonomischer sein, die DL-Verbindung nur für die Dauer des Datentransfers aufzubauen und sie nach Beendigung wieder abzubauen. Dann ist es ratsam, dass die benutzenden N-Instanzen eine Verbindungskontrolle über temporär einzurichtende DL-Verbindungen übernehmen. Zum Auf- und Abbau der DL-Verbindung werden die DL-Dienste activate, connect, disconnect und deactivate benutzt. Die Umsetzung in ein DL-Protokoll erfordert dann die zusätzlichen DL-PDUs *ENQ* und *EOT*. Bild 3.14 erläutert die Phasen des Verbindungsauf- und abbaus.

Der Verbindungsaufbau kann durch die überlagerte N-Instanz (dl_activate.request) oder durch die Partnerinstanz (ENQ) angefordert werden. Im Falle eines ENQ wird die Verbindung der überlagerten N-Instanz angezeigt und der Partnerinstanz mit ACK bestätigt.

Fordert die eigene N-Instanz eine Verbindung an, so muss zunächst die Partnerinstanz davon mit ENQ in Kenntnis gesetzt werden, und deren Antwort ACK abgewartet werden (Zustand 1). Bestätigt die Partnerinstanz mit der PDU ACK, so bestätigt die DL-Instanz die nun existierende Verbindung mit dem Dienstsignal *dl_activate.confirmation(+)*. Bei nicht eintreffender PDU ACK fällt die Bestätigung entsprechend negativ aus.

Im Zustand der Verbindung (Zustand 2) kann nun der normale data-Dienst der Schicht 2 entsprechend Bild 3.13 benutzt werden.

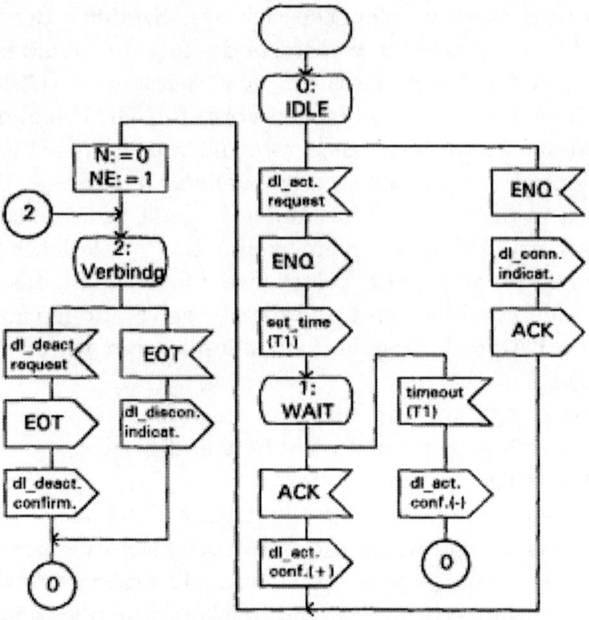

Bild 3.14. Auf- und Abbau einer DL-Verbindung

Der Abbau der Verbindung geschieht immer durch die aufbauende N-Instanz mit *dl_deactivate.request*. Dann erhält die Partnerinstanz die PDU EOT, die das Ende der Datenübertragung anzeigt.

In der vorliegenden Form haben wir es mit einer einseitigen Verbindungssteuerung der N-Instanzen zu tun. Wichtig bei dieser Art der Verbindungskontrolle ist die Festlegung auf eine kontrollierende N-Instanz: Diejenige N-Instanz, die die Verbindung mit *activate* aufgebaut hat, muss sie, nachdem sie von ihr nicht mehr benötigt wird, mit *deactivate* abbauen.

3. 3. 2. 3. Sliding Window-Prinzip

Beim Send and Wait-Prinzip wurde jeder fehlerfrei empfangene Rahmen positiv bestätigt. Wenn die Blockfehlerwahrscheinlichkeit klein ist und man deshalb davon ausgehen kann, dass die Mehrzahl der Blöcke fehlerfrei übertragen wird, ist dies Prinzip recht unwirtschaftlich. Die Gruppe der ARQ-Protokolle kann durch die folgenden 4 Maßnahmen verbessert werden:

1. Vorwegnahme von Bestätigungen:

Nach dem Senden eines Rahmens wird nicht erst dessen Bestätigung abgewartet, bevor der nächste Rahmen gesendet wird. Der Sender geht davon aus, dass in der Regel positive Bestätigungen eintreffen und überträgt nacheinander und ohne Bestätigung eine Gruppe von Rahmen. So wird der Sendevorgang nicht durch das Warten auf Bestätigungen verzögert.

2. Zusammenfassung von Bestätigungen:
   Es wird nicht mehr wie beim Send and Wait-Prinzip jeder Rahmen einzeln bestätigt, sondern der Empfänger bestätigt eine ganze Gruppe von Rahmen, die er zurückliegend fehlerfrei empfangen hat. Die Anzahl empfangener Rahmen, nach deren Eingang eine gemeinsame Bestätigung erfolgen muss, ist im Protokoll vereinbart. Im Fehlerfall muss dann allerdings meist mehr als nur ein Rahmen wiederholt werden.
3. Huckepack-Verfahren (engl. piggy backing):
   Die Übertragung einer Bestätigung ist ein unwirtschaftlicher Vorgang, weil wenig Information mit einer aufwendigen Verpackung der Bestätigungs-PDU übertragen wird. Es ist günstiger, die Bestätigungen nicht getrennt zu übertragen, sondern sie innerhalb von Informations-Rahmen der Gegenseite mit zu transportieren. Die Informationsrahmen tragen gewissermaßen im Huckepack gleichzeitig die Bestätigungen.
4. Duplex-Betrieb:
   Es wird quasi gleichzeitig Informationsübertragung in beiden Richtungen ermöglicht, womit dann auch die gegenseitigen Bestätigungen quasi gleichzeitig erfolgen können.

Diese Verbesserungen sind Bestandteil des Übertragungsprinzips mit gleitendem Fenster, das *Sliding-Window-Prinzip* genannt wird und das bei den meisten bitorientierten Protokollen, wie z.B. auch bei HDLC, zur Abwicklung des ARQ-Verfahrens verwendet wird.

Basis des Verfahrens ist die Zählung gesendeter und empfangener Rahmen und das unbestätigte Übertragen für eine bestimmte Anzahl von Rahmen, die man Fenstergröße W nennt. Die Rahmen werden in einem Sende- und einem Empfangspuffer gespeichert. Bild 3.15 verdeutlicht das Sendeprinzip.

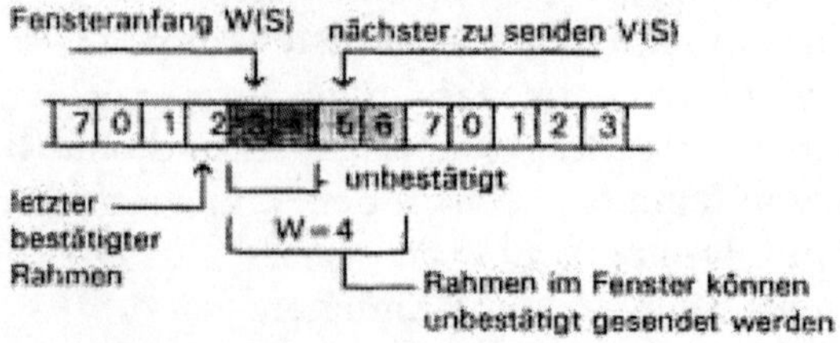

Bild 3.15. Sendepuffer der Größe B=8 und Fenster der Größe W=4

Die im Sendepuffer bereitstehenden Rahmen sind modulo-B numeriert, im Beispiel modulo-8. Ein Zeiger deutet auf den zuletzt vom Empfänger bestätigten Rahmen. Ab dem nächsten Rahmen, also bei Nummer 3 kann der Sender eine Rahmengruppe bis zu einer Fenstergröße W senden, hier mit W=4 also 4 Rahmen. Dann muss er mit dem Senden stoppen und auf eine Bestätigung für die Rahmen bis Nummer 6 warten. Trifft diese Bestätigung ein, so schiebt der Sender den Anfang des Fensters um W=4 Nummern weiter, also auf Nummer 7 und der Sendevorgang beginnt erneut, usw. Für die Anzahl B der Speicherplätze des Sendpuffers und die Fenstergröße muss gelten W < B. Informationsrahmen und Bestätigungen werden auf Nummernbasis übertragen und zwar, indem der Sender in jeder PDU seine aktuelle Sende-Rahmennummer *N(S)* und der Empfänger dem Sender innerhalb seiner PDUs mittelt, bis zu welcher Rahmennummer *N(R)* er fehlerfrei empfangen hat. Im Duplex-Betrieb sendet der Empfänger aber nun seinerseits auch Informationsrahmen und erwartet Bestätigungen. Die beidseitige Übertragung von Informationsrahmen und Bestätigungen im Huckepackverfahren verläuft vollkommen unabhängig voneinander, so dass, wie in Bild 3.16 dargestellt, die Sicherungsinstanz aus 2 Automaten bestehen muss, einem Sender und einem Empfänger, die innerhalb der Instanz miteinander kommunizieren.

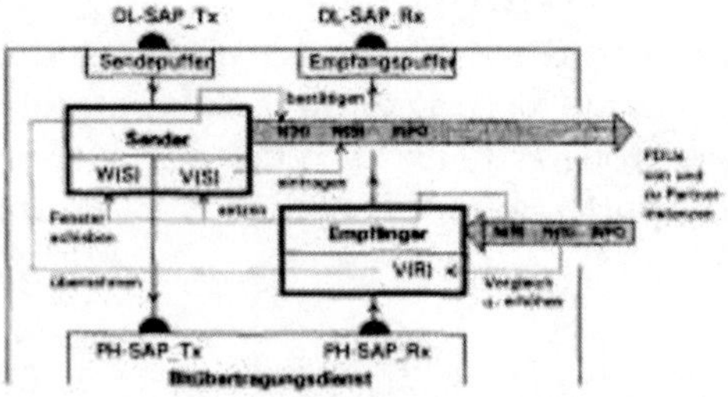

Bild 3.16. Automaten der Sicherungsinstanz beim Sliding-Window-Prinzip

Der DL-SAP ist getrennt für die Sende- und die Empfangsrichtung vorhanden. Die Sendedaten werden von der N-Instanz am DL-SAP in einen Sendepuffer der DL-Instanz übergeben und aus einem Empfangspuffer der DL-Instanz gelesen.

Die Sender verwaltet zwei Zähler: einen Sendefolgezähler *V(S)*; er zeigt den nächsten zu sendenden Rahmen im Sendepuffer an, einen Fensterzähler *W(s)*; er zeigt auf den ersten, noch nicht bestätigten Rahmen (Fensteranfang).

Der Empfänger verwaltet einen Empfangsfolgezähler *V(R)*, der die Nummer des von ihm als nächstes erwarteten Rahmens beinhaltet. Er wird immer erhöht, wenn ein fehlerfreier Rahmen empfangen wurde.

Mit jedem gesendeten Rahmen erhöht der Sender den Zähler V(S). Alle Rahmen, enthalten die Sendefolgenummer N(S), die aus dem Zähler V(S) übernommen wird und die Empfangsfolgenummer N(R), die von dem Zählerstand V(R) des Empfängers übernommen wird. Durch die Übertragung von N(R) wird der Gegenseite mitgeteilt, bis zu welcher Nummer fehlerfrei empfangen wurde. Diese Bestätigung hat Einfluss auf die Fensterposition innerhalb des Sendepuffers (siehe Bild 3.15). Wird N(R) empfangen, so kann der Sender den Fensteranfang weiterschieben auf

$$W(s) := N(R) + 1 \qquad \text{mod } B \qquad . \qquad (3.24)$$

Der Stand des Sendefolgezählers V(S) bleibt davon unberührt, solange er auf einen Rahmen innerhalb des Fensters zeigt, d.h.

$$V(S) < W(S) + W \qquad \text{mod } B \qquad (3.25)$$

ist. Dies ist normalerweise der Fall, weil das Fenster durch die Übertragung von der Gegenseite gleitend mitgeschoben wird, solange keine gravierenden Übertragungsfehler auftreten.

Generell ist zum Transport der Bestätigungen N(R) eine ständige PDU-Übertragung notwendig. Das ist bei den bitorientierten Protokollen der Fall (vgl. Abschn. 3.3.1.2). Hierbei werden in beiden Richtungen Informationsrahmen (I-Rahmen) und/oder Steuerrahmen (S-Rahmen) übertragen. Bleiben irgendwann dennoch Rahmen von der Gegenseite aus, so kann solange weitergesendet werden, bis das Fensterende erreicht ist. An dieser Grenze ist

$$V(s) = W(S) + W - 1 \qquad \text{mod } B \qquad (3.26)$$

und der Sender muss stoppen. Er hat daraufhin einen Timer zu setzen, der den Fortgang der Kommunikation sicherstellt, auch wenn die Gegenseite nicht mehr antwortet. Läuft der Timer aus, so wird das Senden vom Anfang des Fensters durch Setzen des Sendefolgezählers

$$V(S) := W(S) \tag{3.27}$$

wiederholt.

Abschließend möge anhand eines Zeitfolgediagramms beispielhaft der Kommunikationsablauf zweier DL-Instanzen dargestellt werden (Bild 3.17). Wichtig ist, sich hierbei die Fortführung der Zählerstände und die innerhalb der PDUs übertragenen Nummern zu verdeutlichen.

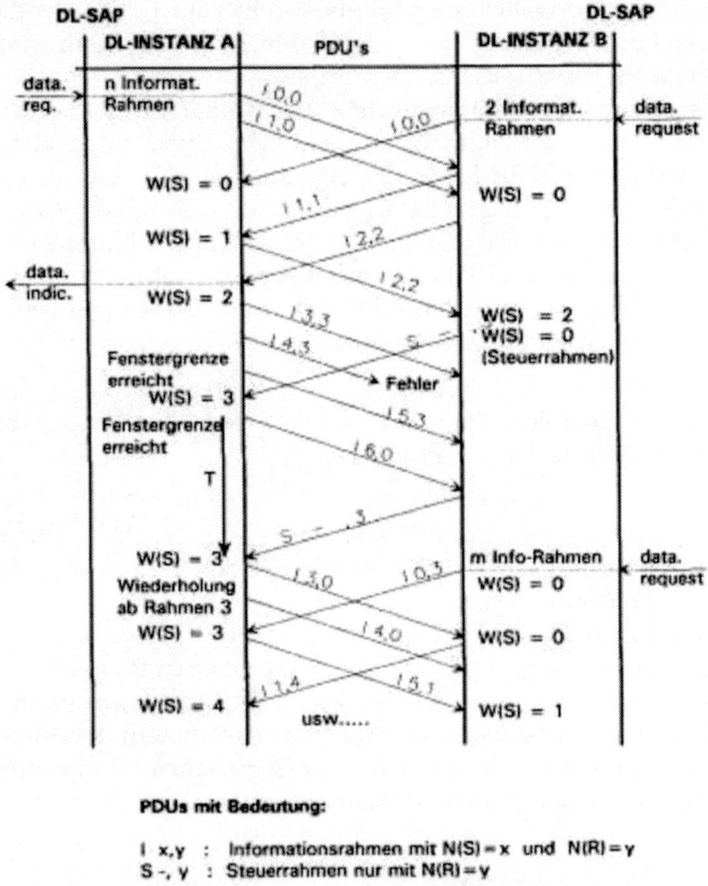

Bild 3.17. Kommunikationsablauf bei Sliding Window (Fenstergröße W=4)

3. 3. 2. 4. XON/XOFF-Flusskontrolle

In der Sicherungsschicht werden von den Instanzen Blöcke zum Zweck der Fehlersicherung gebildet und diese innerhalb von DL-PDUs übertragen. Bisher wurde angenommen, dass bei der Übertragung der PDUs die Empfangsinstanz mit der Sendeinstanz schritthält. Dies kann u.U. nicht immer erfüllt sein. Einige Gründe dieses Problems sind: die DL-Empfangsinstanz arbeitet langsamer als die DL-Sendeinstanz, z.B. bei unterschiedlicher Implementierung, die empfangende N-Instanz ist zeitweise oder überhaupt nicht in der Lage, die von der DL-Instanz angebotene (zu hohe) Datenrate zu verarbeiten, die sendende N-Instanz fordert zu häufig den data-Dienst an.

In all diesen Fällen kann es zur Überflutung der Empfangsinstanzen kommen. Wenn dies trotz Verwendung von Pufferspeichern nicht auszuschließen ist, muss in den DL-Instanzen ein *Flusskontroll-Mechanismus* installiert sein, um den Sendedatenstrom dynamisch an die Verarbeitungskapazität der Empfangsinstanzen anzupassen.

Die einfachste Lösung ist ein stop-and-go-Mechanismus, mit dem der Empfänger den Sender zur Unterbrechung und zum Fortführen der Rahmenübertragung auffordern kann, sobald dies geboten ist. Der Empfänger überträgt dazu zwei PDUs an den Sender:

XON	für Transmit On,
XOFF	für Transmit OFF,

woraus sich die Bezeichnung XON/XOFF-Flusskontrolle ableitet. Bei Protokollen mit zeichenorientierten Formaten können diese PDUs z.B. mit den ASCII-Steuerzeichen DC2 (XON) und DC3 (XOFF) codiert werden. Bei bitorientierten Formaten stehen dafür die Steuerrahmen RR (receiver ready) und RNR (receiver not ready) zur Verfügung.

Die Flusskontrolle zwischen zwei Sicherungsinstanzen hat, wie die oben aufgeführten Problemfälle zeigen, i.a. Rückwirkungen auf die Nutzer des Sicherungsdienstes, die N-Instanzen. Deshalb beinhalten die Sicherungsdienste auch einen Dienst *flow control* zur Flusskontrolle (vergl. Tab. 3.2). Bild 3.18 zeigt für zwei typische Fälle den Kommunikationsablauf unter Verwendung der XON/XOFF-PDUs und des Dienstsignals *flow_control*. Im oberen Teil des Zeitfolgediagramms leitet die empfangende N-Instanz die Flusskontrolle ein, im unteren Teil die empfangende DL-Instanz.

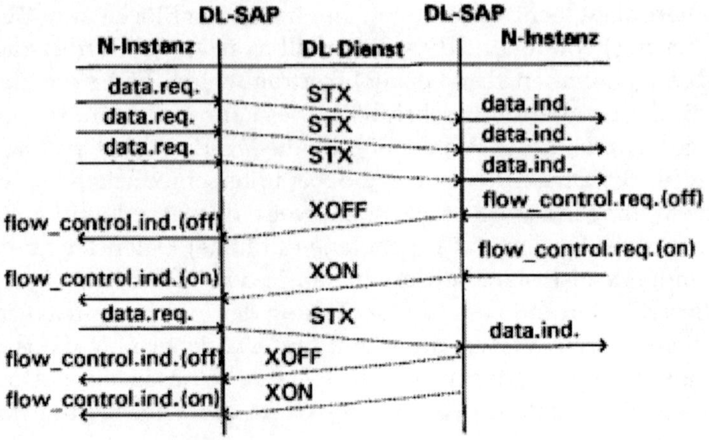

Bild 3.18. Kommunikationsablauf bei der Flusskontrolle

Der XON/XOFF-Mechanismus in der Sicherungsschicht kann meist nur innerhalb lokaler Netze angewendet werden, weil öffentliche Netze i.a. immer Teilstrecken beinhalten, die überhaupt keine Fehlersicherung durchführen, so z.B. das analoge Fernsprechnetz. Dann muss die Flusskontrolle in einer höher liegenden Schicht angesiedelt werden. Dies geschieht in der Transportschicht, zu deren Hauptaufgaben die Flusskontrolle zählt.

3. 3. 3. Optimale Blocklänge und Durchsatz

Die vorangegangenen Abschnitte haben gezeigt, dass die ARQ-Verfahren die Übertragung vieler zusätzlicher Überwachungsbits über das Übertragungsmedium bedingen. Dies sind: Rahmenbegrenzungsbits, ggf. Adressinformation, Kontrollinformation, Prüfstellen zur Fehlersicherung und Bestätigungsblöcke.

Der Gewinn an Fehlersicherheit wird mit zunehmender Zahl von Kontrollbits zwar größer, aber dadurch erhöht sich auch die Zahl der zusätzlich zu übertragenden Steuerinformation gegenüber der Nutzinformation. Bei gegebener, konstanter Übertragungsgeschwindigkeit auf dem Medium bedeutet dies, dass sich Nutzdaten und Steuerinformation die zu Verfügung stehende Geschwindigkeit "teilen" müssen. Die Übertragungsgeschwindigkeit auf dem Medium kann nicht beliebig gesteigert werden, denn dies würde die Bitfehlerwahrscheinlichkeit unzulässig hoch ansteigen lassen. Hierdurch tritt der Effekt ein, dass die Nutzinformation effektiv mit geringerer Übertragungsgeschwindigkeit beim Empfänger anlangt, als dies der physikalischen Übertragungsgeschwindigkeit entspricht. Um diesen Sachverhalt quantitativ beschreiben zu können, wird der *Durchsatz* oder *Wirkungsgrad* des Sicherungsprotokolls

$$\eta = \frac{\text{Anzahl zu übertragender Nutzbits}}{\text{Anzahl tatsächlich zu übertragender Bits}} \qquad 0 < \eta < 1 \tag{3.28}$$

definiert. Bezeichnet man mit $v_ü$ die physikalische Übertragungsgeschwindigkeit in bit/s auf dem Medium und mit v_e die effektive Übertragungsgeschwindigkeit für die Nutzinformation, so gilt

$$v_e = \eta \cdot v_ü \tag{3.29}$$

Um eine möglichst große effektive Übertragungsgeschwindigkeit zu erzielen, muss das Sicherungsprotokoll einen möglichst großen Wirkungsgrad aufweisen. Aus (3.28) ist zunächst einmal erkennbar, dass hierzu die Zahl der Informationsbits in einem Übertragungsblock möglichst groß gewählt werden sollte. Andererseits führt ein zu langer Übertragungsblock zu einer großen Blockfehlerwahrscheinlichkeit, so dass sehr lange Blöcke häufig zu wiederholten Übertragungen führen. Wiederholungen in der Übertragung erhöhen aber die Zahl der tatsächlich zu übertragenden Bits. Dadurch erniedrigt sich der Wirkungsgrad und v_e nimmt ab. Somit gibt es eine *optimale Blocklänge,* bei der das ARQ-Verfahren den höchsten Durchsatz hat. Die optimale Blocklänge hängt primär von der Bitfehlerwahrscheinlichkeit, aber auch vom gewählten ARQ-Protokoll ab. Das Sliding-Window-Protokoll ist effektiver als das Send-and-Wait-Protokoll, da es mit weniger Steuerinformation auskommt und keine besonderen Bestätigungs-PDUs benutzt.

Die Effektivität von Sicherungsprotokollen ist umfangreich untersucht und in der Literatur eingehend behandelt worden[6]. Zur Beschreibung der

---

6 Bocker, Peter: *Datenübertragung,* Band 1, Grundlagen, Springer, 1976; Tanenbaum, Andrew S.: *Computer Networks,* Prentice-Hall International Inc., 1989; Labetoulle, Jacques; Pujoulle, Guy: *HDLC-throughput and response time for bidirectional data flow with nonuniform frame sizes,* IEEE Trans. on Computers, Vol. C-30, No. 6, June 1986, S. 405-413; Miller, Matthew J., Lin, Shu: *The analysis of some selective repeat ARQ-schemes with finite receive buffer,* IEEE Trans. on Comm., Vol. COM-23, Sept. 1981, S. 1307-1315; Stuck, B. W.: *Calculating the Maximum Throughput Rate in Local Area Networks,* Computer, Vol. 16, May 1983, S. 72-76; Towsley, Don, Wolf, Jack. K.: *On the statistical analysis of queue lengths and waiting times for statistical multiplexers with ARQ retransmission schemes,* IEEE Trans. on Comm., Vol. COM

prinzipiellen Einflüsse auf den Durchsatz können wir uns deshalb hier auf ein einfaches Send-and-Wait-Protokoll beschränken.

3. 3. 3. 1. Durchsatz

Zur Betrachtung des Durchsatzes und zu seiner Optimierung werden folgende Definitionen getroffen:

N	:	Anzahl zu übertragendender Nutzblöcke,
m	:	Anzahl Nutzbits pro Block,
r	:	Anzahl Steuerinformation pro Nutzblock,
n_a	:	Anzahl Bits für einen Bestätigungsblock,
N_{ges}	:	Anzahl der tatsächlich zu übertragender Blöcke einschließlich Wiederholungen.

Dann ist $N \cdot m$ die Anzahl der zu übertragenden Nutzbits, $N_{ges} \cdot (m+r)$ die Anzahl der tatsächlich zu übertragenden Nutzblöcke infolge Wiederholungen und $N \cdot n_a$ die Zahl der der Bits, welche für Bestätigungsblöcke zu übertragen sind. Hierbei wird angenommen, dass jeder Nutzblock einmal positiv mit einem ACK bestätigt werden muss. Damit lässt sich (0.0) formulieren zu

$$\eta = \frac{N \cdot m}{N_{ges}\,(m+r) + N \cdot n_a} \tag{3.30}$$

Eine Beziehung zwischen N und N_{ges} lässt sich mit Hilfe der Blockfehlerwahrscheinlichkeit

$$P_B = 1 - (1 - P_o)^{m+r} \tag{3.31}$$

herstellen. Zur Übertragung von N Blöcken müssen im Mittel $N \cdot P_B$ Blöcke wiederholt werden, weil sie fehlerhaft sind. Von diesen $N \cdot P_B$ Blöcken müssen wieder im Mittel $N \cdot (P_B)^2$ wiederholt werden, weil sie abermals fehlerhaft sind usw. Insgesamt sind dann für N Nutzblöcke eine Anzahl infolge der Wiederholungen von

---

27, No. 4, April 1979, S. 693-702; Wang, Jinpo: *Delay and throughput analysis for computer communications with balanced HDLC procedures,* IEEE Trans. on Computers, Vol. C-31, No. 8, August 1982, S.739-746 und Yu, P. S., Lin, S.: *An effective selective repeat ARQ-scheme for satelite channels,* IEEE Trans. on Comm., Vol. COM-23, March 1981, S. 353-363.

$$N_{ges} = \sum_{i=0}^{\infty} N \cdot (P_B)^i = \frac{N}{1-P_B} = \frac{N}{(1 - P_o)^{m+r}} \tag{3.32}$$

zu übertragen. Durch Einsetzen von (3.32) in (0.0) erhält man schließlich die gesuchte Abhängigkeit des Wirkungsgrades von der Blocklänge und der Bitfehlerwahrscheinlichkeit:

$$\eta = (1 - P_o)^{m+r} \cdot \frac{m}{m + r + n_a (1 - P_o)^{m+r}} \tag{3.33}$$

Bild (3.19) zeigt den Wirkungsgrad als Funktion der Anzahl von Informationsstellen im Übertragungsblock bei verschiedenen Bitfehlerhäufigkeiten auf dem Medium.

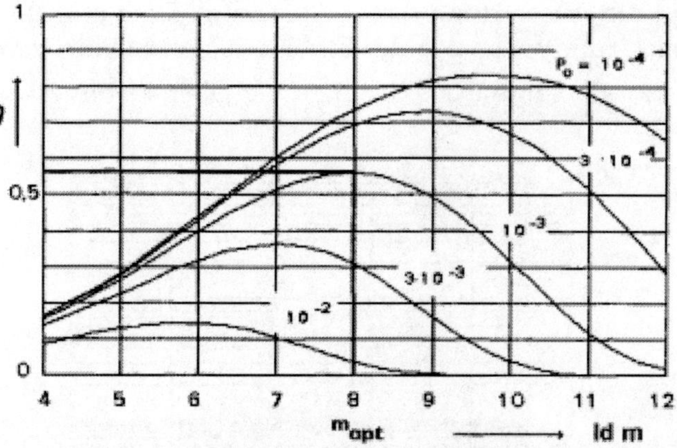

Bild 3.19. Wirkungsgrad als Funktion der Blocklänge (r = 48 Überwachungsbits n_a = 32 Bestätigungsbits)

Der Wirkungsgrad steigt zunächst mit zunehmender Blocklänge bis zu einem Maximum an. Dies erklärt sich durch ein zunehmend günstigeres Verhältnis von Nutz- zu Überwachungsbits im Übertragungsblock. Oberhalb des Maximums werden die Blöcke zu lang, sie werden zunehmend durch Bitfehler gestört. Dies führt zu Wiederholungen bei der Übertragung, welche den Wirkungsgrad erniedrigen, bis schließlich der Wirkungsgrad gegen Null bei sehr langen Blöcken geht, weil kein Block fehlerfrei übertragen wird.

3. 3. 3. 2. Optimale Blocklänge

Aus Bild 3.19 lässt sich die optimale Blocklänge m_{opt} ablesen; sie ist diejenige bei der der Durchsatz η maximal ist. Die optimale Blocklänge steigt erwartungsgemäß mit kleiner werdender Bitfehlerwahrscheinlichkeit. Um Wirkungsgrade größer als 0,5 zu erzielen, muss die Übertragungsstrecke Bitfehlerwahrscheinlichkeiten kleiner als 10^{-3} aufweisen, was i.a. der Fall ist.

Die optimale Blocklänge lässt sich durch Differentiation von (3.33) nach der Blocklänge m analytisch bestimmen. Mit $\delta\eta/\delta m=0$ und einigen Umformungen erhält man

$$m_{opt} = \frac{1}{2}\left[-(r+n_a) + \sqrt{(r+n_a)^2 - 4\frac{r+n_a}{\ln(1-P_o)}} \right] \tag{3.34}$$

Bild 3.20 zeigt die Auswertung dieser Gleichung. Die optimale Blocklänge m_{opt} hängt zur Hauptsache von der Bitfehlerwahrscheinlichkeit P_o ab. Als Parameter wirkt die Summe aus der Zahl der Überwachungs- und Bestätigungsbits.

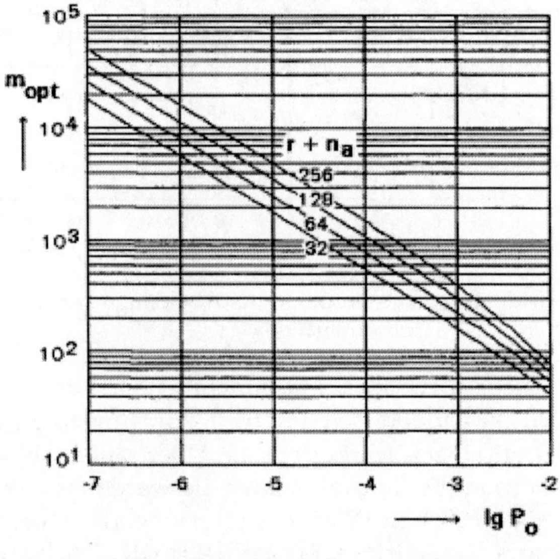

Bild 3.20. Optimale Blocklänge für ein Send and Wait- Protokoll in Abhängigkeit von der Bitfehlerwahrscheinlichkeit

Gleichung (3.34) lässt sich für eine hinreichend kleine Bitfehlerwahrscheinlichkeit vereinfachen. Für $P_o \ll 1$ gilt näherungsweise $\ln(1-P_o) \approx -P_o$. Dazu sei angenommen, dass

$$4\frac{r+n_a}{P_o} \gg (r+n_a)^2 > r+n_a \quad \text{ist.} \tag{3.35}$$

Dann ist bei

$$P_o \ll \frac{4}{r+n_a} < 1 \tag{3.36}$$

die optimale Blocklänge näherungsweise

$$m_{opt} \approx \sqrt{\frac{r+n_a}{P_o}} \quad . \tag{3.37}$$

Um eine möglichst hohe effektive Übertragungsgeschwindigkeit zu erzielen, müssen in der Sicherungsschicht möglichst Blöcke der Länge m_{opt} gebildet werden. Dies ist Aufgabe der Sicherungsinstanz, welche die Nutzdaten am überlagerten DL-SAP von der Netzwerkinstanz entgegennimmt und diese je nach deren Länge zu Blöcken der Länge m_{opt} zusammenstellt oder zerteilt. P_o ist entweder aus theoretischen Überlegungen der Übertragungstechnik oder aus praktischen Messungen an der Übertragungsstrecke zu bestimmen.

Mit der optimalen Blocklänge kann dann aus (3.33) und (3.29) schließlich die zu erwartende effektive Übertragungsgeschwindigkeit v_e errechnet werden.

3. 4. Link Management

Unter Kanalsteuerung (engl. link management) werden alle Funktionen der Schicht 2 zusammengefasst, die man zur beidseitigen Übertragung von Informationsblöcken über eine i.a. von mehreren Stationen genutzte Übertragungsleitung benötigt.

Die Abwicklung des ARQ-Verfahrens zur Fehlersicherung zeigt, dass bereits zwei im Simplex arbeitende Stationen mindestens eine bidirektionale Übertragung benötigen, weil Informationen in der einen Richtung und Bestätigungen in der anderen Richtung zu übertragen sind. Wenn die Informationsübertragung Halb-Duplex über einen Kanal erfolgen soll, so sind abwechselnd in beiden Richtungen sowohl Informationen als auch Bestätigungen zu übertragen. Die Stationen müssen über geeignete Steuerungsmechanismen verfügen, mit denen sie den Transport aller Daten über einen Kanal koordinieren, damit es nicht zu Datenkollisionen auf der gemeinsam genutzten Übertragungsleitung kommt. Die Vermeidung von Datenkollisionen ist deshalb die zentrale Aufgabe des Link Managements. Die Linkmanagementverfahren hängen von der Topologie des Übertragungsmediums ab, weshalb zunächst die Grundformen dieser Topologie behandelt werden sollen.

3. 4. 1. Topologie des Übertragungsmediums

Unter den vielfältigen Topologieformen von Übertragungsmedien sollen nur diejenigen besprochen werden, die einen Bezug zum Linkmanagement haben. Andere, komplexere Formen betreffen die Vermittlungsfunktionen und werden an entsprechender Stelle behandelt.

Das einfachste Übertragungsmedium hat eine *Punkt zu Punkt-Topologie.* Es verbindet zwei Datenstationen über eine Zweidrahtleitung (Bild 3.21). Die Übertragungsleitung kann Simplex, Halb-Duplex oder Duplex betrieben sein. Wenn mehre Stationen physikalisch zu verbinden sind und wenn die maximale Übertragungsgeschwindigkeit auf der Leitung hoch im

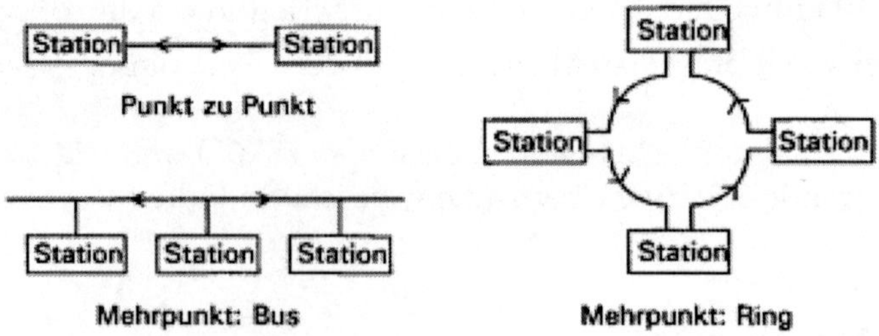

Bild 3.21. Topologieformen des Übertragungsmediums

Vergleich zum Einzelverkehr einer Station ist, bieten sich Mehrpunkt-Topologien in Form eines Busses- oder eines Rings an. Die Stationen können sich dann das Übertragungsmedium in einem Multiplex teilen. In den meisten Fällen wird das Zeitmultiplex mit unterschiedlichen Zugriffsverfahren zum Kanal eingesetzt. Die Mehrpunkt-Topologie, im Multiplex betrieben, ist in jedem Fall wirtschaftlicher als eine Lösung, bei der von jeder Station zu jeder eine Verbindungsleitung gelegt wird (Maschentopologie).

Bei einer *Bus-Topologie* sind alle Stationen parallel an einer gemeinsamen Übertragungsleitung angeschlossen. Der Bus überträgt die Daten zu beiden Seiten der sendenden Station an alle Stationen des Busses. Alle Stationen hören den Bus auf Daten ab, die für sie bestimmt sind. Nur der Adressat verarbeitet die für ihn bestimmten Daten, die übrigen Stationen verhalten sich passiv.

Für eine *Ring-Topologie* ergeben sich meist einfachere Linkmanagementfunktionen als beim Bus, weil hierbei eine gerichtete Übertragung stattfindet. Die Datenstationen sind hierbei in einem geschlossenen Ring angeordnet. Jede Station hat eine vorangehende und eine nachfolgende Station. Eine sendende Station fügt ihre Daten in den Ring ein, die dann solange von Station zu Station jeweils an die nächstfolgende Station weitergeleitet werden, bis sie beim Empfänger angekommen sind. Jede Station, die Daten auf dem Ring empfängt, prüft, ob die Daten für sie bestimmt sind. Ist dies der Fall, so entnimmt sie die Daten vom Ring zur Weiterverarbeitung. Andernfalls leitet sie sie an die nächste Station weiter.

3. 4. 2. Punkt zu Punkt- Übertragung (Verbindungssteuerung)

Zwei Stationen sind über eine Zweidrahtleitung verbunden und sollen diese im Halb-Duplex-Betrieb zur Informationsübertragung benutzen. Dabei sind folgende Probleme zu lösen: Steuerung der Übertragungsrichtung und Absprache, wer zuerst senden darf (Kollisionsvermeidung)

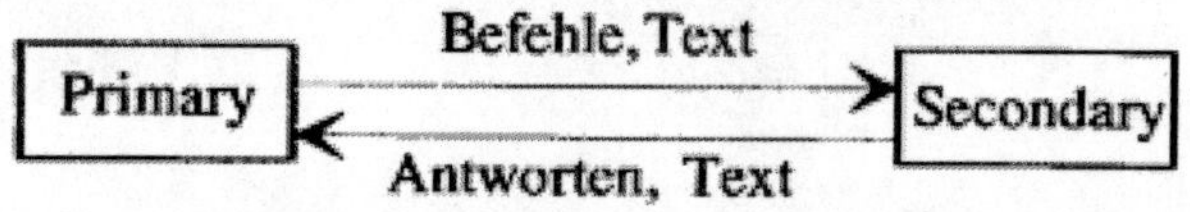

Bild 3.22. Verbindungssteuerung mit einer bevorrechtigten Station

Beide Probleme werden von speziellen Linkmanagementfunktionen gelöst, die man *Verbindungssteuerung* (engl. **L**ogical **L**ink Control: **LLC**) nennt.

Ein erster Ansatz zur Verbindungssteuerung besteht darin, dass eine der beiden Stationen bevorrechtigt wird, indem sie beide Steuerungsaufgaben übernimmt (Bild 3.22). Die steuernde Station heißt Leitstation (engl. Primary), die gesteuerte Station Folgestation (engl. Secondary). Der Kanal wird einseitig durch die Primary gesteuert. Die Secondary erhält dazu BEFEHLE, auf die sie eine ANTWORT geben muss.

Informationsblöcke (TEXT) können in beiden Richtungen übertragen werden. In einem Fall ist die Primary die Quelle der Information, im anderen Fall die Secondary.

Bild 3.23 verdeutlicht die Befehlsabläufe (in Klammern: Bedeutung der Befehle und Antworten). Wenn die Primary TEXT senden will (Teil a), steuert sie die Secondary zunächst mit einem Befehl SELECT in den Empfangsmodus. Die Secondary beantwortet diese Anfrage mit ACK. Danach überträgt die Primary die Information zur Secondary und wartet dann auf die Bestätigung des korrekten Empfangs (ACK von der Secondary). Die Secondary kann ihrerseits eine Informationsübertragung nur einleiten, wenn sie dazu von der Primary Erlaubnis mit einem POLL-Befehl bekommen hat. Sie ist dann Quelle und die Primary Sinke der Information (Teil b).

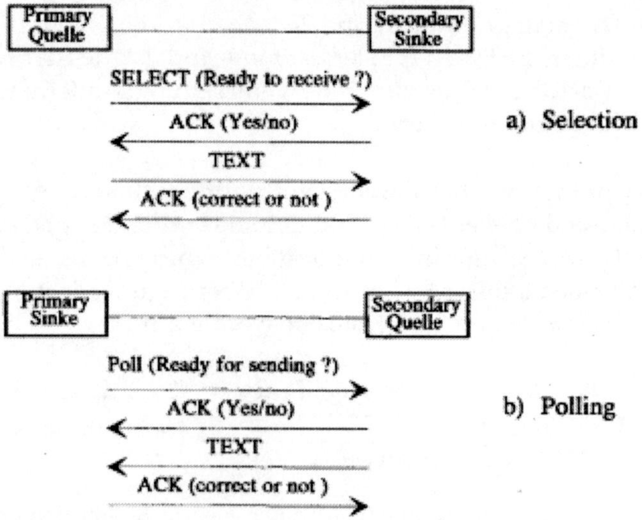

Bild 3.23. Befehlsabläufe bei einseitig gesteuertem Kanal

Dieses auch mit *Poll/Select* bezeichnete Linkmanagement wird sehr häufig eingesetzt, da es die Linkmanagementfunktionen im Wesentlichen auf eine Station (Primary) konzentriert und die Secondary vergleichsweise einfach zu realisieren ist. Das Verfahren lässt sich auch gut in Mehrpunkt-Topologien einsetzen (siehe unten). Es ist allerdings nicht sehr effektiv bezüglich der Ausnutzung des Kanals, weil das Pollen der Primary unabhängig davon zu geschehen hat, ob die Secondary etwas zu senden hat oder nicht. Dies belastet die Leitung.

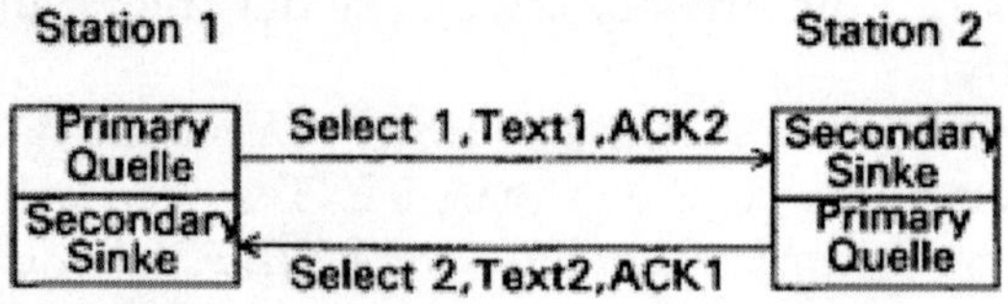

Bild 3.24. Verbindungssteuerung mit symmetrisch gesteuertem Kanal

Kombiniert man in jeder Station die Quellfunktionen der Primary mit den Sinkenfunktionen der Secondary, so erhält man die Konfiguration eines symmetrisch gesteuerten Kanals (Bild 3.24). Er wird nun abwechselnd von beiden Stationen gesteuert. Die Station, welche TEXT zu übertragen hat, kündigt dies zuvor mit SELECT an und wartet vor der Übertragung auf die Antwort der Gegenstation.

Weil bei dieser Steuerung das Pollen entfällt, ist das Verfahren effektiver als mit unsymmetrisch gesteuertem Kanal; es erfordert allerdings eine aufwendigere Kommunikation zwischen Primary und Secondary innerhalb einer Station. Das Verfahren wird typischerweise in Verbindung mit einem Sliding-Window-Prinzip eingesetzt, bei dem der Sender die Primary- und der Empfänger die Secondary-Funktion hat (vgl. Bild 3.16).

3. 4. 3. Mehrpunkt-Übertragung (Medium-Zugriff)

Bei der Mehrpunktübertragung teilen sich mehr als 2 Stationen ein gemeinsames Übertragungsmedium bzw. einen Übertragungskanal. Der Übertragungskanal ist so organisiert, dass mehrere Paare von DL-Instanzen quasi gleichzeitig über den Kanal im Multiplex kommunizieren können. Das Linkmanagement hat dafür zu sorgen, dass es zu keiner Datenkollision kommt, oder wenn dies eintritt, die Kollision nach einem geeigneten Verfahren aufgelöst wird. Die Kanalsteuerung beinhaltet hierbei zweilerlei Aufgaben:

1. die Steuerung, welche Station von einem Paar senden, und welche empfangen soll. Dies entspricht der Verbindungssteuerung, die auch in Punkt-zu-Punkt-Anordnungen notwendig ist.
2. die Steuerung welches Stationspaar unter vielen gerade die Kontrolle über das Medium hat. Diese Funktion bezeichnet man als *Medium-Zugriff* (engl. **M**edium **AC**cess: MAC).

Beide Aufgaben sind in der Praxis mitunter nicht eindeutig zu trennen und vermischen sich in realisierten Systemen. Eine eindeutige Trennung findet man dagegen im Bereich der lokalen Netze (LAN) vor. Bei den ISO-Standards für Bus- und Ring-LANs hat man der unterschiedlichen Funktion sogar besonders Rechnung getragen, indem die beiden Funktionen in getrennten Schichten des Kommunikationssystems angesiedelt werden. Man unterscheidet hier innerhalb der OSI-Schicht 2 zwei DL-Instanzen:

LLC (Logical Link Control)
Diese Instanz ist für das Sicherungsprotokoll und für die Verbindungssteuerung für je zwei DL-Partnerinstanzen zuständig.

MAC (Medium Access Control)

Diese Instanz übernimmt die Zugriffssteuerung zum Medium.

In der Datenkommunikation findet, abgesehen von wenigen Ausnahmen, meist das Zeitmultiplexverfahren zur Lösung des Medium-Zugriffs und der Verbindungssteuerung Anwendung. Es wird unterschieden zwischen Verfahren mit geordnetem *Zugriff*, bei denen einer Station der Zugriff nach einer festgelegten Reihenfolge ausdrücklich erlaubt wird und solchen mit *ungeordnetem Zugriff*. Bei ungeordnetem Zugriff greifen die Stationen zufällig auf das Medium zu und es können Kollisionen auftreten. Drei häufig benutzte Verfahren sind das Poll-Select-Verfahren, das Token-Verfahren und das CSMA/CD-Verfahren.

Bevor hierauf näher eingegangen wird, sollen zunächst einige grundsätzliche Betrachtungen zur Adressierung in Mehrpunktanordnungen gemacht werden.

3. 4. 3. 1. Physikalische Adressierung

Das Multiplexen in Mehrpunktanordnungen bezieht sich auf das gemeinsame Übertragen von DL-Protokolldateneinheiten vieler Stationen auf einem Medium, z.B. einem Bus. Die Sender in allen Stationen fungieren als Multiplexer am Bus und die Empfänger in den Stationen als Demultiplexer. Grundlage des Multiplexverfahrens ist eine eindeutige Adressierung aller Stationen und die Übertragung von Adressen innerhalb der PDUs. Bild 3.25 verdeutlicht die Vorgänge zum Multiplexen und Demultiplexen in einem Mehrpunkt-DL-Dienst.

Die einzelnen DL-SAPs haben eindeutige, ihren Instanzen zugeordnete Adressen. Der Sicherungsdienst ist in der Lage, Rahmen zu einem Ziel-SAP mit bestimmter Adresse zu übertragen und an einem SAP Rahmen von einem Quell-SAP bestimmter Adresse abzuliefern. Im data-Dienstsignal werden diese Adressen als Parameter übergeben, und zwar die Zieladresse bei *data.request*, die Quelladresse bei *data.indication*.

Der Dienst überträgt mit diesen Adressparametern Datenblöcke quasi gleichzeitig zwischen mehreren SAPs, im Beispiel von Station 1 nach 4 und von Station 2 nach 3. Dies geschieht, indem die DL-Instanzen PDUs senden, die in ihrem Header eine Quell- und eine Zieladresse beinhalten.

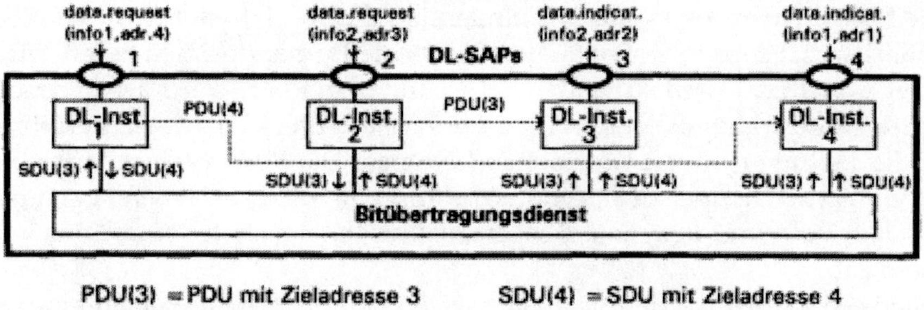

Bild 3.25. Multiplexen von DL-PDUs in Mehrpunktanordnungen

Die PDUs werden über den Bitübertragungsdienst als SDUs an alle DL-Instanzen gesendet. In Empfangsrichtung entnimmt dann jede Instanz nur die für sie bestimmten PDUs. Dies erkennt sie an der in der PDU enthaltenen Zieladresse. Die ebenfalls enthaltene Quelladresse kann im Dienstsignal *data.indication* zusammen mit der Information an die überlagerte N-Instanz weitergereicht werden, sofern dies notwendig ist.

Das Multiplexen auf Adressbasis funktioniert gewissermaßen so, als ob mehrere Kanäle innerhalb des Bitübertragungsdienstes zur Verfügung stehen würden. Man stelle sich dazu vor, dass je zwei SAPs mit einer festen Leitung verbunden sind. Deswegen darf man die Multiplexfunktion nicht mit einer Vermittlungsfunktion im Sinne der Netzwerkschicht verwechseln. Die Adressen der DL-SAPs und ihrer Instanzen bezeichnet man als *physikalische Adressen* oder Leitungsadressen und bringt hiermit zum Ausdruck, dass es sich bei diesen Adressen um die Nummerierung der Dienstzugangspunkte von und zu einer ganz bestimmten Leitung handelt. Im Unterschied dazu nennt man Adressen des Vermittlungsdienstes logische Adressen.

3. 4. 3. 2. Poll-Select

In Bus-Konfigurationen wird zur Kanalsteuerung sehr häufig das *Poll/Select-Verfahren* mit einseitig gesteuertem Kanal und mit folgender Anordnung der Stationen eingesetzt.

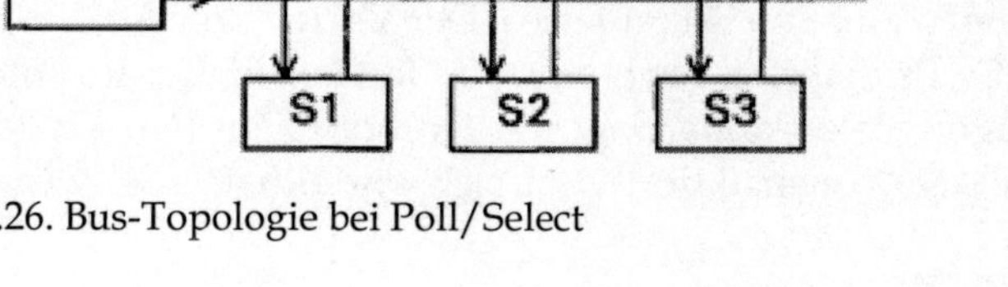

Bild 3.26. Bus-Topologie bei Poll/Select

Eine Station wird als Primary P eingesetzt. Sie steuert eine Reihe von Secondaries S1, S2, S3 usw. Pollen heißt, dass die Primary bei den Secondaries anfragt, ob diese Daten zu senden haben; mit dem Pollen wird den Secondaries die Sendeerlaubnis erteilt. Auf diese Weise kann es bei diesem Verfahren auf der Leitung nicht zu Kollisionen kommen. Die Primary kann ihrerseits Daten gezielt zu einer der Secondaries mit einem SELECT-Befehl senden. Aus dem Poll- und dem Select-Mechanismus leitet sich der Name des Verfahrens ab.

Die Secondaries werden normalerweise zyklisch gepollt. Sobald eine Secondary einen Poll-Befehl erhalten hat, sendet sie evtl. bereitstehende Informationsblöcke auf die Leitung und diese Daten können dann von der angesprochenen Ziel-Secondary herausgefiltert werden. Danach geht die sendende Secondary in einen Ruhezustand über und die Primary pollt die nächste Secondary.

Die Secondaries und auch die Primary besitzen Adressen. Alle über das Medium gesendeten Daten werden von den sendenden DL-Instanzen mit Zieladressen versehen, anhand derer die empfangenden DL-Instanzen entscheiden können, ob Daten für sie bestimmt sind.

Die DL-Instanzen müssen neben dem Linkmanagement auch die Fehlersicherung durchführen. Im Kommunikationsablauf des Linkmanagements sind daher Mechanismen des Sicherungsprotokolls einzubauen. U.a. muss auf die Informations-Übertragung einer Station eine Bestätigung ACK der Gegenstation erfolgen. Bei einem streng zyklischen Pollen der Secondaries und der Bestätigung durch die Ziel-Secondary ergibt sich das Problem, dass ACK-PDUs und Informations-PDUs u.U. in sehr großem zeitlichen Abstand aufeinander folgen. Dies ist der Fall, wenn die Informations-PDU an eine Stationsadresse gesendet wird, die in der Poll-Reihenfolge unmittelbarer Vorgänger war. Wenn, wie bisher angenommen, die Ziel-Secondary diese Informations-PDU unmittelbar selbst empfängt und bestätigen soll, vergeht in der Regel viel Zeit. Die Lösung dieses Problems besteht darin, alle PDUs der Secondaries zentral von der Primary zu empfangen, sie von dort zu bestätigen und dann an die Ziel-Secondary weiterzuleiten. Bei dieser Methode ist die Primary ein Transitsystem für die als Endsysteme arbeitenden Secondaries; die Primary unterhält dann sternförmig beidseitige gesicherte Datenverbindungen zu allen Secondaries. Der Vorteil des Verfahrens liegt nun darin, dass die Primary, je nach eintreffeffenden PDUs, im Interesse einer möglichst zügigen Datenübertragung den normalen Poll-Zyklus unterbrechen kann. Diese Konstruktion lässt sich vorteilhaft auf Vermittlungssysteme anwenden, die mit einem zentralen Netzknoten arbeiten. Hierbei werden Datenpakete von allen Endsystemen zu dem als Transitsystem arbeitenden Netzknoten übertragen und von dort wieder an die Endsysteme verteilt. Dann ist es ratsam, innerhalb des Transitsystems die DL-Instanz als Primary auszulegen und in den Endsystemen die Secondaries anzusiedeln. Dieser Fall sei im folgenden angenommen.

Bild 3.27 stellt beispielhaft das Pollen und die Datenübertragung zwischen der Primary und den Secondaries dar. Es wird ein zeichenorientiertes Format für die DL-PDUs sowie ein einfaches Send-and-Wait-Protokoll angenommen. Zur Steuerung werden im Protokoll die folgenden Codes nach dem ASCII-Alphabet benutzt:

Poll	ENQ	(Enquiry)
Select	DC1	
Text	STX	(Start of Text)
Bestätigung	ACK	(Acknowledge)
Ende Übertr.	EOT	(End of Transmission)

Mit ENQ(x-2), ENQ(x-1), ENQ(x), ENQ(x+1), usw. pollt die Primary zyklisch die Secondaries mit den Adressen x-2, x-1, x, x+1, usw.. Secondaries, die keine Daten zur Abholung bereit halten, antworten auf das Pollen mit EOT. Daraufhin pollt die Primary die nächstfolgende Adresse. Stationen, die Daten senden wollen, hier die Station mit der Adresse x, warten damit solange, bis sie gepollt werden. Dann übertragen sie ihre Information an die Primary mit einer STX-PDU, die daraufhin von der Primary bestätigt wird.

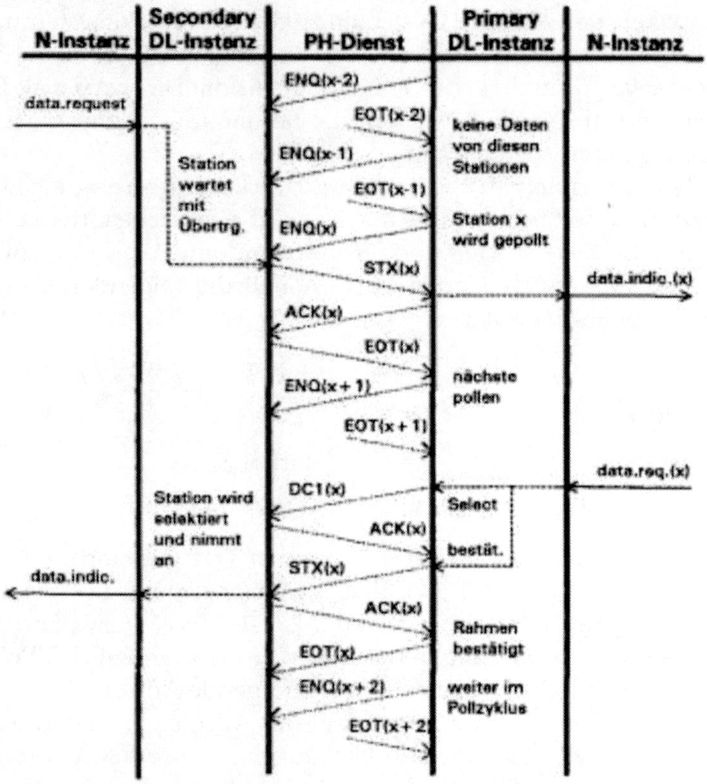

Bild 3.27. Send-and-Wait-Protokoll mit Poll/Select-Linkmanagement (in Klammern: physikalische Adresse der Secondary)

Hat die Primary ihrerseits Daten an irgendeine Secondary zu senden, so selektiert sie zuvor diese Station mit DC1. Das bedeutet, sie erfragt bei der Secondary, ob diese bereit ist, Daten entgegenzunehmen. Wenn die Secondary die Anfrage mit ACK bestätigt, können die Daten übertragen werden.

Das Zeitfolgediagramm kann natürlich nur einen Ausschnitt aller möglichen Abläufe darstellen. Beispielsweise geht aus dem Bild nicht hervor, wie sich der Ablauf in bestimmten Fehlersituationen darstellt. Zur Beantwortung dieser Detailfragen sei auf Band II verwiesen. Im Rahmen des dort beschriebenen Entwurfsbeispiels ist ein komplettes Sicherungsprotokoll mit Poll/Select-Linkmanagement in einer Mehrpunkt-Buskonfiguration beschrieben. Dort findet man auch die für die Funktion der DL-Instanzen wichtigen Timer und deren Dimensionierung.

3. 4. 3. 3. Token-Ring

Wesentlich schneller arbeitet Linkmanagment mit dem sog. Token-Verfahren, weil hierbei kein aufwendiges Pollen notwendig ist und alle Stationen gleichberechtigt sind. Ein Token ist allgemein eine Berechtigungsmarke, hier mit der Bedeutung des Senderechts einer Station. In der Mehrpunkt-Anordnung hat zu einer Zeit immer gerade eine Station das Senderecht, wodurch Kollisionen vermieden werden. Wenn die berechtigte Station mit dem Senden von Informations-Blöcken fertig ist, gibt sie das Senderecht ab.

Das Token-Verfahren ist das Standard-Verfahren bei Ringsystemen, z.B. nach dem IEEE-LAN-Standard 802.5[7]. Ein Ring wird aus einer Kette von Ringinterfaces aufgebaut, zwischen denen eine Punkt-zu-Punkt-Übertragung in einseitiger Richtung erfolgt (Bild 3.28). Mit den Ringinterfaces können die Stationen Daten vom Ring empfangen sowie Daten in den Ring senden. Die Interfaces haben zwei Betriebsmodi: Hören und Senden.

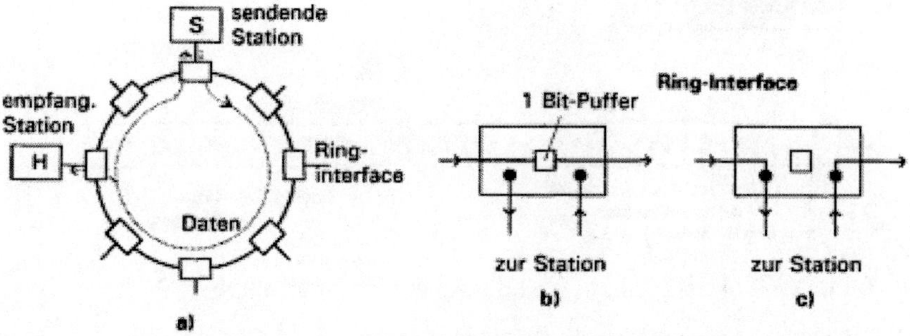

Bild 3.28. (a) Ring-Netzwerk mit Interface im Hörenmodus (b) und Senden-Modus (c)

Der Hören-Modus dient zum Empfang von Daten aus dem Ring. Jedes, auf das Interface gelangende Bit wird in einen 1-Bit-Puffer geschrieben. Während es im Puffer ist, kann es von der Station gelesen und verarbeitet werden, bevor es im nachfolgenden Taktschritt an den Ausgang des Ringinterfaces kopiert wird. Die Kopierfunktion im Hören-Modus fügt also eine 1-Bit-Verzögerung in jedem Interface ein, die für die Zugriffsfunktion wichtig ist, wie noch gezeigt wird.

Im Senden-Modus, wird im Interface die Eingangs-Ausgangs-Verbindung aufgebrochen; die Station kann selbst Daten in den Ring senden (auf den Ausgang) und gleichzeitig Daten vom Interface-Eingang empfangen. Im

[7] IEEE 802.5: *Token Ring Access Method, IEEE,* New York, 1985c.

Ring befindet sich zu einer Zeit immer nur ein Interface im Sendemodus (S); dieses gehört zu der Station, welche das Token besitzt. Alle übrigen Interfaces sind im Hören-Modus (H) und erlauben ihren Stationen, den Ring abzuhören und Daten vom Ring zu empfangen. Die Bits eines Übertragungsrahmens kreisen auf dem Ring. Sie werden von der sendenden Station in den Ring eingespeist, gelangen im Verlauf des Rings an den Adressaten und werden, da der Ring unterbrochen ist, wieder von der sendenden Station aus dem Ring genommen, d.h. absorbiert. Zur Verdeutlichung des Transportmechanismus stellt man sich am besten vor, der Ring bestünde aus einem "transparenten Schlauch", an dessen einen Ende die sendende Station Datenrahmen "hineindrückt" und an dessen anderen Ende sie wieder "herausfallen". Alle hörenden Stationen lesen die an ihren Interfaces "vorbeiziehenden" Datenpakete mit.

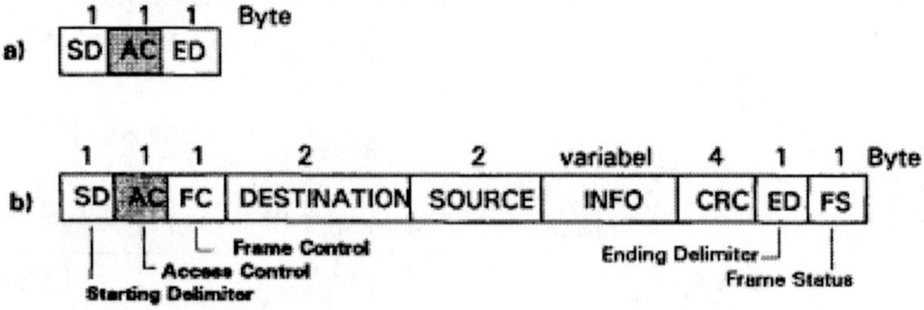

Bild 3.29. Token-Format (a) und Informations-Format (b)

Die DL-Instanz verwendet zwei Formate von PDUs: das *Token-Format* und das *Informations-Format* (Bild 3.29). Beide Formate beginnen mit einem Starting Delimiter-Feld, das den Beginn des Rahmens für die Rahmensynchronisation im Empfänger festlegt. Das Token ist ein sehr kurzer Rahmen, bestehend aus 3 Bytes, in dessen Byte *Acces Control* genau ein Bit codiert, ob der Ring zum Senden frei ist (Frei-Token) oder nicht (Besetzt-Token). Solange keine Station sendet, wird der Token-Rahmen ununterbrochen im Ring gesendet; er zirkuliert im Ring, indem er von den Ringinterfaces eigenständig bit für Bit ausgesendet wird. Eine sendewillige Station hört den Ring bis zum Eintreffen des Frei-Tokens ab. Dann schaltet sie ihr Ringinterface in den Sendemodus und speist ihre Daten im Informationsformat in den Ring ein. Dabei setzt sie das Besetzt-Token im *Access-Feld*. Alle übrigen Stationen erkennen nun ein Besetzt-Token im vorbeiziehenden Rahmen, wodurch ihnen der Zugriff auf den Ring verwehrt wird. Der Informationsrahmen mit Besetzt-Token kreist genau einmal im Ring und wird von der sendenden

Station absorbiert.

Die Station, welche in dem Feld *Destination Address* angesprochen wird, liest den Rahmen und verarbeitet ihn im Rahmen des eingesetzten Sicherungsprotokolls. Nach dem Senden von einem oder mehreren Informationsrahmen wird von der sendenden Station wieder ein Token-Rahmen (Frei-Token) in den Ring gesendet und unmittelbar darauf in den Hören-Modus geschaltet, das Senderecht also abgegeben.

Wie lange eine Station das Senderecht behalten kann, bzw. wieviele Informationsrahmen sie in Folge senden darf, bevor sie das Senderecht abgeben muss, ist im Zugriffsprotokoll geregelt; diese Parameter sind jedoch nicht unabhängig vom Sicherungsprotokoll. Das Übertragen von Bestätigungen geschieht ebenfalls mit dem gleichen Zugriffsmechanismus. Es kann also auch bei dem Token-Verfahren, wie beim Poll/Select-Verfahren, eine merkliche Zeit vergehen, bis die Bestätigung bei der sendenden Instanz eintrifft.

Hauptaugenmerk bei der Realisierung von Ringsystemen ist auf die "physikalische Länge" eines Bits zu legen. Wenn mit einer Übertragungsgeschwindigkeit $v_{ü}$ =R Mbit/s gesendet wird, so wird jede 1/R µs ein Bit am Ringinterface emittiert. Mit einer typischen Ausbreitungsgeschwindigkeit von 200 m/µs besetzt ein Bit entlang der Ringleitung 200/R Meter Länge. Ein Ring mit ca 1000 m Umfang, der mit einer Geschwindigkeit von 1 Mbit/s betrieben wird, könnte dann gerade 5 Bits auf einmal tragen. Diese Länge ist sehr kritisch für die eindeutige Token-Identifizierung innerhalb der übertragenen Rahmen. Das Token-Verfahren verlangt, dass der Ring selbst genügend zusätzliche Verzögerung enthält, um einen kompletten, 3-Byte langen Token-Rahmen tragen zu können und zirkulieren zu lassen. Dies wird in der Regel durch eine genügend hohe Zahl von Ring-Interfaces mit 1-Bit-Verzögerungen in Verbindung mit der Signallaufzeit erreicht. Im praktischen Netzbetrieb muss jedoch beachtet werden, dass u.U. auch Ringe mit geringer Stationszahl und Ausdehnung aufgebaut werden und die Stationsanzahl ggf. veränderlich ist. Ein weiteres Problem der Praxis ist die unterbrechungsfreie Veränderung des Ringes, z.B. wenn neue Stationen in den Ring aufgenommen werden sollen. Um dies zu ermöglichen und ggf. dynamisch die Laufzeitforderungen zu erfüllen, müssen die Ring-Interfaces zusätzliche Schaltfunktionen beinhalten.

3. 4. 3. 4. Token-Bus

Der Vorteil von Bussystemen gegenüber Ringsystemen liegt in der Ausfallsicherheit. Bei Bussystemen können einzelne Stationen ausfallen, ohne dass das gesamte System ausfällt. Das Token-Zugriffsverfahren lässt sich auch auf Bussysteme anwenden. Verschiedene LANs arbeiten hiernach (IEEE 802.4-Standard[8]).

Bei einem Token-Bus sind die Stationen zwar physikalisch mit einem Bus verbunden, sie befinden sich jedoch hinsichtlich des Zugriffsrechts logisch in einem Ring (Bild 3.30).

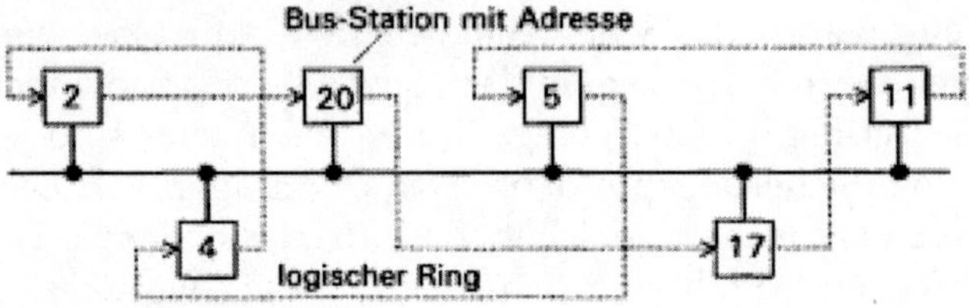

Bild 3.30. Logischer Ring bei einem Token-Bus

In diesem Ring wird ein Token von Station zu Station weitergereicht (engl. token passing). Eine Station, die senden will, muss hiermit solange warten, bis sie das Token von ihrer im logischen Ring vorhergehenden Station bekommt. Auf diese Weise kann immer nur eine Station des logischen Rings senden und Kollisionen auf dem Bus werden vermieden. Die Stationen haben Adressen. I.a. wird der logische Ring nach fallenden Adressen geordnet und in dieser Reihenfolge das Token weitergereicht. Jede Station kennt die Adresse der ihr im Ring vorangehenden und nachfolgenden Station, zu der sie das Token weiterreichen muss.

Das Token ist eine spezielle DL-PDU, die sog. TOKEN_PASSING-PDU, die, wie auch die normalen Informations-PDUs, in einem Rahmen des in Bild 3.31 gezeigten Formats über den Bus gesendet wird. Das Feld *Frame Control* codiert die Art der PDU.

Bild 3.31. PDU-Format des Token-Bus (nach IEEE 802.4)

Während immer nur eine Station, die gerade im Besitz des Tokens ist, senden darf, empfangen alle Stationen am Bus gleichzeitig und werten die Emp-

8 IEEE 802.4: *Token-Passing Bus Access Method,* IEEE, New York 1985b.

fangsrahmen auf die Übereinstimmung des Feldes *Destination* mit ihrer Adresse aus.

Wenn der Ring mit seinen Adressen und dem Token-Weiterreichen initialisiert ist, ist der Kommunikationsablauf sehr einfach. Das Businterface ist technisch weniger aufwendig als das Ringinterface und es gibt nicht das systembedingte Laufzeitproblem. Der Bus ist außerdem zur Anpassung an topologische Gegebenheiten der Verkabelung besser geeignet als physikalische Ringstrukturen. Das Token-Bus-Zugriffsverfahren hat zudem den Vorteil, dass die geographische Lage der Stationen unabhängig von der logischen Ringreihenfolge ist.

Tabelle 3.5. PDUs für das Token-Management

Frame Control	PDU-Name	Bedeutung
0 0 0 0 0 0 0 0	CLAIM_TOKEN	Token heranholen (Ring-Initialisierung)
0 0 0 0 0 0 0 1	SOLICIT_SUCCESSOR	lädt eine Station ein, in den Ring einzutreten
0 0 0 0 0 0 1 0	REQUEST_ENTRANCE	Station antwortet mit der Bitte um Eintritt in den Ring
0 0 0 0 0 0 1 1	WHO_FOLLOWS	Wiederherstellung eines verloren gegangenen Tokens
0 0 0 0 0 1 0 0	RESOLVE_CONTENTION	Wettbewerbsauflösung, wenn mehrere Stationen in den Ring eintreten wollen
0 0 0 0 1 0 0 0	TOKEN_PASSING	Token übergeben an Nachfolger
0 0 0 0 1 1 0 0	SET_SUCCESSOR	erlaubt Station, den Ring zu verlassen

Besondere Beachtung verlangen die im Folgenden beschriebenen Probleme. Zu ihrer Auflösung sind im Token-Bus-Protokoll bestimmte Abläufe definiert, für die die in Tab. 3.5 aufgeführten PDUs benutzt werden. Die Fälle seien kurz behandelt; eine ausführliche Beschreibung der Kommunikationsabläufe in Form von Zeitfolge- und SDL-Diagrammen findet man in [9].

9 Gönen, N.: *PC-Netz mit Token-Bus,* Diplomarbeit Fachbereich Elektrotechnik und Informatik der Fachhochschule Hamburg, WS 1992.

1) Einbinden neuer Stationen in den logischen Ring.

Hierbei entsteht das Problem, dass erstens eine noch unbekannte Station überhaupt angesprochen wird und zweitens die neue Station gemäß ihrer Adresse an richtiger Stelle in den Ring eingebunden wird. Die Station welche das Token hat (Token-Inhaber), muss in gewissen Abständen anfragen, ob eine Station in den Ring aufgenommen werden will (Wartende Station). Der Token-Inhaber nimmt nur solche Stationen auf, deren Adressen in einem Bereich seiner eigenen Adresse und seiner aktuell nachfolgenden Adresse liegen (Successor). Dieser Adressbereich heißt Adressfenster. Mit einer SOLICIT_SUCCESSOR-PDU lädt der Token-Inhaber alle im Fenster wartenden Stationen ein, in den Ring einzutreten. In dieser PDU sind als Parameter die Adresse des Token-Inhabers und des Successors enthalten. Eine wartende Station bekommt damit ihre vorangehende und nachfolgende Adresse. Wartende Stationen antworten mit REQUEST_ENTRANCE. Wenn genau 1 wartende Station antwortet, erhält der Token-Inhaber seine neue Folgeadresse, nun die der wartenden Station. Diese neue Station sendet als nächste, wenn der Token-Inhaber das Token weiterreicht.

Wollen dagegen innerhalb des Adressfensters gleichzeitig mehrere Stationen aufgenommen werden, so kommt es zu einer Datenkollision, da gleichzeitig mehrere Stationen mit REQUEST_ENRANCE antworten. Der Token-Inhaber löst diesen erkannten Wettbewerbskonflikt auf, indem er zunächst RESOLVE_CONTENTION sendet, dann sein Adressfenster verkleinert und erneut mit SOLICIT_SUCCESSOR nach wartenden Stationen fragt. Den Vorgang der Fensterreduktion und Anfrage wiederholt der Token-Inhaber solange, bis schließlich nur noch eine wartende Station antwortet. Diese wird als erste in den Ring aufgenommen. Im Anschluss erfolgt die Aufnahme der übrigen, noch wartenden Stationen durch eine schrittweise Verschiebung des Fensters.

2) Initialisierung des logischen Rings

Die Initialisierung ist ein Spezialfall des Einbindens einer neuen Station, bei dem alle Stationen noch nicht eingebunden sind. Wenn die erste Station an den Bus geschaltet und eingeschaltet wird, registriert sie, dass in einer bestimmten Zeit kein SOLICIT_SUCCESSOR erscheint. Dann sendet sie eine CLAIM_TOKEN-PDU und signalisiert damit, dass sie das Token übernehmen will. Wenn sie keine weiteren Stationen hört, die ebenfalls um das Token streiten, übernimmt sie das Token und initialisiert einen Ring, nur aus sich selbst bestehend. Periodisch lädt dann diese Station unter Verwendung des Wettbewerbsalgorithmus andere Stationen ein, in den Ring einzutreten.

3) Ring verlassen

Eine Station, die den Ring verlassen will, kündigt dies ihrer vorangehenden Station vorher mit SET_SUCCESSOR an. Darin enthalten ist die Adresse des neuen Nachfolgers; der Ring wird damit an der Stelle der verlassenden Station sofort überbrückt.

4) Fehler bei der Token-Weitergabe

Aufgrund von Übertragungsfehlern oder Abschalten von Stationen kann es passieren, dass eine Folgestation das Token nicht erhält. Dies würde den Ring an der betreffenden Stelle unterbrechen. Um dies zu vermeiden, hört eine vorangehende Station bei der Token-Abgabe den Bus noch für eine gewisse Zeit lang ab, ob der Nachfolger entweder das Token oder einen Informationsrahmen sendet. Wenn keine Reaktion zu beobachten ist, wird die Token-Übergabe wiederholt. Ist dies schließlich auch nicht erfolgreich, so sendet der Token-Inhaber eine WHO_FOLLOWS-PDU, womit er anfragt, welche Station als nächstes (nach der ausgefallenen) im Ring folgt. Die PDU enthält die Adresse des (ausgefallenen) Nachfolgers. Diese Adresse ist der nächstfolgenden Station als ihre vorangehende Adresse bekannt und sie antwortet daraufhin mit SET_SUCCESSOR, dem Token-Inhaber mitteilend, dass sie nun Folgestation sein wird.

5) Abschaltung des Token-Inhabers

Wenn eine Station abgeschaltet wird, die gerade im Besitz des Tokens ist, erlischt das Token, bevor es der Nachfolger bekommen hat. Dieses Problem wird wie beim nichtinitialisierten Ring gelöst. Die im Ring verbleibenden Stationen haben einen Timer, der ausläuft, wenn nicht innerhalb einer bestimmten Zeit das Token an sie übergeben wird. Eine Station, bei der dieser Timer ausläuft, fordert dann das Token mit CLAIM_TOKEN an.

6) Mehrfaches Token vorhanden

Aufgrund von Störungen ist es nicht auszuschließen, dass gleichzeitig mehrere Stationen im Besitz des Tokens sind. Wenn ein Token-Inhaber feststellt, dass eine andere Station sendet, so verwirft er sein Token und verhält sich sofort passiv. Wenn also vorher zwei Token im Ring waren, so ist danach nur noch eines vorhanden. Wenn dagegen mehr als eines vorhanden war, so wird der Prozess der Token Reduzierung bei anderen Stationen früher oder später wieder wirksam, bis schließlich der Ring auf die Existenz von nur einem Token bereinigt ist.

3. 4. 3. 5. CSMA/CD

In lokalen Datennetzen ist die Zahl der Stationen oft verhältnismäßig gering, z.B. einige 10. Wenn die Stationen nur sehr selten Daten senden, dann aber viele Daten zu senden haben, sind Linkmanagement-Verfahren, die nach einem geordneten Prinzip arbeiten, unwirtschaftlich. Sie haben einen geringen Durchsatz, weil fortwährend das Sendrecht an Stationen vergeben wird, die nichts zu senden haben. In solchen Fällen sind die Verfahren mit ungeordnetem, d.h. stochastischem Zugriff erheblich leistungsfähiger. Auch hierbei sind alle Stationen gleichberechtigt.

Das Grundprinzip aller stochastischen Zugriffsverfahren besteht darin, dass eine sendewillige Station i.a. sofort mit dem Senden beginnt, im Vertrauen darauf, dass es wegen des geringen Verkehrsaufkommens der übrigen Stationen zu einer erfolgreichen Übertragung kommt. In einigen wenigen Fällen kann dies nicht der Fall sein; es tritt eine Kollision auf. Merkmal der stochastischen Verfahren ist also, dass sie nicht kollisionsfrei sind.

Wegen seiner weiten Verbreitung in lokalen Netzen soll hier das **C**arrier **S**ense Multiple **A**ccess-Verfahren mit **C**ollision **D**etection (CSMA/CD) stellvertretend für alle stochastischen Zugriffsverfahren besprochen werden. Schon der Name des Verfahrens deutet auf die Zugriffsprinzipien hin:

Carrier Sense Medium auf Träger abhören,

Multiple Access vielfacher Zugriff mehrerer Stationen,

Collision Detection Kollisionserkennung.

Das Verfahren ist ausschließlich für Bussysteme geeignet; es setzt eine ungerichtete Datenübertragung zu beiden Seiten der sendenden Station entlang des Busses voraus. Anwendung findet dieses Verfahren in dem bekannten

ETHERNET, einem LAN-Standard für Koaxial-Bussysteme, der in IEEE 802.3 beschrieben wird.[10]

Zugriffsverhalten

Das Verhalten der DL-Instanzen bei dem CSMA/CD-Verfahren lässt sich gemäß Bild 3.32 darstellen. Eine sendewillige DL-Instanz hört den Bus solange auf eventuell schon sendende, andere Stationen ab, bis sie den Bus frei vorfindet. Dann beginnt sie mit der Aussendung ihres Rahmens. Auch während des gesamten Sendevorgangs wird der Bus abgehört, ob die Übertragung durch andere Stationen gestört wird oder ob die Übertragung kollisionsfrei abläuft. Auf die Notwendigkeit des Mithörens während des Sendens wird noch eingegangen.

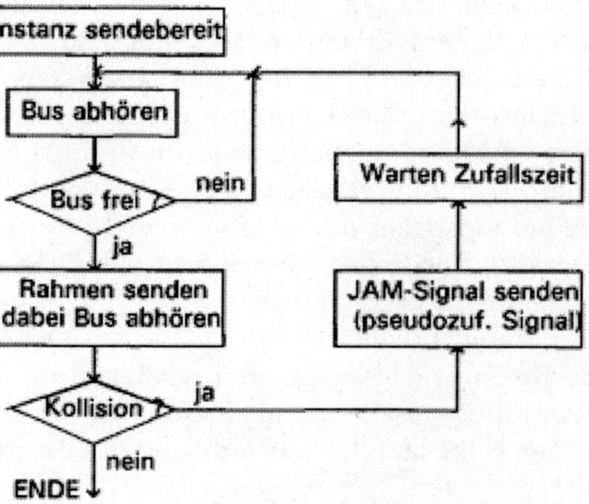

Bild 3.32. Linkzugriffsverhalten der DL-Instanz beim CSMA/CD-Verfahren

Wenn während des Sendens keine Kollision festgestellt wird, erfolgte die Übertragung des Rahmens ordnungsgemäß und die DL-Instanz wartet, bis sie wieder etwas zu senden hat. Tritt dagegen eine Kollision auf, so muss der gleiche Rahmen erneut übertragen werden. Die DL-Instanz sendet für eine gewisse Zeit ein Störsignal aus (JAM-Signal), das alle Nachbarstationen definitiv von der Kollision in Kenntnis setzt und wartet dann eine zufällige

[10] ECMA: *Standard ECMA-82,* Local Area Networks CSMA/CD Baseband Link Layer, ECMA, Genf 1982.; IEEE 802.3: Carrier Sense Multiple Acces with Collision Detection, IEEE, New York 1985a.

Zeit, bevor sie erneut den Bus zum Senden abhört. Die Zufallszeit zum erneuten Senden ist notwendig; hierdurch wird vermieden, dass im Fall einer Kollision, die daran beteiligten Stationen nicht im unmittelbaren Anschluss erneut einen Konflikt produzieren. Würden nämlich zwei oder mehr Stationen kollidieren und würden diese sofort wieder den Bus abhören, so fänden sie den Bus abermals frei vor, beginnen mit dem Senden und kollidieren abermals. Eine fortwährende, deterministische Kollision wäre vorprogrammiert. Eine unterschiedliche, zufällige Wartezeit bei den Stationen entspannt den Konflikt.

Für das CSMA/CD-Prinzip sind folgende Funktionen besonders wichtig und verlangen eine sorgfältige Dimensionierung bei der Realisierung: eine sende- und empfangsseitige Richtungstrennung, damit im Empfangspfad Daten anderer Stationen von den eigenen getrennt werden können, eine, meist in Hardware realisierte Erkennungsschaltung zur Detektion von Kollisionen, einen Zufallsgenerator, mit dem die statistische Wartezeit nach einer Kollision generiert wird, die Beachtung von Dämpfungsverläufen entlang des Busses sowie einen möglichst reflexionsfrei abgeschlossenen Bus. Die eindeutige Frei-Erkennung des Busses und die Kollisionserkennung erfordern Mindestempfangspegel; diese Funktionen dürfen nicht durch Mehrfachreflexionen an den Bus-Enden gestört sein. die Beachtung der Signallaufzeit zwischen Sender und Empfänger.

Insbesondere die Signallaufzeit ist bei dem CSMA/CD-Verfahren eine systembestimmende Größe, wie im Folgenden gezeigt wird. Sie entsteht durch die endliche Ausbreitungsgeschwindigkeit auf dem Bus und durch Verzögerungszeiten in den elektronischen Schaltungen des Businterfaces.

Slot Time und Minimale Rahmenlänge

Aufgrund der endlichen Signallaufzeit können zwei oder mehr Stationen den Bus zu einem bestimmten Zeitpunkt durchaus gleichzeitig als frei vorfinden und somit gleichzeitig zu senden beginnen. Dies führt dann zu einem späteren Zeitpunkt irgendwo auf der Leitung zu einer Datenkollision. Die beteiligten Stationen können dann die Kollision erst nach dem Sendebeginn feststellen. Dies ist der Grund, weshalb die DL-Instanzen auch während des Sendens den Bus abhören müssen. Bild 3.33 verdeutlicht den Ausbreitungsvorgang entlang der Leitung. Systembestimmend sind die maximale Leitungslänge, die durch die zwei entferntesten Stationen 1 und n gegeben ist, sowie die Verzögerungszeiten in den Businterfaces.

Zum Zeitpunkt t möge Station 1 den Bus frei vorfinden und mit dem Senden ihres Rahmens beginnen. Die Signalflanke des Rahmens benötigt eine endliche Laufzeit a, bis sie am entfernten Ende bei Station n angelangt ist und am Businterface bemerkt wird. Unmittelbar vor dem Zeitpunkt t+a sei nun Station n sendebereit und findet den Bus ebenfalls frei vor, da die Daten von Station 1 sich noch gerade nicht bis Station n ausgebreitet haben. Station 2 beginnt bei t+a-Δt ihren Rahmen auszusenden und stellt unmittelbar danach zum Zeitpunkt t+a eine Kollision fest. Würde Station n nun direkt aufhören zu senden, so würde Station 1 nicht feststellen können, dass am entfernten Ende eine Kollision stattgefunden hat. Deswegen muss Station n mindestens solange weiter senden, bis die Vorderflanke ihres Rahmens bei Station 1 bemerkt wird und damit auch Station 1 die Kollision erkennt. Voraussetzung ist hierbei, dass Station 1 immer noch sendet.

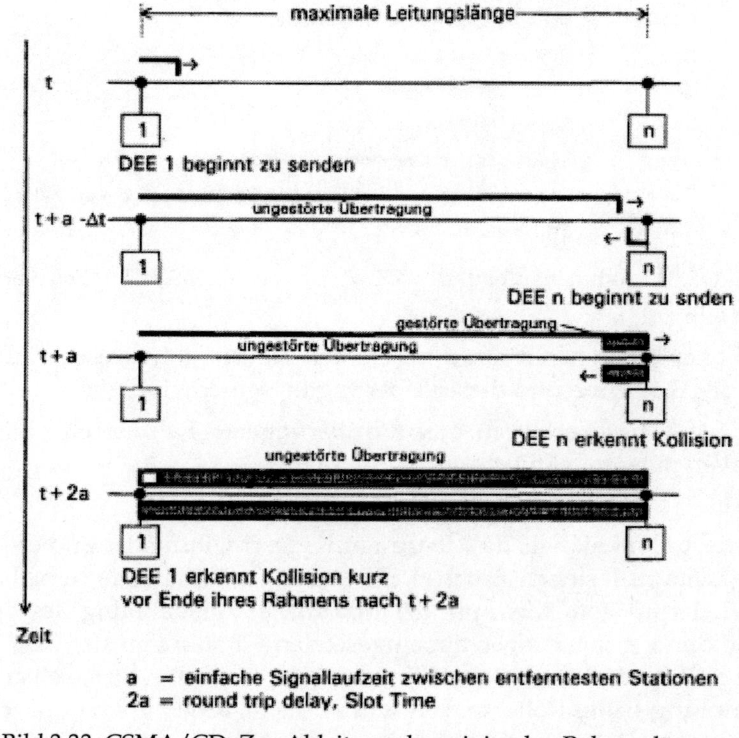

Bild 3.33. CSMA/CD: Zur Ableitung der minimalen Rahmenlänge

Insgesamt muss daher Station 1 einen Rahmen senden, der mindestens eine Übertragungszeit von der doppelten Signallaufzeit in Anspruch nimmt. Da keine der Stationen am Bus bevorrechtigt ist, muss die Übertragungszeit für einen Rahmen, der Bedingung

$$T_{ü} > 2a \qquad (3.38)$$

genügen, damit alle Stationen am Bus eine Kollision erkennen können. Die doppelte Signallaufzeit 2a bezeichnet man als *round trip delay* oder *Slot Time.* Sie ist nicht nur für die Mindestübertragungszeit sondern auch für die Dimensionierung der Wartezeit nach erfolgter Kollision wichtig (s. nächster Abschn.).

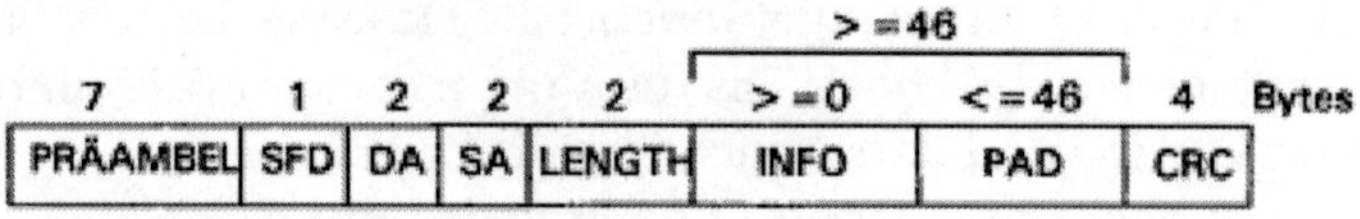

Präambel	: Sync-Zeichen 10101010....010
SFD	: Starting Frame Delimiter 10101011
DA	: Destination Address
SA	: Source Address
Length	: Länge des nachfolgenden Info-Feldes (max. 1500 Bytes)
Pad	: Padding-Bytes zum Auffüllen des Rahmens auf > =64 Bytes
CRC	: Prüf-Sequenz

Bild 3.34. Rahmenaufbau der DL-PDUs bei CSMA/CD (Beispiel ETHERNET)

Die Stationen senden mit einer konstanten Übertragungsgeschwindigkeit $v_{ü}$. Mit der Slot Time und dieser Übertragungsgeschwindigkeit ergibt sich für das CSMA/CD-Verfahren, dass die übertragenen Rahmen eine Mindestlänge haben müssen, nämlich

$$n = v_{ü}\, T_{ü} > v_{ü}\, 2a \qquad . \qquad (3.39)$$

Die Mindestrahmenlänge, die Übertragungsgeschwindigkeit und die maximale Signallaufzeit stehen also in einem engen Verhältnis. Die Signallaufzeit hängt wiederum vom Medium, der maximalen Ausdehnung des Bussystems und den Verzögerungen der eingesetzten Schaltungen ab. Alle Größen sind sorgfältig aufeinander abzustimmen. Der Bus kann also, selbst wenn die Dämpfung keine Rolle spielen würde, nicht beliebig weit ausgedehnt sein. Bei dem erwähnten Ethernet sind beispielsweise festgelegt: Übertragungsgeschwindigkeit 10 Mbit/s, maximale Entfernung 500 m, Slot Time 2a 50 µs.

Aus Gleichung (3.39) berechnet man mit diesen Werten eine Mindestrahmenlänge n_{min} = 500 Bit.

Die Festlegung einer Mindestrahmenlänge hat Auswirkungen auf das Rahmenformat der DL-PDUs. Bild 3.34 zeigt einen typischen Rahmenaufbau, wie man ihn bei diesem Zugriffsverfahren vorfindet. Die einzelnen Felder der DL-PDU sind ganzzahlige Vielfache von Bytes. Bis auf das Informationsfeld haben alle übrigen Felder eine feste Länge. Es wird eine Mindestrahmenlänge von n_{min} = 512 Bit (64 Byte) gewählt, so dass das Informationsfeld eine Mindestlänge von 46 Bytes aufweisen muss, um die Forderung nach einer minimalen Rahmenlänge zu erfüllen. Da das Informationsfeld eine variable Länge hat, wird der Rahmen ggf. mit Hilfe sog. Padding-Bytes auf die Mindestlänge aufgefüllt.

Statistische Wartezeit

Stellt eine Station eine Kollision fest, so macht es keinen Sinn, vor Ablauf der Slot Time 2a erneut mit dem Senden zu beginnen. Würden darüber hinaus kollidierte Stationen deterministisch sofort nach Ablauf der Zeit 2a erneut senden, so wäre wieder eine Kollision zu erwarten. Stationen, die Kollisionen festgestellt haben, müssen deshalb nach einem zufälligen Schema wiederholt senden, um den Konflikt zu beseitigen. Dies wird durch eine zufällige Wartezeit nach der Kollision geregelt. Bei den meisten CSMA-Verfahren wird die Wartezeit T_W in ganzzahligen Einheiten der Slot Time ermittelt:

$$T_W = i \cdot 2a \qquad (3.40)$$

Hierin wird i als ganze Zahl zufällig aus dem Intervall

$$0 \leq i < 2^k \qquad (3.41)$$

gewählt und k ist die Anzahl der erfolglosen Versuche. Nach jedem Misserfolg bei der Übertragung steigt also die Wartezeit im Mittel exponentiell an[11]. Nach einer Kollision könnte direkt im nächsten Slot (i=0) oder übernächsten Slot (i=1) wieder gesendet werden. Dagegen verteilt sich die Wartezeit bei zweimaliger Kollision bereits auf die Werte 0, 2a, 4a oder 6a. Die Wahrscheinlichkeit, dass nach einer erfolgten Kollision direkt im nächsten Slot wieder gesendet werden darf, ist

$$P_S = \frac{1}{2^k} \; . \qquad (3.42)$$

Sie ist gleichzusetzen mit der Kollisionswahrscheinlichkeit auf dem Bus, wenn 2 Stationen wartend sind. Die Kollisionswahrscheinlichkeit baut sich

---

[11] k wird auf den Ausgangswert null zurückgesetzt, wenn eine Übertragung kollisionsfrei war.

also mit jeder erneuten Kollision schrittweise auf einen kleineren Wert ab, so dass Konflikte konvergierend abnehmen. Andererseits wird bei diesem Prinzip (gewollt) erreicht, dass diejenigen Stationen bevorrechtigt senden dürfen, die wenig zu Kollisionen beitragen; dies trifft für Stationen mit wenig Verkehrsaufkommen zu.

3. 5. Übungsaufgaben

Für die mit einem (L) gekennzeichneten Aufgaben sind die Lösungen im Anhang (Abschn. 9.6) angegeben.

Aufgabe 3.1:
Erläutern Sie die grundsätzlichen Aufgaben der Sicherungsschicht und die Dienste, welche diese Ebene bietet.

Aufgabe 3.2:
Warum ist die Blockbildung in der Sicherungsschicht notwendig ? Was versteht man unter den Begriffen "optimale Blocklänge", "Durchsatz" ?

Aufgabe 3.3:
Beschreiben Sie die Grundzüge des ARQ-Verfahrens und des Send and Wait-Protokolls.

Aufgabe 3.4:
Bei welchen Kommunikationssystemen sind Link-Zugriffsfunktionen notwendig und was bewirken sie ?

Aufgabe 3.5 (L):
Der activate-Dienst der Bitübertragungsebene stellt die Mittel zur Herstellung einer physikalischen Verbindung bereit, sofern diese nicht a priori vorausgesetzt werden kann (Leitungsunterbrechung, nicht gesteckte Kabel etc.).

Entwerfen Sie den Kommunikationsablauf am DL-SAP und PH-SAP für die Betriebsfälle: "Leitung verbunden" und "Leitung unterbrochen".

Aufgabe 3.6 (L):
Eine Modemstrecke wird mit 9600 bit/s bei einer Bitfehlerwahrscheinlichkeit $P_o = 10^{-5}$ betrieben. Zur Fehlersicherung wird das ARQ-Verfahren (Send and Wait) eingesetzt. Man benötigt r=56 Überwachungsbits und

n_a=32 Bit für einen Bestätigungsblock.

a) Dimensionieren Sie die optimale Blocklänge für einen gesicherten Informationsrahmen.
b) Welcher Übertragungswirkungsgrad wird erreicht ?
c) Dimensionieren Sie die Mindestüberwachungszeit eines Timers für ausbleibende Bestätigungen.

Aufgabe 3.7 (L):

Ein Übertragungsmedium erlaubt folgende Übertragungsgeschwindigkeiten:

- 1200 Bit/s bei $P_o = 10^{-6}$
- 2400 Bit/s bei $P_o = 10^{-4}$
- 4800 Bit/s bei $P_o = 10^{-2}$

Welche Geschwindigkeit sollte bei Einsatz des Send and Wait Protokolls (r=48 Bit, n_a=32 Bit) ausgewählt werden ? (Begründung)

Aufgabe 3.8 (L):

Gegeben ist ein Bussystem mit folgenden Daten:

- Übertragungsgeschwindigkeit $v_ü$=256 kbit/s ($P_o = 10^{-4}$)
- Poll/Select-Zugriffsverfahren, Send and Wait-Protokoll
- max. Laufzeit zwischen Stationen t_d = 0,5 ms
- Empfängerbearbeitungszeit t_p = 1 ms

a) Wieviele Bytes L_{opt} sollte der Informationsteil haben ?

b) Dimensionieren Sie folgende Mindestüberwachungszeiten:

- T_1 zur Kontrolle ausbleibender Bestätigungen auf einen Informationsrahmen
- T_2 (in der Leitstation) zur Kontrolle ausbleibender Bestätigungen der Folgestation auf einen Poll-Rahmen

Aufgabe 3.9 (L):

Ein lokales Netz mit CSMA/CD-Zugriffsverfahren wird mit folgenden Parametern betrieben:

$v_{ü}$ = 8 Mbit/s — Bitübertragungsgeschwindigkeit

a = 25 μs — einfache Signallaufzeit

a) Welche Mindestlänge müssen gesendete Datenblöcke haben ?
b) Wie lange muss eine Station für eine Blockübertragung maximal warten, wenn sie zuvor 5 mal hintereinander eine Kollision festgestellt hat ?

Aufgabe 3.10 (L):

Eine Datenübertragung arbeitet auf der Sicherungsebene mit Send and Wait-Protokoll (pos. u. neg. Bestätigungen). Ferner sind gegeben:

m = 64 Bit Informationsrahmen	r = 48 Bit Header und Trailer
n_a = 32 bit Bestätigungsrahmen	$v_{ü}$ = 48 kbit/s Übertrg.geschwind.

Messungen am DL-SAP haben ergeben, dass im Mittel für 100 Informationsblöcke tatsächlich 250 Blöcke der Sicherungsebene zu übertragen sind. Gesucht sind:

a) Wirkungsgrad,
b) effektive Übertragungsgeschwindigkeit,
c) Bitfehlerhäufigkeit der physikalischen Ebene,
d) Welche Maßnahmen würden Sie ergreifen, um den Wirkungsgrad zu verbessern (Begründung) ?

Aufgabe 3.11 (L):

Entwerfen Sie für das Token-Bus-Zugriffsverfahren ein Zeitfolgediagramm für das Eingliedern einer neuen Station in den logischen Ring.

4. Vermittlungsschicht

Die direkte Kommunikation zwischen Datenendsystemen in Bus- und Ringanordnungen ist auf einen räumlich begrenzten Bereich sowie auf eine geringe Anzahl von Stationen begrenzt. Ihre Anwendung ist deshalb auf lokale Netze beschränkt. Sobald das Datennetz eine größere Anzahl Stationen bekommt, die weit voneinander entfernt sind und die wahlfrei miteinander kommunizieren wollen, kann der Datenverkehr aller Stationen nicht mehr über eine einzige Leitung geführt werden. Dies würde unweigerlich zu einem zu starken Verkehrsaufkommen auf dieser Leitung führen und außerdem würden derartige Verbindungen den topologischen Anforderungen nach einer flächenhaften Bedeckung nicht gerecht werden. Kommunikationssysteme mit einigen 100 und mehr Datenstationen, wie bei öffentlichen Datennetzen, erfordern eine vermaschte Netzwerkstruktur, die effektive, mehrfach nutzbare Übertragungswege zwischen allen Stationen bereitstellt.

4. 1. Aufgaben eines Vermittlungsnetzes

Netzwerke zur Vermittlung bestehen gemäß Bild 4.1 aus einer Vielzahl von Netzknoten A, B, C usw., die miteinander über Leitungen verbunden sind und an deren Enden die Datenstationen (Endsysteme) angeschlossen sind.

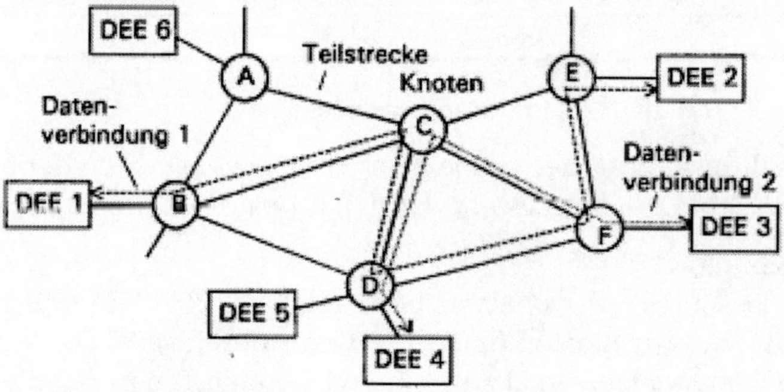

Bild 4.1. Vermittlungsnetz

Die Endsysteme wollen wahlfrei miteinander kommunizieren, so z.B. ein Endsystem 1 mit einem Endsystem 2, ein System 3 mit 4 usw. Dazu ist es notwendig, dass die Netzknoten Datenverbindungen zwischen den betreffenden Endsystemen herstellen, aufrechterhalten und, wenn die Datenverbindungen nicht mehr benötigt werden, wieder abbauen, um die Übertragungswege für andere Verbindungen frei zu machen. Den Gesamtvorgang der Verbindungsherstellung, des Haltens und des Abbauens einer Datenverbindung bezeichnet man als *Vermittlung* (engl. *switching*). Vermittlung ist als Funktion des Kommunikationssystems in der Schicht 3 des OSI-Referenzmodells angeordnet. Hauptaufgabe der Netzknoten ist das Vermitteln von Datenverbindungen, indem sie Übertragungswege von Knoten zu Knoten bereitstellen, über die der Datentransport zwischen den Endsystemen erfolgen kann.

Während Bild 4.1 die topologischen Gesichtspunkte eines Vermittlungsnetzes darstellt, werden die funktionellen Gesichtspunkte in der Dienststruktur des OSI-Referenzmodells sichtbar. Bild 4.2 zeigt den Aufbau des Vermittlungsdienstes.

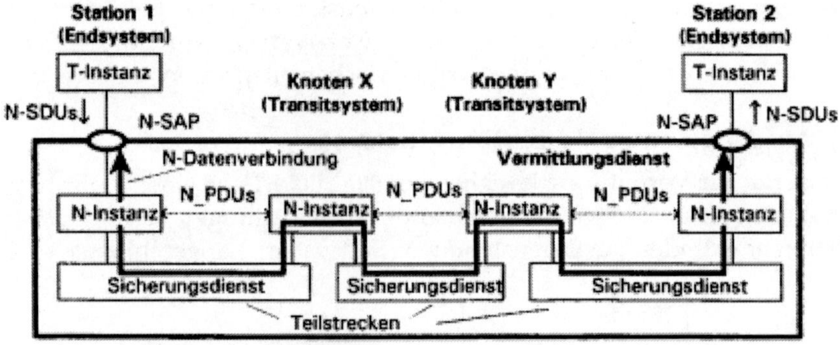

Bild 4.2. Aufbau des Vermittlungsdienstes

Der Vermittlungsdienst, der von je zwei Transportinstanzen der beteiligten Endsysteme genutzt wird, besteht aus den folgenden Komponenten:

Knoten
Dies sind Transitsysteme, bestehend aus PH-, DL- und N-Instanz. In den N-Instanzen findet die Vermittlung statt. Die Vermittlung in Datennetzen wird zum überwiegenden Teil in Form von Paketvermittlung durchgeführt. Hierbei werden N-PDUs einzelner Stationen als Datenpakete bestimmter Länge über die Knoten des Netzwerkes gelenkt. Der einzelne Knoten rangiert die auf allen Teilstrecken eintreffenden Datenpakete bestimmungsgemäß auf

andere, ausgehende Teilstrecken ähnlich dem Prinzip des Rangierens von Güterwaggons auf einem Rangierbahnhof. Zwischen den einzelnen N-Instanzen sind verschieden umfangreiche N-Protokolle vereinbart.

Teilstrecken
Dies sind die Teilübertragungswege zwischen den Knoten und zu den Endsystemen. Die Teilstrecken können rein physikalische Übertragungswege oder fehlergesicherte Übertragungswege sein (Schicht 2- data links). Fehlersicherung findet dabei auf den Teilstreckenabschnitten statt, indem sich die N-Instanzen auf Sicherungsdienste abstützen. Sind im Netz Teilstrecken vorhanden, die nicht gesichert sind, wie z.B. bei der Datenübertragung im analogen Fernsprechnetz, so muss man durch Maßnahmen in höheren Schichten für eine Fehlersicherung sorgen.

(Daten)verbindungen
Dies sind komplette, über mehrere Knoten reichende Verbindungswege zwischen je zwei N-SAPs, auf denen Daten (N-SDUs) zwischen zwei Transportinstanzen durch das Netz transportiert werden können.

Mit der Vermittlung in den N-Instanzen sind verschiedene, zusätzliche Teilaufgaben verbunden. Um eine eindeutige und wahlfreie Verbindung zwischen zwei N-SAPs herstellen zu können, müssen sich die Endsysteme an ihren Knoten identifizieren. Dies geschieht auf der Basis von eindeutigen Netzwerkadressen, manchmal auch logische Adressen oder Rufnummern genannt. Man unterscheidet das *rufende Endsystem*, welches die Datenverbindung anfordert und das *gerufene Endsystem*, das die Datenverbindung entgegennimmt. Das rufende System übergibt seine eigene Adresse (Quelladresse) und die Adresse des gewünschten Ziels (Zieladresse) an den ersten Netzknoten. Die Aufgabe des Netzes ist es, aus diesen Adressen einen Weg durch das Netzwerk zu schalten, über den dann die Daten transportiert werden können.

I.a. besteht ein Datennetz aus einer Vielzahl von Knoten und es führen mehrere Wege über verschiedene Knoten zum gleichen Ziel. Zu den Vermittlungsfunktionen in den Knoten gehört deswegen neben der Datenlenkung auch die Wahl eines optimalen, d.h. verkehrsgünstigen Weges zum Ziel, Die *Wegewahl* (engl. *routing*) bedeutet die Festlegung eines günstigen Weges über bestimmte Knoten zum Ziel.

Ein Problem der Vermittlungsschicht ist die Beherrschung der Verkehrslasten in den Knoten. Dies tritt umso mehr in den Vordergrund je größer die Netzwerke sind. Die Gründe hierfür liegen in der begrenzten Übertragungsgeschwindigkeit auf den Teilstrecken (effektive Übertragungsgeschwindigkeit), eine begrenzte Rechenleistung in den Knoten und endlich große Pufferspeicher in den Knoten, die die Datenpakete zwischenspeichern. Wenn der Datenverkehr im Netzwerk steigt, kann es zur Überflutung einzelner Knoten mit Datenpaketen kommen, man spricht von einer Verstopfung. Wächst der Verkehr weiter an, so kann es, ähnlich wie das auch im Straßenverkehr zu beobachten ist, zu einem "Totalzusammenbruch" des Netzwerkes aufgrund der Verstopfung führen. Die Folge ist zwangsläufig ein Verlust von Datenpaketen. Dies zu vermeiden ist Aufgabe einer besonderen Funktion in der Vermittlungsschicht, der *Verstopfungskontrolle* (engl. *congestion control*).

Die Entwicklung der letzten Jahrzehnte hat eine Vielzahl verschiedener Vermittlungsnetze hervorgebracht. Insbesondere im Bereich der privaten Netze existieren viele verschiedene Standards. Dies hat dazu geführt, dass zurzeit eine Vielzahl von Vermittlungsprotokollen im Einsatz ist, die grundsätzlich inkompatibel zueinander sind. Um eine Zusammenschaltung dieser verschiedenen Netze zu ermöglichen, benötigt man spezielle Transitsysteme, in denen eine Anpassung in der Vermittlungsschicht stattfindet. Die Funktion, Netzwerkübergänge herzustellen wird als *Internetworking* bezeichnet. Transitsysteme mit dieser speziellen Aufgabe nennt man *Gateways*. Ihre Anpass-Aufgabe besteht darin, N-Protokolldateneinheiten eines Netzes auf N-PDUs eines anderen Netzes abzubilden. Die Protokolladaption in Gateways bezieht sich aber meist nicht nur auf die Vermittlungsprotokolle sondern auch auf das Anpassen von PDUs in den Schichten 2 und 1.

Zusammenfassend sind die Funktionen der Instanzen der Vermittlungsschicht: Wegewahl zum Ziel (Routing), Vermittlung (Switching), Verstopfungskontrolle (Congestion Control), Herstellen von Netzübergängen (Internetworking).

In den folgenden Abschnitten sollen die Grundprinzipien der beiden wichtigsten Funktionen Vermittlung und Wegewahl behandelt werden. Am Schluss dieses Teils wollen wir dann beispielhaft auf ein Vermittlungsprotokoll für öffentliche Netze eingehen.

4. 2. Vermittlungsverfahren

Das Vermittlungssystem der Schicht 3 hat die Aufgabe, auf Anforderung einen Nachrichtenweg zwischen zwei beliebigen Endsystemen herzustellen. Hierbei kommen verschiedene Vermittlungsverfahren zum Einsatz. Bild 4.3 gibt eine Übersicht.

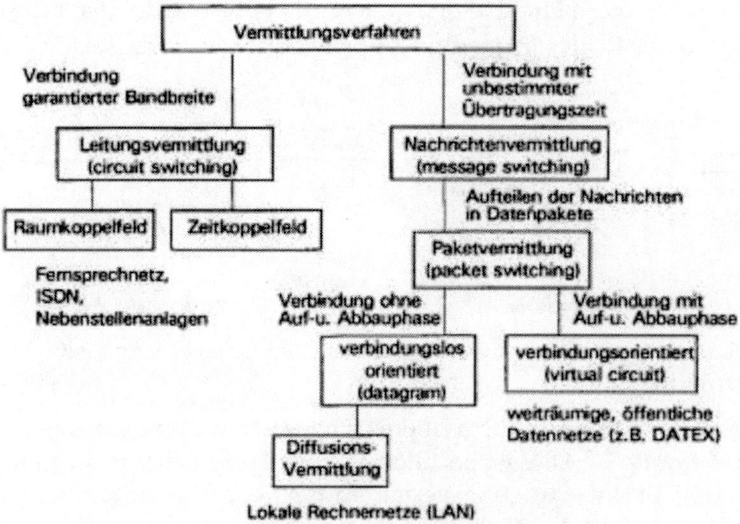

Bild 4.3. Vermittlungsverfahren und Einsatzgebiete

4. 2. 1. Leitungsvermittlung

Die klassische Form der Vermittlung ist die Durchschaltevermittlung oder *Leitungsvermittlung* (engl. *circuit switching*). Sie ist dadurch gekennzeichnet, dass sie für die gesamte Dauer der Verbindung einen physikalischen Verbindungsweg durch das Netzwerk schaltet. Wenn die Verbindung hergestellt ist, garantiert sie den Endsystemen eine feste Übertragungsbandbreite, unabhängig von der tatsächlich übertragenen Datenmenge pro Zeiteinheit. Leitungsvermittlung wird mit Koppelfeldern durchgeführt und kann nach zwei Prinzipien verwirklicht werden:

1. Bei einem *Raumkoppelfeld* gemäß Bild 4.4 (a) schaltet eine Schaltermatrix die ankommenden Leitungen L_1, L_2, usw. wahlfrei auf die abgehenden Leitungen L'_1, L'_2 usw.
2. Bei einem *Zeitkoppelfeld* gemäß Bild 4.4 (b) werden die Teilstrecken an einem Knoten im Zeitmultiplex genutzt. Eine Zeittorschaltung schaltet dynamisch die Zeitlagen Z_1, Z_2, usw. der ankommenden

Leitungen auf die Zeitlagen der abgehenden Leitung Z'_1, Z'_2 usw. In kleineren Vermittlungsknoten findet man die beiden Prinzipien in reiner Form vor; Knoten mit sehr vielen Teilstrecken verwenden beide Prinzipien in gemischter Form, wobei in mehreren Koppelfeldstufen abwechselnd ein Raum- und Zeitkoppelfeld eingesetzt wird. Hinsichtlich der technischen Einzelheiten zur Realisierung der Koppelfeldanordnungen sei auf [1] verwiesen.

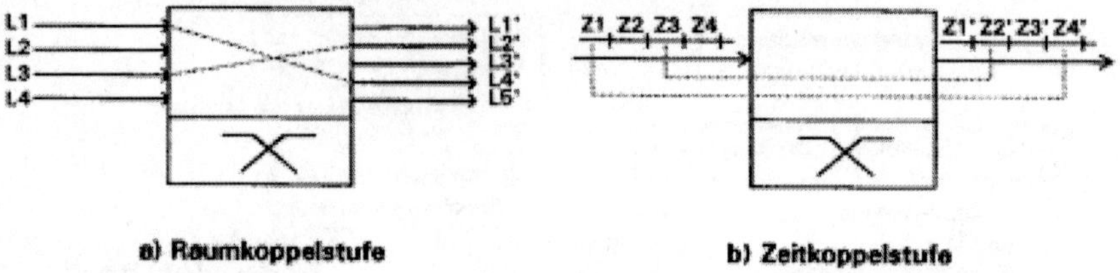

Bild 4.4. Koppelfeldprinzipien bei der Durchschalte- bzw. Leitungsvermittlung

Leitungsvermittlung wird überall dort eingesetzt, wo eine garantierte Bandbreite notwendig ist. Dies ist bei allen analogen und heute vielfach digitalen Sprach- und Bildübertragungsverfahren der Fall. Das öffentliche analoge Fernsprechnetz und das digitale ISDN sind typische Beispiele von Vermittlungsnetzen, die nach dem Durchschalteprinzip arbeiten. Weitere Beispiele sind Nebenstellenanlagen sowie alle Telekommunikationsanlagen, die hauptsächlich für die Sprachkommunikation eingesetzt werden.

Systeme mit Durchschaltevermittlung weisen Verbindungswünsche ab, wenn eine Verbindung nicht hergestellt werden kann, weil entweder kein Weg durch einen Knoten möglich ist oder in der gewünschten Richtung keine freie Raum- oder Zeitlage gefunden werden kann. Man nennt den Zustand der Ablehnung Blockierung. Das Verfahren der Leitungsvermittlung berücksichtigt das Teilnehmerverhalten, das eine geringe Anrufrate und eine hohe Verbindungsdauer aufweist. In diesem Fall wirkt sich die Reaktionszeit des Netzes, die sich aus Bearbeitungs- und Übertragungszeiten beim Verbindungsaufbau zusammensetzt, nicht störend aus.

---

[1] Besier, Horst u.a.: *Digitale Vermittlungstechnik, Oldenbourg,* 1981 und Klier, H.; Seidel, V.: *Einführung in die digitale Vermittlungstechnik,* VEB Verlag Technik, Berlin 1989.

4. 2. 2. Paketvermittlung

Für die Vermittlung von Daten ist das Verfahren der Leitungsvermittlung i.a. ineffizient. Datenverkehr benötigt kurze Verbindungsaufbauzeiten und über eine bestehende Datenverbindung werden nur hin und wieder Datenblöcke begrenzter Dauer gesendet. Man kann auf eine garantierte Bandbreite verzichten, weil keine Echtzeitübertragung der Nachrichten notwendig ist. Dagegen soll keine Blockierung auftreten. Bei höherer Verkehrslast wird eine Wartezeit zwischen dem Sendezeitpunkt und dem Empfangszeitpunkt in Kauf genommen.

Datennetzen liegt das Prinzip der *Nachrichtenvermittlung* zugrunde. Bei dieser Art der Vermittlung wird eine komplette Nachricht des Senders mit Bestimmungsadresse versehen in das Netz gesendet. Das Netz überträgt dann die Nachricht unter Zwischenspeicherung und Verarbeitung in den einzelnen Knoten. Am häufigsten wird die Nachrichtenvermittlung in Form der *Paketvermittlung* eingesetzt, bei der die Gesamtnachricht eines Endsystems in Hinblick auf die Übertragungs- und Vermittlungsfähigkeiten des Netzes in Einzelpakete bestimmter Blocklänge aufgeteilt wird. Die Pakete sind die N-PDUs; sie sind mit Adressen versehen und werden von Knoten zu Knoten durch das Netz transportiert. Bild 4.5 zeigt das Grundprinzip der Paketvermittlung in einem Knoten.

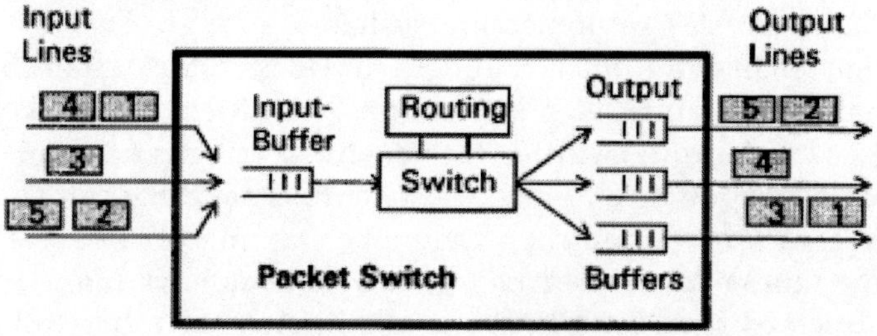

Bild 4.5. Prinzip der Paketvermittlung in einem Knoten

Die Pakete werden von den Teilstrecken am Eingang des Knotens in der Reihenfolge ihres Eintreffens in einen Eingangspuffer geschrieben. Eine Routing- und Vermittlungs-Funktion verteilt die Pakete auf Ausgangspuffer, von wo sie auf die Ausgangsleitungen des Knotens übertragen werden. Die Routing-Funktion entscheidet dabei, welche Teilstrecke die verkehrsgünstigste zum Erreichen des Ziel-Endsystems ist.

Neueste Entwicklungen auf dem Gebiet der dienstintegrierten Breitbandnetze verwenden das Paketvermittlungsprinzip in Verbindung mit einer Glasfaserübertragungstechnik auch für Nachrichtenarten, die in klassischer

Technik typischerweise in leitungsvermittelten Netzen geführt werden. Schmalbandige Sprach- und Datensignale werden zusammen mit breitbandigen Bildsignalen über ein Netz übertragen, so z.B. im zukünftigen Breitband-ISDN. Solche Netze basieren auf dem Prinzip des sog. *Asynchronous Transfer Mode* (ATM). Hierbei werden alle Daten in sehr kurze Pakete mit fester Länge aufgeteilt, die dann, versehen mit Adressinformation, von den Knoten zum Ziel geroutet werden. Durch den Einsatz von Hochgeschwindigkeitstechnologien elektronischer und optischer Bausteine und die festen Paketlängen kann man den Netzteilnehmern individuell Übertragungsbandbreiten zuordnen und für die Dauer einer Verbindung garantieren.

Bei der Paketvermittlung lassen sich je nach Größe des Netzes verschiedene Varianten des in Bild 4.5 gezeigten Grundprinzips anwenden, die in den folgenden Abschnitten näher untersucht werden.

4. 2. 2. 1. Datagram

In kleineren Netzen mit geringer Knotenzahl wird eine einfache Paketvermittlung, ohne vorhergehenden Verbindungsaufbau durchgeführt. Jede an einem Knoten eintreffende N-PDU enthält in ihrem Header die vollständige Adressinformation, bestehend aus

- *Quelladresse* des rufenden Endsystems,
- *Zieladresse* des gerufenen Endsystems.

Die N-Instanzen in den Knoten ermitteln für jedes Paket aus der Zieladresse den optimalen Weg zum Zielendsystem und vermitteln jedes Paket entsprechend dieses Weges zum nächsten Knoten, indem sie das Paket in den zugehörigen Ausgangspuffer schreiben. Weil kein Verbindungsaufbau zwischen den N-SAPs vor der eigentlichen Datenübertragungsphase stattfindet, bezeichnet man diese Art als *verbindungslos orientierte Vermittlung* (engl. *datagram*, vgl. auch Abschn. 1.4.4.1). Wenn alle Knoten nach diesem Prinzip arbeiten, benötigt der Vermittlungsdienst nur einen unbestätigten data-Dienst. Bild 4.6 zeigt das Zeitfolgediagramm dieses einfachen Datagram-Dienstes. Die rufenden Transport-Instanzen in den Endsystemen geben mit jedem Dienstsignal

n_data.request(destination,N-SDU)

als Parameter die Zieladresse des Endsystems an.

Die N-Instanzen im rufenden Endsystem senden daraufhin jedesmal eine Daten-N-PDU der Form

DATA(source, destination, N-SDU)

in das Netz, die bei den gerufenen Transport-Instanzen mit

n_data.indication(source, N-SDU)

abgeliefert werden.

Der Vorteil der Datagram-Vermittlung liegt eindeutig in ihrer einfachen Arbeitsweise in den Knoten. Es ist wenig Verwaltungsaufwand in den Knoten nötig, so dass bei kleinen Netzen eine vergleichsweise schnelle Vermittlung der Datenpakete möglich ist. Nachteilig ist bei diesem Verfahren, dass in jedem Knoten mit jedem eintreffenden Paket neu die Route-Funktion benutzt werden muss. Wenn das Netz eine große Knotenanzahl hat, wird durch das wiederholte Routen bei jedem Paket in jedem Knoten Rechenzeit benötigt, die die Paketübertragungszeit zwischen den Transport-Instanzen verlangsamt. Man findet diese Vermittlungsart deswegen vorwiegend bei lokalen Netzen vor, in denen wenige Knoten vorhanden sind (Knotenanzahl <10).

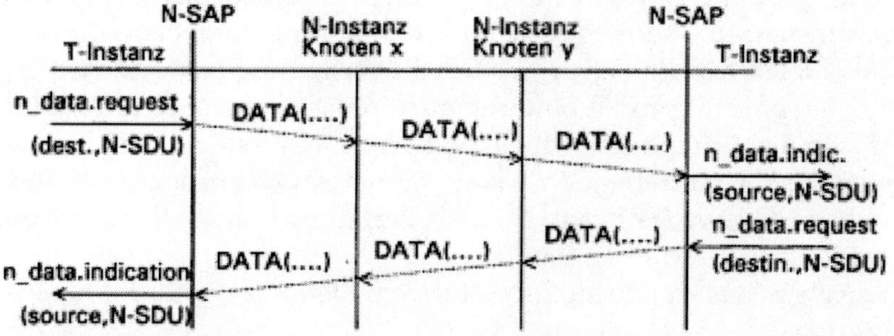

Bild 4.6. Wirkungsweise der Datagram-Vermittlung

Ein weiterer Nachteil der Datagram-Vermittlung ist das Sequenz-Problem. In vermaschten Netzen können mehrere, alternative Wege über verschiedene Knoten zum Ziel existieren, die zu unterschiedlichen Zeiten aufgrund der unterschiedlichen Netzauslastung alternativ von den Knoten ausgewählt werden. Wenn jedes Paket in jedem Knoten erneut geroutet wird, so kann es passieren, dass Pakete, die zu ein und derselben Verbindung gehören, nacheinander über unterschiedliche Knoten zum Ziel gelangen. Da verschiedene Wege grundsätzlich unterschiedliche Übertragungszeiten bedingen, ist es möglich, dass die Paketreihenfolgen am sendenden N-SAP und empfangenden N-SAP unterschiedlich sind. Dadurch gerät die Reihenfolge von Datenpaketen der Transportinstanzen durcheinander. Die Lösung dieses Sequenzproblems besteht darin, dass die Transportinstanzen eine Nummerierung ihrer PDUs vornehmen und eine Sortierung auf der Empfangsseite erfolgt. Dies ist Aufgabe der Transportinstanzen (siehe Abschn. 5).

Eine besonders einfache Form der Datagram-Vermittlung ist die *Diffusionsvermittlung*. Hierbei sendet jeder Knoten die empfangenen Pakete ohne Routing grundsätzlich an alle Nachbarknoten, ausgenommen an den Knoten, von dem das Paket empfangen wurde. Das Verfahren hat bei sehr geringer Knotenzahl Vorteile, weil es wegen des fehlenden Routens Pakete in den Knoten sehr rasch bearbeitet. Sobald aber ein vermaschtes Netz mit größerer Knotenanzahl vorliegt, drohen die diffus an alle Knoten gesendeten Pakete, das Netz zu verstopfen. Diffusionsvermittlung ist deshalb die klassische Vermittlungsform in lokalen Netzen mit nur einem Knoten.

4. 2. 2. 2. Virtual circuit

Um das aufwendige Routen in den Knoten bei jedem transportierten Paket zu reduzieren, ist ein *verbindungsorientiertes Vermittlungsverfahren* günstiger. Bei diesem Verfahren wird vor der eigentlichen Datenübertragung von den Transportinstanzen über das Netz eine Verbindung aufgebaut, deren Weg über die Knoten für die Dauer der Datenübertragung fest bestehen bleibt. Jeder Knoten braucht pro Verbindung nur einmal zu routen. Die Verbindungen werden nicht durchgeschaltet, sondern es wird lediglich die Route-Information für die eintreffenden Pakete in den Knoten gespeichert und bei Bedarf abgerufen, weshalb man bei dem Verfahren von scheinbarer Verbindung (engl. *virtual circuit*) spricht.

Kennzeichen des verbindungsorientierten Betriebes sind 3 Phasen der Übertragung (vgl. auch Abschn. 1.4.4.2):

1. Verbindungsaufbau mit einem bestätigten connect-Dienst,
2. Datenübertragung mit einem unbestätigten data-Dienst,
3. Verbindungsabbau mit einem bestätigten disconnect-Dienst.

Die Verbindung zwischen zwei Endsystemen wird durch eine schrittweise Verbindung über die Teilstrecken hergestellt. Dabei wenden die Knoten das Prinzip der *Teilstreckenvermittlung* an. Teilstreckenvermittlung bedeutet, dass die Knoten in der Phase 1 Informationen darüber speichern, auf welche Ausgangsteilstrecke sie welche Pakete von welcher Eingangsteilstrecke zu vermitteln haben, wobei jeder Knoten gleichzeitig mehrere Verbindungen auf seinen Teilstrecken verwalten kann. Das Prinzip sei an einem Netzausschnitt verdeutlicht (Bild 4.7).

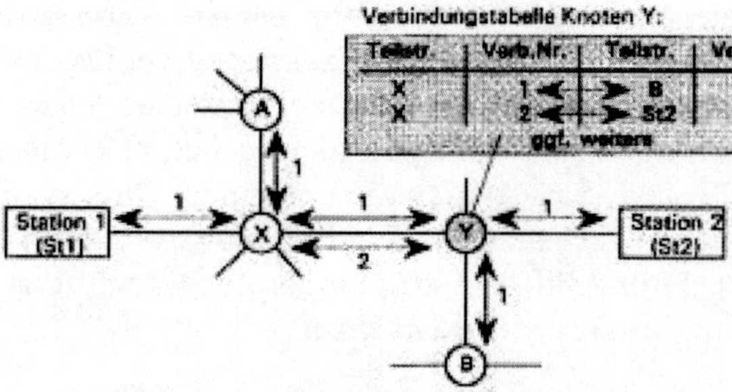

Bild 4.7. Verbindungsorientierte Teilstreckenvermittlung

Ein Knoten nummeriert alle Verbindungen zu seinen ausgehenden Knoten und führt eine sog. *Verbindungstabelle,* in der eine Referenz zwischen Eingangsteilstrecke und Ausgangsteilstrecke sowie den beteiligten Verbindungsnummern eingetragen ist. Die Teilstrecken werden durch die Knotennamen bzw. die Endsysteme gekennzeichnet bzw. adressiert. Das Bild zeigt als Beispiel die Verbindungstabelle für den Knoten Y. Damit N-PDUs anhand dieser Tabelle eindeutig vermittelt werden, ist es notwendig, dass innerhalb der N-PDUs auf der jeweiligen Teilstrecke die richtige Verbindungsnummer codiert mitübertragen wird. Diese Nummer wird jedes Mal von dem Quellknoten neu beschrieben, damit der Zielknoten erkennen kann, auf welche Verbindungsnummer sich das Paket bezieht. Knoten X versieht N-PDUs mit der Verbindungsnummer 1, wenn sie sich auf Verbindung 1 zum Knoten Y beziehen. Knoten Y liefert gemäß seiner Verbindungstabelle alle Pakete, die vom Knoten X eintreffen und die die Nummer 1 tragen, zum Knoten B ab usw.

Station 1 möchte nun eine Verbindung zu Station 2 herstellen (gestrichelte Verbindungen). Zu diesem Zeitpunkt möge bereits die erste Verbindung über die Knoten A, X , Y und B in den Verbindungstabellen registriert sein. Dann muss auf der Teilstrecke zwischen den Knoten X und Y eine zweite Verbindung mit der laufenden Nummer 2 eingerichtet werden. Das Zeitfolgediagramm (Bild 4.8) skizziert in seinem oberen Teil die Abläufe zum Aufbau der neuen Verbindung und zeigt im unteren Teil die Phase 2 (Datenübertragung) über die bestehende Verbindung. Dabei seien die folgenden N-PDUs vereinbart:

CNRQ(source,destination,Verbindungsnummer)	zur Verbindungsanfrage,
CNAC(source,destination,Verbindungsnummer)	zur Verbind.bestätigung,
DATA(source,Verbindungsnummer,N-SDU)	zur Datenübertragung.

Der Adressparameter *source* gibt nicht mehr fest die Adresse der Quellstation sondern nun die Quelladresse einer Teilstrecke an. Das kann ein Endsystem oder ein Vermittlungsknoten sein. Der Parameter *destination* beinhaltet immer die endgültige Zieladresse, in diesem Fall also die Adresse der Station 2. In jeder PDU wird außerdem die von einem Quellsystem (Endsystem bzw. Transitsystem) vergebene *Verbindungsnummer* zum nächsten Knoten übertragen, mit deren Hilfe ein empfangender Knoten das Paket einer von mehreren Verbindungen zuordnen kann.

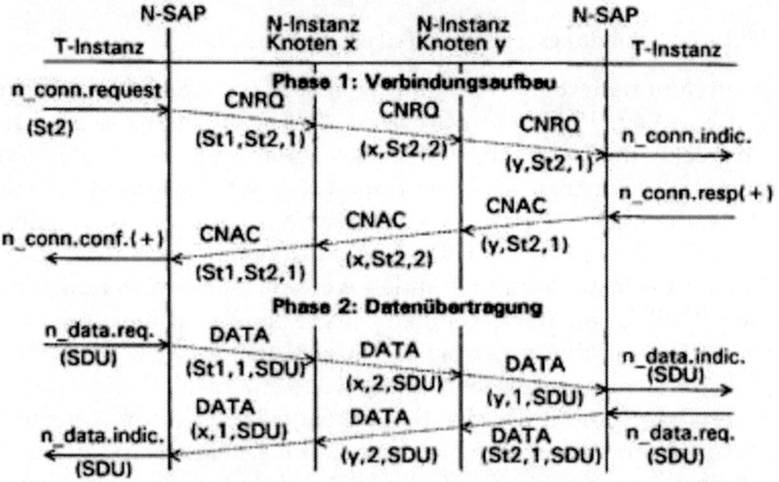

Bild 4.8. Kommunikationsabläufe bei Virtual-Circuit-Vermittlung

Der Ablauf wird durch das Dienstsignal *n_connect.request* bei der rufenden Station 1 ausgelöst. Ihre N-Instanz sendet eine Verbindungsaufbau-PDU *CNRQ* in das Netz, das diese PDU von Knoten zu Knoten weiterreicht. Vor jedem Weiterreichen wird im Knoten geroutet, d.h. der optimale Weg zum Ziel und der nächste Knoten ermittelt. Solange noch keine Verbindung zu diesem nächsten Knoten existiert, vergibt ein Quellknoten die Verbindungsnummer 1 und trägt diese Nummer in seine Tabelle ein. Knoten X beispielsweise stellt fest, dass bereits eine Verbindung zu Knoten Y mit der Nummer 1 existiert; er gibt deshalb der neuen Verbindung die Nummer 2, codiert die Verbindungsnummer in der PDU an Knoten Y infolgedessen mit 2 und kann fortan auf zwei Verbindungen Pakete vermitteln. Ist die Verbindungsaufbau-PDU bei der Zielstation angelangt, so muss, da der connect-Dienst bestätigend ist, das Zielsystem mit einer Bestätigungs-PDU*CNAC* antworten. Diese nimmt den gleichen Weg wie die Aufbau-PDU zurück durch das Netz.

In der Datenübertragungsphase (Phase 2) können die Transportinstanzen ihre Informationen direkt und ohne Angabe von Adressen an den N-SAPs in das Vermittlungsnetz einspeisen. Die Verbindungsinformationen sind in Form der Tabellen in den beteiligten Knoten gespeichert. Es braucht nicht erneut geroutet zu werden. Die Aufgabe der N-Instanzen reduziert sich auf die folgenden Schritte: Lesen der Quelladresse und Verbindungsnummer aus der Empfangs-PDU, Nachsehen in der Verbindungstabelle auf welcher Teilstrecke unter welcher Nummer zu senden ist und Codieren einer PDU mit neuer Nummer und Senden auf der in der Tabelle festgelegten Teilstrecke.

Diese Vorgänge in der Datenübertragungsphase laufen recht zügig ab; dies ist ein entscheidender Vorteil der Virtual-Circuit-Vermittlung gegenüber der Datagram-Vermittlung.

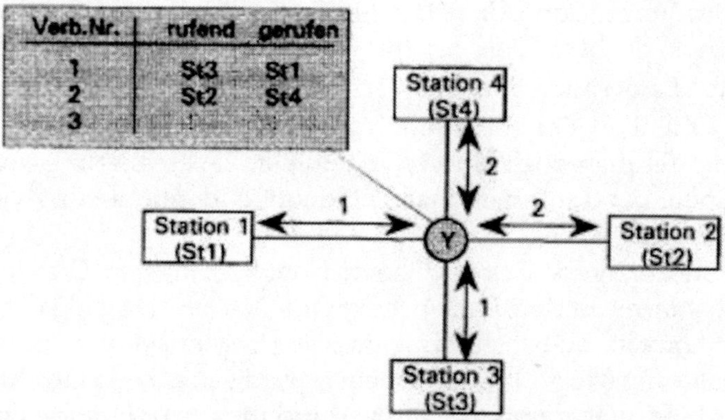

Bild 4.9. Vereinfachtes Virtual-Circuit-Prinzip in Netzen mit 1Knoten

Ein weiterer Vorteil besteht in dem für die Dauer der Datenübertragung festgelegten Weg durch das Netz. Bei verbindungsorientiertem Betrieb wird für jede N SAP Verbindung nur einmalig geroutet. Es kann deshalb nicht passieren, dass Datenpakete während der Verbindung unterschiedliche Wege über das Netz gehen; es gibt also hierbei kein Sequenzproblem.

Das Verfahren der Virtual-Circuit-Vermittlung wird sehr einfach, wenn nur ein Knoten im Netz vorhanden ist, an dessen Teilstrecken dann nur Endsysteme betrieben werden (s. Bild 4.9). Solche einfachen Konfigurationen findet man häufig in lokalen Netzen mit einem zentralen Netzknoten vor (vgl. Abschn. 3.4.3.2, Poll-Select-Linkmanagement). In Band II wird hierzu ein Anwendungsbeispiel gegeben.

Da bei dieser Konfiguration auf jeder Teilstrecke nur jeweils eine Verbindung existieren kann, sind die Teilstrecken a priori den Stationsadressen zugeordnet. Dies vereinfacht die Verbindungstabelle dergestalt, dass die vom Knoten fortlaufend vergebenen Verbindungsnummern lediglich Zeilenpositionen in seiner Verbindungstabelle sind. In den betreffenden Zeilen werden in der Phase des Verbindungsaufbaus die Adressen vom rufenden und gerufenen Endsystem eingetragen.

In den PDUs benötigt man generell keine Verbindungsnummer und in den Daten-PDUs kann außerdem auf das Mitführen von Stationsadressen ganz verzichtet werden.

4. 3. Vermittlungsdienste

Im Interesse einer möglichst weltweiten Kommunikation sind die Standardisierung der Vermittlungsdienste öffentlicher Netze und die hieraus abgeleiteten Protokolle besonders wichtig. Der ISO-Standard 8348 ist hierfür maßgebend.[2] Er definiert die OSI-Vermittlungsdienste und wurde weitgehend vom CCITT in der Richtlinie X.213 übernommen.[3] Innerhalb dieser Standards findet man auch ein vereinheitlichtes Adressierungssystem, das für die nationale und internationale, eindeutige Identifizierung von Datenstationen unabdingbar ist.

Tab. 4.1 und 4.2 geben eine Übersicht der wichtigsten Dienste, wie sie Transportinstanzen in den Endsystemen am N-Dienstzugangspunkt geboten werden können. Zu beachten ist, dass aus Vereinfachungsgründen nicht alle Parameter der Norm in den Tabellen wiedergegeben sind. Man unterscheidet verbindungsorientierte und verbindungslos orientierte Dienste. Sie korrespondieren mit den Fähigkeiten der benutzten Netze hinsichtlich der Vermittlungsverfahren Virtual Circuit oder Datagram. Je nach dem Leistungsumfang lokaler oder nationaler öffentlicher Datennetze wird die eine oder andere Form oder auch beide Formen unterstützt.

---

2 DIN ISO 8348 Informationsverarbeitung-Kommunikation Offener Systeme, Definition des Vermittlungsdienstes, Beuth-Verlag 1984.

3 CCITT: *Empfehlungen der V- und X- Serie,* Band 5: Datenübermittlungsnetze, Offene Kommunikationssysteme, Systembeschreibungstechniken, R. v. Deckers Verlag 1987.

Die Dienste sollen im Folgenden kurz beschrieben werden. Bezüglich des Kommunikationsablaufs für die verschiedenen Dienste sei auf die in CCITT X.213[4] dargestellten Zeitfolgediagramme verwiesen.

Tabelle 4.1. Verbindungsorientierte Vermittlungsdienste (engl. virtual circuit network services)

Dienst	req.	ind.	resp.	conf.	Parameter
Aufbau/Abbau:					
connect	x	x	x	x	Adressen der Verbindung, vorrangiger Datentransfer, Bestätigungen, QOS, Information (N-SDU)
disconnect	x	x			antwort. Adresse (b. Rückweisg.), Grund
Transferphase:					
data	x	x			Information (N-SDU)
data_acknowledge	x	x			
expedited_data	x	x			Information (N-SDU)
reset	x	x	x	x	Adressen der Verbindung

QOS=quality of service (Dienstgüteparameter)

Bei den verbindungsorientierten Diensten (Tab. 4.1) müssen Transportinstanzen mit dem *connect-Dienst* eine Verbindung aufbauen. Im Dienstsignal sind die Adressen der rufenden und gerufenen Station enthalten. Mit dem Dienstsignal kann bereits eine N-SDU übertragen werden. Weiterhin kann mit einem bool'schen Parameter der vorrangige Datentransfer angefordert werden. Wenn dieses vom Netz bestätigt wird, können in der späteren Datenübertragungsphase mit dem Dienst *expedited_data* N-SDUs bevorrechtigt durch das Netz transportiert werden. Mit dem optionalen Parameter *Bestätigungen* wird angefordert, dass die empfangende T-Instanz in der Datenübertragungsphase jede Daten-PDU explizit mit dem *data_acknowledge-*

4 CCITT: *Empfehlungen der V- und X- Serie,* Band 5: Datenübermittlungsnetze, Offene Kommunikationssysteme, Systembeschreibungstechniken, R. v. Deckers Verlag 1987.

Dienst quittiert. Hierbei handelt es sich um eine einfache Art der Fehlersicherung in der N-Schicht gegen Verlust von Datenpaketen. Der Dienst kann in manchen Netzen, in denen Teilstrecken ohne Fehlersicherungsschicht enthalten sind, sinnvoll benutzt werden, um ein Mindestmaß an Fehlersicherheit zu gewährleisten.

Die *QOS*-Parameter bestehen aus zwei Listen von Dienstgüteparametern, die ein Benutzer anfordern kann. In einer Liste werden Wunschparameter des users angeben, in der anderen Liste Minimalwerte dieser Parameter, die der Benutzer noch akzeptiert. Wenn der Vermittlungsdienst nicht mindestens die minimalen Dienstgütewerte erbringen kann, wird der Verbindungswunsch abgelehnt. Verbindungsaufbauwünsche werden über die Primitive *reponse* und *confirmation* bestätigt oder auf der gerufenen Seite mit einem *disconnect.request* abgelehnt. Dies führt auf der rufenden Seite zu einem *disconnect.indication*. Typische Dienstgüteparameter des Vermittlungsdienstes sind Durchsatz, Paketlaufzeit, Fehlerhäufigkeit und Kosten der Verbindung. Der Abbau einer Verbindung kann von beiden Seiten mit dem *disconnect-Dienst* eingeleitet werden.

In der Verbindungsphase werden der *data-Dienst* und der *expedited_data-Dienst* zur Übertragung von Informationen benutzt. Außer der N-SDU werden hierin keine weiteren Parameter benutzt.

Der *reset-Dienst* wird von den T-Instanzen oder vom Vermittlungsdienst in Ausnahmesituationen bei aufgetretenen Fehlern benutzt, um die Verbindung in einen definierten Grundzustand zurückzusetzen. Der Dienst hat die Funktion eines user- oder provider-Abbruchs. Alle in den Pufferspeichern des Netzwerkes vorhandenen Pakete werden gelöscht, gehen also verloren. Es ist dann Sache der Transportinstanzen, die Verbindung neu aufzubauen.

Tabelle 4.2. Verbindungslos orientierte Vermittlungsdienste (engl. datagram network services)

Dienst	req.	ind.	resp.	conf.	Parameter
unitdata	x	x			source-, destination address, Information(N-SDU), QOS
facility	x	x			QOS
report		x			

Bei den verbindungslos orientierten Diensten nach Tab. 4.2 wird zur Datenübertragung der *unit_data-Dienst* benutzt. Es gibt keine Verbindungsaufbauphase; deswegen muss in jedem Dienstsignal die vollständige Adressinformation als Parameter enthalten sein. Eine T-Instanz sendet das Dienstsignal einfach in einen N-SAP und erwartet, dass die Daten am entfernten N-SAP angezeigt werden.

Mit dem *facility-Dienst* kann ein Benutzer Werte von Dienstgüteparametern erfragen, z.B. die Anzahl von Paketen, die zum Ziel übertragen wurden. Der *report-Dienst* ist vom provider zum user gerichtet. Mit ihm zeigt der Vermittlungsdienst den Transportinstanzen Probleme im Netzwerk an, z.B. dass ein bestimmtes Ziel nicht erreicht werden kann.

4. 3. 1. Adressierungssystem

Eine der Funktionen der Vermittlungsschicht ist die eindeutige, weltweite Adressierung der Teilnehmer. Genauer gesagt bedeutet Adressierung nicht die Benennung von Teilnehmerstationen sondern die Adressierung der Dienstzugangspunkte des Vermittlungsdienstes; dies sind die N-SAPs und keinesfalls die sie nutzenden Transportinstanzen. So ist zum Beispiel die Rufnummer im Fernsprechnetz eine N-SAP-Adresse. Sie identifiziert nicht das nutzende Telefongerät sondern die Leitung, bzw. Steckdose, an der ein Telefon angeschlossen ist. Wenn das Telefon durch ein anderes ausgetauscht wird, oder der Anschluss von zwei oder mehreren Telefonen benutzt wird, behält der Anschluss immer dieselbe Rufnummer.

Idealerweise müssten alle Dienstzugangspunkte nach einem einheitlichen, weltweit gültigen Nummernsystem benannt werden, so dass jeder N-SAP weltweit eine eindeutige, d.h. nicht wiederkehrende Adresse in einem allgemeingültigen Adressraum aufweist. Dies ist bekanntlich nicht der Fall. Ein weltumspannendes Datennetz besteht aus vielen nationalen Teilnetzen, die wiederum in regionale Teilnetze und private lokale Netze zergliedert sind. Selbst in den Teilnetzen werden verschiedene, z.T. historisch bedingte unterschiedliche Vermittlungsprinzipien, Techniken und Adressierungen eingesetzt. Als Beispiel sei das über 100 Jahre gewachsene, analoge Fernsprechnetz und das in Aufbau befindliche digitale ISDN genannt, die hinsichtlich der Teilnehmeridentifizierung integriert werden müssen. Es ist also nicht vorstellbar, dass man mit jeder neuen Technologie eine neue Adressierung der Stationen verschiedener Teilnetze vornimmt. Stattdessen ist im Bereich des OSI-Vermittlungsdienstes ein hierarchisches Adressierungssystem definiert, wie es in Bild 4.10 symbolisch dargestellt ist. Das System passt sich an die bestehende hierarchische Baumstruktur internationaler und nationaler

Netze an und ist darüber hinaus für zukünftige Netzerweiterungen und Adressierungsverfahren offen.

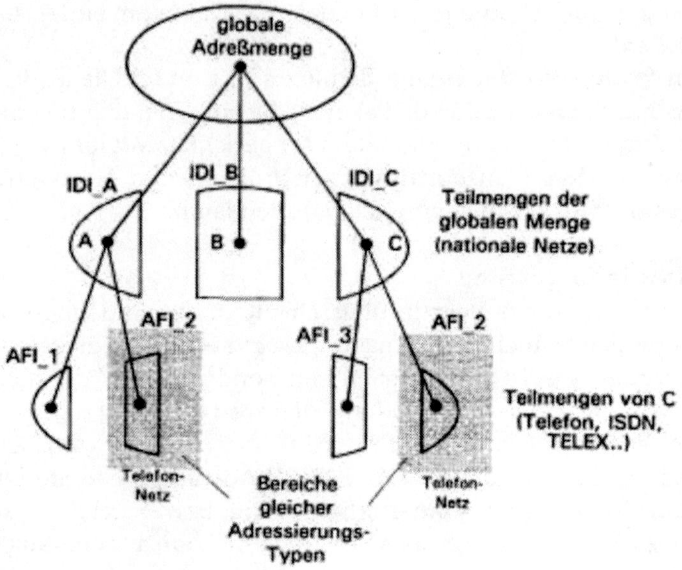

Bild 4.10. Hierarchisch gegliederte Adressbereiche des Vermittlungsdienstes (Abkürzungen siehe Text)

Bei diesem Adresssystem erfasst man die Gesamtheit aller N-SAP-Adressen in einer globalen Adressmenge. Sie gliedert sich in der ersten Unterebene in Teilmengen, die man in der Regel mit der Ebene der nationalen Netze gleichsetzen kann. Nationale Netze bestehen wiederum aus Teilnetzen, z.B. das Telefonnetz, das paketvermittelte Datennetz, das ISDN usw. Darunter ergeben sich weitere Stufen, z.B. Ortsnetze und in einer noch tieferen Gliederungsebene private, lokale Datennetze und Nebenstellenanlagen. An unterster Stelle dieses Gliederungssystems befinden sich schließlich die Teilnehmerstationen, in denen N-SAP-Adressen zu identifizieren sind.

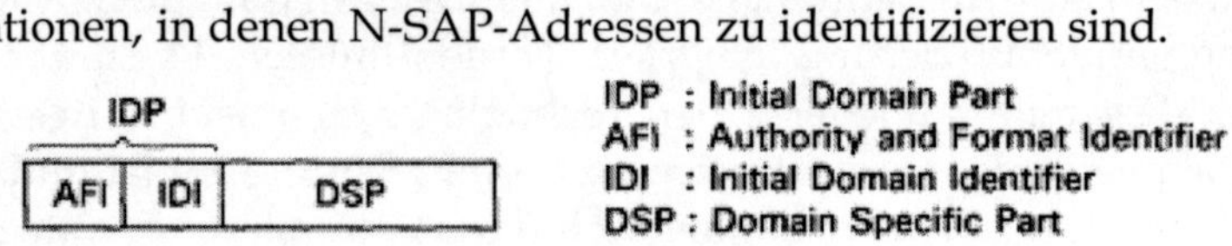

Bild 4.11. Format einer OSI-Vermittlungsadresse (N-SAP-Adresse) nach [**Fehler! Textmarke nicht definiert.**]

Das Format der N-SAP-Adressen besteht aus drei Feldern (Bild 4.11) und gilt sowohl für die Angabe von Quell- als auch für Zieladressen in den Parametern der Dienstsignale. Das erste Feld wird *AFI* (Authority and Format Identifier) genannt und kennzeichnet die Adressierungsart im dritten Feld *DSP* (Domain Specific Part). Im DSP-Feld befindet sich die eigentliche Adresse. Im AFI-Feld können verschiedene Codeworte stehen, die erlauben, im DSP-Feld Adressen, z.B. eines Paket-Netzes, eines Telefonnetzes oder Adressen für das ISDN anzugeben (vergl. auch Bild 4.10). Das zweite Feld *IDI* (Initial Domain Part) wird benutzt, um einen Adressbereich zu identifizieren. Wenn z.B. das DSP-Feld eine Telefonnummer enthält, kann das IDI-Feld den Ländercode für das jeweilige nationale Telefonnetz ausweisen.

Angemerkt werden sollte schließlich noch, dass es sich bei den Feldern für die N-SAP-Adresse um die Beschreibung abstrakter Datentypen handelt. Es wird hierdurch keinesfalls eine Implementierung des SAP vorgeschrieben. Die Felder beschreiben lediglich die Informationen, die bei der Benutzung der Vermittlungsdienste in irgendeiner Form am N-SAP übertragen werden und im Rahmen des N-Protokolls zwischen N-Instanzen ausgetauscht werden.

4. 4. Routing

Die Wegewahl (engl. routing) ist eine der Hauptaufgaben der N-Instanzen in den Knoten eines Vermittlungsnetzes. Routing ist immer dann notwendig, wenn zwischen der rufenden Datenstation und der gerufenen Datenstation mehrere alternative Wege über verschiedene Knoten existieren, d.h. ein vermaschtes Netz vorliegt. Mit einer Routing-Funktion wird ein optimaler Weg für Datenpakete zweier Endsysteme durch ein Vermittlungsnetz ermittelt.

4. 4. 1. Routing-Kriterien

Die Frage, was ein optimaler Weg ist, lässt sich nicht allgemeingültig festlegen und kann nur im Einzelfall beurteilt werden. Es gibt verschiedene Optimierungskriterien zur Festlegung eines optimalen Weges durch ein Vermittlungsnetz. Dabei muss unterschieden werden zwischen solchen Kriterien, die aus der Sicht des Vermittlungsnetzes und seiner Betreiber zu optimieren sind und solchen Kriterien, die für die Netzwerkbenutzer wichtig sind. Nachfolgend seien einige Kriterien genannt, die es beim Routing zu optimieren gilt:

geringste Entfernung

Dieses ist für die Benutzer hinsichtlich der entstehenden Kosten einer Datenverbindung wichtig.

größter Durchsatz
Dieses Kriterium ist gleichermaßen wichtig für den Netzwerkbetreiber und -benutzer.

geringste Netzlast in Knoten
Der Netzwerkbetreiber ist bestrebt alle Knoten gemäß ihren Verkehrskapazitäten gleichmäßig auszulasten; unter allen Umständen aber Verstopfungen einzelner Knoten zu vermeiden. Eine Optimierung dieses Kriteriums führt nicht immer auch zu günstigen Wegen für den Benutzer.

geringe Anzahl von hops
Unter hops versteht man die Anzahl von Knoten und Teilstrecken, die entlang einer Datenverbindung benötigt werden. Im Allgemeinen ist es für den Netzwerkbetreiber und -benutzer verkehrsgünstig, Wege mit geringer hop-Anzahl auszuwählen.

Ausnutzung von Teilstrecken
Im Interesse einer möglichst zügigen Übertragung ist es notwendig, dass besonders diejenigen Wege ausgewählt werden, deren Teilstrecken hohe Übertragungsgeschwindigkeiten besitzen und dass Teilstrecken gemieden werden, die bereits überlastet sind.

Man erkennt an dieser kleinen Auswahl von Kriterien, dass eine generelle Optimierung schwierig ist, weil sich aufgrund des sich ständig ändernden Verkehrs zu unterschiedlichen Zeiten unterschiedliche optimale Wege ergeben können. Jeder Knoten muss Messwerte über Route-Kriterien für das gesamte Netz kennen, um daraus mit Hilfe eines geeigneten *Routing-Algorithmus* den optimalen Weg zum Ziel ableiten zu können. Die Messwerte müssen schließlich in einer geeignet normierten Weise einen verschieden gewichteten Einfluss auf das Routing haben.

Die Routing-Problematik in Kommunikationsnetzen ist sehr verwandt mit den Verkehrslenkungsproblemen im Straßenverkehr. Es gilt hierbei, mit etwas veränderten Optimierungskriterien die gleichen Probleme durch möglichst gut optimierende Algorithmen zu lösen. Es gibt eine Fülle von Literatur, in der Routing-Algorithmen in den verschiedensten Kommunikationsnetzen eingehend behandelt werden, z.B. [5]. Im Rahmen dieses Buches wollen wir uns deshalb auf die Darstellung einiger Grundprinzipien beschränken.

Routing-Algorithmen lassen sich in zwei Klassen einteilen: Statisches Routing und Dynamisches Routing.

Beim statischen Routing basiert die Wegeentscheidung in den Knoten nicht auf Messungen der momentanen Verkehrskriterien auf den Teilstrecken. Stattdessen wird die Wegewahl für jeden Knoten einmalig vor der Inbetriebnahme des Netzes berechnet. Dies geschieht auf der Basis von Verkehrserwartungen und wird durch den Netzwerkbetreiber durchgeführt (offline routing). Die aus den Berechnungen abgeleiteten Routing-Informationen bekommt dann jeder Knoten bei seiner Inbetriebnahme statisch eingespeichert.

Beim dynamischen Routen entscheidet ein Knoten über den optimalen Weg aufgrund von Verkehrsmessungen und Austausch von Routing-Informationen mit anderen Netzknoten während seines laufenden Betriebs (online routing). Dies bedeutet natürlich erheblich mehr Rechenaufwand in den Knoten als es beim statischen Routing der Fall ist. Dafür passt sich das dynamische Routing aber automatisch an die tatsächlich vorhandenen Verkehrsverhältnisse an.

4. 4. 2. Statisches Routing

Dieses Verfahren wird bevorzugt in kleineren Netzen oder Teilnetzen bis zu einer Knotenzahl von einigen 10 eingesetzt. Grundlage des Verfahrens ist eine Gewichtung von Teilstrecken. Hierbei bekommt jede Teilstrecke im

---

5 Nussbaumer, Heni, J.: *Computer Communication Systems,* Volume 2: Principles, Design, Protocols, Wiley & Sons, 1990; Tanenbaum, Andrew S.: *Computer Networks,* Prentice-Hall International Inc., 1989; Cantor, D. G.; Gerla, Mario: *Optimal routing in packet-switched computer network,* IEEE Trans. on Computers, Vol. C-23, No. 10, October 1974, S. 1062-1069; Kleinrock, Leonard; Fultz, Gary L.: *Adaptive routing techniques for store-and-forward computer communication networks,* Proceedings of the International Conference on Communications, June 1971; Prosser, Reese T.: *Routing procedures in communication networks,* Part I: random procedures, Part II: directory procedures, IRE Transactions on Communications Systems, Vol-CS-10, No.4, Dec. 1962, S. 322-335 und Silk, D. J.: *Routing doctrines and their implementation in message switching networks,* Proc. of the IEEE, Vol. 116, No. 10, Oct. 1969, S. 1631-1638.

Netz einen Gesamtgewichtsfaktor, der aus den Optimierungskriterien in irgendeiner Weise kombiniert errechnet wird. Bild 4.12 zeigt ein Netzbeispiel mit den so ermittelten Teilstreckengewichten.

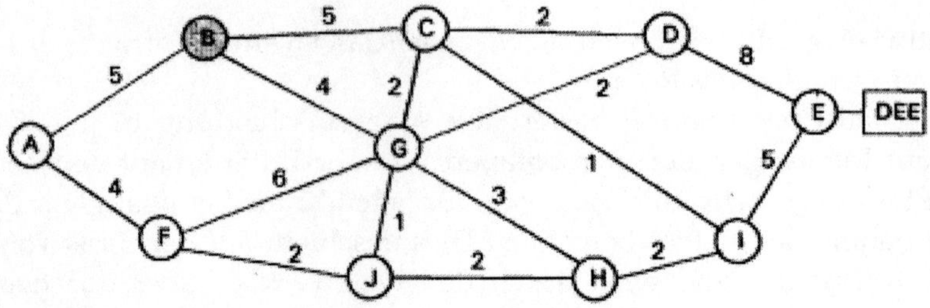

Bild 4.12. Netzbeispiel mit Teilstreckengewichten

Kleines Gewicht einer Teilstrecke bedeutet eine in Bezug auf die relevanten Kriterien verkehrsgünstige Strecke und großes Gewicht eine ungünstige Teilstrecke.

Dann lässt sich das Routing darauf zurückführen, einen Weg durch das Netz mit dem kleinsten Summengewicht zu suchen. So lässt sich beispielsweise ermitteln, dass der günstigste Weg für Pakete vom Ausgangsknoten B zur DEE am Zielknoten E über die Knoten C, I und E führt. Für diesen Weg ist das Summengewicht (5+1+5=11) minimal.

Man ermittelt nun anhand einer Tabelle die günstigsten Pfade von jedem Knoten als Ausgangspunkt zu jedem anderen Knoten als Zielknoten, indem diejenigen hops notiert werden, deren Summengewicht minimal ist. Dieser Vorgang ist das statische Routing, das man entweder manuell oder mit Hilfe geeigneter Routing-Programme auf Rechnern durchführen kann. Es kann durchaus vorkommen, dass zwei optimale Wege zum gleichen Ziel führen, wenn sie nämlich gleiches Summengewicht aufweisen. Tab. 4.3 zeigt das Ergebnis des Routing für das Netzbeispiel aus Bild 4.12.

Tabelle 4.3. Routing-Ergebnisse der optimalen Pfade mit Summengewichten

nach von	A	B	C	D	E	F	G	H	I	J
A		B 5	FJGC 9	FJGD 9	FJHIE15	F4	FJG 7	FJH 8	FJHI10	FJ 6
B	A 5		C 5	GD 6	CIE 11	GJF 7	G 4	GH 7	CI 6	GJ 5
C	GJFA 9	B 5		D 2	IE 6	GJF 5	G 2	IH 3	I 1	GJ 3
D	GJFA 9	GB 6	C 2		E 8	GJF 5	G 2	CIH 5	CI 3	GJ 3
E	IHJFA15	ICB 11	IC 6	D 8		IHJF 11	ICG 8	IH 7	I 5	IHJ 9
F	A 4	JGB 7	JGC 5	JGD 5	JHIE 11		JG 3	JH 4	JHI 6	J 2

G	JFA 7	B 4	C 2	D 2	CIE 8	JF 3		H 3	CI 3	J 1
H	JFA 8	GB 7	IC 3	GD 5	IE 7	JF 4	G 3		I 2	J 2
I	HJFA 10	CB 6	C 1	CD 3	E 5	HJF 6	CG 3	H 2		HJ 4
J	FA 6	GB 5	GC 3	GD 3	HIE 9	F 2	G 1	H 2	HI 4	

Aus dieser Tabelle entnimmt man nun die in jedem Knoten zu speichernde Routing-Information. Der einzelne Knoten bekommt diese Information in Form der sog. *Routing-Tabelle*. Die Routing-Tabelle gibt an, an welchen nächsten Knoten ein Datenpaket zu versenden ist, wenn ein bestimmter Zielknoten in der Paketadresse angegeben ist. Die Routing-Tabelle stellt eine Referenz zwischen Zielknoten und nächstem Knoten her. Für den Knoten B beispielsweise sieht die Routing-Tabelle wie folgt aus:

Tabelle 4.4. Routing-Tabelle für Knoten B

Zielknoten	A	C	D	E	F	G	H	I	J
nächster Knoten	A	C	G	C	G	G	G	C	G

Mit Hilfe dieser, meist programmierbaren Tabelle kann ein Knoten im laufenden Betrieb sehr einfach und damit schnell die jeweilige Teilstrecke ermitteln, die insgesamt optimal zum Ziel führt. Nachteilig ist jedoch, dass die Routing-Tabelle im laufenden Betrieb statisch festliegt und deshalb eine eigenständige, dynamische Anpassung an sich ändernde Verkehrsverhältnisse fehlt. Dazu bedarf es weiterer Mechanismen, die im folgenden Abschnitt beschrieben werden.

4. 4. 3. Dynamisches Routing

Das statische Routing wird offline außerhalb der N-Instanzen durchgeführt. Dies hat den Vorteil, dass man das Gesamtnetz gewissermaßen aus der Vogelperspektive betrachten kann und dabei über verkehrsgünstige Pfade entscheiden kann. Ein erster Ansatz zur Automatisierung und damit zur Dynamisierung besteht darin, dass man das Routing in einem zentralen Knoten des Netzwerkes in gewissen Abständen online vornimmt und die übrigen Knoten über das Netzwerk daraufhin mit aktualisierten Routing-Tabellen versorgt. Dieses Prinzip ist in einigen Netzen realisiert und heißt *zentrales Routing* im Gegensatz zum *dezentralen Routing*.

4. 4. 3. 1. Zentrales Routing

In einem zentralen Knoten wird die N-Instanz das Routing-Zentrum für alle anderen, dezentralen Knoten. In den dezentralen Knoten werden die Verkehrsverhältnisse ihrer Teilstrecken periodisch gemessen und an das Routing-Zentrum übertragen. Im zentralen Router werden all diese Daten der benachbarten Knoten gesammelt und dann, basierend auf der Kenntnis der Netzwerktopologie, mit Hilfe eines Routing-Algorithmus die optimalen Wege zwischen den Knoten errechnet. Das Ergebnis sieht dann wie in Tab. 4.3 gezeigt aus. Hieraus bestimmt der zentrale Router die knotenspezifischen Routing-Tabellen und überträgt sie gezielt an die dezentralen Knoten.

Auf den ersten Blick erscheint zentrales Routing für das Anpassen an sich ändernde Verkehrsverhältnisse sehr geeignet zu sein. Der zentrale Router entlastet die dezentralen Knoten von dem rechenintensiven Routing-Algorithmus und er hat stets die gesamte Information über das Netzwerk, um optimale Routing-Tabellen aufzubauen. Zentrales Routing erfordert aber die Übertragung von zusätzlichen Informationen in beiden Richtungen zwischen den dezentralen und dem zentralen Knoten im Rahmen eines N-Protokolls. Wenn das Netzwerk viele Knoten und entsprechend viele Teilstrecken hat, entsteht durch das Übertragen von Routing-Informationen zusätzlich belastender Verkehr. Dies ist ein Nachteil des zentralen Routings. Außerdem wird das wiederkehrende Routen für alle Knoten u.U. selbst zu einem sehr rechenintensiven Vorgang, insbesondere wenn sich die Verkehrsverhältnisse sehr schnell ändern. Ein großes Problem sind auch mögliche technische Fehler im zentralen Router. Alle dezentralen Knoten sind von der technischen Zuverlässigkeit eines Systems abhängig; der zentrale Router muss deshalb mit redundantem Aufwand zuverlässig gebaut werden.

Schließlich ergeben sich beim zentralen Routing weitere Probleme durch das Verteilen der Routing-Tabellen. Dezentrale Knoten, die in der Nähe des zentralen Knotens liegen, erhalten ihre Tabellen zuerst und schalten auf die aktualisierten Werte um, bevor entfernte Stationen ihre Tabellen erhalten haben. Dadurch können Inkonsistenzen bezüglich der Wegewahl im Netzwerk auftreten, die zu einer Herabsetzung des Durchsatzes für einzelne Pakete führen. Unter den verzögerten N-PDUs für die Endsysteme befinden sich aber auch diejenigen N-PDUs, die zur Übermittlung der Route-Informationen nötig sind; dadurch verschärft sich das Problem der Inkonsistenz nochmals.

4. 4. 3. 2. Dezentrales Routing

Sobald Netzwerke eine bestimmte Größe überschreiten, muss man zu dem Prinzip des dezentralen Routings übergehen. Hierbei verlagert man die Routing-Funktionen in jeden einzelnen Knoten. Basis zur optimalen Wegewahl

ist auch hierbei eine Routing-Tabelle in jedem Knoten.
Die einfachste Form einer dezentralen Anpassung besteht darin, dass ein Knoten einzig aufgrund seiner eigenen Messungen zur Wegentscheidung gelangt. Dieses *isolierte Routing* arbeitet mit einer fest programmierten Routing-Tabelle, die mehrere priorisierte Wege beinhaltet. Der Knoten misst die Verkehrsbelastung auf seinen angrenzenden Teilstrecken und bezieht dies in seine Wegewahl als Nebenbedingung ein. So kann z.B. der Füllgrad der Ausgangspuffer eines Knotens als Kriterium für die Verkehrsbelastung seiner Teilstrecken herangezogen werden (vgl. Bild 4.5). Wird anhand der statischen Routing-Tabelle eine günstigste Teilstrecke gewählt (1. Wahl), so kann diese Wahl davon abhängig gemacht werden, wieviele Pakete bereits in dem betreffenden Puffer zum Senden warten. Ist der Füllgrad hoch, dann bedeutet dies wahrscheinlich eine hohe Wartezeit bis zum Senden, lässt sich also als ein momentan ungünstiger Weg deuten. Der Knoten entscheidet sich dann für die Wegewahl 2. Priorität usw.

Um die Vorteile des zentralen Routings auch beim dezentralen Routing nutzen zu können, ist es notwendig, dass der einzelne Knoten nicht nur die Verkehrsverhältnisse seiner lokalen Umgebung kennt, sondern Informationen über andere Knoten erlangt. Verfeinerte Routing-Prozeduren wurden entwickelt, um die Wegewahl im einzelnen Knoten noch besser dynamisch an die momentanen Verkehrsverhältnisse im Gesamtnetz anpassen zu können. Ihnen allen ist gemeinsam, dass hierbei die Knoten gezielt Routing-Informationen untereinander austauschen, die sie zur Aktualisierung ihrer Routing-Tabellen benutzen. Solche Verfahren fasst man unter dem Begriff *Verteiltes Routing* (engl. *distributed routing*) zusammen, das in der Literatur ausführlich beschrieben wird, so z.B. in.[6]

4. 5. Protokollbeispiel : X.25-Paketvermittlung

Es gibt eine sehr große Zahl unterschiedlich standardisierter Vermittlungsprotokolle im Bereich der öffentlichen und privaten Netze, mit denen man mehr oder weniger die OSI-Vermittlungsdienste realisieren kann. Aus dieser Fülle soll ein heute weit verbreitetes Beispiel der öffentlichen Netztechnik dargestellt werden, das Paketnetz nach dem CCITT-Standard X.25.

---

[6] Nussbaumer, Henri J.: *Computer Communication Systems,* Volume 2: Principles, Design, Protocols, Wiley & Sons, 1990 und Tanenbaum, A. S.: *Computer Networks,* Prentice-Hall International Inc., 1989.

Um zu verhindern, dass sich Netzwerk-Protokolle in verschiedenen Ländern in unterschiedlichster Weise entwickeln, hat CCITT bereits 1974 damit begonnen, einen Netzwerkstandard für öffentliche Datennetze zu definieren. Dieser Standard ist in der Empfehlung X.25 niedergelegt [7] und ist eine zusammenfassende Beschreibung der Protokolle für Schicht 1, 2 und 3 in paketvermittelnden Datennetzen.

Bild 4.13 verdeutlicht den Geltungsbereich des X.25-Standards in einem öffentlichen Datennetz, das aus Datenendeinrichtungen (DEE), Datenübertragungseinrichtungen (DÜE) und Datenvermittlungsknoten (DVK) besteht.

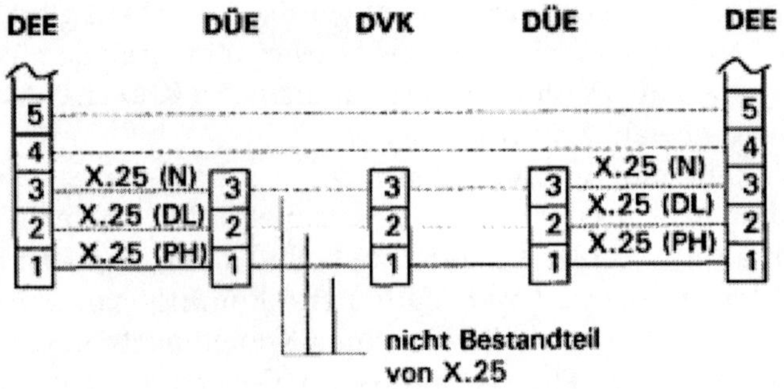

Bild 4.13. Geltungsbereich des CCITT-Standards X.25

Die Richtlinie X.25 beschreibt lediglich die Protokolle an der Geräteschnittstelle zwischen DEE und DÜE, also im Teilnehmerendbereich. Nicht beschrieben werden hierin die übrigen Protokolle, so z.B. die N-Protokolle zwischen den Vermittlungsknoten DVK. Sie hängen sehr stark von den nationalen Netzgegebenheiten ab. Die Standardisierung stellt sicher, dass Endgeräte in den Schichten 1, 2 und 3 entwickelt werden können, die weltweit an einem paketvermittelten Netz kompatibel betreibbar sind.

X.25 (PH) definiert das Schicht 1-Protokoll. Hierin wird auf andere Standards Bezug genommen, z.B. X.21. In dem Teil X.25 (DL) ist das Sicherungsprotokoll beschrieben (LAPB: HDLC-Prozedur).

Das Schicht-3-Protokoll X.25(N) ist sehr umfangreich. Es hier vollständig zu behandeln, würde den Rahmen dieses Buches sprengen. An dieser Stelle wollen wir uns auf einige Konstruktionsmerkmale beschränken, soweit sie

7 CCITT: *Empfehlungen der V- und X- Serie,* Band 3: Datenübermittlungsnetze, Schnittstellen, R. v. Deckers Verlag 1986.

für das Verständnis der Kommunikationsabläufe im Zusammenhang mit den OSI-Vermittlungsdiensten grundlegend sind. Deshalb sei zur weiteren Vertiefung, speziell in dieses Protokoll, auf die einschlägige Literatur, z.B. [8], verwiesen.

Das CCITT-X.25-Protokoll in seiner letzten Version von 1984 unterstützt zwei Dienste, *virtual call* und *permanent virtual call*. Der Dienst virtual call entspricht weitgehend dem OSI-Dienst virtual circuit, geht also von einer 3 Phasen-Vermittlung aus; der Dienst permanent virtual call ist auf festgeschalteten Leitungen zu benutzen. Festgeschaltete Leitungen werden bei Anwendungen mit hohem Datenaufkommen eingesetzt. Da der Datentransfer bei diesem Dienst exakt dem des virtual call in der Datenübertragungsphase entspricht, braucht er nicht extra beschrieben zu werden. Permanente Verbindungen sind nicht zu verwechseln mit Verbindungen, wie sie bei einem datagram-Dienst geboten werden. Dies ist in X.25 nicht vorgesehen.[9]

Zwei besondere Leistungsmerkmale des X.25-Protokolls sollen erwähnt werden, die nicht unbedingt typisch für Vermittlungsprotokolle sind. Das Protokoll erlaubt die Multiplex-Bildung auf der Schnittstelle zwischen der Datenendeinrichtung und der Datenübertragungseinrichtung in Form von logischen Kanälen. Mehrere virtuelle Verbindungen können gleichzeitig auf dieser Schnittstelle vorhanden sein. Dies wird durch Angabe einer logischen Kanalnummer in jeder N-PDU realisiert, die die Zugehörigkeit eines Paketes zur entsprechenden Verbindung codiert.

Eine weitere Besonderheit ist, dass Daten-PDUs gesichert zwischen N-Instanzen übertragen werden können. Dies geschieht auf der Basis eines Sliding-Window-Prinzips mit Übertragung von Sequenznummern innerhalb der Daten-PDUs. Hierbei wird allerdings keine Prüfsumme übertragen, wie dies bei der Schicht 2-Fehlersicherung der Fall ist. Es können somit keine Bitfehler innerhalb einer PDU erkannt werden, sondern es kann lediglich der Verlust ganzer PDUs im Netz kontrolliert werden (durch Verwaltung von Sende- und Empfangsfolgenummern in den N-Instanzen). Bei öffentlichen Datennetzen mit ihrer großen Ausdehnung ist diese zusätzliche Sicherungsmaßnahme notwendig, um Schwachstellen der Schicht 2-Teilstreckenübertragung verbessern.

---

8 Nussbaumer, Henri J.: *Computer Communication Systems,* Volume 2: Principles, Design, Protocols, Wiley & Sons, 1990.

9 In der Protokollversion von 1980 war eine datagram-Übertragung vorgesehen, die aber in der Version von 1984 wieder eliminiert wurde.

4. 5. 1. Kommunikationsabläufe

Bild 4.14 zeigt die drei Phasen des Kommunikationsablaufs. Das X.25-Protokoll definiert hierzu verschiedene N-PDUs. Der Dienst wird über die in Abschn. 4.3 definierten Dienstsignale gesteuert, wobei die Dienstsignale auf Protokolldateneinheiten in einem X.25-Netz abzubilden sind.

Der Ablauf startet mit einem Dienstsignal connect.request am N-SAP der rufenden DEE. Die N-Instanz dieser DEE sendet daraufhin eine Verbindungsanfrage-PDU *CALL_REQUEST* an ihre Partnerinstanz in der DÜE, die an der entfernten DÜE der gerufenen DEE übertragen wird. Die Übertragung der Information im Netz selbst unterliegt nicht dem Protokoll X.25 sondern den Eigenschaften der zwischen den Vermittlungsknoten vereinbarten Protokolle. Da der Verbindungsaufbau bestätigend ist, wird von der gerufenen Station eine Verbindungsbestätigungs-PDU *CALL_ACCEPTED* zurück zur rufenden DEE übersandt. Die Datenübertragung wird durch das Dienstsignal data.request eingeleitet, deren Information in einer oder mehreren PDUs des Typs *DATA* verpackt und zur entfernten Station übertragen wird. Zum Verbindungsabbau dienen die N-PDUs *CLEAR_REQUEST* und *CLEAR_CONFIRMATION*.

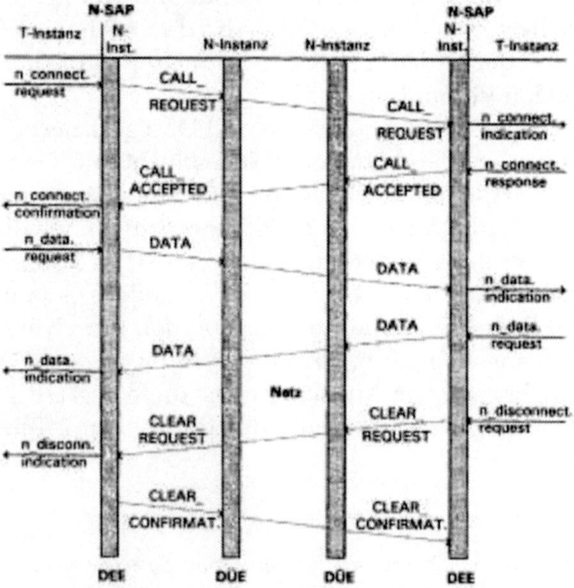

Bild 4.14. Ablauf Virtual Circuit in einem Paketvermittlungsnetz nach X.25

In ähnlicher Weise, wie in Bild 4.14 gezeigt, werden auch die übrigen Dienstsignale des OSI-Vermittlungsdienstes auf spezielle Protokolldateneinheiten des X.25-Protokolls abgebildet. Tab. 4.5 zeigt die Abbildung aller verbindungsorientierten Dienstsignale zu den bei X.25 definierten Protokolldateneinheiten.

Tabelle 4.5. Abbildung der virtual-circuit-Dienste auf X.25-PDUs

N-Dienstsignal (OSI)	X.25-PDU	Bemerkungen
connect.req./indic. connect.resp./confirm.	CALL_REQUEST CALL_ACCEPTED	Verbindungsanfrage Verbindungsbestätigung
disconnect.req./indic.	CLEAR_REQUEST CLEAR_CONFIRMATION	Abbauanfrage Abbaubestätigung
data.request/indication	DATA	Daten-PDU
data_acknowledge.req/indic	RR (Receive Ready) RNR (Receive Not Ready) DATA	Bestätigung erfolgen über die in den PDUs enthaltenen Sequenznummern
expedited_data.req./indic.	INTERRUPT	Vorrangs-Daten-PDU
reset.request/indication reset.response/confirmation	RESET_REQUEST RESET_CONFIRMATION	Rücksetzanfrage Rücksetzbestätigung

Mit Hilfe der Abbildungsvorschriften lassen sich leicht die Zeitfolgediagramme bei den übrigen Dienstsignalen konstruieren (s. hierzu[10]).

Ergänzend zu den in der Tabelle aufgeführten PDUs definiert das X.25-Protokoll noch eine Reihe weiterer PDUs, z.B. für Managementaufgaben, die hier aber nicht näher betrachtet werden sollen.

4. 5. 2. N-PDU-Format

Die N-Protokolldateneinheiten im X.25-Protokoll (N-Schicht) bestehen aus einem Block ganzzahliger Einheiten von Bytes (Oktetts). Allen PDUs ist ein 3 Byte langer Header vorangestellt (Bild 4.15a). Hieran schließt sich eine variable Anzahl von Bytes für den Body an, der für die verschiedenen PDUs verschiedene Felder hat. Anhand zweier Beispiele sei der Grundaufbau dargestellt.

Die minimale Länge einer PDU ist 3 Byte; sie umfasst also mindestens den Header. Das Group- und das Channel-Feld formen zusammen eine 12 Bit

---

10 Nussbaumer, Henri J.: *Computer Communication Systems,* Volume 2: Principles, Design, Protocols, Wiley & Sons 1990.

lange Kanalnummer zur Verwendung mehrerer logischer Kanäle. Im Type-Feld ist die Art der PDU codiert. Man unterscheidet, wie in der Schicht 2 (HDLC), zwischen Daten-PDUs, die eine Sende- und Empfangsfolgenummer beinhalten, Überwachungs-PDUs, die nur eine Empfangsfolgenummer haben und unnummerierten PDUs, die zur Steuerung der virtuellen Verbindung benötigt werden.

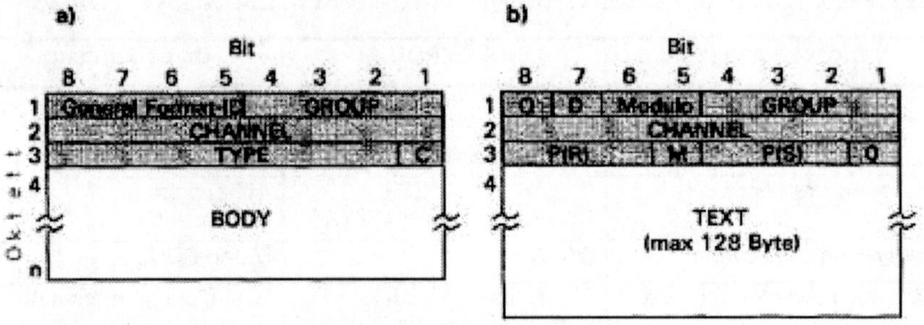

Bild 4.15. Grundformat für X.25-N-PDUs (a) und Format für eine DATA-PDU (b)

Bild 4.15b zeigt als erstes Beispiel den Aufbau einer DATA-PDU. Im Type-Feld steht hier an der ersten Bitposition, im Control-Bit C, eine 0. Diese weist das Paket als DATA-PDU aus. In den übrigen Bits dieses Feldes stehen u.a. die Sendefolgenummer P(S) sowie die Empfangsfolgenummer P(R). Die mit der PDU zu übertragende Information ist im Feld TEXT zu finden. Dieses Feld hat eine variable Länge von Bytes, in der Regel maximal 128 Byte.

Alle anderen PDUs unterscheiden sich von DATA-PDUs dadurch, dass ihr Control-Bit auf 1 gesetzt ist. Als zweites Beispiel sei abschließend der Aufbau einer CALL_REQUEST-PDU dargestellt (Bild 4.16)

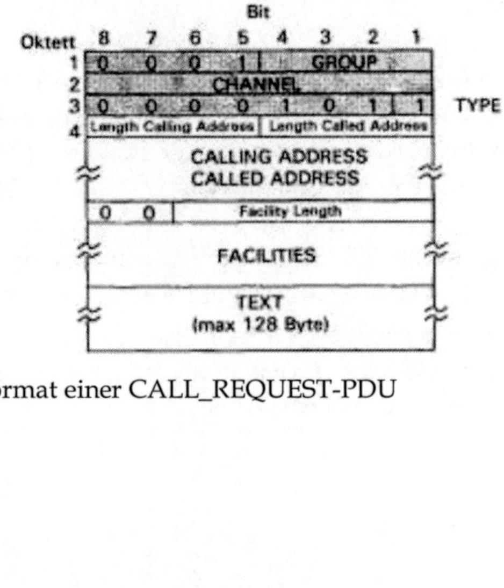

Bild 4.16. Format einer CALL_REQUEST-PDU

Die angegebene Type-Codierung im Header kennzeichnet genau diese PDU. Der Body beginnt hier zunächst mit Feldern für die Adressen. Daran schließen sich Felder an, in denen z.B. Dienstgüteparameter bzw. Leistungsmerkmale der angeforderten Verbindung (facilities) codiert sind. Am Ende dieser PDU können mit dem Verbindungsaufbau gleichzeitig Daten übertragen werden (TEXT-Teil). Adressen und die facility-Parameter haben grundsätzlich variable Längen. Zur eindeutigen Trennung auf der Empfangsseite sind deswegen diesen Parametern Längenfelder vorangestellt, die die Byteanzahl der betreffenden, nachfolgenden Felder angeben.

4. 6. Übungsaufgaben

Für die mit einem (L) gekennzeichneten Aufgaben sind die Lösungen im Anhang (Abschn. 9.6) angegeben.

Aufgabe 4.1:
Erläutern Sie die Verfahren Leitungsvermittlung, Paketvermittlung, virtual circuit und datagram.

Aufgabe 4.2 (L):

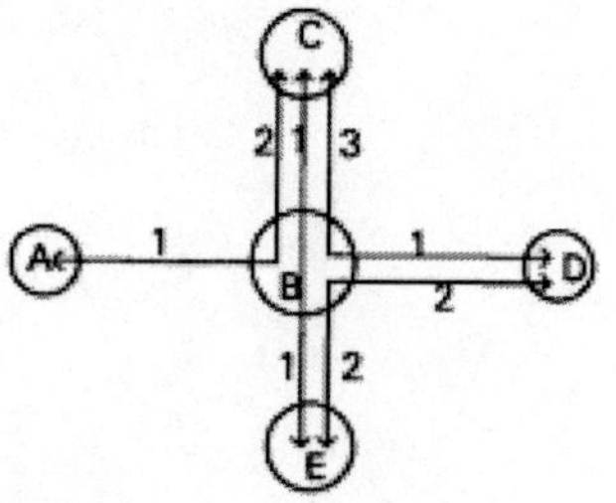

Gegeben ist der folgende Netzausschnitt mit Knoten, Verbindungen, sowie Verbindungsnummern.

Stellen Sie die Verbindungstabelle des Knotens B auf.

Aufgabe 4.3 (L):

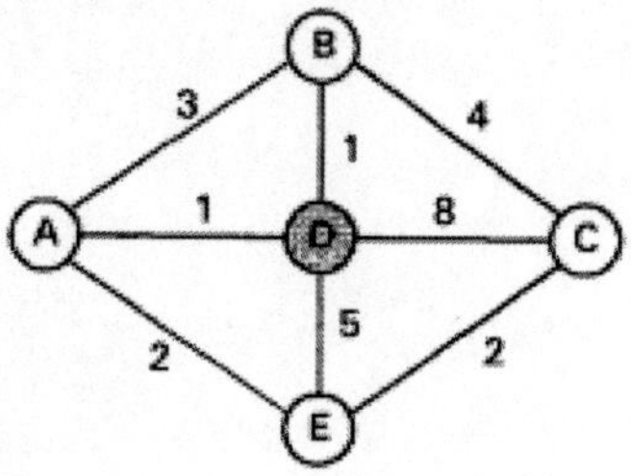

Gegeben: Netzausschnitt mit Teilstrecken und Gewichten

Gesucht: Routing-Tabelle des Knotens D (statisches Routing)

Aufgabe 4.4 (L):

Es ist ein SDL-Diagramm für eine N-Instanz einer Datenendeinrichtung (DEE) an einem X.25-Paketnetz für die Phase des Verbindungsaufbaus zu konstruieren (nur abgehender Verbindungsaufbau, eingeleitet durch die überlagerte T-Instanz).

5. Transportschicht

Die Transportschicht wird manchmal auch als das Herzstück eines Kommunikationssystems bezeichnet, weil sie es ist, die den anwendungsorientierten Schichten letztendlich einen zuverlässigen, fehlerfreien und kostensparenden Datentransfer von einem Anwendungsprozess zu einem anderen Anwendungsprozess in einer entfernten Datenstation liefert. Die Aufgabe der Transportschicht ist es, die verbleibenden Schwachpunkte des Vermittlungsdienstes zu beseitigen. Sie stellt ihren Benutzern, das sind die Instanzen der Kommunikationssteuerungsschicht, einen Ende-zu-Ende-Transportweg für Daten zur Verfügung und zwar unabhängig von den unterlagerten Netzwerken, den Teilstrecken und physikalischen Übertragungswegen.

5. 1. Dienste

In den vorangegangenen Abschnitten haben wir die Funktionen der unteren drei Schichten behandelt und dabei gezeigt, wie der Kommunikationskomfort mit zunehmender Schichtenhöhe wächst. Bitübertragung, Fehlersicherung und Vermittlung sind die Aufgaben der unteren drei Schichten. Man kann sich nun fragen, welche Probleme denn überhaupt noch eine Transportschicht notwendig machen. Wenn dennoch eine besondere Transportschicht eingeführt wird, liegt das an der Unvollkommenheit der unterlagerten Netze. Vermittlungsnetze (private und öffentliche) existieren seit vielen Jahrzehnten, lange bevor mit dem OSI-Referenzmodell ein Standard für die Dienste der ersten drei Schichten definiert wurde. Es ist deswegen nicht verwunderlich, dass in der realen Kommunikationswelt Netze benutzt werden, die sich nur sehr schwer an die OSI-Vorstellungswelt anlehnen, hinsichtlich ihrer Funktionen also nur ein Bruchteil Komfort von dem bieten, was im OSI-Modell beabsichtigt ist. Bestes Beispiel ist das weltweite Telefonnetz, das keine Fehlersicherung und keine Flusskontrolle bietet und darüber hinaus für die meisten Datenübertragungsanwendungen nicht kostengünstig ist, aber wegen der großen Zahl erreichbarer Teilnehmer dennoch zu den am häufigsten benutzen Netzen in der Datenkommunikation gehört.

Einige verbleibende Schwachpunkte des Vermittlungsdienstes seien aufgezählt: Zusammenbruch von N-Verbindungen, Verlust von Datenpaketen

(N-PDUs), gestörte Reihenfolge von N-PDUs in Netzen mit dynamischem Routing, Duplikate von N-PDUs aufgrund wiederholter Übertragung über verschiedene Wege, keine oder nicht ausreichende Fehlersicherung auf manchen Teilstrecken, fehlende oder unvollständige Flusskontrolle, ineffektive Paketlängen zum Transport über das Netzwerk, schlechte Ausnutzung einer N-Verbindung in Bezug auf die Übertragungsgeschwindigkeit.

All diese Probleme realer, historisch gewachsener Netze sollen eliminiert werden, indem oberhalb des Vermittlungsdienstes eine Transportschicht installiert ist, die die Mängel der unterlagerten Schichten für die anwendungsbezogenen Instanzen "unsichtbar" macht.

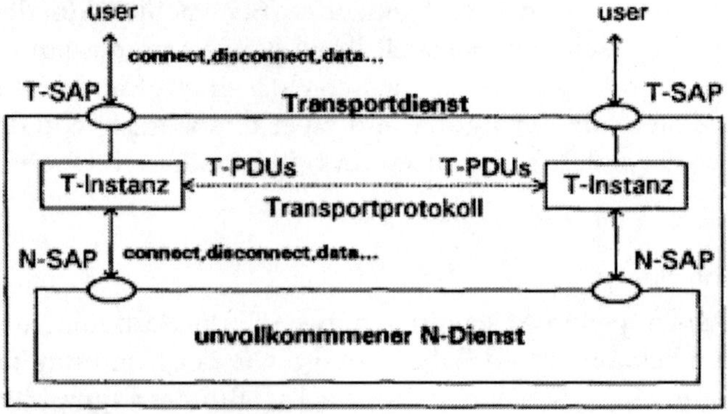

Bild 5.1. Transportdienst

Da die Transportschicht zur Hauptsache Schwachstellen realer Netze ausgleichen soll, kann man ihre Funktion im Wesentlichen darin sehen, all die Dienste zu bieten, wie sie von einem wünschenswerten, optimalen Netzwerkdienst erwartet werden, aber in der Praxis nicht vorhanden sind. Da fehlende Netzwerkfunktionen wegen der weltweiten Verteilung der N-Instanzen in vielen Vermittlungsknoten nicht nachträglich in den Transitsystemen "repariert" werden können, kann dies nur in den Endsystemen durch ergänzende Transportinstanzen geschehen, die sich, wie Bild 5.1 zeigt, auf bestehende Dienste des unterlagerten, unvollkommenen N-Dienstes abstützen. Während N-Instanzen sowohl in Datenstationen als auch in Vermittlungsknoten vorkommen, sind T-Instanzen in der Regel nur in Endsystemen zu finden. Ist der Vermittlungsdienst komfortabel genug, so haben die T-Instanzen einen geringen Funktionsumfang, ggf. kann auf sie ganz verzichtet werden; das Transportprotokoll ist dann einfach. Wenn jedoch ein "schwacher" N-Dienst benutzt wird und die Anwender viel komfortablere

Übertragungsfunktionen fordern, so kann das Transportprotokoll sehr umfangreich sein. Dies führt zu komplizierten Abläufen in den T-Instanzen.

Als wichtiges Ergebnis ist deswegen festzuhalten, dass die Transportschicht im Prinzip keine neuen Dienste im Vergleich zu den schon behandelten OSI-Vermittlungsdiensten bietet, sondern dieselben Dienstsignale benutzt, wie sie bereits im Vermittlungsdienst behandelt wurden (vergl. Tab. 4.1 und 4.2). Genauso wie im Vermittlungsdienst unterscheidet man auch hier zwischen verbindungsorientierten und verbindungslos orientierten Transportdiensten und steuert sie mit den bekannten Signalen (connect, data, expedited_data, disconnect usw.) Unterschiede kann es lediglich bezüglich der in den Dienstsignalen enthaltenen Parameter geben, da sich in ihnen die unterschiedliche Qualität der Dienste am N-SAP und T-SAP ausdrückt. Eine detaillierte Beschreibung der OSI-Transportdienste liefert die CCITT-Richtlinie X.214.[1]

5. 2. Transportprotokoll

Das Ziel der Transportschicht ist die Verbesserung der Qualität des unterlagerten N-Dienstes. Wegen der Vielzahl von Netzwerken mit verschiedenen Vermittlungsverfahren und Fähigkeiten haben Transportprotokolle deshalb verschiedene Komplexität in Abhängigkeit der Fähigkeiten des unterlagerten N-Dienstes. Aber auch die aus der Sicht der Anwendungsinstanzen geforderten Transportdienste bestimmen den Umfang der Transportprotokolle. Transportprotokolle für Lokale Rechnernetze, so z.B. das weit verbreitete *Transmission Control Protocol* (TCP [2]), haben andere Funktionen als solche für öffentliche Netze. Gemeinsam ist allen Transportprotokollen jedoch, dass sie im Gegensatz zu Vermittlungsprotokollen immer eine Ende-zu-Ende-Kommunikation, hier die der Transportinstanzen, beschreiben. Wir wollen uns hier etwas näher mit dem vom CCITT vorgeschlagenen *Transportprotokoll für OSI-Systeme* beschäftigen.[3]

---

1 CCITT: *Empfehlungen der V- und X- Serie,* Band 5: Datenübermittlungsnetze, Offene Kommunikationssysteme, Systembeschreibungstechniken, R. v. Deckers Verlag 1987.

2 Schwartz, Mischa: *Telecommunication Networks Protocols,* Modelling and Analysis, Addison-Wesley Publishing Company, 1987.

3 CCITT: *Empfehlungen der V- und X- Serie,* Band 5: Datenübermittlungsnetze, Offene Kommunikationssysteme, Systembeschreibungstechniken, R.v.Deckers Verlag 1987.

5. 2. 1. Protokollklassen

Um den Funktionsumfang eines Transportprotokolls festzulegen, und daraus konkrete Spezifikationen abzuleiten, ist es zunächst sinnvoll, die Netzwerkfähigkeiten zu typisieren. Die einer Transportinstanz am T-SAP gebotenen Netzwerkdienste lassen sich in drei, qualitativ unterschiedliche Netzwerk-Typen gliedern:

> **Netzwerktyp A** (vollständig ausreichende Qualität):
> Dieser Typ hat eine nahezu fehlerfreie Übertragung, es findet kein Rücksetzen (reset-Dienst) statt und man erreicht vollständig zufriedenstellende Dienstgüte. Es bedarf deswegen keiner Qualitätsverbesserung durch ein T-Protokoll.
>
> **Netzwerktyp B** (verbesserungsbedürftig):
> Hierbei werden N-PDUs zwar korrekt übertragen, aber hin und wieder setzt das Netzwerk N-Verbindungen zurück, mit der Folge, dass N-PDUs im Netzwerk verloren gehen. Ein geeignetes T-Protokoll hat dafür zu sorgen, dass die Übertragung an richtiger Stelle wiederaufsetzt.
>
> **Netzwerktyp C** (nicht ausreichende Qualität):
> Dieser Typ hat hinsichtlich der Anwendungsanforderung eine zu große Restfehlerwahrscheinlichkeit für N-PDUs. Pakete gelangen auf verschiedenen Wegen über das Netzwerk zum Ziel, wenn der N-Datagram-Dienst benutzt wird. In Folge unterschiedlicher Wegelenkung und wiederholter Übertragungen auf den Teilstrecken kann es zu Duplizierungen von N-PDUs kommen. Die hierfür notwendigen Transportprotokolle haben u.a. eine Ende-zu-Ende-Fehlersicherung, Funktionen zur Erkennung der Paketreihenfolge sowie zum Erkennen von Paketduplikaten und sind deshalb sehr umfangreich.

Es ist einleuchtend, dass für die verschiedenen Netzwerktypen unterschiedlich mächtige Transportprotokolle benutzt werden. CCITT hat dies erkannt und mit der Richtlinie X. 224 ein Transportprotokoll empfohlen, das aus 5 verschiedenen Varianten, Protokollklassen genannt, besteht. Tab. 5.1 gibt eine Übersicht dieser Klassen und ihre Eignung für die Netzwerktypen A bis C.

Klasse 0 ist die einfachste Variante des OSI-Transportprotokolls. Hierbei baut der Vermittlungsdienst für jede Anfrage einer Transportverbindung auch eine Netzwerkverbindung auf und die T-Instanzen nehmen an, dass die Netzwerkverbindung keinerlei Fehlverhalten zeigt. Das Transportprotokoll beinhaltet keine Flusskontrolle, keine Wiederaufsetzmechanismen nach einem n_reset und auch keine Reihenfolgekontrolle über gesendete T-PDUs. Die einzige Funktion der Transportinstanzen besteht im Auf-und Abbau einer Transportverbindung, wozu sie vollständig auf den unterlagerten N-Dienst zurückgreifen.

Tabelle 5.1. Transportprotokoll-Klassen

Protokoll-Klasse	Name	Netzwerk-Typ
0	Einfachklasse	A
1	Basisklasse zur Wiederherstellung	B
2	Multiplexklasse	A
3	Klasse zum Wiederherstellen und Multiplexen	B
4	Klasse zur Fehlerbehandlung und Wiederherstellung	C

Klasse 1 ist wie Klasse 0, mit Ausnahme, dass im Protokoll Elemente zum Wiederaufsetzen bei einem Rücksetzen des Netzwerkes definiert sind. Damit können dem Netzwerk übergebene und ggf. verloren gegangene N-SDUs neu übertragen werden. Die Transportinstanzen synchronisieren sich bei einem Netzwerk-Reset und setzen ihre Übertragung an der betreffenden Stelle fort.

Klasse 2 setzt ebenfalls wie Klasse 0 ein korrekt funktionierendes Netzwerk voraus. Es unterscheidet sich von Klasse 0 darin, dass es gleichzeitig mehrere Transportverbindungen über eine Netzwerkverbindung multiplexen kann. Dies ist ein Leistungsmerkmal, dass sich von denen der N-Schicht unterscheidet. Das Multiplexen mehrerer Transport-Benutzer geschieht aus Kostengründen und ist dann sinnvoll, wenn mehrere Anwendungsprozesse in einer Datenstation mit niedrigem Datenaufkommen parallel eine Netzwerkverbindung mit vergleichsweise hoher Übertragungsgeschwindigkeit benutzen können.

Klasse 3 verbindet die Merkmale von Klasse 1 und 2. Sie erlaubt das Wiederaufsetzen, Multiplexen und liefert darüber hinaus eine Flusskontrolle.

Klasse 4 ist für ein Typ C-Netzwerk gedacht und dementsprechend umfangreich. In dieser Protokollklasse müssen die Transportinstanzen alle Fehler der unteren drei Schichten beseitigen, wobei im Extremfall angenommen wird, dass außer Bitübertragung und dem Aufbau von Netzwerkverbindungen von den unteren Schichten nichts geboten wird. Im Transportprotokoll findet man deswegen Elemente zur Erkennung verloren gegangener oder duplizierter N-PDUs, Fehlersicherungsmechanismen, Flusskontrolle und die Synchronisationsmöglichkeit.

Alle 5 Protokollklassen liefern am T-SAP einen gleichkomfortablen Transportdienst mit Ausnahme des *expedited_data-Dienstes*, der nicht in Klasse 0 darstellbar ist.

5. 2. 2. Instanzen-Funktionen

Die Hauptfunktionen der Transportinstanzen, die bei verschiedenen Protokollklassen zum Einsatz kommen, sind in Tab. 5.2 zusammengestellt. Einige davon, soweit sie nicht bereits aus vorangegangenen Abschnitten prinzipiell bekannt sind, seien

Multiplexen/Demultiplexen

Um eine N-Verbindung hoher Übertragungsgeschwindigkeit besser auszunutzen, können mehrere Transportverbindungen auf eine gemeinsame Netzwerkverbindung abgebildet werden (Multiplex). Bild 5.2 zeigt das Prinzip.

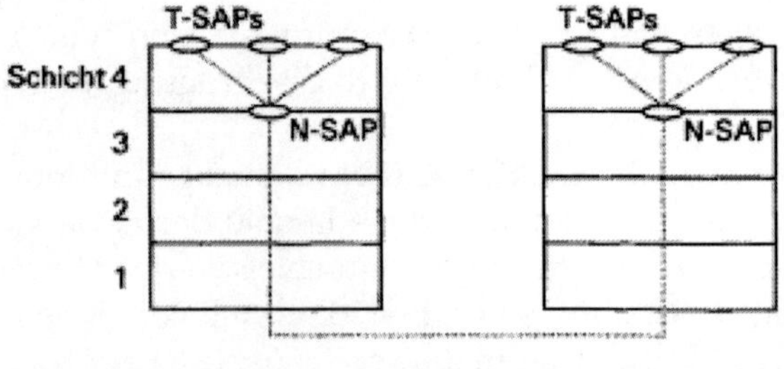

Bild 5.2. Multiplexen von T-Verbindungen über eine N-Verbindung

Einem N-SAP sind mehrere T-SAPs zugeordnet. Jeder T-SAP enthält dabei eine identifizierende Kennung (Adresse), die zur Bestimmung des Multiplexkanals dient. Diese Kennung wird in der gesendeten T-PDU mit übertragen, damit die empfangende T-Instanz richtig demultiplexen kann.

Fehlerbehandlung

In Klasse 1 bis 4 kann die Übertragungsreihenfolge von T-PDUs über den unterlagerten Vermittlungsdienst kontrolliert werden. Dies ist wichtig, wenn z.B. bei einem N-Datagram-Dienst nicht sichergestellt ist, dass die gesendeten T-PDUs auf der Empfangsseite in gleicher Reihenfolge ankommen (vergl. Abschn. 4.2.2.1). Dazu werden alle T-PDUs der Reihe nach nummeriert und auf der Empfangsseite ggf. wieder in die richtige Reihenfolge gebracht.

Nur Klasse 4 enthält Funktionen zur Fehlersicherung. Dies bezieht sich nicht nur auf die Fehlersicherung gegen Bitfehler, sondern auch auf die Erkennung verloren gegangener oder duplizierter N-SDUs.

Tabelle 5.2. Funktionen der T-Instanzen für OSI-Transportdienste

	Protokollklasse				
Funktionen	**0**	**1**	**2**	**3**	**4**
allgemeine Funktionen:					
TPDU-Übertragung	x	x	x	x	x
Multiplexen/Demultiplexen			x	x	x
Fehlerbehandlung		(x)	(x)	(x)	x
Wiederherstellen		x		x	x
Funktionen in der Phase Verbindungsherstellung:					
Absprachen mit Vermittlungsdienst	x	x	x	x	x
Adress-Zuordnung zwischen T-SAP und N-SAP	x	x	x	x	x
Absprachen über Transportverbindung	x	x	x	x	x
Transport von T-SDUs	x	x	x	x	x
Funktionen während der Datentransferphase:					
Zusammenfügen/Trennen v. T-PDUs		x	x	x	x
Segmentieren/Aneinanderreihen von T-SDUs	x	x	x	x	x
Splitten/Kombinieren von Netzwerkverbindungen					x
Flusskontrolle			x	x	x
Identifikation der Transportverbindung	x	x	x	x	x
normaler Datentransfer von T-SDUs	x	x	x	x	x
vorrangiger Datentransfer		x	x	x	x
Funktionen zum Verbindungsabbau					
Auslösen und Abbruch der Transportverbindung	x	x	x	x	x

Wiederherstellen

Diese Funktion dient den Transportinstanzen im Falle einer Rücksetzung oder Auslösung der N-Verbindung genau an der Stelle mit der Datenübertragung fortzusetzen, an der die letzte T-PDU erfolgreich übertragen wurde. Dies bedeutet i.a. dass von den Transportinstanzen die Netzwerkverbindung erneut aufgebaut wird, ohne dass die Benutzer des Transportdienstes dies bemerken.

Absprachen mit dem Vermittlungsdienst

Das Transportprotokoll verlangt, dass zunächst eine Netzwerkverbindung aufgebaut wird, bevor eine Transportverbindung hergestellt werden kann. Im entsprechenden Dienstsignal n_connect.request sind eine Reihe von Parametern anzugeben, die zunächst vom Vermittlungsdienst bei der entfernten T-Instanz angezeigt und dann ggf. bestätigt werden müssen, so z.B. die Dienstgüteparameter.

Adress-Zuordnung zwischen T-SAP und N-SAP

Jedes Mal wenn eine Transportverbindung durch einen Transport-user angefordert wird, muss die initiierende T-Instanz prüfen, ob dazu eine neue Netzwerkverbindung aufzubauen ist, oder ob nicht bereits eine N-Verbindung besteht, die für die Transportverbindung genutzt werden kann. In jedem Fall muss die T-Instanz die Transportadresse einer Netzwerkadresse zuordnen und für die Datenübertragungsphase verwalten. Diese Zuordnungsfunktion ist z.B. wichtig bei Multiplex-Betrieb; sie entfällt wenn jeder T-SAP nur mit einem N-SAP in Verbindung gebracht werden kann.

Absprachen über die Transportverbindung

Einige wichtige Absprachen über die Transportverbindung finden beim Übertragen der Verbindungsaufbau-PDUs statt. Über die verwendeten T-PDUs, ihre Kurzschreibweise und ihre Bedeutung s. [4]. Hierbei wird u.a. bestimmt, welche Protokollklasse ausgewählt werden soll und ob Multiplexen eingesetzt werden soll. Weitere Parameter, die von den Transportinstanzen ausgetauscht werden, betreffen die maximale Länge von T-SDUs und die Benutzung der Flusskontrolle.

---

4 Nussbaumer, Henri J.: *Computer Communication Systems,* Volume 2: Principles, Design, Protocols, Wiley & Sons, 1990.; CCITT: *Empfehlungen der V- und X- Serie,* Band 5: Datenübermittlungsnetze, Offene Kommunikationssysteme, Systembeschreibungstechniken, R. v. Deckers Verlag 1987.

Zusammenfügen/Trennen v. T-PDUs
Diese Funktion wird bei allen Protokollklassen benutzt. Sie fügt sendeseitig mehrere T-PDUs zu einer N-SDU zusammen, die dann empfangsseitig wieder getrennt wird (Bild 5.3a). Trennen und Zusammenfügen ist dann nützlich, wenn das Übertragen vieler kurzer N-SDUs aufwendiger ist als bei langen N-SDUs, so z.B. bei Benutzung des Datagram-Dienstes mit dynamischem Routing.

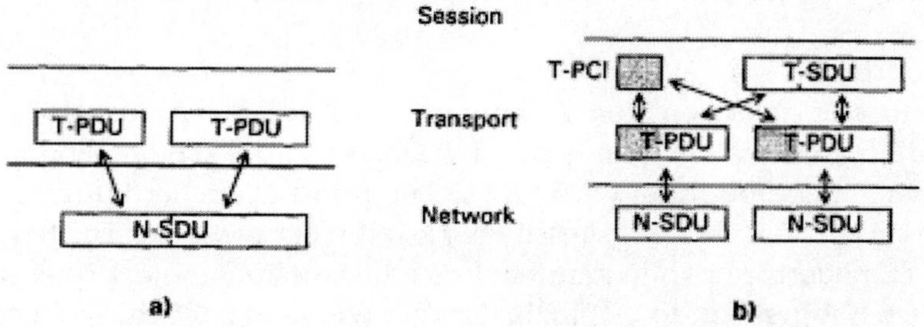

Bild 5.3. Zu den PDU-Funktionen (a) Zusammenfügen und (b) Segmentieren

Segmentieren/Aneinanderreihen von T-SDUs
Auch diese Funktion, in Bild 5.3b dargestellt, findet bei allen Protokollklassen statt. Damit wird sendeseitig eine zu lange T-SDU in mehrere T-PDUs aufgeteilt und empfangsseitig wieder zusammengefügt. Segmentieren und Aneinanderreihen ist dann nützlich, wenn kurze N-SDUs effektiver zu übertragen sind als zu lange, z.B. weil bei einer zu hohen Bitfehlerhäufigkeit große Blocklängen zu häufigen Übertragungswiederholungen führen könnten.

Splitten/Kombinieren von Netzwerkverbindungen
Diese nur in der Klasse 4 angebotenen Funktionen der Transportinstanz erlaubt die gleichzeitige Benutzung mehrerer Netzwerkverbindungen für eine Transportverbindung. Dabei wird der Transport von T-SDUs auf die Netzwerkverbindungen aufgeteilt (Bild 5.4).

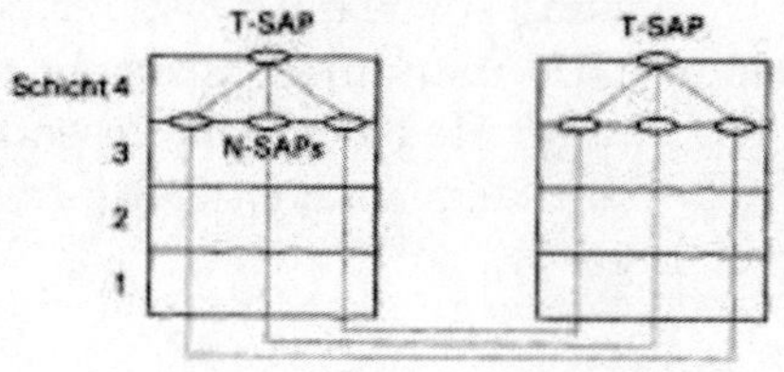

Bild 5.4. Splitting und Kombinieren

Die Funktion ist invers zum Multiplex-Betrieb. T-SDUs gelangen auf verschiedenen Wegen des Netzwerkes zur empfangenden T-Instanz und werden dort wieder einem T-SAP zugeordnet. Splitting und Kombinieren erhöht i.a. den Durchsatz der Transportverbindung. Auch sind dadurch die Transportverbindungen zuverlässiger, weil beim Ausfall einer N-Verbindung noch andere, redundante Verbindungen vorhanden sind.

Flusskontrolle

Flusskontrolle zwischen den kommunizierenden Transportinstanzen soll verhindern, dass eine empfangende T-Instanz von der sendendenden T-Instanz mit Daten überflutet wird, die sie aufgrund endlicher Pufferspeicher und endlicher Verarbeitungsgeschwindigkeit nicht mehr verarbeiten kann. Die in Transportprotokollen am häufigsten benutzte Flusskontrolle basiert auf einem Sliding-Window-Prinzip, ähnlich wie es in der Schicht 2 verwendet wird. Das Verfahren arbeitet mit einer variablen Fenstergröße, hier *Credit* genannt.

Speziell im Klasse 4-Protokoll wird folgender, im Bild 5.5 erläuterte Mechanismus verwendet.

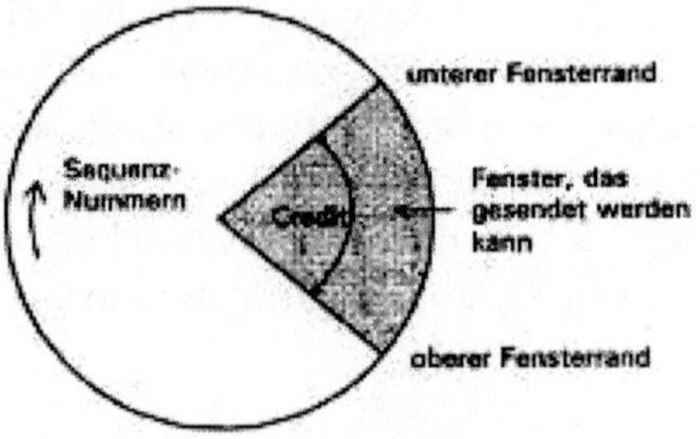

Bild 5.5. Zum Flusskontroll-Mechanismus mit Credit-Zuweisung

Die Daten-PDUs werden über Sende- und Empfangsfolgenummern kontrolliert. Die empfangende T-Instanz bestätigt gesendete Daten-PDUs und überträgt hierbei der sendenden Instanz die nächste erwartete Daten-PDU (diese wird *unterer Fensterrand* genannt) sowie die Fenstergröße (*Credit*), innerhalb derer als nächstes Daten-PDUs unquittiert gesendet werden dürfen. Die Nummer der ersten PDU, die gerade nicht mehr gesendet werden darf (*oberer Fensterrand*) entspricht dann dem unteren Fensterrand plus dem Credit (modulo Sequenznummerngröße).

Die Empfangsinstanz überwacht ihre Pufferspeicher und kann je nach deren Füllgrad der Sendeinstanz eine passende Fenstergröße vorgeben, damit es nicht zum Überlauf der Empfangspuffer kommen kann. Dies geschieht durch Mitteilung des variablen Credits, der in kritischen Situationen auch Null sein kann (Senden zeitweilig einstellen).

Identifikation der Transportverbindung

Diese Funktion wird zur Unterscheidung verschiedener Transportverbindungen über eine Netzwerkverbindung benötigt (siehe Multiplexen und Adresszuordnung). Eine Kombination der rufenden T-SAP-Adresse und der gerufenen T-SAP-Adresse, beide verknüpft während des Verbindungsaufbaus, identifiziert eindeutig die betreffende Verbindung.

6. Anwendungsbezogene Schichten

Die oberen Schichten 5,6 und 7 fasst man häufig unter dem Begriff anwendungsbezogene Schichten zusammen, im Gegensatz zu den unteren Schichten, den transportbezogenen Schichten. Der Grund hierfür liegt in der Abhängigkeit der oberen Schichten von den Anwendungsprozessen des Kommunikationssystems, während die unteren Schichten viel mehr von den Eigenschaften der Übertragungsnetze geprägt werden. Aus Gründen der Beschränkung wollen wir hier nur eine zusammenfassende Beschreibung der wichtigsten Funktionen dieser Schichten geben; eine umfassende Behandlung dieser Schichten mit ihren vielfältigen und teilweise sehr umfangreichen Protokollen würde den Rahmen dieses Buches sprengen und auch an seiner Zielsetzung vorbeigehen.

6. 1. Kommunikation von Anwendungsprozessen

Ursache und Ausgangspunkt der Kommunikation sind Verarbeitungsprozesse innerhalb von Maschinen (Verarbeitungsprogramme auf Rechnern) oder auch die Verarbeitungsprozesse im Gehirn eines Menschen. Man nennt die Prozesse verallgemeinert Anwendungsprozesse. Kommunikation bedeutet, dass die Anwendungsprozesse Nachrichten (Daten) austauschen. Kommunikation hat zwei grundsätzliche Aufgabenbereiche: 1. Anpassung des Datenaustausches, 2. Transport der Daten über räumliche Entfernungen.

Die Notwendigkeit zur Anpassung des Datenaustausches tritt immer dann auf, wenn die Prozesse entweder unterschiedliche Nachrichtenarten verarbeiten und austauschen oder aber die Prozesse gleicher Art sind, aber ihre Daten in unterschiedlicher Form darstellen. Sind die Prozesse darüber hinaus auf räumlich getrennten Maschinen installiert, so muss neben der Anpassung auch der Transport der Daten organisiert werden. Letzteres ist Sache des Transportdienstes und die Funktion der Anpassung liegt in den Instanzen der anwendungsbezogenen Schichten.

Die Abgrenzung der beiden Aufgabenbereiche der Prozesskommunikation seien mit Bild 6.1 verdeutlicht. Man denke sich zunächst zwei unterschiedliche Anwendungsprozesse, z.B. zwei Textverarbeitungsprogramme unterschiedlicher Typen, die auf einem gemeinsamen Rechner ablaufen (oberer Teil des Bildes). Zwischen Prozess 1 und Prozess 2 sollen Daten übertragen werden. Es soll z.B. der Text, der mit Programm 1 erstellt wurde, vom Programm 2 weiterverarbeitet werden. Ist das Rechnersystem multitaskingfähig, so können beide Programme quasi gleichzeitig ablaufen, der Einfachheit halber sei aber angenommen, dass dies nicht der Fall sei und deshalb der Datenaustausch über einen Zwischenspeicher, in der Regel eine Datei, erfolgt.

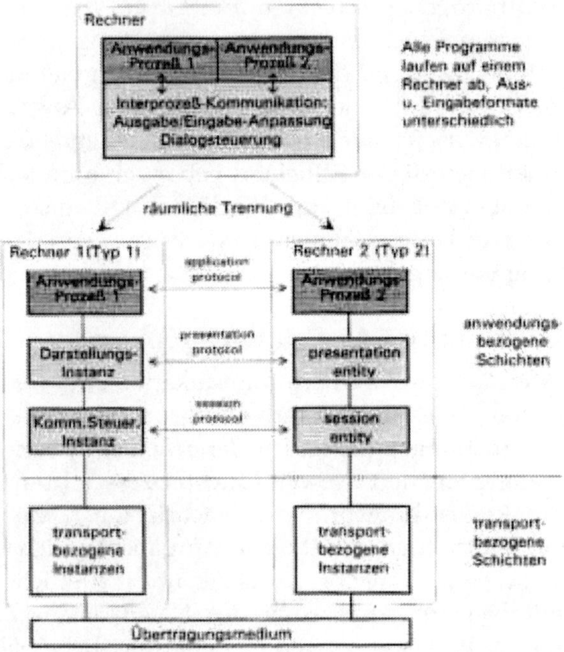

Bild 6.1. Anwendungs- und transportbezogene Aufgabenbereiche der Kommunikation

Jeder Benutzer von Textverarbeitungsprogrammen kennt das Problem des Datenaustausches von Programmen verschiedener Hersteller. Die Daten (Text, Einzüge, Schriftarten, Seitenumbrüche usw.) werden in unterschiedlicher Form codiert und in unterschiedlichen Formaten in den Dateien gespeichert. Ein Programm x kann deswegen in der Regel nicht direkt Daten von einem Programm y lesen. Man benötigt für den Datenaustausch zusätzliche Programme zur Interprozess-Kommunikation. Zwei Aufgaben sind dabei von diesen Programmen zu lösen:

1. **Steuerung des Datenaustausches.** Am Beispiel der Textverarbeitung gehören hierzu nacheinander das Starten von Programm 1, das Speichern in eine Datei, das Schließen von Programm 1, das Starten von Programm 2 und das Lesen aus Datei. Diese Funktionen werden durch die Textverarbeitungsprogramme selbst und mit Hilfe eines Betriebssystems erfüllt.
2. **Anpassung der Datendarstellung**
   Diese Funktion wird benötigt, um die Daten von der einen Darstellung in die andere umzuformen. Man bezeichnet dies häufig auch als Formatanpassung.

Die 2 Aufgaben sind bereits Teile einer Kommunikationsaufgabe. Sie werden zu einer Telekommunikationsaufgabe, wenn die beiden Anwendungsprozesse auf räumlich getrennten Rechnern ablaufen sollen. Hierbei werden, wie im unteren Teil von Bild 6.1 gezeigt, die Anpass- und Steuerungsaufgaben auf je zwei Instanzen eines Kommunikationssystems verteilt: die Anpassaufgaben nehmen die Instanzen einer *Darstellungsschicht* wahr und die Steuerungsaufgaben werden von den Instanzen einer *Kommunikationssteuerungsschicht* erfüllt.

Unabhängig von diesen beiden anwendungsbezogenen Schichtenfunktionen verbleibt schließlich die Realisierung der Übertragungstechnik zwischen den beiden Rechnern durch die Instanzen der Schichten 1 bis 4.

6. 2. Anwendungsschicht

Instanzen der Anwendungsschicht sind der Ausgangs- und Zielort aller in einem räumlich verteilten System zu transportierenden Daten. Die Ursache für die Kommunikation in einem verteilten System sind Anwendungsprozesse, die in verschiedenen Subsystemen ablaufen und die zur Erfüllung ihrer Aufgaben miteinander kommunizieren müssen.

Je nach Art der Anwendung können der Funktionsumfang der Anwendungsinstanzen und das Anwendungsprotokoll verschieden komplex sein. In den Anwendungsinstanzen der Schicht 7 des OSI-Referenzmodells sind aber i.a. nur die kommunikationsbezogenen Funktionen zusammengefasst, während andere, lokale Verarbeitungsfunktionen nicht betrachtet werden. Dies wird in Bild 6.1 dadurch angedeutet, dass die Schicht 7 nach oben durch eine unterbrochene Linie begrenzt ist. Bei der Anwendung "Textverarbeitung" kann dies z.B. bedeuten, dass die Anwendungsinstanzen die (kommunikationsbezogenen) Funktionen eines Dateitransfers zu einem fremden Rechner organisieren, während die (verarbeitungsbezogenen) Funktionen der Texterfassung eigenständige, lokalen Programmteile bilden. Die Schnittstelle zwischen diesen beiden Aufgabenteilen ist i.a. nicht eindeutig zu fixieren. Die Abgrenzung hängt von der jeweiligen Anwendung ab, speziell, ob Kommunikation der Hauptzweck der Anwendungsprozesse ist, z.B. bei Anwendungen der Sprach- und Bildkommunikation, oder ein ergänzendes Leistungsmerkmal ist, wie bei der Textverarbeitung.

Es gibt heute sehr viele Anwendungsprotokolle für die verschiedensten Aufgaben, von denen wir hier im Folgenden eine kleine Übersicht wollen.

Im Rahmen von Standardisierungsbemühungen der ISO und des CCITT wurden seit Mitte der 70er Jahre Anwendungsprotokolle für Text- und Datenkommunikation entwickelt. Als die ältesten Protokolle kann man wohl die vom CCITT standardisierten Protokolle für *Teletex*- sowie für *Telefax*-Übertragung bezeichnen, wenn man einmal von der (veralteten) Telex-Übertragung absieht. Die anwendungsbezogenen Protokolle dienen hierbei der Übertragung von Dokumentenvorlagen in Text bzw. Festbildform. Die wichtigsten Richtlinien hierzu findet man in den CCITT-Empfehlungen der S- und der T-Serie. Ein typisches Beispiel eines Anwendungsprotokolls ist auch die *Bildschirmtext* (Btx)-Übertragung, eine Anwendung aus dem Bereich der Auskunftssysteme.

Mit der Zunahme der Rechneranwendungen und dem Wunsch Rechneranwendungen zu vernetzen begann die ISO (und auch CCITT) etwa Mitte der 80er Jahre damit, Anwendungsprotokolle für typische Aufgaben bei verteilten Rechnersystemen zu erarbeiten. Einige Protokollbeispiele[1] sind: FTM (File Transfer, Access and Management), EMS (Electronic Mail System), MHS (Message Handling Handling System) nach CCITT X.400, VTS (Virtual Terminal Service), JTM (Job Transfer and Management).

6. 3. Darstellungsschicht

In der Darstellungsschicht (engl. presentation layer) sind alle Funktionen zusammengefasst, die mit einer geeigneten Codierung strukturierter Daten zu tun haben. Dadurch wird die Anwendungsschicht von den in Syntax und Semantik häufig unterschiedlichen, herstellerspezifischen Datendarstellungen entlastet. Die Instanzen der Darstellungsschicht passen die unterschiedlichen Darstellungen an. Als weitere, zunehmend wichtige Aufgabe, der Darstellungsschicht wird die Datenverschlüsselung (Kryptografie) als

---

1 Tanenbaum, Andrew S.: *Computer Networks,* Prentice-Hall International Inc., 1989.

Schutz von Daten gegenüber dem Zugriff unberechtigter Personen gesehen. Der Funktionsumfang der Schicht ist naturgemäß abhängig von den Verarbeitungsprozessen in der Anwendung. Datendarstellungsprotokolle legen für verschiedene Nachrichtenarten fest, wie die dabei benutzten Objekte codiert und formatiert werden. Tabelle 6.1 führt einige Beispiele auf.

Sind die Rechner und die darauf ablaufenden Anwendungsprozesse gleich, so wird das Darstellungsproblem in der Regel bereits durch die gegebene Anwendungs-Hardware- und -Software gelöst, so dass dann die Darstellungsschicht wenige oder gar keine Funktionen benötigt.

Tabelle 6.1. Einige Anwendungen und Darstellung ihrer Objekte

Anwendung	Elemente des Darstellungsprotokolls
einfacher Text	Zeichenalphabet, Steuerzeichen für Beginn, Ende, Zeilenende (LF), Seitenende (FF) usw.
Textverarbeitung	Zeichenalphabet, Steuerzeichen für Beginn, Ende, Zeilenende (LF), Seitenende (FF) usw., Schriftarten, Schriftgrößen, Absätze, Einzüge, Kopf- und Fußzeilen usw.
Zeichenprogramme (objektorientiert)	Codierung von Positionen, Größe und Objektarten wie Striche, Rechtecke, Kreise usw.
Schwarz/Weiß oder Graustufen-Festbilder (z.B. Telefax)	Codierung von Bildbeginn und Ende, Graustufen-Codierung der Bildelemente, Redundanzreduzierende Codierung
Sprache	Quantisierung und Codierung der Abtastwerte, Redundanzreduzierende Codierung

Dagegen können bei unterschiedlicher Rechner- und Software-Struktur die Funktionen der Darstellungsschicht sehr aufwendig sein. Sehr umfangreiche Darstellungsfunktionen bekommt man, wenn die Anwendungsinstanzen unterschiedliche Nachrichtenarten verarbeiten. Dann muss die Darstellungsschicht eine Umsetzung (Konvertierung) dieser Daten vornehmen. Als Beispiele seien hier die Umsetzung von Text in Schwarz/Weiß-Graphik und umgekehrt genannt, wie sie bei den Telefax-Teletex-Konvertern auftritt oder bei den Programmen zur Zeichenerkennung aus Graphiken (Optical Character Recognition, OCR).

Wenn die Anwendungsinstanzen verschiedene Datendarstellungen verwenden, gibt es zwei prinzipielle Alternativen zur Formatanpassung mittels einer Darstellungsschicht (Bild 6.2).

Entweder passt die Darstellungsinstanz des einen Endsystems das Format vollständig an das Format des anderen Endsystems an. In diesem Fall sind die Darstellungsfunktionen vollständig auf eine Darstellungsinstanz konzentriert (links im Bild). Wenn jedoch die Verwendung eines standardisierten Darstellungsprotokolls verabredet wird, so erhält man zwei Darstellungsinstanzen, die jeweils das Format ihrer Anwendungsinstanzen in ein Einheitsformat umsetzen (rechts im Bild).

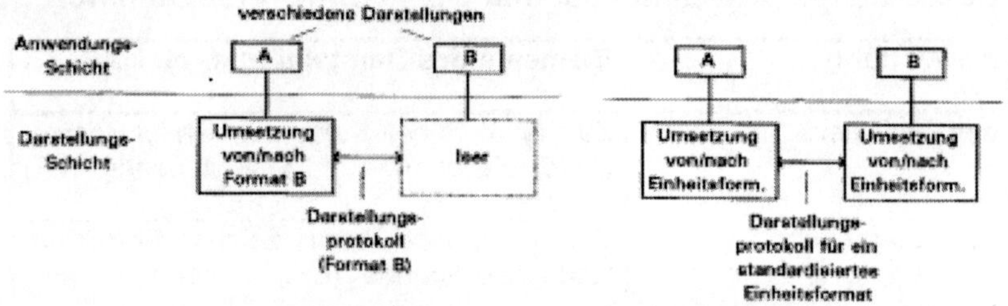

Bild 6.2. Alternativen zur Formatkonvertierung in der Darstellungsschicht

6. 4. Kommunikationssteuerungsschicht

Die Kommunikationssteuerungsschicht (engl. session layer) stellt die Mittel für eine geordnete und vollständig abgeschlossene Übertragung von größeren, zusammenhängenden Dokumenten (z.B. Dateien) bereit. Die Hauptfunktionen bestehen im Aufbau einer Verbindung zwischen Dienstzugangspunkten (S-SAPs) und dem geordneten Datentransport über eine solche Verbindung. Im Gegensatz zu den Verbindungen der unterlagerten Schichten nennt man eine Verbindung hier *Sitzung*, weshalb häufig auch der Begriff *Sitzungsschicht* verwendet wird. Eine Sitzung ist ein zeitlich begrenzter Vorgang, der eine Menge in sich geschlossener Datenübertragungen umfasst. Die Sitzung wird durch das Dienstsignal *connect* eingeleitet und durch das Dienstsignal *release* beendet. Was letztendlich eine Sitzung einkleidet, bestimmen die Benutzer des Kommunikationssteuerungsdienstes. Beispielsweise bauen sie eine Sitzung auf, um innerhalb dieser nacheinander mehrere Dateien oder Grafikdokumente zu übertragen. Der wesentliche Unterschied zwischen den unterlagerten, transportorientierten Schichten und dieser Schicht besteht darin, dass die transportorientierten Schichten die Zuverlässigkeit der Datenübertragung erhöhen, während die Sitzungsschicht mit ihren Funktionen für die vollständige Übertragung einer Einheit mehrere Datensätze sorgt. Diese Aufgabe wird durch die Instanzen in der Sitzungsschicht, neben Auf- und Abbau der Sitzung, mit den folgenden Funktionen erbracht[2]: Aktivitätenmanagement, Synchronistation zum Wiederaufsetzen während der Datenübertragung, Dialogmanagement während der Datenübertragung.

Zu jeder dieser Funktionen ist eine Reihe von Sitzungsdiensten definiert, die zur Anfrage, Anzeige und ggf. zur Bestätigung von und bei den Benutzern des Sitzungsdienstes benötigt werden. Die CCITT-Empfehlung X.215 definiert die Sitzungsdienste für OSI-Systeme.[3]

Wichtig für die geordnete Benutzung dieser Dienste der Sitzungsschicht ist ferner ein Konzept von Berechtigungsmarken (token). Das sind Berechtigungen für die Benutzer des Sitzungsdienstes, die P-Instanzen. Es sind verschiedene Berechtigungsmarken für verschiedene Dienste definiert. Sie geben an, welcher der beiden Benutzer (Sender oder Empfänger) des Sitzungsdienstes gerade einen Dienst steuern darf. So existiert beispielsweise eine Berechtigungsmarke für den Datendialog im Halb-Duplex-Verkehr. Welcher der beiden Benutzer im Besitz dieser Marke ist, darf gerade Daten übertragen. Die Zuteilung von Berechtigungsmarken auf Sender oder Empfänger der Sitzungsschicht wird erstmalig beim Aufbau einer Sitzung zwischen den Benutzern des Sitzungsdienstes verhandelt und kann im Verlauf der Sitzung zeitweilig oder wechselseitig an den Partner übergeben werden.

6. 4. 1. Aktivitätenmanagement

Sinn des Aktivitätenmanagements ist es, den Benutzern (P-Instanzen) die Möglichkeit zu geben, die Vollständigkeit einer Dokumentenübertragung zu kontrollieren. Mit dem Aktivitätenmanagement können die Benutzer des Sitzungsdienstes ihre Datenübertragung in mehrere logische Einheiten, Aktivitäten genannt, auftrennen. Bild 6.3 zeigt die zeitliche Abfolge solcher Aktivitäten an einem Beispiel. Jede einzelne Aktivität ist vollständig unabhängig von vorangehenden oder nachfolgenden Aktivitäten. Was im Einzelnen eine Aktivität ist, bestimmen die Benutzer des Sitzungsdienstes, und nicht

---

2 Tanenbaum, Andrew S.: *Computer Networks,* Prentice-Hall International Inc., 1989.

3 CCITT: *Empfehlungen der V- und X- Serie,* Band 5: Datenübermittlungsnetze, Offene Kommunikationssysteme, Systembeschreibungstechniken, R.v.Deckers Verlag 1987.

der Sitzungsdienst. Die Sitzungsinstanzen verwalten diese Aktivitäten lediglich auf einer Nummernbasis. Eine Aktivität kann z.B. eine Datei oder ein in sich geschlossenes Dokument der Anwendungsinstanzen sein.

Eine Aktivität wird am S-SAP mit dem Dienstsignal *activity_start.request* eingeleitet und dem entfernten Benutzer am S-SAP durch *activity_start.indication* angezeigt. Die Beendigung der Aktivität wird über einen bestätigten Dienst *activity_end* gesteuert. Schließlich können Aktivitäten auch durch andere Aktivitäten unterbrochen werden (mit *activity_interrupt*) und später wieder fortgesetzt werden (mit *activity_resume*). Die gesamte Sitzung umfasst hier 3 Aktivitäten. Es sind zwei Dateiübertragungen als Aktivität deklariert, wobei Aktivität 1, nämlich die Übertragung der ersten Datei, von einer Aktivität "Electronic Mail" unterbrochen wird.

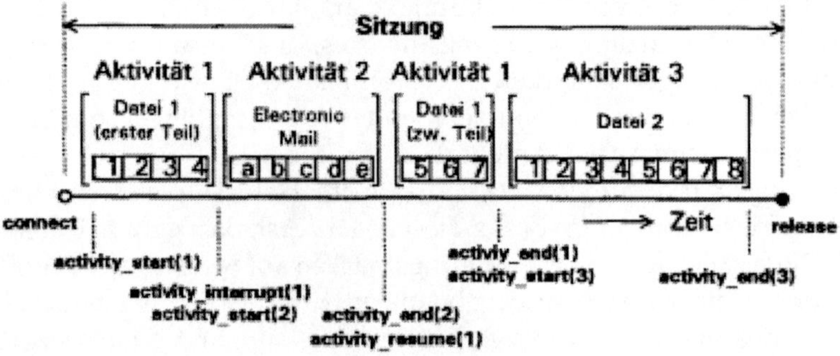

Bild 6.3. Beispiel einer Aktivitätenabfolge mit Dienstsignalen am S-SAP

Nach der Beendigung von Aktivität 2 wird die Dateiübertragung 1 fortgesetzt, dann beendet und schließlich die Dateiübertragung der zweiten Datei eingeleitet. Im unteren Teil des Bildes sind die Dienstsignale gezeigt, die die Benutzer mit dem Sitzungsdienst austauschen. Als Parameter wird die Nummer der Aktivität, auf die sich das Dienstsignal bezieht, übergeben.

6. 4. 2. Synchronisation

Ein wichtiger Dienst der Sitzungsschicht ist die Synchronisation. Damit können die Benutzer die Sitzungsinstanzen in einen definierten Zustand zurückzuversetzen, um die Übertragung definiert ab einem bestimmten Synchronisationspunkt zu wiederholen. Synchronisation ist in jedem Fall beim Starten einer Aktivität erforderlich und darüber hinaus immer dann, wenn die Benutzer selbst Fehler in der Übertragung von Dokumenten feststellen. Solche Fehler haben ihre Ursache nicht in übertragungstechnischen Problemen, sondern in den zu übertragen Dokumenten oder den Verarbeitungsprozessen selbst. Mit der Synchronisation soll vermieden werden, dass beim Auftreten solcher Fehler längere Dokumente als Ganzes neu übertragen werden müssen. Stattdessen kann die Übertragung an der Stelle eines Synchronisationspunktes wiederholt werden, bis zu der die Übertragung fehlerfrei erfolgte. Es können mehrere Synchronisationspunkte von den Benutzern des Sitzungsdienstes während einer Aktivität gesetzt werden. Dazu dienen spezielle Dienstsignale. Jeder Synchronisationspunkt trägt eine Nummer. Man unterscheidet Hauptsynchronisationspunkte (engl. major synchronization point) und Nebensynchronistationspunkte (engl. minor synchronization point), deren Verwendung in Bild 6.4 dargestellt im Folgenden beschrieben werden.

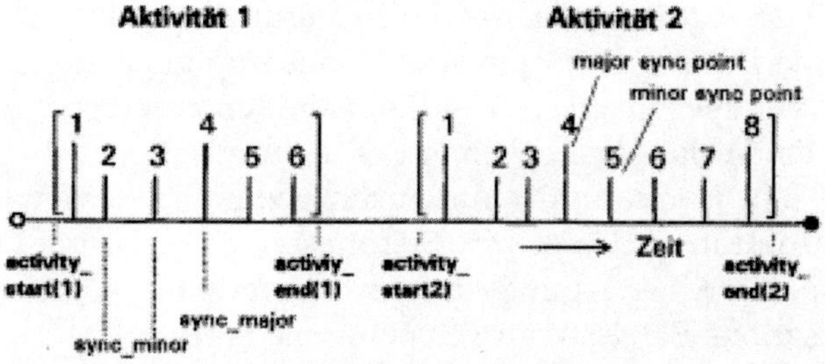

Bild 6.4. Synchronisationspunkte innerhalb Aktivitäten

Wenn ein Benutzer einen Synchronisationspunkt mit einer Anfrage (request) setzt, wird dies dem Partner angezeigt (indication). Beispielsweise wird mit dem Dienstsignal

sync_major.request (nummer)

ein Hauptsynchronisationspunkt von der sendenden P-Instanz gesetzt. Die Nummer wird innerhalb einer speziellen S-PDU zur Gegenseite übertragen und dort mit dem Dienstsignal

sync_major.indication (nummer)

angezeigt. Wenn nun eine sendende P-Instanz die Übertragung aufgrund irgendeines Fehlers ab einem bestimmten Synchronisationspunkt wiederholen möchte, so fordert sie mit

resynchronize.request (nummer)

den Sitzungsdienst auf, eine Resynchronisations-PDU mit der entsprechenden Nummer zur Gegenseite zu senden. Am empfangsseitigen S-SAP wird die Resynchronisation mit

resynchronize.indication (nummer)
angezeigt und die empfangende P-Instanz kann sich auf die Wiederholung ab dem Synchronisationspunkt einstellen.

Haupt- und Nebensynchronisationspunkte unterscheiden sich in mehrerer Hinsicht. Bei einer Resynchronisation ist es nur möglich bis maximal zum letzten Hauptsynchronisationspunkt zurückzugehen und nicht weiter. Z.B. kann im Bild zwischen den Punkten 4 und 8 in der zweiten Aktivität eine Resynchronisation zurück bis zu den Punkten 7, 6, 5 oder 4 erfolgen. Das Setzen von Hauptsynchronisationspunkten ist ein bestätigter Dienst, Nebensynchronisationspunkte werden dagegen unbestätigt gesetzt. Eine sendende P-Instanz speichert ihre Daten zwischen zwei Hauptsynchronisationspunkten und löscht diese erst, wenn sie aufgrund einer eintreffenden positiven Bestätigung beim nächsten Hauptsynchronisationspunkt sicher sein kann, dass die Partnerinstanz die Daten vollständig empfangen hat. Das (unbestätigte) Setzen von Nebensynchronisationspunkten beschleunigt ein Wiederaufsetzen in der Weise, dass bei einer Resynchronisation nicht ganz bis zum letzen Hauptsynchronisationspunkt zurückgegangen werden muss.

Der Synchronisationsdienst der Sitzungsschicht beschränkt sich einzig und allein auf die Übertragung von nummerierten Synchronisations- und Resynchronisations-PDUs. Wann Synchronisationspunkte zu setzen sind, wann zu resynchronisieren ist und schließlich welche Dateneinheiten zwischen den Hauptsynchronisationspunkten zu speichern sind, ist Sache der Sitzungsdienstbenutzer, weil dieses von den Anwendungsprozessen abhängt.

6. 4. 3. Dialogmanagement

Das Dialogmanagement der Sitzungsschicht bestimmt, welcher Benutzer bei einer zweiseitig gerichteten Datenübertragung senden darf bzw. soll und welcher Benutzer empfangen soll. Wie in anderen Schichten auch, unterschiedet man zwischen Halb-Duplex-Betriebsweise und Voll-Duplex-Betriebsweise.

Das Dialogmanagement in der Sitzungsschicht ist unabhängig von dem Dialogmanagement der unterlagerten Schichten. So kann es durchaus die Regel sein, dass ein Transportdienst Duplex-Betrieb erlaubt, der Sitzungsdienst aber, weil dies die Anwendungsprozesse erfordern, bewusst eine Halb-Duplex-Betriebsweise aufweisen soll. Als Anwendungsbeispiel, bei dem eine Halb-Duplex-Betriebsweise zwingend ist, sei ein Buchungssystem, z.B. ein Flugreservierungssystem genannt, bei dem in der Anwendungsschicht viele Buchungs-Terminals auf eine gemeinsame, zentral installierte Datenbasis zugreifen. Die einfachste Art und Weise, wie Terminals auf die Datenbasis zugreifen, besteht darin, dass ein Terminal einen Buchungswunsch überträgt und dann auf eine Antwort von der Datenbasis warten muss, bevor es eine neue Buchung zulässt. Die Benutzer des Sitzungsdienstes (Terminal und Datenbasis) arbeiten hier im Halb-Duplex. Es würde die Anwendungsprozesse unnötig verkomplizieren, wenn stattdessen Terminal und Datenbasis im Voll-Duplex unkontrolliert voneinander Übertragungen starten können.

Der Dialog geschieht auf der Basis einer Sendeberechtigung (Bild 6.5). Ein Benutzer der im Besitz eines sog. Daten-Tokens ist, darf senden. Im Voll-Duplex-Betrieb haben beide Benutzer das Daten-Token und können unabhängig voneinander senden, im Halb-Duplex hat zu einer Zeit immer nur einer das Daten-Token.

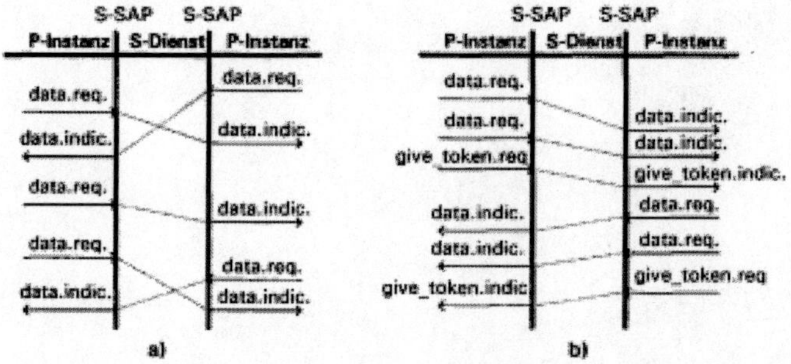

Bild 6.5. Voll-Duplex (a) und Halb-Duplex-Betrieb mit Token-Übergabe (b)

Bei Beginn einer Sitzung wird im *connect*-Dienstsignal die Betriebsweise festgelegt und ggf. welcher der Benutzer zuerst das Senderecht bekommen soll. Im Verlauf der Sitzung wird dann im Fall von Halb-Duplex-Betrieb das Senderecht von einem Benutzer auf den anderen und zurück übergeben (mit *give_token*[4]). Dabei ist zu beachten, dass nur derjenige ein Senderecht übergeben darf, der im Besitz des Tokens ist. Daneben gibt es aber auch Mechanismen, mit dem eine P-Instanz das Senderecht erbeten kann, z.B. dann, wenn sie Daten senden möchte, aber über längere Zeit nicht in den Besitz des Daten-Tokens gekommen ist.

4 Siehe hierzu auch Aufgabe 1.6 (Halb-Duplex-Betrieb eines Session-Dienstes)

7. Entwurf von Kommunikationssystemen

Grundlage der Systemtheorie der Kommunikationssysteme ist das OSI-Referenzmodell. Das Modell, seine Elemente und seine Terminologie sind der theoretische Ausgangspunkt für den Entwurf und die Realisierung eines Kommunikationssystems. Das Modell strukturiert die Aufgaben eines Kommunikationssystems in mehrere Teilfunktionen, definiert Schnittstellen zwischen diesen Aufgaben und legt die grundsätzliche Arbeitsweise eines Kommunikationssystems fest. Das Modell lässt jedoch bewusst die jeweilige, konkrete Realisierung eines Systems offen. Die Umsetzung von der modellhaften, abstrakten Beschreibung eines Kommunikationssystems in ein reales System in Hardware und Software hängt vom Anwendungszweck, von den eingesetzten Produkttechnologien und schließlich auch von den Möglichkeiten des Entwurfsverfahrens und der benutzten Entwurfswerkzeuge ab.

In den folgenden Abschnitten sollen die einzelnen Schritte des systematischen Entwurfs eines Kommunikationssystems bis hin zu seiner Realisierung besprochen werden. Im Vordergrund steht dabei die Entwicklungsmethodik, d.h. wie man dabei vorgeht und welche Mittel dabei einzusetzen sind. Die Methodik soll möglichst allgemeingültig dargestellt werden und wenn nötig, durch Teilbeispiele ergänzt werden. Im Band II soll dann das Erlernte angewendet werden, indem an einem konkreten vollständigen Entwicklungsbeispiel alle Entwicklungsphasen detailliert vorgeführt werden.

7. 1. Entwurfsphasen

Die Entwicklung eines Kommunikationssystems ist ein mehr oder weniger komplexes Projekt und gliedert sich, wie dies auch bei anderen Systemen ähnlicher Komplexität der Fall ist, in mehrere Phasen oder Entwicklungsschritte. Am Ende jeder Phase und vor Beginn der nachfolgenden Phase soll ein klar umrissenes Entwicklungszwischenergebnis vorliegen, um so möglichst frühzeitig Entwicklungsfehler zu erkennen. Grundgedanke einer phasenorientierten Vorgehensweise ist es, die gesamte Entwicklungsaufgabe in nacheinander durchgeführte Einzelaktivitäten zu zerlegen, die für sich genommen überschaubar und deshalb zu möglichst fehlerfreien Ergebnissen führen.

Einhergehend mit der zeitlichen Staffelung des Entwicklungsprojektes ist eine funktionelle, mehrfach angewendete Zergliederung des zu realisierenden Systems. Dieser Vorgang wird Spezifikation genannt. Die einzelnen Spezifikationsschritte verfeinern die Funktionen des Systems vom Wesentlichen zum Detail.

Für Kommunikationssysteme hat sich eine Vorgehensweise bewährt, wie sie in Tab. 7.1 aufgezeigt ist.

Tabelle 7.1. Entwurfsphasen für ein Kommunikationssystems

Phase	Aufgaben
1. Anforderungs-Analyse	Festlegung von - Benutzer-Leistungsmerkmale, - Benutzerumgebung (Mensch, Programme), - Prozessumgebung (Rechner, Betriebssysteme, Programmiersprachen, - Nutzung bestehender Kommunikationsdienste
2. Spezifikation	- Festlegung der benötigten Schichtenfunktionen - Dienstspezifikation für alle Schichten, - Protokollspezifikation für alle Schichten
3. Realisierungskonzept	- Festlegung der Bedienoberflächen, - Einsatz von Telekommunikations-Bausteinen, - Software-Konzept, - Hardware-Konzept, - Lösung Timer-Funktionen
4. Implementierung und Testen	- Programmierung von - Instanzen, - SAPs, - Timer, - HW-Aufbau mit Rechnern u. Bausteinen - SW-Test, HW-Test - Systemtest

Die Aufgaben in der Phase 1 stehen allgemeingültig am Anfang jeder Entwicklung komplexer, technischer Systeme. Das Erstellen einer Anforderungs-Analyse wird manchmal auch mit dem Begriff "Pflichtenhefterstellung" gleichgesetzt und besteht im Aufstellen eines formlosen Katalogs aller Systemanforderungen aus der Sicht der (späteren) Systembenutzer.

Die übrigen Phasen der Entwicklung sind spezifisch für Kommunikationssysteme. Viele Aufgaben werden in einer mehr oder weniger, heute üblichen formellen Art durchgeführt. Kennzeichnend für diese Phasen ist der Einsatz rechnergestützter, z.T. speziell für die Belange der Telekommunikation entwickelter Software-Werkzeuge.

7. 2. SDL-Spezifikation

Für die formale Spezifikation von Telekommunikations-Systemen hat sich in den letzten Jahren zunehmend die SDL-Methode (Specification and Description Language) durchgesetzt. Diese Methode wurde vom Comité Consultatif International de Telephonique et Telegraphique (CCITT) als Empfehlung Nr. Z.100 veröffentlicht[1].

7. 2. 1. Übersicht

SDL ist eine Spezifikationsmethode, mit der die Struktur und das Verhalten von Systemen und hierunter speziell von Automaten (Finite State Machine) modellhaft beschrieben werden kann. Diese Systeme verhalten sich gegenüber ihrer Umgebung (engl. environment) derart, dass sie abhängig von Ereignissen von der Umgebung nacheinander verschiedene Zustände durchlaufen, dabei für die Umgebung Aufgaben erfüllen und schließlich Meldungen an die Umgebung zurückgeben.

SDL lehnt sich an die PETRI-Netz-Methode an.[2] SDL wurde speziell für die Belange der Telekommunikation entwickelt, lässt sich jedoch auch auf andere Systeme der Automatenklasse anwenden, z.B. auf prozessgesteuerte Maschinen, Verkehrsleitsysteme, Regelungen und Auskunftsysteme. Wie bei allen formalen Entwurfsmethoden wird auch mit SDL das Ziel angestrebt, einerseits exakt, d.h. möglichst fehlerfrei zu entwerfen und andererseits durch den formalen Ansatz die Entwicklung und den Einsatz von rechnergestützten Entwurfswerkzeugen zu unterstützen. Erst diese Werkzeuge machen die oftmals recht umfangreichen und komplexen Entwicklungsaufgaben möglich (siehe hierzu Band II).

Die SDL-Methode basiert auf einer formalen, programmiersprachlichen Beschreibungstechnik. Die Empfehlung Z.100 legt daher Syntax und Semantik einer anwendungsorientierten Programmiersprache fest. Eine besondere Symbolgebung erlaubt darüber hinaus eine Beschreibung in graphischer Form, ähnlich der zu Blockschaltbildern und Flussdiagrammen. Es gibt zwei alternative Ausführungsformen von SDL: **SDL-Grammar** für den grammatikalischen Entwurf eines Systems, **SDL-Graphic** für den graphischen Entwurf eines Systems.

Eine sehr detaillierte Beschreibung der Sprache SDL in beiden Formen mit kompletter Syntax und Semantik findet man bei Belina, Hogrefe und

---

1 CCITT: *Specification and Description Language SDL,* Recommendation Z.100.

2 Rosenstengel, Bernd und Udo Winand: *Petri-Netze, eine anwendungsorientierte Einführung,* Vieweg 1991.

Sarma.[3] Sie ist besonders in Hinblick auf die Anwendung für OSI-Kommunikationssysteme sehr nützlich.

Die folgenden Abschnitte sollen einen Einblick in die graphische SDL-Entwurfs-Methode (SDL-Graphic) geben. Sie wird heute bevorzugt gewählt, da sie naturgemäß übersichtlicher ist und es zunehmend leistungsfähige Software-Entwicklungswerkzeuge hierfür auf dem Markt gibt. Es soll zunächst die Methode verallgemeinert und dann im Abschn. 7.2.6 speziell in ihrer Anwendung auf Systeme nach dem OSI-Referenzmodell erläutert werden. In unserer Darstellung lehnen wir uns weitestgehend an[4], wobei jedoch nicht so sehr wie dort die Vollständigkeit und der Formalismus der Programmiersprache SDL als mehr die Möglichkeiten der graphischen Beschreibungstechnik im Vordergrund stehen sollen.

7. 2. 2. Systemstrukturierung

Das Entwickeln komplexer Systeme erfordert eine hierarchisch gegliederte Arbeitsweise. Die Benutzeranforderungen an das System werden dabei schrittweise durch wiederholte Untergliederung auf Teilfunktionen abgebildet, die sich dann realisieren lassen (siehe Bild 7.1). Dieser Gliederungsvorgang wird Strukturierung genannt und wird in diesem Zusammenhang oft mit dem Schlagwort TOP-DOWN-Entwurf bezeichnet.

Strukturierung hat zum Ziel, die Komplexität der Gesamtaufgabe durch eine schrittweise Verfeinerung abzubauen. Der Begriff TOP-DOWN deutet auf eine hierarchische Betrachtungsweise des Systems hin. Das System wird dabei auf verschiedenen Gliederungsebenen dargestellt, in denen ein bestimmter Detaillierungsgrad sichtbar wird. Der Detaillierungsgrad nimmt beginnend von einer obersten Ebene und endend auf einer untersten Ebene zu. Umgekehrt lässt sich sagen, dass der Abstraktionsgrad von der untersten Gliederungsebene zur höchsten Ebene zunimmt. Die unterste Ebene beschreibt die Details der Realisierung und die oberste Ebene die Reaktion des Systems aus der Sicht des Benutzers.

---

[3] Belina, Ferenc; Hogrefe, Dieter; Sarma, Amardeo: *SDL with applications from Protocoll Specification,* Prentice Hall International 1991.

[4] Ebenda.

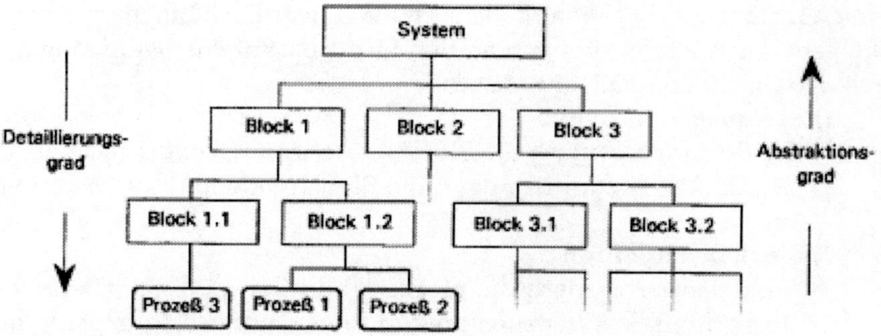

Bild 7.1. Allgemeine SDL-Systemstruktur mit Symbolgebung

Die Beschreibungssprache SDL stellt sprachliche und graphische Mittel für einen derartigen Top-Down-Entwurf zur Verfügung. SDL unterscheidet gemäß Bild 7.1 die Systemebene, eine oder mehrere Blockebenen und die Prozessebene als unterste Ebene.

Ein System besteht aus mehreren funktionellen Einheiten, *Block* genannt, die wiederum aus Unterblöcken bestehen können. Unterblöcke können weiter untergliedert werden, bis schließlich die unterste Ebene, die Ebene der Realisierung, erreicht ist. In dieser untersten Ebene heißen die Einheiten *Prozess*. Hierfür wird ein besonderes Symbol verwendet, womit angedeutet wird, dass es sich hierbei um Realisierungs-Einheiten handelt. Der Prozess ist die ausführende Einheit, die durch elektronische Schaltungen, Programme oder beides implementiert wird.

Die Gesamtheit aller Prozesse stellt ein funktionsfähiges System dar. Um die Funktionsweise eines Systems festzulegen, müssen die Prozesse selbst in ihrer Funktion und dem Ablauf ihrer Funktionen spezifiziert werden. Ferner ist es notwendig, dass die Prozesse in bestimmter und untereinander abgestimmter Weise agieren; die Prozesse müssen deshalb untereinander kommunizieren. Dies geschieht in Form von Signalen, die die Prozesse austauschen. Zum Signalaustausch werden Signalpfade benötigt, die sich in die gewählte Struktur eingliedern oder exakter ausgedrückt, die konsistent zur gewählten Struktur sind. Beispielsweise kann gemäß Bild 7.1 der Prozess 3 nicht direkt mit dem Prozess 1 kommunizieren, sondern nur über einen Signalpfad, der über die Blöcke 1.1 und 1.2 führt. Dagegen kann Prozess 1 direkt über einen Signalpfad mit Prozess 2 kommunizieren, da beide Prozesse zum selben Block 1.2 gehören. Daraus ergibt sich, dass zum Strukturentwurf gleichzeitig eine dazu konsistente Struktur der Signalpfade für alle Ebenen entworfen wird. An den Prozess- und Blockgrenzen sind Schnittstellen zu definieren, über die die Signalpfade verbunden werden können.

Die genannten Anforderungen an den formalen Entwurf werden in SDL durch drei Spezifikationen abgedeckt:

1) Systemspezifikation
Sie deklariert statisch die Blöcke der obersten Hierarchiestufe, die Schnittstellen zum Benutzer, die Signalpfade und legt deren Signale fest.

2) Blockspezifikation
Sie deklariert statisch die Blockstruktur der mittleren Hierarchieebenen mit Schnittstellen an den Blockgrenzen, Signalpfade und deren Signale. In der untersten Blockspezifikation werden die Prozesse mit ihren Schnittstellen und Signalpfaden deklariert.

3) Prozessspezifikation
Sie legt das dynamische Verhalten der Prozesse in Abhängigkeit ein- und ausgehender Signale fest. Insbesondere ermöglicht sie die Festlegung eines Automatenverhaltens, wie es für Telekommunikations-Systeme wichtig ist.

Die folgenden Abschnitte sollen diese Spezifikationen in ihrer Syntax und Semantik darstellen. Um die Sprachkonstrukte zu verdeutlichen, wird ein Systembeispiel betrachtet. Anhang 9.4 fasst alle Symbole der verschiedenen Spezifikationsebenen zusammen.

7. 2. 3. Systemspezifikation

Die Systemspezifikation stellt die oberste Ebene des Entwurfs dar. In dieser Ebene werden die Schnittstellen und Signale zum Benutzer eines Systems sichtbar sowie die Blöcke, aus denen das System besteht. Bild 7.2 zeigt die Konstruktion.

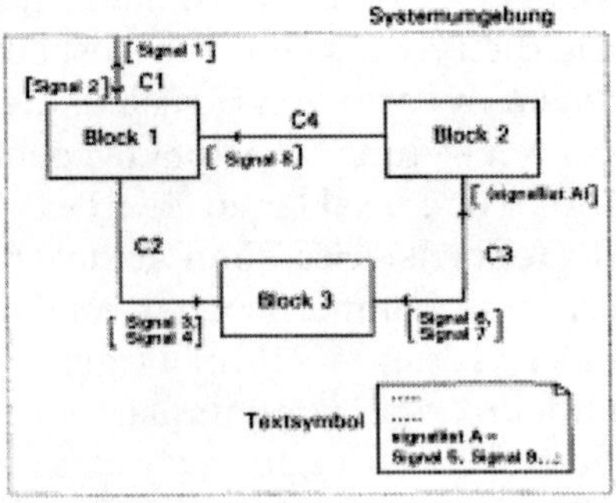

Bild 7.2. Zur Syntax der SDL-Systemspezifikation

Das System besteht aus Blöcken, dargestellt durch Blocksymbole. In den Blöcken ist der Name des Blocks eingetragen. Die Blöcke sind untereinander und mit der Systemumgebung an Schnittstellen verbunden, über die die Signale geführt werden. In der SDL-Terminologie heißen die Schnittstellen auf der Systemebene *Channel*. Sie sind, ebenso wie die Blöcke, mit einem Namen zu deklarieren, im Bild C1 bis C3. Channels können unidirektional oder bidirektional sein. Dies wird durch die Pfeilrichtung(en) gekennzeichnet. An den Schnittstellen werden in eckigen Klammern die *Signals* eingetragen, die die Blöcke über ihre Schnittstellen austauschen können.

Zur Unterstützung einer formalen Deklaration von Signalen können in SDL ein oder auch mehrere *Text-Symbole* im System-Diagramm angeordnet werden, in denen die genaue Spezifikation der Signale erfolgt. Hierin können der Signaltyp (z.B. boolean, integer, char, string) und zusätzliche Signalparameter spezifiziert werden. In den Text-Symbolen niedergelegte Deklarationen können informell sein, meist orientieren sie sich aber an der für die spätere Systemimplementierung benutzten Programmiersprache. Textsymbole werden auch verwendet, wenn mehrere Signale aus Platzgründen nicht direkt an dem channel angeordnet werden können. Dann wird anstelle der Signalnamen in runden Klammern eine *Signalnamenliste* (signallist) angegeben, deren Einzelsignale dann innerhalb eines Textsymbols aufgezählt werden (im Bild die *signallist A*).

Folgende syntaktische und semantische Regeln sind für die Systemspezifikation festgelegt: unterschiedliche Blöcke haben unterschiedliche Namen, Blöcke mit gleichem Namen haben eine gleiche Realisierung, Blöcke werden über Channels mit eindeutigen Namen verbunden, die Richtung der Channels ist anzugeben (unidirektional oder bidirektional), an jeder Richtung eines Channels ist ein Satz von Signalen mit Namen zu deklarieren. Treten mehrere Signale auf, so werden sie durch Kommata getrennt, gleichnamige Signale sind identisch.

Als Beispiel einer Systemspezifikation sei die in Bild 7.3 gezeigte Telefonanlage betrachtet.

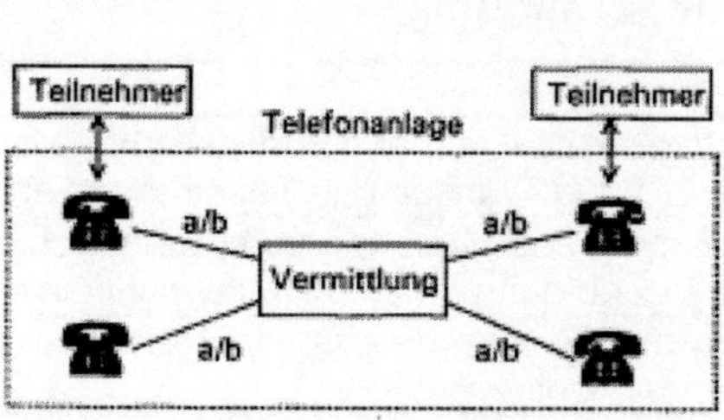

Bild 7.3. Systembeispiel Telefonanlage

Sie besteht aus mehreren Fernsprechapparaten, die über Zweidrahtleitungen a/b an eine zentrale Vermittlung angeschlossen sind. Benutzer der Telefonanlage sind Teilnehmer, die über die Fernsprechapparate Zugang zur Vermittlung haben.

Die SDL-Systemspezifikation nach Bild 7.4 zeigt die Blöcke "Telefone" und "Vermittlung" der Telefonanlage. Zur besseren Übersicht werden nur zwei Telefone dargestellt. Der Teilnehmer bedient sein Telefon über das Abheben und Auflegen des Handapparates und über Tastendrücke. Über Töne wird ihm der Zustand der Telefonanlage signalisiert.

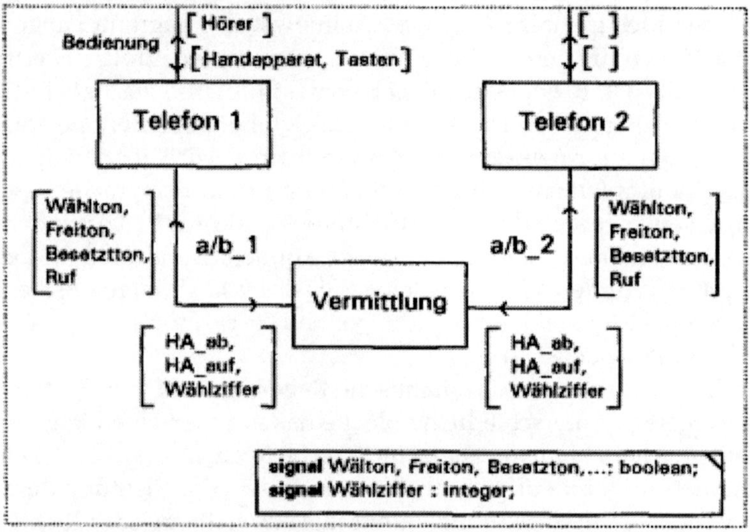

Bild 7.4. Systemspezifikation für die Telefonanlage aus Bild 7.3

Die Telefone sind über die Channel a/b mit der Vermittlung verbunden; darüber fließen Signale mit folgender Bedeutung:

a) vom Teilnehmer zur Vermittlung

Signal	Bedeutung
HA_ab	Abheben des Handapparats, Schleifenstrom, zeigt den Vermittlungswunsch des Teilnehmers an
HA_auf	Auflegen des Handapparats, kein Schleifenstrom, zeigt die Beendigung eines Vermittlungswunsches an
Wählziffern	gewählte Rufnummer, um der Vermittlung den Zielteilnehmer anzuzeigen

b) von der Vermittlung zum Teilnehmer

Signal	Bedeutung
Wählton	Hörerton, zeigt dem Teilnehmer die Wahlaufnahmebereitschaft der Vermittlung an
Freiton	Hörerton, zeigt dem rufenden Teilnehmer an, dass beim gerufenen Teilnehmer geklingelt wird
Besetztton	Hörerton, zeigt dem rufenden Teilnehmer an, dass der gerufene Teilnehmer besetzt ist
Ruf	Klingel, zeigt einem Teilnehmer einen Vermittlungswunsch an

7. 2. 4. Blockspezifikation

Für jeden der in der Systemspezifikation dargestellten Blöcke ist eine getrennte Blockspezifikation durchzuführen. Syntax und Semantik der Blockspezifikation sollen hier zunächst wieder allgemein und dann für das Telefonbeispiel gezeigt werden.

Eine Blockspezifikation für den Block 3 aus Bild 7.2 könnte bereits die unterste Blockebene darstellen. Dann tauchen hierin, wie dies Bild 7.5 zeigt, nur Prozess-Symbole auf. Andernfalls liefert die Blockspezifikation wiederum Block-Symbole mit entsprechenden Schnittstellen (channel).

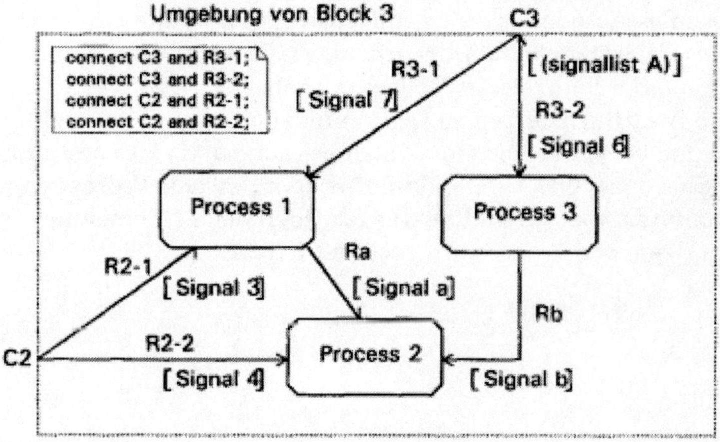

Bild 7.5. Zur Syntax der SDL-Blockspezifikation (Prozess-Ebene)

Der Block 3 besteht aus drei Prozessen. In den Prozesssymbolen ist der Name des Prozesses eingetragen. Die Prozesse sind intern und mit der Blockumgebung über Signalpfade verbunden. In der SDL-Sprache heißen die Signalpfade *Route*, im Bild mit R bezeichnet. Routes unterscheiden sich von Channels dadurch, dass sie Pfeile an den Endpunkten der Signalpfade haben. Die dem Block über Channels zugeführten Signale können blockintern über verschiedene Routes verschiedenen Prozessen zugeleitet werden, bzw. von verschiedenen Prozessen über unterschiedliche Routes auf dieselbe Blockschnittstelle zulaufen. Beispielsweise wird Signal 3 über R 2-1 zu Process 1 geleitet und Signal 4 über R 2-2 zu Process 3.

Im Bild sind zur Verdeutlichung die Blockgrenze und außerhalb hiervon die Channels C2 und C3 eingezeichnet. Dies liegt formal betrachtet außerhalb des Blocks und gehört streng genommen nicht zur Blockspezifikation. In SDL ist deshalb ein Text-Symbol definiert, in dem u.a. die Verbindungen von blockinternen Routes zu blockexternen Channels mit Hilfe von *connect*-Anweisungen[5] deklariert werden.

Prozesse stellen die Realisierung des Systems dar. Sie werden in Form von Hardware, Software oder beides realisiert. Die Prozesse werden i.a. zur Zeit der Systeminitialisierung gestartet und beenden i.a. ihre Aktivität, wenn das System gestoppt bzw. ausgeschaltet wird. Es ist jedoch auch möglich, bestimmte Prozesse erst während der Laufzeit des Systems durch andere, bereits gestartete Prozesse zu starten. Diese Art des Prozessstarts kann notwendig sein, wenn die Systemresourcen nur eine begrenzte Anzahl gestarteter Prozesse zulassen oder mehrere, gleichartige *Exemplare* eines bestimmten *Prozesstyps* im System benötigt werden und die Anzahl der aktiven Exemplare während der Laufzeit des Systems variabel ist.

Letztere Art tritt z.B. in einem Kommunikationssystem mit mehreren Teilnehmern auf, bei dem für jeden Teilnehmer aufgrund eines bestimmten Eingangssignals quasi gleichzeitig immer wieder derselbe Prozess angefordert wird. Dann muss bei jedem Ereignis für jeden neuen Teilnehmer ein neues Exemplar desselben Prozesstyps gestartet werden.

---

[5] Die SDL-connect-Anweisung ist nicht zu verwechseln mit dem connect-Dienstsignal.

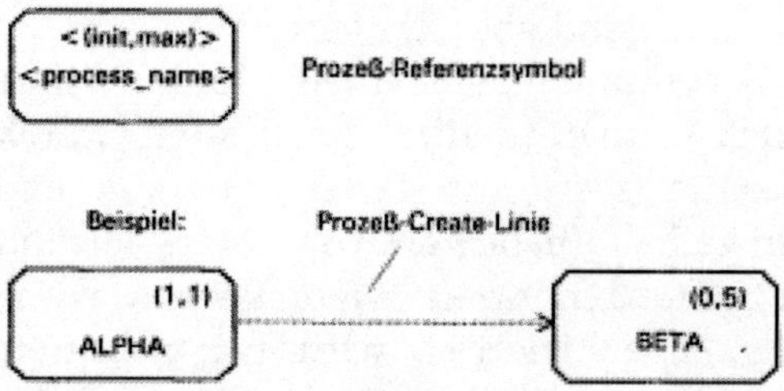

Bild 7.6. Prozessparameter init, max mit Prozess-Create-Linie

In der SDL-Blockspezifikation auf unterster Ebene werden die Prozesstypen und auch die Zahl der Exemplare eines Prozesstyps festgelegt. Wie in Bild 7.6 dargestellt, können hierzu im Prozess-Referenzsymbol 2 Parameter eingetragen werden: **init** : eine Zahl, die die Anzahl der Prozessexemplare bei der Systeminitialisierung angibt, **max**: eine Zahl, die die maximal zulässige Anzahl der Prozessexemplare während der Systemlaufzeit angibt.

Ferner kann optional mit Hilfe einer *Prozess-Create-Linie* festgelegt werden, welcher Prozesstyp Exemplare von welchem anderen Prozesstyp startet. Im gezeigten Beispiel gibt es bei der Systeminitialisierung nur 1 Exemplar des Prozesses ALPHA, dagegen kein Exemplar des Prozesses BETA. Der Prozess ALPHA kann nun während der Systemlaufzeit Exemplare des Prozesses BETA starten, und zwar maximal 5.

Die Create-Linie legt nur die strukturellen Eigenschaften zwischen den Prozessen fest, nicht aber die dynamischen, d.h. es werden hierdurch noch keine Angaben über die Bedingungen und den Zeitpunkt des Prozess-Starts von BETA gemacht. Diese Festlegungen erfolgen im Rahmen der Prozessspezifikation (siehe hierzu. Abschn. 7.2.5.6).

Um die hier beschriebene Funktion des Starts von Prozessexemplaren verwirklichen zu können, bedarf es einer entsprechenden, dem System zugrunde liegenden Rechnertechnik. Hierfür werden i.a. Multitasking-Betriebssysteme notwendig (siehe hierzu Abschn. 7.4.3). Das Starten von Prozessen sowie die Verwaltung aller aktiven und inaktiven Prozesse für die Rechnereinheit gehört zu den Aufgaben des Betriebssystems und ist nicht Bestandteil der SDL-Spezifikation und brauchen deshalb an dieser Stelle nicht weiter erläutert zu werden.

Folgende syntaktische und semantische Regeln gelten für die Blockspezifikation: gleich aufgebaute Blöcke brauchen nur einmal spezifiziert zu werden, auf unterster Blockebene wird ein Block durch mindestens einen Prozess spezifiziert, Prozesse sind über Routes untereinander und an der Blockgrenze mit Channels verbunden, von einem Channel können mehrere Routes ausgehen, Routes können unidirektional oder bidirektional sein, Prozesse können andere Prozesse nur starten, wenn sie innerhalb desselben Blocks liegen, wenn keine Initialanzahl von Prozessexemplaren (init) spezifiziert ist, wird init zu 1 angenommen, wenn keine Maximalanzahl von Prozessexemplaren (max) spezifiziert ist, wird max unbegrenzt angenommen, wenn keine Prozess-Create-Linie vorhanden ist, wird der Prozess bei der Systeminitialisierung gestartet, genauer gesagt so viele Exemplare dieses Typs, wie in der Initialanzahl (init) festgelegt sind.

Für das Beispiel "Telefonanlage" soll nun der Block "Vermittlung" aus Bild 7.4 spezifiziert werden. Vereinfachend sei angenommen, dass dieser Block nur aus zwei Prozessen besteht (Bild 7.7).

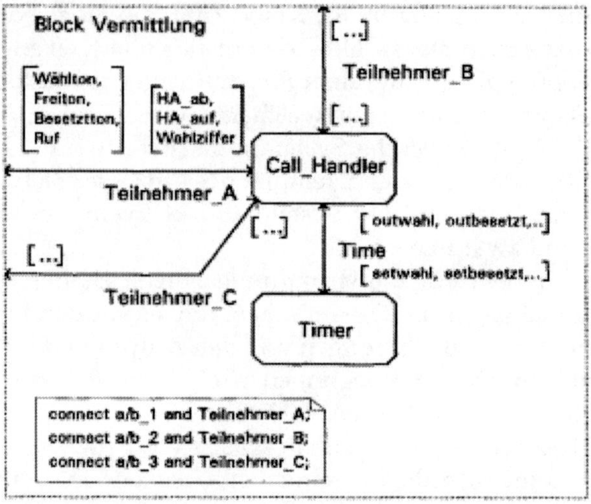

Bild 7.7. Blockspezifikation für die Vermittlung

Ein Prozess *Call_Handler* bearbeitet die Signale von und zu den Teilnehmern. Dazu sind entsprechende Routes deklariert (Teilnehmer_A, Teilnehmer_B usw.), die an der Blockgrenze an den Channels a/b angeschlossen sind. Der Call_Handler hat über die Route *Time* Verbindung zu einem Timer-Prozess. Der Call_Handler setzt Zeitaufträge und wird bei deren Auslaufen vom Timer benachrichtigt.

7. 2. 5. Prozessspezifikation

Die Prozessspezifikation ist der Teil von SDL, welcher in seiner Anwendung für Kommunikationssysteme am besten bekannt ist. Die Prozessspezifikation behandelt das dynamische Verhalten der in der Blockspezifikation aufgeführten Prozesse und damit letztlich das dynamische Verhalten des Gesamtsystems. Einige Elemente dieser Spezifikation haben wir bereits bei der Erläuterung des Instanzenverhaltens als Automat kennengelernt (vgl. Abschn. 1.5). In diesem Abschnitt sollen nun alle Elemente dieser Spezifikation allgemein besprochen werden und dann am Schluss ein zusammenfassendes Beispiel für den Call_Handler aus Bild 7.7 gegeben werden.

Das Hauptmerkmal eines Prozesses ist seine Fähigkeit, Signale empfangen, Signale verarbeiten und Signale senden zu können. Dementsprechend beschreibt die Prozessspezifikation die zeitliche und logische Abfolge dieser Vorgänge in dem betreffenden Prozess. Besitzt der Prozess darüber hinaus ein "Gedächtnis" in Form von Zuständen, so hat der Prozess Automatenverhalten gemäß den Ausführungen des Abschnittes 1.5.

7. 2. 5. 1. Transition und Grundelemente

Prozesse werden in SDL durch einen Graphen beschrieben, in dem durch eine Aneinanderreihung verschiedener Graphensymbole der Ablauf sichtbar wird. Die Prozessspezifikation unterscheidet einen Satz von *Elementarsymbolen*[6] für Zustände, Eingangssignale, Prozessaufgaben und Ausgangssignale, mit denen sich die Elementaroperation eines Prozesses gemäß Bild 7.8 angegeben lässt. Diese Operation wird *Transition* genannt und beschreibt den Übergang des Prozesses von einem (Ausgangs-) Zustand in einen (Folge-) Zustand. In den Symbolen ist der Name des entsprechenden Elementes eingetragen, z.B. ein Signalname.

Der Prozessablauf liest sich im Graphen immer von oben nach unten, so auch im Bild 7.8. Der Prozess befindet sich in einem Ausgangszustand, den er nur durch ein Eingangssignal verlässt. Der Prozess vollbringt dann eine Aufgabe und sendet dann i.a. ein Ausgangssignal an einen anderen Prozess. Hiernach nimmt der Prozess einen Folgezustand ein. Die Transition beschreibt demnach den Pfad mit den Prozessaktionen zwischen zwei definierten Prozesszuständen.

---

6 Eine vollständige Liste aller Symbole der Prozessspezifikation, ihre Bedeutung und ihre Syntax ist dem Anhang 9.4 zu entnehmen.

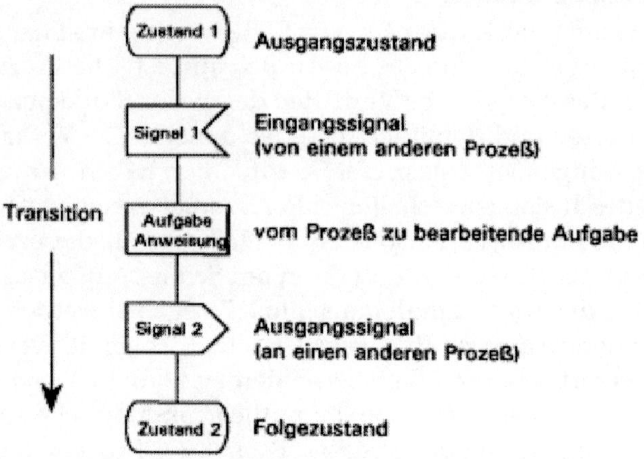

Bild 7.8. Zur Semantik der SDL-Prozessspezifikation, grundsätzlicher Prozessablauf mit Automatencharakter

Ausgehend von einem Ausgangszustand kann ein Prozess durch das Eintreffen unterschiedlicher Eingangssignale verschiedene Transitionen vollführen und dementsprechend in verschiedene Folgezustände gelangen, wie Bild 7.9 zeigt.

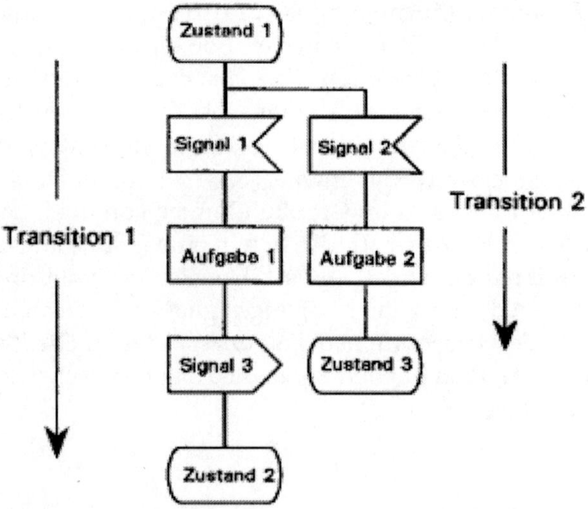

Bild 7.9. Alternative Transitionen eines Prozesses

Für die SDL-Prozessspezifikation gilt folgende Semantik:

1) Ausgangspunkt des Graphen ist ein Startsymbol oder ein Grundzustand.
2) Der Prozess verlässt einen Zustand nur aufgrund eines oder mehrerer, alternativ eintreffender Signale. Hierbei wird vorausgesetzt, dass die Prozessimplementierung einen Mechanismus zur zeitlichen Reihung der eintreffenden Signale vorsieht, z.B. nach dem FIFO-Prinzip (s. Abschn. 1.5). In einem Zustand nicht aufgeführte Signale bleiben wirkungslos, sofern sie eintreffen.
3) Ein Signal überführt einen Prozess wieder in einen, i.a. anderen Zustand. Der Zustandsübergang wird Transition genannt.
4) Die Symbole werden durch Pfade verbunden, die die Ablaufrichtung markieren. Treffen mehrere Pfade aufeinander, so kennzeichnen Pfeile die Ablaufrichtung, um Mehrdeutigkeiten auszuschließen.
5) Von jedem Zustand muss mindestens ein Pfad über ein oder mehrere Transitionen zum Grundzustand zurückführen (keine Deadlocks).

7. 2. 5. 2. Prozesskommunikation

Prozesse kommunizieren untereinander ausschließlich durch den Austausch von Signalen. Bei der Behandlung des Automatenverhaltens einer Kommunikationsinstanz haben wir die Mechanismen zum Signalaustausch besprochen (vgl. Abschn. 1.5.4). Diese Mechanismen gelten ganz allgemein für Prozesse. Wesentliches Element zum Signalaustausch ist die Existenz von Eingangs-Briefkästen (input queue) für jeden Prozess, aus dem sich der Prozess mit Signalen seiner umgebenden Prozesse bedient.

Bild 7.10 zeigt die Kommunikation der Prozesse. Die Prozesse, genauer ihre gestarteten Exemplare, versenden Signale an die anderen Prozesse, indem sie in die Briefkästen der Prozesse schreiben. Der empfangende Prozess liest die Signale nach dem FIFO-Prinzip aus seinem Briefkasten und löscht nach der deren Verarbeitung gelesene Signale.

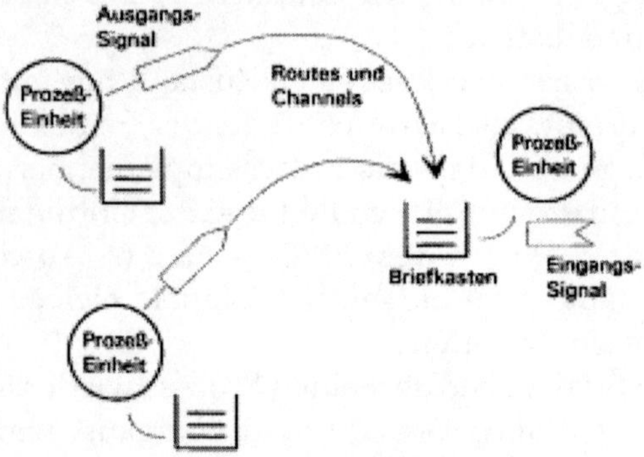

Bild 7.10. Prozesskommunikation (nach [7])

Im Allgemeinen werden alle Signale, die aus dem Briefkasten gelesen werden, gelöscht, unabhängig davon, ob sie zu einer Transition führen oder nicht. Sollen Signale, obwohl sie in dem momentanen Prozesszustand keine Transition bewirken, für später angenommene Prozesszustände gespeichert bleiben, so müssen sie mit Hilfe eines sog. *save-Symbols*

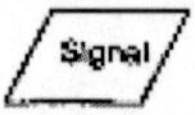

spezifiziert werden. Das save-Symbol (Signalrettung) tritt dann an die Stelle des normalen Eingangssymbols und es bewirkt, dass das betreffende Signal gespeichert wird. Ein Rettungs- oder Save-Mechanismus hebt den normalen Verbrauchsmechanismus für Signale auf, indem solche Signale wieder in den Briefkasten geschrieben werden (s. Bild 7.11). Befindet sich beispielsweise der Prozess im Zustand 1, wie im Bild gezeigt, so nimmt er die Signale a und d an. Das Signal a soll in diesem Zustand keine Transition verursachen, aber für einen späteren Zustand des Prozesses gespeichert bleiben. Es wird deshalb wieder in die letzte Position der Warteschlange eingereiht und damit gerettet.

Für den eindeutigen Automatenablauf ist es wichtig, die Zustände des Prozesses, in denen ganz bestimmte Signale gerettet werden sollen, durch das spezielle SDL-Save-Symbol zu kennzeichnen. Ein so gespeichertes Signal muss naturgemäß mindestens in einem der folgenden Prozesszustände als normales Eingangssignal erscheinen, sonst gäbe der Save-Mechanismus

---

7 Belina, Ferenc; Hogrefe, Dieter; Sarma, Amardeo: *SDL with applications from Protocoll Specification,* Prentice Hall International 1991.

keinen Sinn. Andererseits ist zu beachten, dass ein in einem ganz bestimmten Zustand gerettetes Signal in dem Moment, in dem es wieder in den Briefkasten eingereiht wird, in anderen Prozesszuständen als normales Eingangssignal erscheint. Soll es über mehrere Transitionen gerettet werden, so ist es in allen Folgezuständen erneut mit einem save-Symbol zu spezifizieren.

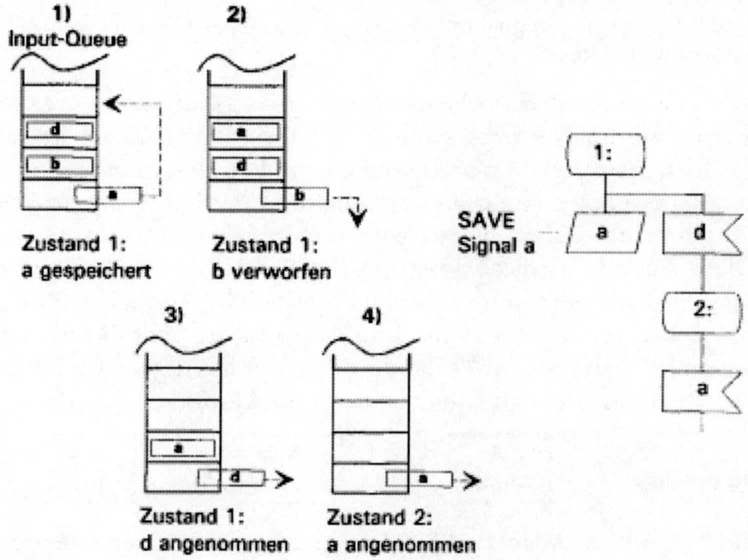

Bild 7.11. Speichern von Signalen mit save-Symbol zur späteren Bearbeitung

Zwischen den Prozessen finden die Signale ihren Weg über die Routes, bzw. Channels, wenn sich der Empfangsprozess in einem anderen Block als der Sendeprozess befindet. Durch die im Rahmen der System- und Blockspezifikation festgelegte Struktur der Channels und Routes ist i.a. festgelegt, welchen Weg die Signale zu nehmen haben. Die Ausgangssignale eines Prozesses brauchen deshalb i.a. keine Zieladresse beinhalten, da der adressierte Prozess eindeutig ist. Mehrdeutigkeiten entstehen nur, wenn 1. ein und dasselbe Signal (mit gleichem Namen) über verschiedene Routes versendet werden kann oder 2. von dem Empfangsprozess gleichzeitig mehrere Exemplare gestartet sind.

In beiden Fällen ist eine genauere Adressierung des Empfangsprozesses bzw. seines speziellen Exemplars notwendig.

Zur Lösung des 1. Falls gibt es in SDL die Möglichkeit, im Ausgangssignal mit Hilfe einer ergänzenden *via-Angabe* die betreffende Route auszuwählen, wodurch der Empfangsprozess eindeutig festgelegt ist:

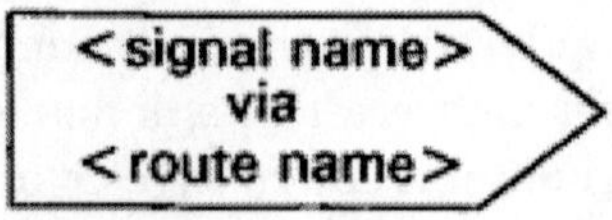

Bild 7.12. Ausgangssignal mit Prozess-Adressierung über Auswahl einer speziellen Route

Für den 2. Fall gibt es in SDL-Ausgangssignalen eine ergänzende *to-Angabe*, mit der ein bestimmtes Prozessexemplar adressierbar ist. Die Adressierung von einzelnen Prozessexemplaren setzt i.a. ein Betriebssystem voraus, dass die Exemplare in Form von tasks verwaltet und das jedem gestarteten Prozessexemplar eine eindeutige Adresse zuweist, den sog. *Process Identifier (PId)*. Diese Adresse ist nicht direkt im Prozess verfügbar, da sie nur vom Betriebssystem verwaltet wird und muss deshalb in Form einer Kommunikation zwischen Sendeprozess und Empfangsprozess über das Betriebssystem ausgetauscht werden. In Verbindung mit der to-Angabe kann man vier vordefinierte, indizierte Adressen benutzen (Bild 7.13).

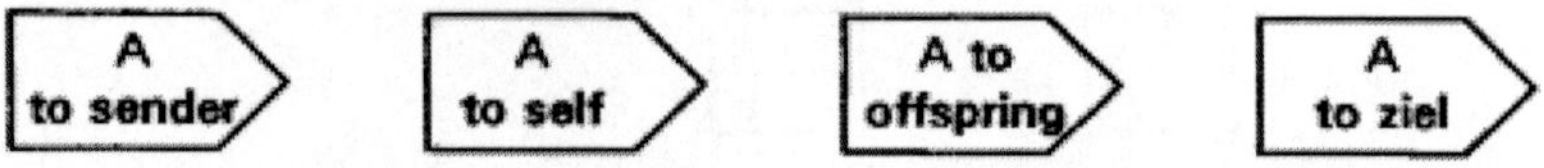

Bild 7.13. Ausgangssignal mit PId-Adressierung eines Prozessexemplars

Ein aufrufender Prozess benutzt diese Adressen mit folgender Semantik:

> **sender**: ergibt die PId des Prozessexemplars, die das letzte Signal zum Aufrufer gesendet hat,
>
> **self**: ergibt die PId des aufrufenden Prozessexemplars, also die eigene,
>
> **offspring**: ergibt die PId des Prozessexemplars, die zuletzt vom Aufrufer gestartet wurde.

Diese vordefinierten Adressen kann man auch einer Variablen zuweisen, hiermit Rechenoperationen durchführen und dann mittels der Variablen ein bestimmtes **ziel** adressieren.

7. 2. 5. 3. Entscheidungen und bedingte Transitionen

Es kann vorkommen, dass Transitionen in Abhängigkeit bestimmter Bedingungen in zwei oder mehr Pfade verzweigen sollen. SDL liefert hierfür das Element der *Abfrage* (Bild 7.14).

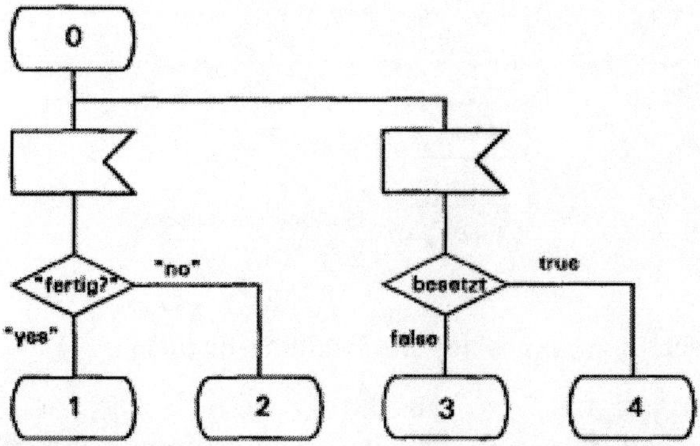

Bild 7.14. Verzweigung einer Transition mit Abfragen

Das Element besteht aus einer Frage und mindestens zwei alternativen Antworten, auf die die Transition in unterschiedliche Pfade verzweigt. Die Frage kann informell sein und wird dann mit *yes/no* an demjenigen Pfad beantwortet, der eingeschlagen werden soll. Sie kann sich auch auf bestimmte boolsche Ausdrücke beziehen. In diesem Fall steht die boolsche Größe im Fragesymbol, im Beispiel die Variable *besetzt*, und die Antworten ergeben sich entsprechend der Werte der Variablen zu *true/false*.

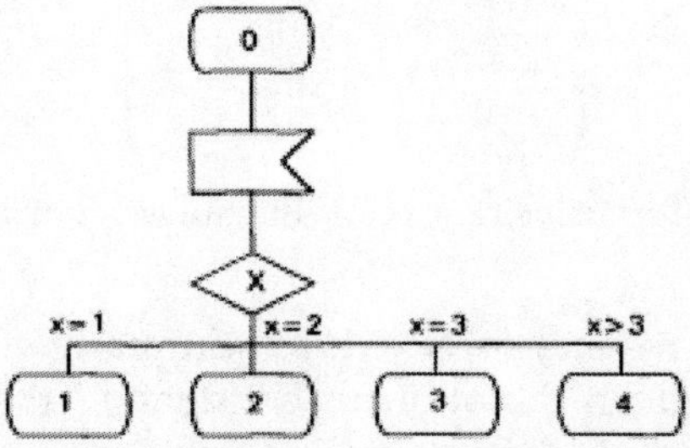

Bild 7.15. Abfragen von Variablenwerten

Schließlich kann sich die Frage auf den Wert einer nichtboolschen Variablen beziehen (Bild 7.15). Hierbei ist im Fragesymbol die Variable eingetragen und es können mehr als zwei Antworten in Form der Variablenwerte oder eines Wertebereichs auftreten. Es ist zu beachten, dass die Antworten eindeutig sind, d.h. sich die Wertebereiche der Antworten nicht überlappen.
Normalerweise wird eine Transition unbedingt durch ein Eingangssignal eingeleitet. Das SDL-Element *Enabling Condition* macht es möglich, eine oder mehrere zusätzliche Bedingungen für die Transition zu spezifizieren (Bild 7.16). Im gezeigten Beispiel

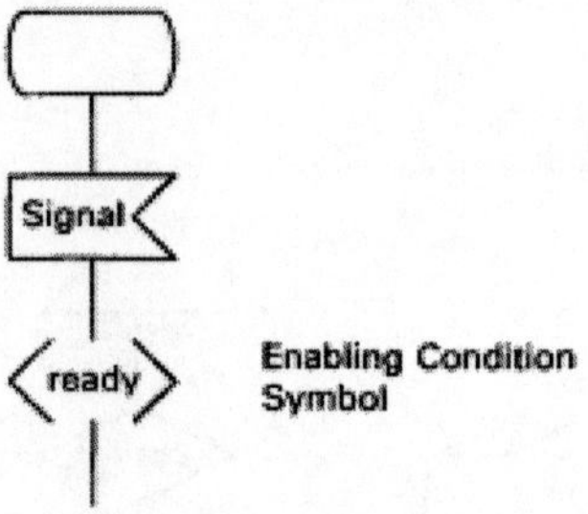

Bild 7.16. Bedingte Transition mit Enabling-Element

führt das Eingangssignal *Signal* nur dann zu einer Transition, wenn die boolsche Variable *ready* den Wert *true* hat. Ist die Bedingung nicht erfüllt, so bleibt das Signal gespeichert und der Prozess verbleibt im selben Zustand. Ein gespeichertes Signal initiiert dann die Transition, sobald die Bedingung erfüllt ist, d.h. im Beispiel die Variable *ready* den Wert *true* annimmt.

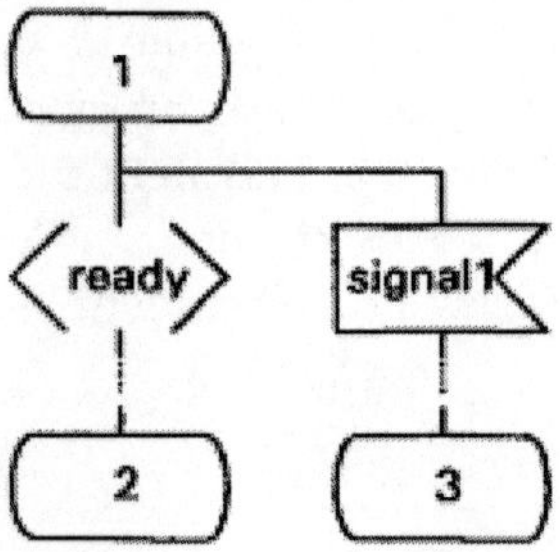

Bild 7.17. Bedingte Transition ohne Eingangssignal mit Continuous Signal

Transitionen werden normalerweise durch Empfang von Eingangssignalen eingeleitet. Es gibt jedoch Situationen, bei denen Transitionen stattfinden sollen, wenn oder solange bestimmte Bedingungen für den Prozess erfüllt sind, <u>ohne</u> dass Eingangssignale vorliegen. Bedingungen sind an boolsche Variable des Prozesses geknüpft. An die Stelle eines Eingangssignals tritt dann ein sog. *Continuous Signal*, das die Bedingung enthält. Als Symbol des continuous signals wird ebenfalls, wie dies Bild 7.17 zeigt, das enabling-Symbol verwendet. In dem gezeigten Beispiel findet eine Transition in den Zustand 2 statt, wenn im Zustand 1 die boolsche Variable *ready* den Wert *true* hat, ohne dass ein Eingangssignal vorhanden ist. Es ist vereinbart, dass continous signals niedrigere Priorität als normale Eingangssignale haben. So tritt dann trotz erfüllter Bedingung, aber mit vorliegendem *signal1* die Transition in Zustand 3 auf.

7. 2. 5. 4. Prozeduren

In Prozessdiagrammen können Prozeduren aufgerufen werden. SDL-Prozeduren haben dieselben Eigenschaften wie Prozeduren, wie sie von Programmiersprachen bekannt sind. Die Prozedurspezifikation ermöglicht es, einen in sich abgeschlossenen Graphenteil gesondert zu spezifizieren und dann diese Prozedur innerhalb einer Prozessspezifikation aufzurufen. Die Zusammenfassung von Graphenteilen als Prozeduren ist immer dann sinnvoll, wenn diese mehrfach innerhalb des Prozesses benötigt werden.

Eine Prozedur wird innerhalb der Prozessspezifikation mit einem Aufrufsymbol aufgerufen. Im Bild 7.18 wird beispielsweise innerhalb des Prozesses *Transmit* die Prozedur *SEND* aufgerufen. Die Prozedur SEND

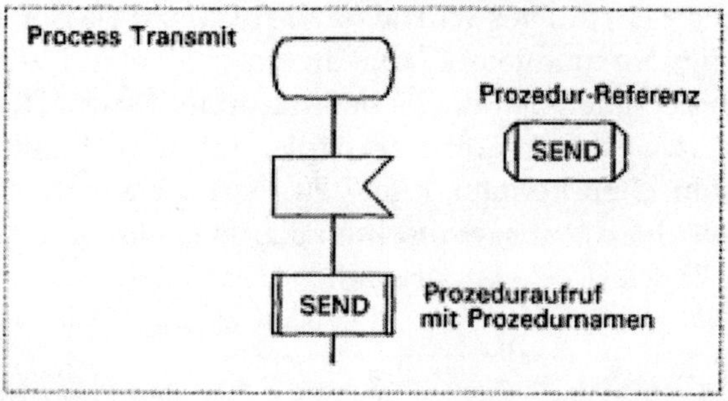

Bild 7.18. Prozeduraufruf und bezugnehmende Prozedurspezifikation

ist an anderer Stelle spezifiziert. Deswegen benötigt man innerhalb des Diagramms für den Prozess Transmit eine einmalige Referenz zu der entsprechenden Prozedurspezifikation. Ein Referenzsymbol mit dem Namen der Prozedur stellt die Verbindung her. Mit dem Prozeduraufruf können Parameter übergeben werden. Der Prozedurname des Referenzsymbols enthält dann eine Liste der formalen Parameter und im Namen des Aufrufsymbols sind die aktuellen Parameter beim jeweiligen Aufruf einzutragen.

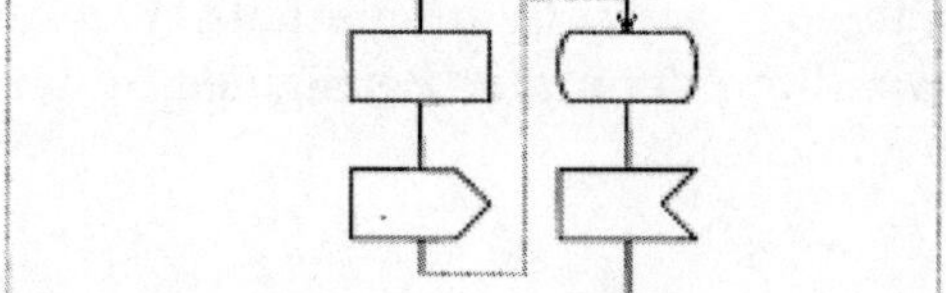

Bild 7.19. Prozedurspezifikation für das Beispiel aus Bild 7.18

Die Prozedurspezifikation für das obige Beispiel ist in Bild 7.19 zu sehen. Prozeduren werden mit einem Start- und einem Return-Symbol eingekleidet. Zwischen den beiden Symbolen spezifiziert man die Transitionen, die zu der Prozedur gehören, wobei alle Prozesssymbole verwendet werden können.

7. 2. 5. 5. Zeitsteuerung von Prozessen, Timer

Mitunter ist es erforderlich, dass ein Prozess ein ganz bestimmtes Zeitverhalten zeigen soll, indem er nach Ablauf einer bestimmten Zeit in einen neuen Zustand übergehen soll. Dies ist insbesondere immer dann erforderlich, wenn Störungen im Signalfluss dazu führen, dass der normale Signalfluss unterbrochen wird. Dies würde dazu führen, dass der Prozess wegen ausbleibender Signale unzulässig lange in einem Zustand verharren würde. Zur Vermeidung solcher deadlocks benutzt man Timer. Der Timer ist ein eigenständiger, i.a. systemzentraler Prozess, mit dem alle übrigen Prozesse Zeitsignale austauschen können. Bild 7.20 zeigt die zugehörige SDL-Blockspezifikation, aus der die ausgetauschten Signale zwischen einem Prozess A und dem Timer-Prozess erkennbar sind.

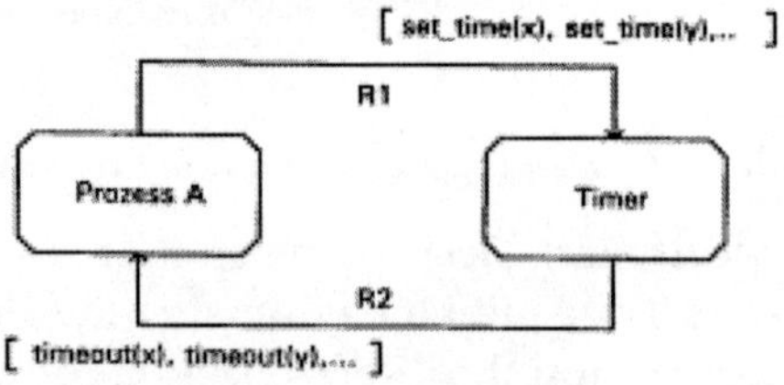

Bild 7.20. Kommunikation mit einem Timer

Der Prozess versendet an den Timer Zeitaufträge in Form von Zeitauftragssignalen *set_time(x), set_time(y),*usw.. Innerhalb der Signale werden als Parameter die relativen Weckzeiten x,y übergeben. Nach Ablauf dieser Zeiten, relativ zum Zeitpunkt der Auftragserteilung gemessen, antwortet der Timer mit den Signalen *timeout(x), timeout(y)* usw., die den Prozess über die abgelaufene Zeit informieren. Der Timer fungiert als "Wecker" für die übrigen Prozesse. Die Verwendung derartiger Zeitsignale in der Prozessspezifikation ist Bild 7.21 zu entnehmen.

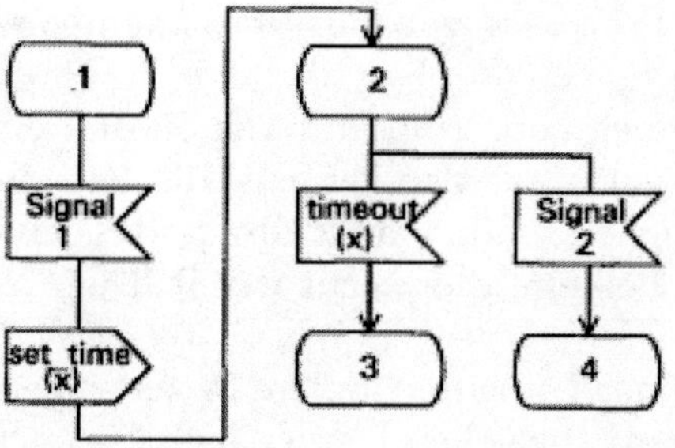

Bild 7.21. Verwendung von Zeitsignalen in der Prozessspezifikation

Der Prozess sendet das Zeitauftragssignal *set_time(x)* an den Timer und geht dann in einen Zustand 2 über. In diesem erwartet er *Signal2*. Wenn nach Ablauf der Zeit x kein *Signal2* eingegangen ist, führt das nun vom Timer an den Prozess gesendete Wecksignal *timeout(x)* zum Zustand 3, anstelle der Transition in Zustand 4.

7. 2. 5. 6. Starten und Beenden von Prozessen

Die SDL-Blockspezifikation auf unterster Ebene spezifiziert die Prozesstypen und auch die Zahl der Exemplare eines Prozesstyps. Ferner kann festgelegt werden, welcher Prozess welchen startet. (vgl. Abschn. 7.2.4: Prozessstart, Initialanzahl und Maximalanzahl von Prozessexemplaren). Im Rahmen der Prozessspezifikation ist nun festzulegen, unter welchen Bedingungen und zu welchem Zeitpunkt ein Prozess startet.

Jeder Prozess hat einen Punkt im Prozessdiagramm, an dem er beginnt und einen Punkt an dem er endet. Diese Punkte werden im SDL-Diagramm durch zwei Symbole, dem *Start-Symbol* und dem *Stop-Symbol* gekennzeichnet (Bild 7.22).

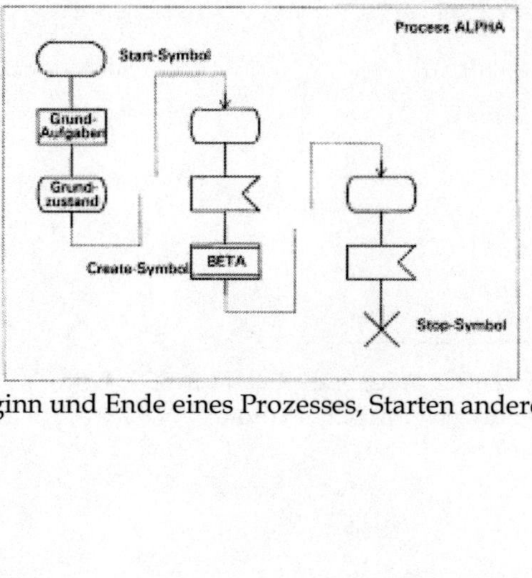

Bild 7.22. Beginn und Ende eines Prozesses, Starten anderer Prozesse

Nach dem Start des Prozesses, genauer eines Exemplars dieses Prozesstyps, werden i.a. Grundaufgaben durchgeführt und der Prozess muss dann einen (Grund-)Zustand annehmen. Während das Starten eines Prozesses durch andere Prozesse ausgelöst werden kann, ist das Beenden des Prozesses nur durch ihn selbst möglich, und zwar dadurch, dass eine Transition auf das Stop-Symbol führt. Solange dies nicht der Fall ist, bleibt dieses Prozessexemplar gestartet.

Sollen innerhalb einer Transition andere Prozesse gestartet werden, so geschieht dies mit einem speziellen *Create-Symbol,* in dem der Name des zu startenden Prozesses eingetragen ist. Dadurch wird ausgelöst (vom Betriebssystem), dass ein neues Exemplar des betreffenden Prozesses gestartet wird, sofern nicht bereits die Maximalanzahl dieses Typs gestartet ist. Im obigen Beispiel startet also der Prozess ALPHA einen anderen Prozess mit Namen BETA.

7. 2. 5. 7. Diagrammgestaltung, Vereinfachungen

Zum Erstellen der Diagramme ist ein graphischer Editor wie er in [8] beschrieben wird, unbedingt zu empfehlen. Die Diagrammgestaltung muss Rücksicht auf die Druckgestaltung nehmen. Meist wird das Zeichnen auf Blättern im DIN A4-Format bevorzugt. Größere Prozessdiagramme erstrecken sich häufig über mehrere Druckseiten, so dass Bezüge zwischen den Seiten herzustellen sind. Ferner tritt bei der Gestaltung der Diagramme häufig der Fall auf, dass ein Pfad über größere Distanzen zu einem nächsten Prozesssymbol zu führen ist. Lange "verschlungene" Pfade beeinträchtigen die Lesbarkeit der Diagramme. SDL besitzt zu Gestaltungszwecken ein *Connector-Symbol,* das als Marke zur Fortsetzung des Diagramms an anderer Stelle fungiert. Bild 7.23 zeigt anhand einiger Beispiele die Verwendung der kreisförmigen Connectoren.

---

[8] Telelogic: *SDL-Editor SDT-PC,* Handbuch für SDL-Editor.; Telelogic: SDT-Reference Manual, Handbuch zum SDL-Editor.

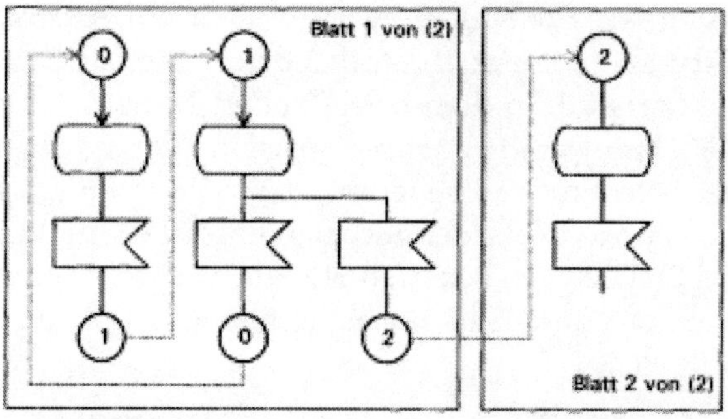

Bild 2.23. Verwendung von Connectoren (innerhalb einer Seite und seitenübergreifend)

Anstelle der gestrichelt gezeichneten Pfade können innerhalb einer Seite Connectoren eingefügt werden. Für den Übergang auf eine andere Seite müssen Connectoren verwendet werden. In das Connector-Symbol wird ein eindeutiger Name gezeichnet z.B. eine Zahl, aus der hervorgeht, an welcher Stelle das Diagramm fortgesetzt wird bzw. zu welcher Marke ein Pfad führt. Häufig kommt es vor, dass bestimmte Transitionen bei einem speziellen Eingangssignal in allen Zuständen erfolgen sollen, die im Prozessdiagramm aufgeführt sind. Z.B. soll bei einem Reset-Signal, das in allen Zuständen eintreffen kann, der Prozess immer in seinen Grundzustand zurückkehren. Dann müsste diese Transition ausgehend von allen Zuständen gezeichnet werden, was das Diagramm unnötig überladen würde. Zur Vermeidung dieses Effektes gibt es in SDL das Element *Asterisk State*, ein Zustandssymbol mit einem '*'-Zeichen, das für jeden Zustand stellvertretend steht (siehe Bild 2.24a). Optional können in Klammern Ausnahmezustände in Form einer Liste angegeben sein. Das gezeigte Beispiel besagt, dass in allen Zuständen des Prozesses mit Ausnahme der Zustände 3, 5, ... bei eintreffendem reset-Signal der Grundzustand angenommen wird.

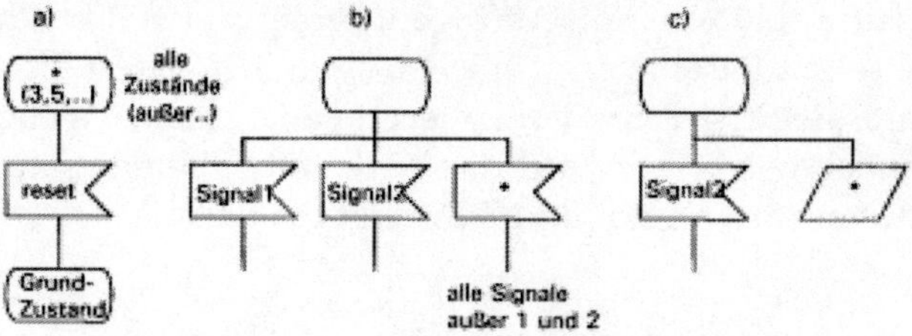

Bild 7.24. Verwendung der Symbole Asterisk State (a), Asterisk Input (b) und Asterisk Save (c)

Zur Vereinfachung der Spezifikation kann auch ein *Asterisk Input-Symbol* dienen (Bild 7.24b). Es bedeutet, dass alle übrigen Signale des Prozesses, außer Signal 1 und Signal 2, in dem betreffenden Zustand zu der Transition führen. Schließlich kann auch ein *Save-Symbol* in Verbindung mit einem Asterisk verwendet werden, was bedeutet, dass alle in einem Zustand nicht aufgeführten Signale des Prozesses gespeichert bleiben (in Bild 7.24c alle Signale außer Signal 2). Die gespeicherten Signale müssen dann in später angenommenen Prozesszuständen als normale Eingangssignale zu Transitionen führen.

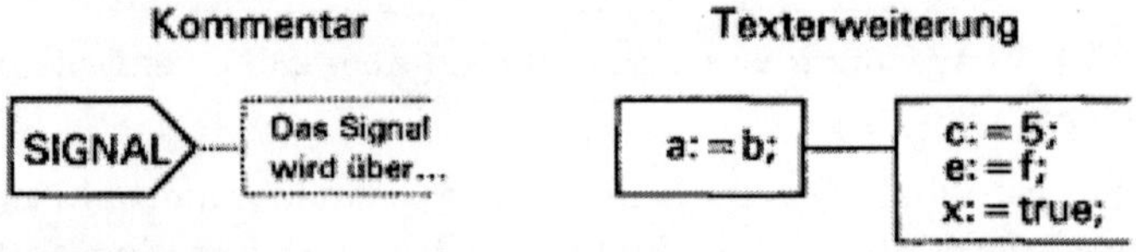

Bild 7.25. Kommentar und Texterweiterung zu einem Symbol

Die Symbole der Prozessspezifikation haben nur einen begrenzten Platz zur Positionierung von Text innerhalb des Symbols. Um Text größeren Umfangs einem Symbol zuordnen zu können, gibt die in Bild 7.25 gezeigten zwei Erweiterungssymbole, die mit einer Verbindungslinie unmittelbar an das zu erweiternde Symbol gezeichnet werden. Das *Kommentar-Symbol* enthält informellen Text bzw. Beschreibungen zum zugeordneten Symbol. Das *Texterweiterungs-Symbol* stellt dagegen eine formale Erweiterung des betreffenden Symbols dar. Die Texterweiterung ist Bestandteil des zugeordneten Symbols. Im gezeigten Beispiel erweitert sie einen Anweisungsblock mit einer Anweisung um drei weitere Anweisungen, als stünden diese im Symbol selbst.

7. 2. 5. 8. Deklarationen

Innerhalb der Prozessbeschreibung werden häufig Variable bearbeitet, so z.B. in Anweisungsblöcken und Abfragen. Ferner treten Prozeduren auf, die möglicherweise mit Parametern versehen sind. SDL liefert die Möglichkeit, in Hinblick auf die Prozessimplementierung eine exakte Deklaration dieser Größen vorzunehmen. Dazu wird das Textsymbol benutzt, in dem die Deklarationen aufzuführen sind. Bild 7.26 zeigt ein Beispiel.

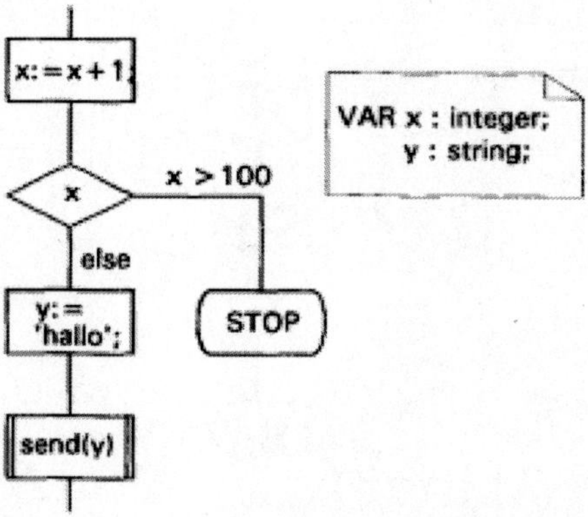

Bild 7.26. Textsymbol mit Deklaration von Variablen

7. 2. 5. 9. Beispiel: Prozessspezifikation Call Handler

Die folgenden Bilder 7.27 und 7.28 sollen nun ein Beispiel für die Spezifikationsweise geben. Als Beispiel wird der *Call Handler* der Telefonvermittlung aus Bild 7.7 gewählt. Hier sollen zur Erklärung der Spezifikationsweise nur die hervorgehobenen Transitionen erläutert werden. Der geneigte Leser möge auch die übrigen Pfade des Diagramms betrachten und praktisch an seinem eigenen Haustelefon "durchspielen".

Der Call Handler ist zunächst im Zustand *RUHE*, den er nur durch das Abheben des Teilnehmerhandapparates beim rufenden Teilnehmer A verlassen kann. Trifft dieses Signal ein, so sendet der Call Handler einen *Wählton* an den Teilnehmer. Hiernach wird das Zeitsignal *setwahl* an den Timer gesendet, das eine maximale Zeit für das Anliegen des Wähltones setzt. Der Prozess ändert dann seinen Zustand in *Warte auf Wahl*.

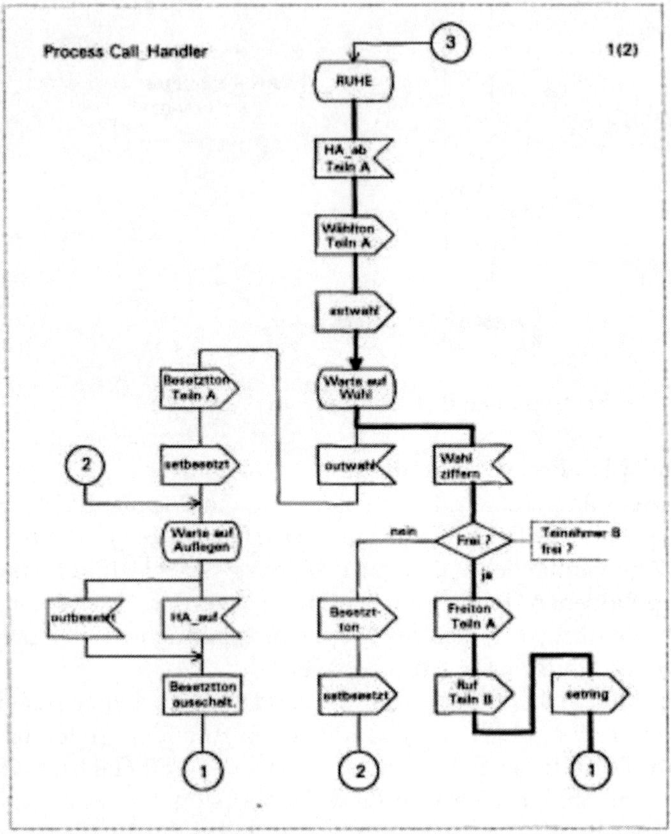

Bild 7.27. Prozessspezifikation für den Call Handler (Blatt 1von 2)

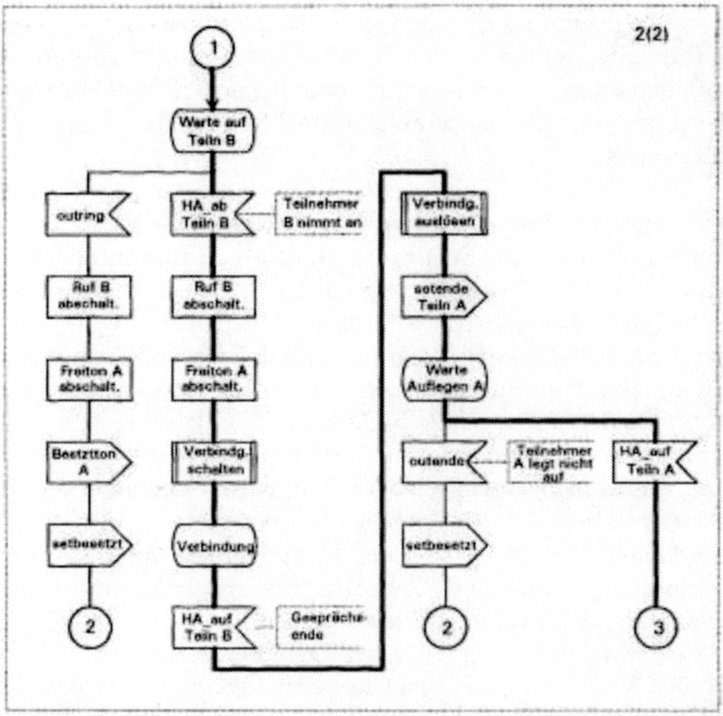

Bild 7.28. Fortsetzung Prozessspezifikation für den Call Handler (Blatt 2 von 2)

Wenn nun im Zustand *Warte auf Wahl* in angemessener Zeit gewählt wird und alle Wahlziffern eingetroffen sind, prüft der Prozess, ob der gerufene Teilnehmer B frei ist. Ist dies der Fall, wird an Teilnehmer A ein *Freiton* und an Teilnehmer B das Signal *Ruf* gesendet. Das Zeitsignal *setring* setzt eine maximale Rufzeit. Es wird dann auf das Abheben des Handapparates beim Teilnehmer B gewartet (Zustand *Warte auf Teiln B*).

Hebt Teilnehmer B ab, so schaltet der Call Handler den Freiton und das Rufsignal aus, schaltet die Verbindung und geht dann in den Zustand *Verbindung*. In diesem Zustand verharrt der Prozess, bis einer der Teilnehmer, hier Teilnehmer B, auflegt. Dann wird die Verbindung ausgelöst und der Call Handler geht in den Zustand *Warte Auflegen A*. Mit dem Auflegen des Teilnehmers A kehrt er in seinen Grundzustand *RUHE* zurück (über die Marke 3).

Anzumerken ist abschließend zu diesem Beispiel noch, dass aus Gründen der Übersichtlichkeit nicht alle Transitionen, wie sie in der Praxis auftreten können, im Diagramm eingetragen sind. Beispielsweise wäre zu ergänzen, dass der Telefonteilnehmer seinen Handapparat in jedem Zustand des Prozesses auflegen kann. Dieses liefert dann in jedem Zustand ein zusätzliches Eingangssignal *HA_auf* mit nachfolgenden Transitionen, abhängig vom jeweiligen Zustand.

7. 2. 6. SDL-Spezifikation nach dem OSI-Referenzmodell

In Abschn. 1 haben wir die Strukturmerkmale von Kommunikationssystemen behandelt und das Automatenverhalten ihrer Bausteine, den Instanzen erläutert. Leitgedanke der Strukturierung ist die Schichtung des Kommunikationssystems nach dem OSI-Referenzmodell. Es ist einleuchtend, dass der SDL-Entwurf für Kommunikationssysteme diese strukturellen Gesichtspunkte des OSI-Referenzmodells in der statischen Beschreibung *Blockspezifikation* und das Automatenverhalten der Instanzen in der dynamischen Beschreibung *Prozessspezifikation* wiedergeben muss. Gegenüber den bisher in diesem Abschnitt behandelten Spezifikationsbeispielen kommt bei Kommunikationssystemen hinzu, dass es sich hierbei um Systeme handelt, deren Prozesse räumlich verteilt sind. Der SDL-Entwurf für Kommunikationssysteme muss folgende Gesichtspunkte darstellen:

1. Strukturierung nach dem OSI-Dienstekonzept,
2. Kennzeichnung von Dienstzugangspunkten (SAPs),
3. Erfassung von Instanzen,
4. Erfassung der Protokolle und
5. Spezifikation des Automatenverhaltens der Instanzen und ihrer Transportmechanismen für Protokolldateneinheiten (PDUs).

Zur Beschreibung eines Kommunikationssystems, dem ein OSI-Referenzmodell zugrunde liegt, werden alle drei Spezifikationsebenen von SDL benutzt, die hierbei

- Systemspezifikation,
- Dienstspezifikation und
- Protokollspezifikation

genannt werden. Im Folgenden soll die Vorgehensweise allgemein erläutert werden. Im Band II dieses Buches werden wir dann ein detailliertes Entwurfsbeispiel besprechen.

7. 2. 6. 1. Systemspezifikation

Der Spezifikation eines Kommunikationssystems nach dem OSI-Referenzmodell liegt ein 7-Schichten-Modell zu Grunde. Die Anwendungsschicht mit ihren A-Instanzen ist der Ausgangspunkt der Spezifikation. Diese Betrachtung geht davon aus, dass die Kommunikation eine in sich abgeschlossene Aufgabe ist, die zunächst keine Schnittstellen zu einer übrigen Umgebung besitzt. In der Praxis ist dies häufig nicht der Fall. Kommunikationstechnik ist sehr oft Bestandteil eines umfassenderen, technischen Systems, in dem ein Kommunikationsteil als eigenständiger Block auftritt, der eine "Hilfsfunktion" zur Überbrückung räumlicher Entfernungen hat. Das gesamte System, wie es sich den Benutzern darstellt, wird dann auf oberster Spezifikations-Ebene zunächst mit Hilfe einer SDL-Systemspezifikation beschrieben, wie sie Bild 7.29 zeigt.

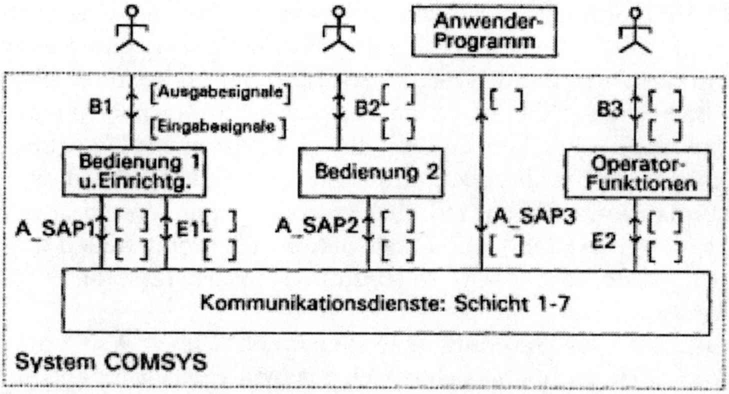

Bild 7.29. SDL-Systemspezifikation eines verteilten Kommunikationssystems mit Bedienschnittstellen *B*, Kommunikationsschnittstellen *A_SAP* und Einrichtschnittstellen *E*

Das im Bild beispielhaft gezeigte System COMSYS besteht aus einem Block *Kommunikationsdienste*, der die Funktionen der Schichten 1-7 des OSI-Referenzmodells beinhaltet, und Blöcken, die die Benutzer Ein- und Ausgaben organisieren. Benutzer des Systems sind Menschen oder Anwendungsprogramme. Diese steuern das System an Benutzerschnittstellen der Systemumgebung (channel B). Eingabesignale sind in der Regel Tastureingaben und Ausgabesignale sind Bildschirmanzeigen, u.U. begleitet durch akustische Signale.

Es kann zwischen verschiedenen Benutzern unterschieden werden. *Anwender* sind solche Benutzer, die das System zur Kommunikation benutzen und *Operator* sind Benutzer, die den Kommunikationsteil hinsichtlich verschiedener Parameter für die Anwender einrichten. Zwischen den Bedienschnittstellen und dem Kommunikationsteil sind verschiedene Bedien- und Operatorblöcke zu spezifizieren, die den speziellen Ein-Ausgabe-Forderungen der verschiedenen Benutzer gerecht werden.

Häufig soll ein Benutzer Doppelfunktion haben, d.h. Teile der Kommunikationsdienste, die Instanzen, vorher einrichten, bevor er sie zur Kommunikation nutzen kann. In diesem Fall sind dem Benutzer gleichermaßen Bedien- und Einrichtfunktionen zugeordnet.

Der eigentliche Zugang zu den Kommunikationsdiensten erfolgt über die Schnittstellen A_SAP und E. Die channels A_SAP sollen als Service Access Points zu den Anwendungsinstanzen des Kommunikationsteils verstanden sein. Entgegen den Vorstellungen des OSI-Referenzmodells, bei dem oberhalb der Anwendungsschicht keine weitere Schicht mit entsprechendem SAP auftritt, sollen hier aus bedienungstechnischen und implementatorischen Gründen SAPs definiert sein. Man kann sie als Pseudo-SAPs bezeichnen. An ihnen speisen die Anwender ihre Anwendungsdaten ein bzw. empfangen Anwendungsdaten. Dagegen dienen die channels E zur Einrichtung der Instanzen des Kommunikationsteils. Einrichtschnittstellen sind häufig unidirektional, wenn Signale lediglich zum Programmieren bestimmter Parameter benötigt werden. Sollen über die Einrichtschnittstellen diese Parameter auch wieder lesbar sein, so sind die Schnittstellen bidirektional, wie im Bild gezeigt.

Die grundsätzliche Trennung in zwei channels E und SAP ist nicht zwingend erforderlich, empfiehlt sich jedoch aus mehreren Gründen: die Signale auf diesen channels sind sehr unterschiedlich, sie nehmen innerhalb des Kommunikationsteils unterschiedliche Wege und schließlich wird für diese channels meist auch eine unterschiedliche Implementierung gewählt.

Die Systemspezifikation stellt das System in seiner statischen Struktur auf oberster Beschreibungsebene dar. Die Bedienblöcke und der Kommunikationsteil haben eine Feinstruktur, die durch wiederholte hierarchische Untergliederung in Teilblöcke zu beschreiben sind. Auf unterster Ebene treten Prozesse auf, deren zeitlich-logischer Ablauf in Form von Prozessspezifikationen festzulegen ist. Für die Kommunikationsdienste soll dies, weil hierbei insbesondere der verteilte Aspekt relevant ist, in den folgenden Abschnitten gezeigt werden.

7. 2. 6. 2. Dienstspezifikation

Die Dienstspezifikation beschreibt die Feinstruktur des Blocks *Kommunikationsdienste* aus Bild 7.29. Sie orientiert sich an dem Dienstekonzept des OSI-Referenzmodells (vergl. Bild 1.6). Eine Kommunikationsschicht erbringt ihren Dienst gegenüber den usern durch Instanzen, die sich wiederum auf einen unterlagerten Dienst abstützen. Die Dienstspezifikation umfasst entsprechend der Schichtanzahl sieben, hierarchisch gegliederte SDL-Blockspezifikationen, in denen für die betreffende Schicht die beteiligten Blöcke und die sie verbindenden channels aufgeführt sind. Bild 7.30 zeigt eine Blockspezifikation, hier repräsentativ für den *i-Dienst* einer beliebigen Schicht i.

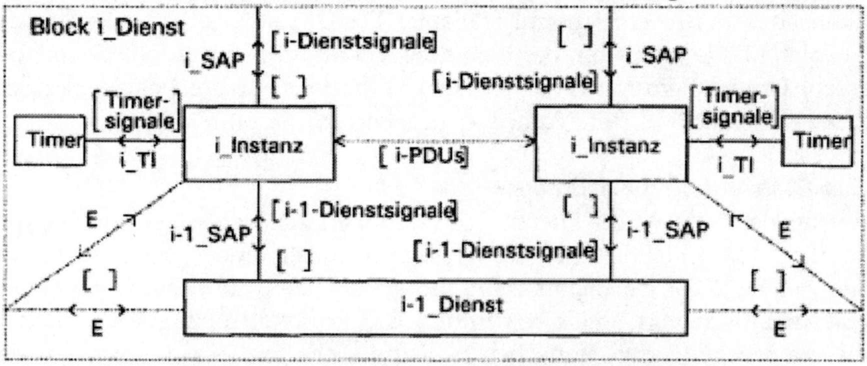

Bild 7.30. SDL-Dienstspezifikation einer beliebigen Kommunikationsschicht

Der Block i_Dienst besteht aus den Unterblöcken der verteilten Instanzen, in diesem Fall zwei Instanzen gleichen Typs *i_Instanz*, einem Unterblock *i-1_Dienst* sowie den den Instanzen zugeordneten Timer-Blöcken. Die Blöcke sind über channels untereinander und mit der Umgebung verbunden.

Als channels tauchen die Dienstzugangspunkte (SAP) mit den schichtspezifischen Namen sowie, ebenfalls schichtspezifisch, ein channel *i_TI* zum Timer auf. Gestrichelt und optional sind Einrichtschnittstellen an die Instanzen und an den unterlagerten Dienst geführt. In den Signallisten werden die für den jeweiligen Dienst benötigten *Dienstsignale* sowie die *Timersignale* vereinbart.

Der Timer ist ein Block, der, obwohl er in jeder Dienstspezifikation erneut aufgeführt wird, nur einmal in jedem End- bzw. Transitsystem als zentraler Prozess realisiert wird (s. hierzu weiter unten, Abschn. 7.2.6.4)

Eine Besonderheit stellt die Verbindung zwischen den Partnerinstanzen dar, über die der Austausch von Protokoll-Dateneinheiten (PDUs) erfolgt.

Diese Verbindung ist nicht Bestandteil der Dienstspezifikation, da sie eine virtuelle Verbindung ist und dementsprechend nicht einem realen channel zugeordnet werden kann. Sie ist deswegen gestrichelt und nur der besseren Verständlichkeit wegen mit in das Beschreibungsmodell eingezeichnet. Protokoll-Dateneinheiten sind Bestandteil des Protokolls und werden im Rahmen der Protokollspezifikation zu beschreiben sein (s. nächster Abschnitt).

Im Bild 7.30 ist der (einfache) Fall gleichartiger Partnerinstanzen dargestellt. Im allgemeinen Fall haben die Partnerinstanzen unterschiedliches Verhalten oder zu dem Dienst einer Schicht gehören mehrere, unterschiedliche Instanzen. Kommunikationssysteme, die aus End- und Transitsystemen bestehen, sind hierfür ein typisches Beispiel. Die Dienstspezifikationen, bei denen solche Fälle auftreten, besitzen dann mehrere Instanzenblöcke, bei denen zur Unterscheidung verschiedenen Verhaltens entsprechend Instanzenblöcke mit verschiedenen Namen anzugeben ist.

7. 2. 6. 3. Protokollspezifikation

Zu jeder der insgesamt 7 Dienstspezifikationen gehört je eine Protokollspezifikation. Hierin ist festzulegen, wie die Instanzen einer Schicht aufgebaut sind, welche PDUs sie austauschen und welcher zeitlich-logische Ablauf bei dem Austausch von PDUs stattfindet. Die Protokollspezifikation gliedert sich entsprechend den statischen und dynamischen Gesichtspunkten des Protokolls in zwei Teile (vgl. auch Abschn. 1.3.1). Die Beschreibung des Aufbaus der Instanzen und die Festlegung der PDUs geschehen mittels SDL-Blockspezifikationen und den zeitlich-logischen Ablauf beschreibt man wegen des Automatenverhaltens der Instanzen mit SDL-Prozessspezifikationen.

Statische Protokollspezifikation

Verallgemeinert betrachtet sind die wesentlichen Aufgaben einer Instanz das zustandsabhängige Bearbeiten von Eingangssignalen und das "Verpacken" bzw. "Entpacken" von PDUs von und zur Partnerinstanz. Ferner sind Funktionen zur Einrichtung von Kommunikationsparametern in den Instanzen vorhanden. Hieraus lässt sich das in Bild 7.31 dargestellte, für Instanzen allgemeingültige Prozessmodell ableiten. Weil hierin die zwischen den Partnerinstanzen ausgetauschten PDUs definiert werden, bezeichnet man diese Blockspezifikation einer Instanz auch als *statische Protokollspezifikation*.

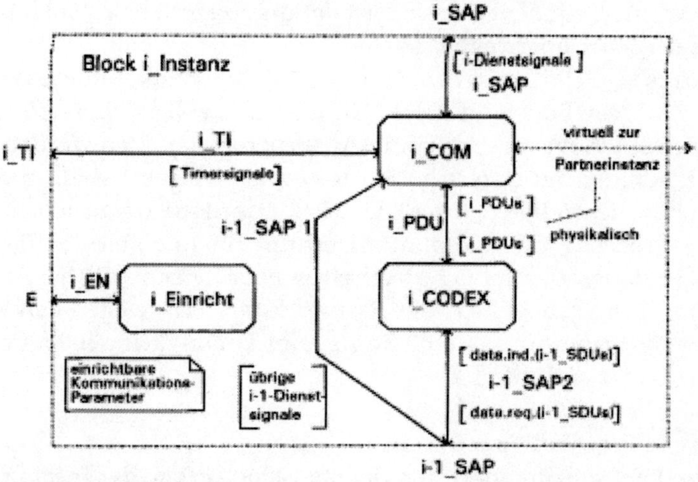

Bild 7.31. SDL-Blockspezifikation einer Kommunikationsinstanz mit typischen Prozessen

Eine Instanz, einer beliebigen Schicht i, wird typischerweise durch folgende drei Prozesse dargestellt:

- ein Prozess *i_COM* beschreibt das Automatenverhalten der Instanz,
- ein Prozess *i_CODEX* dient dem Codieren und Decodieren von PDUs der i-Schicht von und zu Dienstdateneinheiten der i-1-Schicht (i-1_SDUs),
- ein Prozess *i_Einricht*, mit dessen Hilfe bestimmte Kommunikationsparameter in Form von Variablen für die Prozesse i_COM und i_CODEX programmiert werden können und auf die diese Prozesse während der Laufzeit zugreifen können. Solche schichtspezifischen Kommunikationsparameter sind beispielsweise: die Übertragungsgeschwindigkeit für die Bitübertragungsinstanz, die physikalische Adresse einer Sicherungsinstanz oder die logische Adresse einer Vermittlungsinstanz.

Der Prozess i_COM kommuniziert mit seiner Umgebung einerseits über Dienstsignale des überlagerten i_SAPs und andererseits mittels der i_PDUs, die er, anstelle über die virtuelle Verbindung zur Partnerinstanz, real über die Route *i_PDU* mit dem Prozess i_CODEX austauscht. Dabei findet zu einem Codiervorgang im instanzeneigenen Prozess i_CODEX spiegelbildlich ein Dekodiervorgang im gleichnamigen Prozess der Partnerinstanz statt und die SDUs werden mit dem data-Dienst der unterlagerten Schicht letztendlich zur Partnerinstanz übertragen.

Der Prozess i_COM besitzt i.a. eine zusätzliche, direkte Route zum unterlagerten SAP, im Bild *i-1_SAP 1*. Dies ist sinnvoll, weil hierüber direkt Dienste der unterlagerten Schicht in Anspruch genommen werden können, die in irgendeiner der unterlagerten Instanzen realisiert sind, und die das Codieren bzw. Decodieren von PDUs nicht erforderlich machen.

Nur der Prozess i_COM kommuniziert mit einem entfernten Partnerprozess. Nur er steuert das zeitliche Verhalten einer Instanz, z.B. bei Ausbleiben bestimmter, erwarteter PDUs der Partnerinstanz. Deswegen benötigt auch nur dieser Instanzenprozess eine Route zum Timer-Channel, hier die Route i_TI.

Dynamische Protokollspezifikation

Durch die Blockspezifikation sind der statische Aufbau der Instanz und ihre PDUs (auf der Route i_PDU) vereinbart. Als nächstes sind die Kommunikationsabläufe der beiden Instanzenprozesse i_COM und i_CODEX zu beschreiben. Die Kommunikationsabläufe werden durch SDL-Prozessspezifikationen beschrieben. Weil hierin die dynamischen Abläufe einer Instanz sichtbar werden, nennt man diese Spezifikation auch *dynamische Protokollspezifikation*.

Die Prozessspezifikationen hängen natürlich vom jeweiligen Protokoll ab und differieren naturgemäß in den verschiedenen Schichten. In den in den früheren Abschnitten besprochenen Aufgaben der Schichten und ihren Protokollen haben wir bereits viele Beispiele von Instanzenabläufen kennengelernt. Dies waren allesamt Musterbeispiele für das Verhalten des Prozesses i_COM, weswegen wir uns an dieser Stelle zur Verdeutlichung der Spezifikationsweise auf ein einfaches Beispiel beschränken wollen.

Von einer verbindungsorientierten Vermittlungsschicht werde ein bestätigter connect-Dienst sowie ein unbestätigter data-Dienst geboten. Mit dem connect-Dienst lässt sich eine Verbindung zu einem entfernten N-SAP mit dem Ziel *address* herstellen und nach dem Aufbau dieser Verbindung können mit einem data-Dienst Daten übertragen werden (*info*). Eine N-Instanz ist dann statisch gemäß Bild 7.32 zu beschreiben.

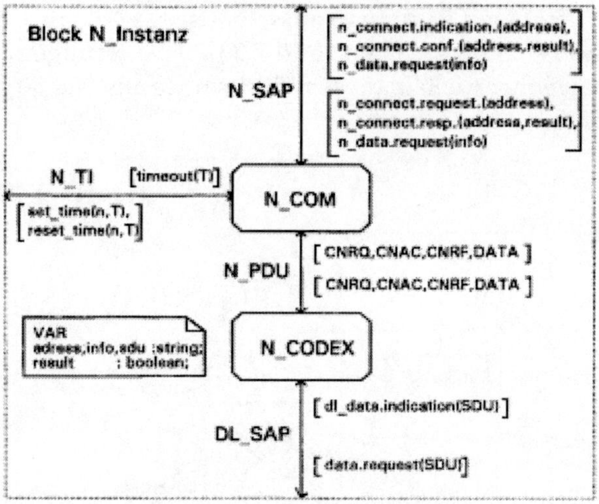

Bild 7.32. SDL-Blockspezifikation einer Instanz der N-Schicht

In den Dienstsignalen am N-SAP werden Parameter für die Zieladresse, das Ergebnis des Verbindungsaufbaus und die zu übertragenden Daten an den Prozess N_COM der N-Instanz übergeben. Sie sind als Variable entsprechenden Typs für den Block deklariert. Folgende N-PDUs mit Parametern sind mit dem entfernten Partnerprozess N_COM vereinbart:

CNRQ(address)	für die Anfrage einer Verbindung,
CNAC(address)	für die Annahme einer Verbindunganfrage,
CNRF	für die Ablehnung einer Verbindungsanfrage,
DATA(n_sdu)	für die Informationsübertragung einer N-SDU.

Zu beachten ist, dass im Bild 7.32 aus Platzgründen auf der Route N_PDU die Parameter nicht eingezeichnet wurden. Als einziger Dienst der unterlagerten Sicherungsschicht sei ein unbestätigter data-Dienst definiert, mit dessen Hilfe der Prozess N_CODEX Dienstdateneinheiten (DL-SDUs) übertragen kann. Schließlich tauscht der Prozess N_COM drei Zeitsignale mit dem zentralen Timerprozess aus:

- set_time (<Instanzenname>,<Zeitdauer>)[9] :setzt einen Zeitauftrag
- reset_time (<Instanzenname>,<Zeitdauer>) :löscht einen Zeitauftrag
- timeout (<Zeitdauer>) :Wecksignal

---

9 Die Bedeutung der in den Timersignalen aufgeführten Parameter wird in Abschn. 7.2.6.4 erläutert.

Mit diesen Festlegungen kann man ausschnittsweise die SDL-Spezifikation für den Prozess N_COM angeben (Bild 7.33). Erläuterungen hierzu folgen auf der nächsten Seite. Auch in diesem Bild wurde aus Platzgründen auf die Darstellung einiger Signalparameter verzichtet.

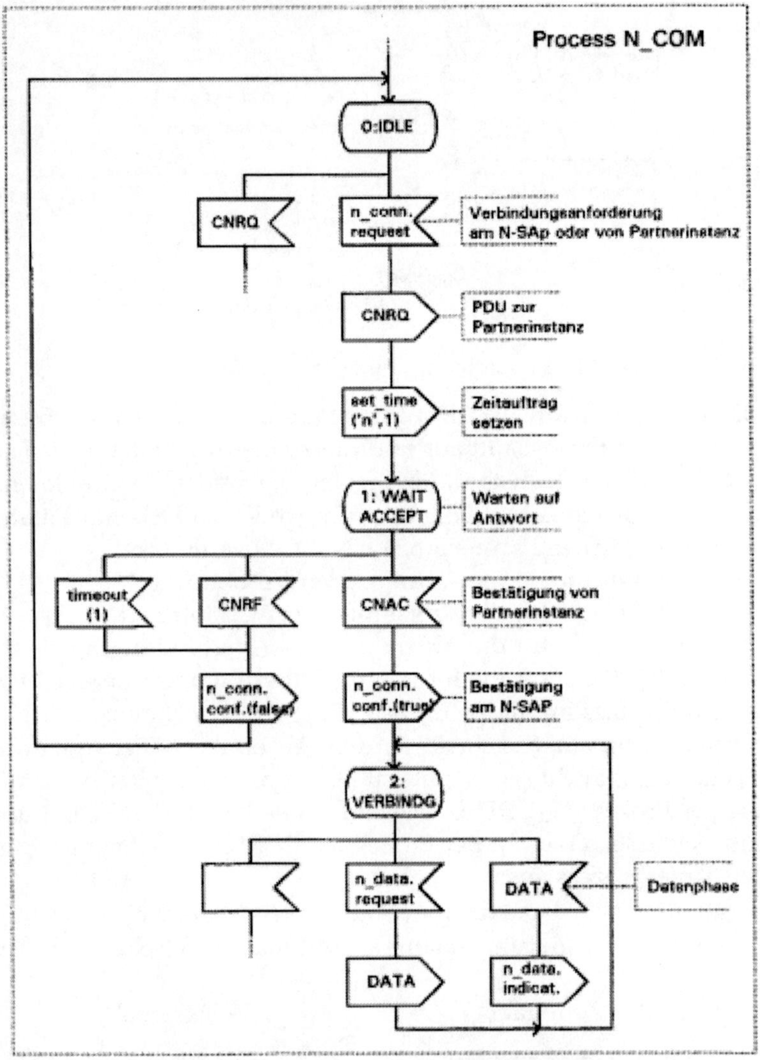

Bild 7.33. Spezifikation des Prozesses N_COM (Ausschnitt)

Seinen Grundzustand verlässt der Prozess durch eine Verbindungsanforderung, entweder durch die überlagerte Instanz (*n_connect.request*) oder durch eine von der Partnerinstanz eintreffende PDU CNRQ. Im ersten Fall sendet der Prozess an die Partnerinstanz CNRQ und wartet dann auf eine Antwort-PDU. Wenn CNAC (positive Antwort) eintrifft, geht der Prozess in den Verbindungszustand über, in dem die beidseitige Datenübertragung möglich wird. Trifft dagegen CNRF (negative Antwort) ein oder läuft der Zeitauftrag aus (keine Antwort), dann geht der Prozess in seinen Grundzustand zurück.

Zur Übertragung der N-PDUs und ihrer Parameter dient der Prozess N_CODEX. Er hat zwei Übertragungsrichtungen mit den Aufgaben "Verpacken" und "Entpacken". In Senderichtung soll er eine N-PCI mit einer N-SDU zu einer DL-SDU zusammenstellen und diese geeignet darstellen. In Empfangsrichtung soll er aus einer DL-SDU die Informationen für N-PCI und N-SDU extrahieren. Je nach Datentyp der Informationsteile lassen sich verschiedene Codier-und Decodier-Verfahren angeben. Am einfachsten lassen sich die CODEX-Funktionen darstellen, wenn alle Informationen Zeichenketten (strings) sind, was zunächst angenommen werden soll. Dann lässt sich das Verpacken durch Aneinanderhängen der Zeichenketten für die N-PCI und die N-SDU erreichen und beim Entpacken müssen diese Teile durch entsprechende Zeichenerkennung wieder getrennt werden.

Mit diesen Vorüberlegungen kann man für den CODEX-Prozess den in Bild 7.34 gezeigten Ablauf angeben. Der Prozess hat nur einen Zustand. Er hat vier sendeseitige Transitionen (oberer Teil des Diagramms), in denen das "Verpacken" der N-PDUs zu DL-SDUs stattfindet. Die Protokollinformation (PCI) wird durch die ersten vier Buchstaben angegeben. Sie codiert die Art der PDU, also 'CNRQ', 'CNAC', usw.. Angehängt hieran steht die N-SDU, das ist die Adresse oder die Information im Fall der Datenübertragung. Das Verpacken geschieht durch eine Addition (Kettung) der beiden strings PCI und SDU sowie Zuweisung an die Variable *dl_sdu*, so z.B.

dl_sdu := 'CNRQ'+address; oder *dl_sdu := 'DATA'+n_sdu;*

Der CODEX-Prozess gibt dann die so formatierte DL-SDU mit dem Dienstsignal

dl_data.request (dl_sdu)

an die unterlagerte DL-Instanz ab.

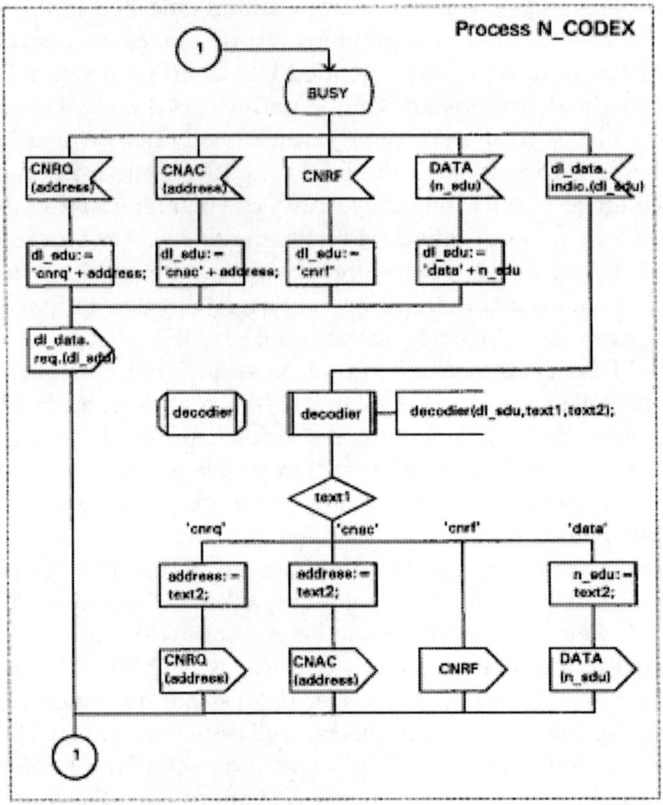

Bild 7.34. Spezifikation des Prozesses N_CODEX

In einer empfangsseitigen Transition (unterer Teil des Diagramms) wird die Funktionsprozedur *decodier* benutzt, um die Teile der N-PDU zu entpacken. Die Prozedur trennt die ersten vier Buchstaben der DL-SDU von der weiteren Zeichenkette und weist diese den Variablen *text1* und *text2* zu. In Abhängigkeit von *text1* (PCI-Teil) werden verschiedene PDUs an den Prozess N_COM versendet.

Die hier beispielhaft gewählten PDUs haben ein sehr einfaches Format und basieren auf Zeichenketten. Dies führt zu einfachen Codier- und Decodier-Algorithmen im CODEX-Prozess. In der Praxis ist der Aufbau von PDUs oftmals komplizierter, weil nicht nur ein Parameter sondern viele zu verpacken sind oder weil die Informationsteile nicht vom string-Typ sondern Bytes bzw. einzelne Bits sind (vgl. z.B. den Aufbau einer N-PDU beim X.25-

Protokoll, Abschn. 4.5.2). Dann muss man besondere Konstruktionen im PDU-Format wählen, damit die einzelnen Informationsteile auf der Empfangsseite eindeutig trennbar sind. Man verwendet hierzu: Rahmenstart-Kennzeichen (Sync, Starting Delimiter usw.), Informationsteile mit definiert fester Länge, besondere Trennzeichen zwischen den Informationsteilen, z.B. sonst nicht vorkommende Steuerzeichen, vorangestellte Längenbytes, die die Länge eines nachfolgenden Informationsteils mit variabler Länge codieren.

Bei der Behandlung der Protokolle der einzelnen Schichten haben wir viele Beispiele verschiedener Formate kennengelernt, in denen solche Konstruktionen, meist in Kombination, benutzt werden. Natürlich sind dafür die CODEX-Funktionen aufwendiger als im obigen Prinzipbeispiel. In Band II dieses Buches wird am konkreten Entwicklungsprojekt dieses Thema ausführlich beschrieben.

7. 2. 6. 4. Zentraler Timer

Die Instanzen, genauer die COM-Prozesse der Instanzen kommunizieren mit Timern. Man könnte prinzipiell jedem dieser Prozesse einen eigenen Timerprozess zuordnen, indem in den Blockspezifikationen gemäß Bild 7.31 immer auch ein Timerprozess ergänzt wird. Dies würde in jedem End- bzw. Transitsystem maximal 7 Timerprozesse, entsprechend der Anzahl der Instanzen erfordern, was sehr unökonomisch wäre. Stattdessen wird in jedem Kommunikationsgerät ein für alle Schichten gemeinsamer Timer benutzt, der zu allen Instanzen Schnittstellen hat.

Bild 7.35 zeigt die SDL-Blockspezifikation dieses zentralen Timers. Er besitzt nur einen Prozess. Der Timerprozess hat maximal 7 Routes zu den Instanzen, genauer zu den gleichnamigen channels, welche die Verbindung zu den Instanzen bilden. Über die Route *Zeitinterrupt* bezieht der Timerprozess einen Echtzeittakt (*timer_tic*) aus der Umgebungs-Hardware.

Jede Instanz kann Zeitaufträge mit dem Signal *set_time* setzen und mit dem Signal *reset_time* löschen. Als Parameter wird dem Timer-Prozess dabei die Zeitdauer T übergeben, nach der ein Wecksignal *timeout* vom Timer an die Instanz über den Ablauf dieser Zeitdauer gegeben werden soll. Damit der Timer die verschiedenen Zeitaufträge von den Instanzen verwalten kann und nach Ablauf eines Zeitauftrages die richtige Instanz benachrichtigen kann, ist zusätzlich ein Identifizierungs-Parameter notwendig, der ein Namenskürzel der jeweiligen Instanz darstellt (a = A-Instanz, p = P-Instanz, usw.).

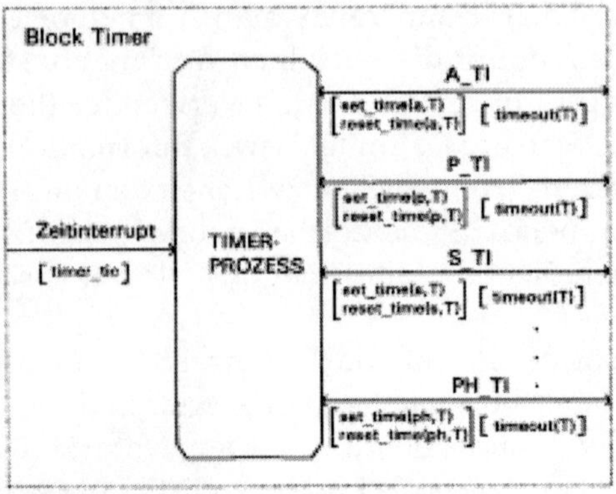

Bild 7.35. SDL-Blockspezifikation des Timers

7. 3. Realisierung in Hardware / Software

Die Instanzen sind die Bearbeitungseinheiten eines Kommunikationssystems. Sie bestehen, wie in den vorangegangenen Abschnitten gezeigt wurde, aus Prozessen. Im Allgemeinen sind drei Prozesse für jede Instanz zu realisieren: ein COM-Prozess für das Automatenverhalten, ein CODEX-Prozess für die Nachrichtenverarbeitung und ggf. ein Einrichtprozess für die Programmierung der Kommunikationsparameter.

Die Instanzen kommunizieren innerhalb eines Gerätes in vertikaler Richtung mittels der Dienstsignale. Die Instanzenprozesse und die Dienstzugangspunkte werden auf der Basis eines Rechnersystems in Software und Hardware realisiert. Je nach Komplexität dieser Prozesse und abhängig von den Echtzeitanforderungen sind verschiedene Realisierungskonzepte denkbar, die sich in der HW/SW-Schnittstelle unterscheiden.

7. 3. 1. Modularer Aufbau

Im Interesse einer leichten und fehlerfreien Änderbarkeit der späteren Implementierung wird ein modularer Aufbau der Stationen bzw. Geräte des Kommunikationssystems angestrebt. Er soll sich an den Schichtenaufbau anlehnen. Es ist demnach ratsam, eine Station so in Einheiten (Module) zu realisieren, dass die Funktionen einer Schicht jeweils ein Modul bilden. Das bedeutet, ein Modul umfasst die Prozesse einer Instanz. Bild 7.36 zeigt den sich daraus ergebenden modularen Aufbau.

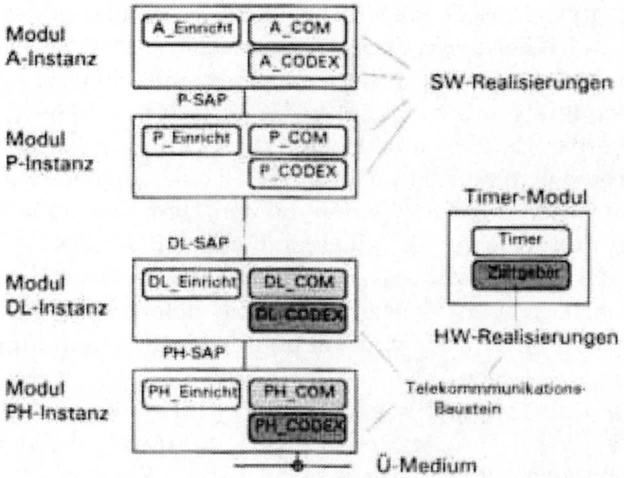

Bild 7.36. Modularer Aufbau einer Station des Kommunikationssystems

Ein Endsystem besteht danach aus 7 Modulen, die die Prozesse der Instanzen umfassen und einem Modul für den zentralen Timer. Bei einem Transitsystem benötigt man weniger Module, entsprechend der Schichtenhöhe. Die Prozesse in den höheren Schichten werden wegen der Vielfalt und Komplexität von Protokollen in den anwendungsorientierten Schichten überwiegend in Software realisiert. Dies ist möglich, weil diese Protokolle keine nennenswerten Geschwindigkeitsanforderungen an die Realisierung stellen; die Antwortzeiten beim Austausch von PDUs liegen in der Größenordnung Sekunden. Umgekehrt verhält es sich bei den Protokollen der unteren Schichten. Je niedriger das Schichtenniveau ist, desto größer sind die Geschwindigkeitsanforderungen an die Realisierung und desto weniger komplex ist das Protokoll. Die höchsten Anforderungen hinsichtlich der Bearbeitungsgeschwindigkeit liegen in der Bitübertragungsschicht vor. Deswegen müssen in den unteren Schichten Hardware-Realisierungen eingesetzt werden. Dies ist der Bereich der Telekommunikationsbausteine, die es für verschiedene Protokolle der PH- und DL-Schicht gibt.

Die Grenze zwischen HW und SW ist nicht allgemeingültig und exakt definierbar. In jedem Fall sind die Einrichtprozesse, falls sie notwendig sind, in Software realisiert. Bei einfachen Kommunikationssystemen mit zeichenorientierten Formaten ist lediglich der CODEX-Prozess der PH-Instanz durch einen Kommunikationsbaustein realisiert, bei Systemen mit komplizierteren, bitorientierten Formaten dagegen überdeckt die HW-Realisierung auch den CODEX-Prozess der DL-Instanz. In Kommunikationssystemen, bei denen die Übertragungsgeschwindigkeit im Bereich von 10 Mbit/s und darüber liegt, werden darüber hinaus auch die COM-Funktionen der unteren beiden Schichten vom Baustein realisiert, weil dann auch die Zustandsübergänge in so rascher Folge stattfinden müssen, dass eine Software-Realisierung ausscheidet. Abschn. 7.3.3 gibt hierzu einige Beispiele.

Der Timer-Modul besteht aus einem HW-Zeitgeberbaustein, der in konstanten Zeitabständen ein Zeitsignal (Impuls) liefert sowie einem SW-Prozess, der diese Impulse zählt und mit den Zeitaufträgen der Instanzenprozesse vergleicht.

Die Realisierung der Dienstzugangspunkte (SAPs) sollte so universell sein, dass einzelne Module problemlos und rückwirkungsfrei gegen solche mit anderem Funktionsumfang ausgetauscht werden können. Rückwirkungsfrei heißt, dass die Realisierung nicht betroffener Module und die SAPs nicht mit geändert werden müssen.

7. 3. 2. Hardwarebasis

Hardware-Basis eines End- oder Transitsystems ist ein universelles Rechnersystem, an dessen Bussystem ein Telekommunikations-Baustein angeschlossen ist (Bild 7.37).

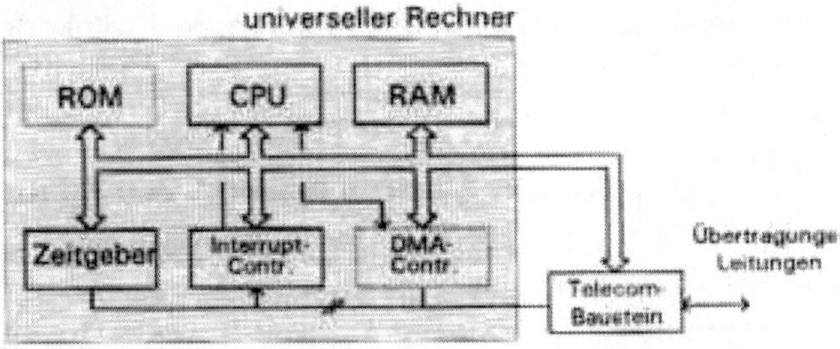

Bild 7.37. HW-Basis eines Kommunikationssystems

Das Rechnersystem kann ein einfaches Microprozessorsystem, ein Personal-Computer oder ein größerer Hostrechner sein. Die zentrale Recheneinheit (CPU) ist in der Lage, Programm-Unterbrechungen (Interrupts) verschiedener Quellen zu verarbeiten und in Abhängigkeit dieser Interrupts zu verschiedenen Programmadressen zu verzweigen, an denen sich die Interrupt-Behandlungsprogramme befinden. Üblicherweise wird dazu das Prinzip der Interrupt-Vektortabellen benutzt; dies sind Tabellen, die den Interruptquellen bestimmte Programmadressen zuordnen.

Alle Bausteine, die Interrupts erzeugen, sind auf einen Interrupt-Controller geschaltet. Aus ihm liest die CPU die Interrupt-Quelle. Wichtige Interrupt-Quellen in einem Kommunikationssystem sind der Zeitgeberbaustein als Quelle des Zeitinterrupts und der Telekommunikationsbaustein als Quelle für Interrupts, die den Datentransport vom und zum Baustein betreffen. Abhängig von der Komplexität des eingesetzten Telekommunikationsbausteins kann ein von diesem Baustein ausgelöster Interrupt verschiedene Ursachen haben. Diese Interrupt-Ursachen, nicht zu verwechseln mit den Interrupt-Quellen, sind in speziellen Baustein-Registern durch die CPU lesbar und für Programmentscheidungen innerhalb der Interrupt-Behandlungsroutinen auswertbar (s. Abschn. 7.3.3).

Der Datentransport vom und zum Telekommunikations-Baustein geschieht über den Datenbus des Rechnersystems, entweder unter CPU-Kontrolle oder, bei hohen Geschwindigkeitsanforderungen, mit direktem Speicherzugriff des Bausteins (DMA).

7. 3. 3. Telekommunikationsbausteine

Telekommunikationsbausteine realisieren zur Hauptsache die CODEX-Funktionen der unteren beiden Kommunikationsschichten in Hardware. Gemäß Bild 7.36 lassen sich ihre Aufgaben wie folgt zusammenfassen: Bereitstellung von PDU-Schnittstelle(n) für den(die) in i.a. in SW realisierten COM-Prozess(e), Bereitstellung von Schnittstellen für die Einricht-Software, Codierungs und Decodierungs-Aufgaben des(der) CODEX-Prozess(e), Bereitstellung einer Schnittstelle zum Übertragungsmedium.

Die Palette der auf dem Markt angebotenen Standard-Bausteine ist sehr vielfältig und wird ständig erweitert. Eine spezielle Behandlung einzelner Fabrikate würde deshalb den Rahmen dieses Buches sprengen und überdies in kürzester Zeit nicht mehr aktuell sein. Dennoch gibt es bei diesen Bausteinen vom Grundsatz her ähnliche Funktionsblöcke, die für den Software-Entwurf von Kommunikationssystemen wichtig sind und die deshalb hier zunächst allgemein aus der Sicht der Software-Programmierung besprochen werden sollen. Am Schluss dieses Abschnittes werden wir dann noch auf zwei Beispiele eingehen.

7. 3. 3. 1. Prinzipieller Aufbau

Bild 7.38 zeigt den prinzipiellen Aufbau für einen Schicht 2- und 1-Baustein.

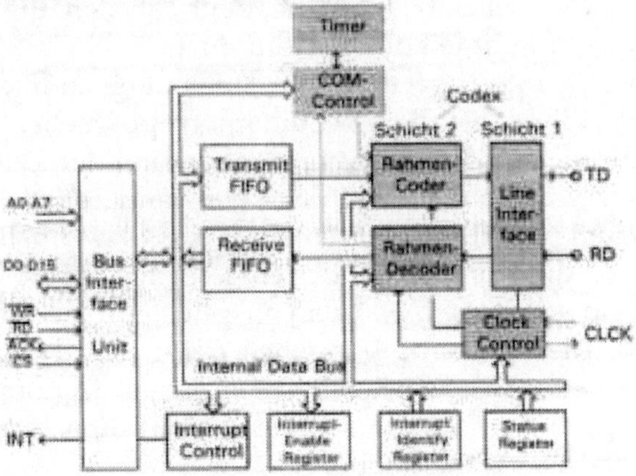

Bild 7.38. Funktionsblöcke eines Telekommunikationsbausteins

Der Baustein wird mittels eines Bus-Interfaces an den Bus des verwendeten Rechnersystems angeschlossen. Der Rechner kommuniziert mit dem Baustein über Register, die über bestimmte Adressen und den bausteininternen Datenbus zugänglich sind.

Als Dienstzugangspunkt zur überlagerten Schicht, hier Schicht 3, fungieren je ein FIFO für die Sende- und die Empfangsrichtung. Daten, die vom Rechner in den Sende-FIFO geschrieben werden und Daten, die vom Rechner aus dem Empfangs-FIFO gelesen werden, sind im gezeigten Beispiel also Schicht 2-SDUs.

In Senderichtung werden die SDUs zusammen mit dem vom COM-Controller gelieferten Steuerinformationen an einen Rahmencoder übertragen. Er formatiert PDUs aus den Steuerinformationen und den SDUs und sendet diese als Rahmen zur Übertragung an das Leitungs-Interface (Schicht 1-Funktionen mit Leitungscodierung, Pegelanpassung und Taktung). In Empfangsrichtung werden die Leitungssignale zu einem Rahmendecoder übertragen, der eine Rahmenprüfung vornimmt und die SDUs von der Steuerinformationen trennt.

Die CODEX-Prozesse sind immer im Baustein realisiert. Die COM-Prozesse können im Baustein integriert sein; bei großen Übertragungsgeschwindigkeiten ist dies zwingend notwendig. Ein Teil der Steuerinformation wird dann zusammen mit der SDU über die FIFOs transferiert. Ferner ist dann im Baustein auch eine Timerfunktion notwendig. Bausteine niedriger Komplexität beinhalten meist nur die CODEX-Prozesse und erfordern daher eine SW-Implementierung des Automatenverhaltens auf dem Zentralrechner.

7. 3. 3. 2. Rechner-Baustein-Kommunikation

Wichtig für die Kommunikation zwischen dem Rechner und dem Baustein sind die FIFOs. Das Schreiben und Lesen von Daten der FIFOs geschieht asynchron zu deren Übertragung mittels der CODEX-Funktionen. Zur Synchronisation dienen eine Reihe von Kommunikationsregistern und eine *Interrupt-Steuereinheit*.

Telekommunikationsbausteine lassen sich in zwei Modi betreiben und zwar unabhängig in Sende- und Empfangsrichtung; dies sind der Poll-Modus und der Interrupt-Modus.

Im einfacheren Poll-Modus steuert der Rechner die Kommunikation, indem er bestimmte Ereignisse im Baustein anhand des *Statusregisters* abfragt. Im Statusregister sind solche Ereignisse an bestimmten Bitpositionen codiert. Zur Hauptsache werden zwei Abfragen benötigt: Ist der Sende-FIFO voll, so dass nicht geschrieben werden kann ? Befinden sich Daten im Empfangs-FIFO zur Abholung bereit?

Im Poll-Modus muss also vor jedem Beschreiben des Sende-FIFOs stets das Statusregister abgefragt werden. Zeitaufwendig ist im Poll-Modus der Empfangsbetrieb. Das Programm muss in hinreichend kurzen Zeitabständen immer wieder im Statusregister lesen und daran erkennen, ob Empfangsdaten vorliegen. Weil die Empfangsdaten grundsätzlich asynchron zum Programmablauf eintreffen, ist für den Empfangsbetrieb der Interrupt-Modus zeiteffizienter zu verwenden.

Der Baustein kann auf bestimmte Ereignisse durch seinen Interrupt-Controller Unterbrechungen im Rechner veranlassen. Die Ursachen des Interrupts lassen sich durch Auslesen des *Interrupt-Identifikatifikations-Registers* ähnlich wie im Status-Register ermitteln und das Programm kann, abhängig davon, zu unterschiedlichen Routinen verzweigen. Typische Interruptereignisse, auf die das Programm unterschiedlich reagieren muss, sind:

- Empfangsdaten bereit,
- Sende-FIFO voll,
- Sende-FIFO leer,
- Beginn eines Empfangsrahmens erkannt,
- Formatierungsfehler im Empfangsrahmen,
- Übertragungsfehler im Empfangsrahmen aufgrund der Fehlerprüfung,
- Unbestätigte, gesendete Rahmen aufgrund von Übertragungsstörungen,
- Entfernte Partnerinstanz nicht empfangsbereit.

Mit Hilfe eines *Interrupt-Enabling-Registers* kann programmiert werden, welche dieser Ereignisse einen Prozessorinterupt veranlassen sollen, d.h. auf welche der COM-Prozess reagieren muss.

7. 3. 3. 3. Beispiel HDLC-Controller

Bei bitorientierten Schicht 2-Protokollen ist das HDLC-Protokoll weitverbreitet (vergl. Abschn. 3.3.1.2). Bausteine, die die Schicht 2- Rahmenformatierung oder auch Teile der prozeduralen Abläufe dieses Protokolls erledigen, nennt man kurz HDLC-Controller. Solche Controller besitzen heute nahezu alle Funktionen der Schicht 1 und 2 auf einem Chip[10]. Die Bausteine werden z.B. in ISDN-Applikationen und Lokalen Netzen eingesetzt und realisieren im sog. Auto-Mode den gesamten Schicht 2-Ablauf eines LAP B-Protokolls.[11] Die Bausteine realisieren deshalb einen COM- und einen CODEX-Prozess, die mit LAP-Controller und Data Link Controller bezeichnet werden. Der Prozessor ist bezüglich der unteren Schichten lediglich in Ausnahme- und Fehlersituationen sowie für die Bausteininitialisierung (Einrichtung) involviert.

Coder- und Decoderfunktionen (Data Link Controller)

In Senderichtung wird ein HDLC-Rahmen mit den Feldern für Start-Flag, Adresse, Kontrollfeld, Information und Prüfsequenz FCS erstellt. Die Ermittlung der Prüfbits und das Bitstuffing geschehen automatisch. Die Stationsadresse wird einmalig zur Zeit der Baustein-Initialisierung eingerichtet. Die variablen, zustandsabhängigen Daten des Kontrollfeldes übernimmt der Coder vom COM-Controller. Daten im Sende-FIFO werden automatisch als I-Rahmen zur Partnerinstanz gesendet.

In Empfangsrichtung wird anhand des Start-Flags der Rahmenbeginn erkannt (Interrupt zum Prozessor). Die einzelnen Felder des Rahmens werden getrennt und der Rahmentyp (PDU) ausgewertet. Nur Rahmen mit gültiger Adresse werden ausgewertet. I-Rahmen bzw. UI-Rahmen werden automatisch auf Fehler geprüft; bei fehlerfreien Rahmen wird das Informationsfeld

---

[10] Siemens: *Data Communication ICs,* Enhanced Serial Communication Controller ESCC2 (SAB 82532), Users Manual, 7.93; Siemens: *ICs for Communications,* ISDN Terminal Adapter Circuit ITAC (PSB 2110), Users Manual, 3.92; Siemens: *ICs for Communications,* Telecom Handbook 6.92 und Siemens: *ICs for Telecommunications,* IOM (ISDN Oriented Modular Interface), Firmenschrift der Siemens AG, München.

[11] LAP = Link Access Procedure.

(SDU) in den Empfangs-FIFO geschrieben (Interrupt zum Prozessor). Steuer-und Meldungsrahmen werden an den COM-Controller weitergeleitet.

COM-Funktionen (LAP Controller)
Im sog. Auto-Mode des Bausteins werden die Steuer- und Meldungsrahmen des HDLC-Protokolls von dem im Baustein integrierten LAP-Controller autonom bearbeitet. Er realisiert die Kommunikation mit der Partnerinstanz, also den COM-Prozess der Schicht 2. Die wichtigsten Aufgaben des Controllers sind:

- aktualisieren der Sende- und Empfangsfolgezähler,
- Prüfen der Sende- und Empfangsnummern im Steuerfeld,
- Senden von S(upervisory)-Kommandos und Empfangen von S-Meldungen,
- Senden von Bestätigungsrahmen,
- Flusskontrolle durchführen mit RR/RNR-Meldungen,
- Senden von S-Rahmen bei ausbleibenden Bestätigungen.

All dies geschieht zustandsabhängig im Rahmen des HDLC-Protokolls und ohne dass der Rechner beteiligt ist. Der Rechner wird lediglich mittels Interrupts in der Verbindungsaufbauphase informiert (Interrupt bei Empfang von RR) und wenn die Kommunikation zur Partnerinstanz abgebaut oder unterbrochen ist (Interrupt bei RNR).

Line-Interface und Clock Controller
Der Clock Controller beinhaltet einen Oszillator, eine Digitale Phasenregelschleife (DPLL) und einen programmierbaren Baudratengenerator (Einrichtung im Rahmen der Baustein-Initialisierung). Der Baustein kann mit externem Bittakt betrieben werden, oder entnimmt seinen Takt aus dem Empfangsdatenstrom mit einer Taktregenerationseinheit (DPLL). Im Line Interface findet die Leitungscodierung statt. Verschiedene unipolare und bipolare Formate sind einrichtbar, z.B. NRZ, RZ, AMI oder Manchester. Für Anwendungen in Lokalen Netzen mit CSMA/CD-Buszugriff ist im Line Interface eine Kollisionserkennungsschaltung integriert.

7. 3. 3. 4. Beispiel serielle Übertragung mit UART
Sehr häufig wird zur Datenübertragung eine serielle Schnittstelle mit einfacher, asynchroner Übertragung in der Schicht 1 und zeichenorientiertem Format in der der Schicht 2 eingesetzt. Am weitesten verbreitet ist hierfür die in PCs verwendete serielle V.24-Schnittstelle (vgl. Abschn. 2.4). Dafür

benutzt man einen Telekommunikationsbaustein, der unter dem Namen **U**niversal **A**synchronous **R**eceiver **T**ransmitter (UART) bekannt geworden ist. Der Baustein ermöglicht eine serielle, asynchrone Datenübertragung in der Schicht 1. Er realisiert dabei nur die CODEX-Funktionen in der Schicht 1-Instanz. Der COM-Prozess und alle Prozesse der höheren Schichten sind als Software zu realisieren. Der UART hat also gegenüber einem Baustein, wie er im vorigen Abschnitt behandelt wurde, eine vergleichsweise niedrige Komplexität.

Da wir diesen Baustein im Band II im Rahmen des Entwicklungsbeispiels einsetzen werden, soll kurz auf seinen Aufbau und die Kommunikation mit dem Rechner eingegangen werden. Eine ausführliche Beschreibung des UART-Bausteins und seiner Programmierung findet man in[12]. Anhand von Bild 7.39 seien die wesentlichen Funktionsblöcke erklärt, wobei zum Zweck der Einordnung dieser Blöcke Bild 7.38 vergleichend herangezogen werden sollte.

Der Baustein wird mittels einer Reihe von Registern betrieben, die über den internen Datenbus unter bestimmten Adressen vom Rechner beschreibbar bzw. lesbar sind. Das *Line Control Register* und das *Interrupt Enable Register* dienen der Bausteininitialisierung, d.h. auch der Einrichtung. Alle übrigen Register dienen der Kommunikation zwischen Rechner und UART.

---

12 Gerdsen, Peter und Peter Kröger: *Kommunikationssysteme: Hard- und Software der Bitübertragungsschicht,* Skriptum Fachhochschule Hamburg, FB Elektrotechnik u. Informatik 1990.

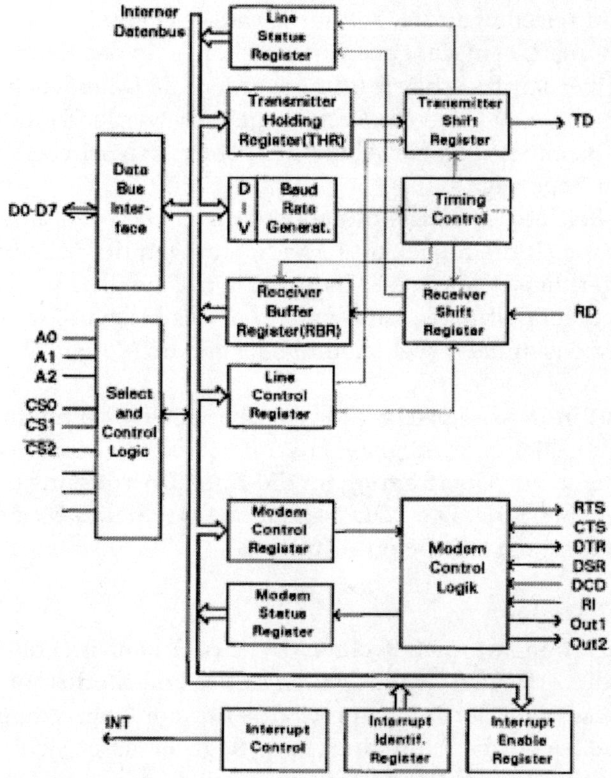

Bild 7.39. Funktionsblöcke eines UART (Beispiele: NSC 8250, 16450 und Intel 8251)

CODEX- und Line Interface-Funktionen

Die Bitübertragung erfolgt blockweise mit einstellbarer Blocklänge im asynchronen Datenformat über das Transmitter Shift Register und das Receiver Shift Register. Als FIFOs zum Rechner treten hier in Senderichtung das Transmitter Holding Register (THR) und in Empfangsrichtung das Receiver Buffer Register (RBR) auf. Beide können maximal ein Byte aufnehmen.

Soll ein Block vom Rechner gesendet werden, so muss zunächst durch die Software geprüft werden, ob das Register THR leer ist. Angezeigt wird dies durch ein Bit im Line Status Register, das zur Prüfung abgefragt wird. Sobald das Transmitter Shift Register leer ist, übernimmt es den Block vom Register THR, in das dann ein neuer Block geschrieben werden kann. Der in das Schieberegister übernommene Block wird durch Start-, Stop- und Parity-

Bit ergänzt und seriell über die Leitung TD ausgesendet.

Auf der Leitung RD empfangene Daten gelangen in das Receiver Shift Register. Nach einer Parity-Fehlerprüfung werden die Datenbits in das Register RBR geschrieben, wo sie vom Rechner gelesen werden können. Dass ein empfangener Block im RBR zur Abholung bereit ist, wird ebenfalls im Line Status Register angezeigt.

Im Modem-Betrieb des Bausteins benötigt man neben den seriellen Datenleitungen zusätzlich die Steuer und Meldeleitungen der V.24-Schnittstelle. Diese Leitungen liegen an einer Modem Control Logik. Den Zustand der sendeseitigen Steuerleitungen kann man über das Modem Control Register setzen und der Zustand der Meldeleitungen kann im Modem Status Register gelesen werden.

Man erkennt in den Registern die typischen CODEX-Funktionen in der Schicht 1 wieder. Die Schieberegister zusammen mit der Modem Control Logik erzeugen eine zur Übertragung an die Datenübertragungseinheit (Modem) geeignete PH-SDU. Die PDU besteht aus Daten und Modemsignalen, die hier auf getrennten Leitungen auftreten.

Interrupt/Poll-Modus

Die Kommunikation zwischen Rechner und UART kann im Poll-Modus und Interrupt-Modus erfolgen. Grundsätzlich ist der Poll-Modus für die sendeseitigen Ereignisse und der Interrupt-Modus für empfangsseitige Ereignisse besser geeignet (siehe oben). Im Line Status Register lassen sich an bestimmten Bitpositionen folgende Ereignisse abfragen:

- Datenwort im Register RBR zur Abholung bereit,
- Register THR leer, es kann ein neues Datenwort geschrieben werden,
- RBR-Überlauf,
- Paritätsfehler beim Empfang,
- Fehler im Empfangsrahmen,
- Leitungsunterbrechung,
- Transmitter Shift Register leer.

Der Baustein kann aufgrund verschiedener Ereignisse einen Prozessor-HW-Interrupt auslösen. Welche Ereignisse Interrupts auslösen sollen, ist mittels des Interrupt Enable Registers programmierbar:

- Interrupt, wenn Empfangsdaten im Register RBR vorliegen,
- Interrupt, wenn THR leer ist,
- Interrupt bei Fehlern im Empfang (Rahmenfehler, Unterbrechung),

- Interrupt, wenn sich der Zustand auf einer der Modem-Meldeleitung ändert.

Durch das Setzen bzw. Rücksetzen bestimmter Bits in diesem Register wird also der Interrupt- bzw. Poll-Modus für ein bestimmtes Ereignis programmiert. Die Ursache eines eingetreten Interrupts liest der Rechner im Interrupt Identification Register und ggf. zu deren weiteren Differenzierung zusätzlich im Line Status- und Modem Status Register.

Einrichtung von Übertragungsparametern

Die Einrichtung der Übertragungsparameter des UART geschieht durch Programmieren des Line Control Registers und des Baudraten-Generators. Sie ist nicht zu verwechseln mit der Initialisierung der Betriebsmodi. Folgende Daten sind im Line Control Register durch Setzen bestimmter Bits einzurichten:

- Anzahl der Datenbits im Block,
- Anzahl der Stopbits im Block,
- interne Rückschleife zwischen Leitung TD und RD (zum Testen geeignet),
- Parität (keine, ungerade, gerade, immer 1, immer 0)

Die Baudrate wird durch Programmierung eines dem Baudratengenerator zugeordneten, 2 Byte umfassenden Divisor Registers eingestellt.

7. 4. Softwarekonzepte

Ausgehend von dem in Abschn. 7.3.1 behandelten Modulkonzept sollen nun die prinzipiellen Realisierungsmöglichkeiten der SW-Module und die Programmsteuerungs-Konzepte aufgezeigt werden. SW-Konzepte für Anwender-Programme hängen von den Betriebsmitteln des zur Verfügung stehenden Rechnersystems und ihrer Verwaltung, d.h. von dem eingesetzten Betriebssystem ab. Das Steuerungskonzept für die Module von Kommunikationssystemen im Besonderen ist abhängig von den Programmunterbrechungsmöglichkeiten. Es wird unterschieden zwischen:

- **Singletask-Betriebssystem**

  Hierbei kann die CPU zur Laufzeit nur ein Anwender-Programm (eine *task*) ausführen; das Betriebssystem besitzt nur eine einfache Interruptverwaltung für HW-Interrupts; das laufende Programm kann dann durch *ein* Interruptprogramm unterbrochen werden. Alle übrigen Steuerungsabläufe sind im Anwender-Programm selbst zu programmieren.

- **Multitasking-Betriebssystem**
  Die CPU kann zur Laufzeit zwischen mehreren Anwender-Programmen (tasks) hin- und herschalten. Dadurch können quasi zeitgleich mehrere Anwender-Programme auf der CPU ablaufen. Die Reihenfolge in der Bearbeitung der Anwender-Programme und damit der Steuerungsablauf ist i.a. nicht deterministisch, sondern regelt sich durch die Vergabe von Programm-Prioritäten in Verbindung mit einem allgemeinen Programm-Unterbrechungsmechanismus

Im besonderen Maße geeignet für die Realisierung von Kommunikationssystemen ist das Multitasking-Prinzip, weil mit ihm die Rechenzeit dynamisch an die Ereignisse und den Bearbeitungsumfang einzelner Instanzen angepasst wird. Dieses Prinzip ist in den sog. Echtzeit-Multitasking-Betriebssystemen, wie sie allgemein in der Automatisierungstechnik eingesetzt werden, verwirklicht.[13]

7. 4. 1. Zyklische Programmsteuerung (Prozedurkonzept)

Ist das benutzte Betriebssystem vom Typ *Singletask*, so kann zu einer Zeit nur ein Programm auf dem Prozessor ablaufen. Das Programm gliedert sich in Teilprogramme, die zeitsequentiell und zyklisch wiederholend aufgerufen werden. Man nennt dies zyklische Programmsteuerung. Bei Kommunikationssystemen wird üblicherweise für jeden Modul, d.h. für jede Instanz ein Teilprogramm in Form einer Software-Prozedur vereinbart. Die zyklische Steuerung wird dann durch einen zyklischen Aufruf aller Prozeduren realisiert. Die zyklische Programmsteuerung in Verbindung mit einer Prozedurprogrammierung für die Instanzen wollen wir im folgenden kurz *Prozedurkonzept* nennen.

7. 4. 1. 1. Steuerung mit fester Reihenfolge

Bei dieser Steuerung werden nacheinander alle Module durch ein steuerndes Hauptprogramm aufgerufen. Bei entsprechender Namensgebung der Instanzenprozeduren erhält man folgendes, als Struktogramm gezeigtes Ablaufschema:

---

[13] Koch, Günter: *Maschinennahes Programmieren von Mikrocomputern*, Reihe Informatik, Bd.32, B.I.-Wissenschaftsverlag, 1981 und Lauber, Rudolf: *Prozessautomatisierung I,* Aufbau u. Programmierung v. Prozessrechensystemen, Springer-Verlag 1976.

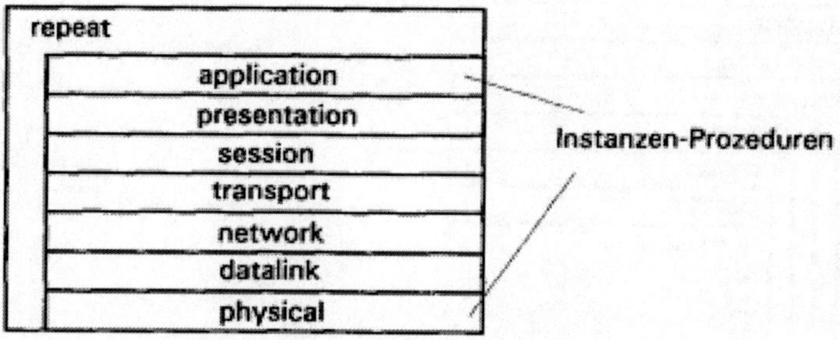

Bild 7.40. Struktogramm für Prozedurkonzept mit fester Reihenfolge

Die Datenübergabe zwischen den Prozeduren geschieht an den Dienstzugangspunkten. Dienstzugangspunkte können als Variable realisiert werden, die von benachbarten Prozeduren gelesen und beschrieben werden. Man benötigt für jeden SAP zwei Variable; eine Variable für die Sende- und eine Variable für die Empfangsrichtung.

Nachteilig bei diesem Konzept ist das starre Steuerungsprinzip, das in keiner Weise an den Datenfluss über die SAPs angepasst ist. In den SAPs der unteren Schichten sind immer in viel kürzeren Zeitabständen Ereignisse zu verarbeiten als dies in SAPs höherer Schichten der Fall ist. Bei fester Reihenfolge laufen alle Prozeduren zwangsweise gleichberechtigt ab und zwar unabhängig davon, ob Signale in den SAPs vorliegen oder nicht. Dies führt i.a. dazu, dass zwischen dem Senden und Empfangen von Signalen unnötig Zeit verbraucht wird. Dieser Nachteil wird mit dem im folgenden Abschnitt beschriebenen Konzept vermieden, bei dem die Prozeduren der unteren Schichten dynamisch gegenüber den höheren Schichten bevorrechtigt werden.

7. 4. 1. 2. Unterprogrammaufruf

Das Dienstekonzept in Kommunikationssystemen besagt, dass eine Instanz ihren unterlagerten Dienst benutzt, der wiederum aus Instanzen besteht. Es liegt nahe, zur Implementierung ein Prozedurkonzept zu wählen, bei dem die "höher" liegende Prozedur die "niedriger" liegende als Unterprogramm aufruft. Man erhält dann ein Ablaufschema, wie es Bild 7.41 zeigt.

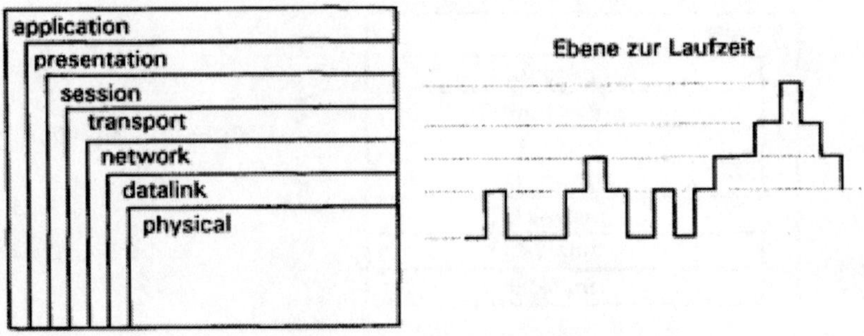

Bild 0.3. Instanzenprozeduren bei Unterprogrammaufruf

Wird eine Prozedur verlassen so gibt sie die Kontrolle an die nächst "höhere" Prozedur ab. Sorgt man dafür, dass dies erst passiert, wenn alle Daten der zugehörigen SAPs bearbeitet sind, so passt sich diese Unterprogrammtechnik dynamisch an den momentanen Datenfluss über die SAPs an, indem zwangsweise die unteren Prozeduren häufiger laufen als die oberen (rechts in Bild 7.41 gezeigt).

Wegen dieses Vorteils wird die Unterprogrammtechnik gegenüber einer Steuerung mit fester Reihenfolge bevorzugt. Lediglich die unteren beiden Schichten erfordern eine Modifikation hinsichtlich des interruptgesteuerten Empfangs, wie wir später zeigen werden.

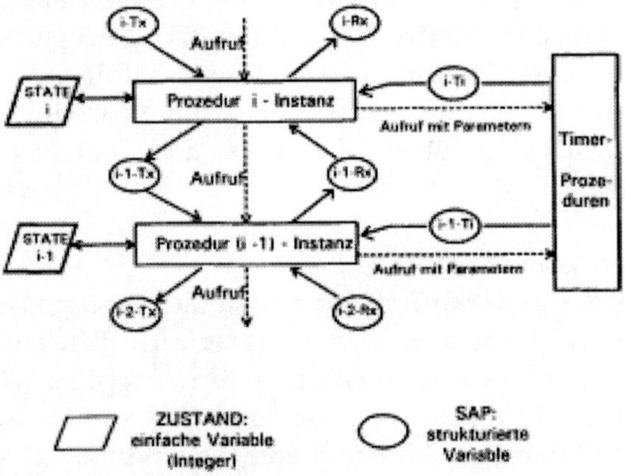

Bild 7.42. Prozedurkonzept für die Instanzen

Grundsätzlich könnten beim Prozeduraufruf die Daten, das sind die Dienstsignale an den verschiedenen SAPs, als Prozedurparameter oder in Form von Variablen übergeben werden. Da die SAPs jedoch in Sende- und Empfangsrichtung betrieben werden, wird die Variablenübergabe bevorzugt, wobei je eine SAP-Variable für Sende- und Empfangsrichtung deklariert wird. Damit gelangt man zu dem in Bild 7.42 gezeigten Prozedurkonzept. Es sind hier zwei benachbarte Ebenen i und i-1 dargestellt.

Insgesamt sind 3 SAPs für jede Instanz als Variable deklariert, ein SAP-Tx für die Senderichtung, ein SAP_Rx für die Empfangsrichtung sowie ein SAP-Ti in dem sich Timeoutmeldungen des zentralen Zeitgebers befinden. Jede Instanzenprozedur kommuniziert also mit der Umgebung über 5 SAPs. Beim Aufruf liest die i Instanzenprozedur nacheinander die Meldungen aus den SAPs:

i_SAP-Tx, (i-1)_SAP-Rx, i_SAP-Ti,

und beschreibt gemäß dem Zustand (STATE i) die SAPs:

(i-1)_SAP-Tx, i_SAP-Rx .

Nach jedem Lesen führt sie ggf. Aufgaben durch und verändert ihren Zustand. Zeitaufträge, die während des Prozedurlaufs zu setzen oder rückzusetzen sind, werden durch direktes Aufrufen einer Timer-Prozedur mit entsprechender Parameterübergabe realisiert. Eine Instanzenprozedur läuft solange, bis alle Meldungen an den zu lesenden SAPs abgearbeitet sind. Danach ruft sie die unterlagerte Prozedur, hier i-1, auf usw... Ausnahmen von diesem Ablaufschema sind lediglich in den unteren beiden Schichten des Kommunikationssystems und für die Realisierung des Timers zu machen, wie im folgenden Abschnitt gezeigt wird.

7. 4. 2. Interrupt-Prozeduren

Die Zyklische Steuerung von Instanzenprozeduren ist in den unteren beiden Schichten aus folgendem Grund nicht sinnvoll oder u.U. nicht möglich. Der Betrieb eines Kommunikationsgerätes zeigt im Wesentlichen zwei Datenflüsse:

1. einen Sende-DatenFluss, der, angestoßen von der Anwendungsschicht durch die Schichten in vertikaler Richtung, von "oben nach unten" gerichtet ist,
2. einen Empfangs-DatenFluss in umgekehrter Richtung, also von "unten nach oben".

Die Unterprogrammtechnik eignet sich sehr gut, um den SendedatenFluss zu steuern. Dabei werden mit jedem Unterprogrammaufruf die Daten an den nächst unterlagerten SAP weitergereicht. Das Prinzip passt sich automatisch dem Bearbeitungsumfang der einzelnen Instanzen an; die Unterprogramme laufen solange, wie Bearbeitungen der jeweiligen Instanz anfallen.

Der EmpfangsdatenFluss erfolgt generell asynchron zum SendedatenFluss. Der EmpfangsdatenFluss wird maßgeblich durch die Verarbeitungsgeschwindigkeit der unteren beiden Schichten bestimmt, wobei letztlich die Übertragungsgeschwindigkeit auf dem Medium die Verarbeitungsleistung dieser Schichten bestimmt. In den unteren beiden Schichten wird, um die Verarbeitungsleistung der Instanzen zu erhöhen, Hardware eingesetzt. Für den EmpfangsdatenFluss bedeutet dies, dass das Empfangsregister bzw. -FIFO des jeweilig eingesetzten Telekommunikations-Bausteins asynchron zu den Sendeaufgaben ausgelesen und bearbeitet werden muss, und zwar schritthaltend mit der Übertragungsgeschwindigkeit auf dem Medium. Die Empfangsaufgaben der Bitübertragungsschicht und z.T. auch die Aufgaben der Sicherungsschicht sollten deshalb, sofern sie nicht in Hardware realisiert werden, als interruptgesteuerte Prozeduren, kurz Interruptprozeduren implementiert werden.

Eine weitere Anforderung nach Interruptverarbeitung ergibt sich aus der Realisierung der Timer-Instanz. Die Timer-Instanz muss Zeitaufträge aller COM-Prozesse einer Station verwalten und die COM-Prozesse nach Ablauf der Zeiten "wecken". Dies erfordert Prozeduren für Zeitmessungen. Die zu messenden Zeiten können dabei große Bereiche überstreichen (Millisekunden für die transportorientierten Schichten und bis zu Minuten für die anwendungsorientierten Schichten). Das wiederholte Abfragen einer Rechner-Systemzeit zur Lösung dieser Aufgabe ist insbesondere für Kurzzeiten im Millisekundenbereich völlig ungeeignet, weil es zu zeitaufwendig ist. Stattdessen ist eine eigene Zeitbasis auf der Grundlage eines HW-Zeitgeberbausteins zu entwickeln.

7. 4. 2. 1. Interruptgesteuerter Empfang

Eine bewährte Lösung der Interrupt-Empfangsprozeduren in den unteren Schichten im Zusammenspiel mit den zyklisch gesteuerten Prozeduren der oberen Schichten zeigt Bild 7.43. Als Beispiel wird die Übertragung an einer seriellen Schnittstelle RS 232C bzw. V.24 mit einem zeichenorientierten Format gewählt. Telekommunikations-Baustein ist ein UART (s. Abschn. 7.3.3). THR und RBR sind das Senderegister und Empfangsregister, die die Übertragung von z.B. einem Byte gestatten. Beide Register stellen die Schnittstelle zwischen Hardware und Software dar.

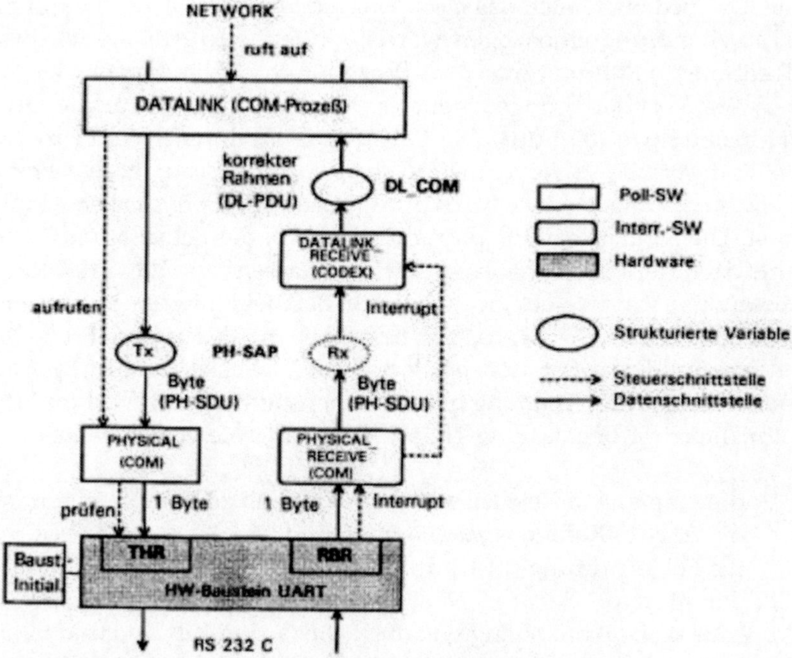

Bild 7.43. Prozedurkonzept mit Poll/Interrupt-Schnittstelle am Beispiel der seriellen Schnittstelle RS 232 (V.24)

Es ist naheliegend, dass sich für die hier gestellte Aufgabe empfangsseitig die Interruptverarbeitung und sendeseitig die Pollverarbeitung eignet, denn

- sendeseitig bestimmt das Anwendungsprogramm, wann ein Byte in das THR-Register zu schreiben ist und
- empfangsseitig treffen Zeichen asynchron zum Programmlauf über die Leitung in das RBR Register.

Die Verarbeitung eines im RBR-Registers stehenden Bytes muss von einem besonderen Programmteil, Interrupt-Prozedur genannt, geschehen. Der interruptgesteuerte Empfang von Zeichen bedeutet, dass die PH-Instanz durch zwei getrennte COM-Prozeduren realisiert wird:

- PH-Sendeprozedur im Polling-Modus,
- PH-Empfangsprozedur im Interrupt-Modus.

Das Empfangen bzw. Zusammenstellen von kompletten Rahmen in der Schicht 2 sowie das Prüfen auf Übertragungsfehler erfolgt unabhängig vom Zustand der DL-Instanz, es ist eine CODEX-Funktion. Dieses sollte mit dem Eintreffen des letzten Zeichens eines Rahmens möglichst zügig abgewickelt werden. Das bedeutet, auch das Decodieren in der Schicht 2 sollte mit in die Interruptbehandlung einbezogen werden, indem auch für die DL-Instanz eine Trennung in Poll-und Interrupt-Prozedur vorgenommen wird.

Mit diesen Vorüberlegungen sieht das Prozedurkonzept für die DL-und die PH-Instanz wie folgt aus. Die PH-Instanz ist durch zwei Prozeduren, *physical* und *physical_receive*, realisiert, von denen physical_receive eine vom UART-Interrupt angestoßene Interrupt-Prozedur und physical eine Pollprozedur ist. Die Sendeprozedur physical wird von der Schicht 2 aufgerufen. Sie wird nach dem Aufruf solange nicht verlassen, wie das THR-Register noch besetzt ist, sondern erst, wenn sie den Baustein mit dem zu sendenden Byte beschrieben hat. Die DL-Instanz besteht ebenfalls aus zwei Prozeduren: *datalink* als Poll-Prozedur und *datalink_receive*, welche durch physical_receive sofort nach dem Empfang eines Zeichens aufgerufen wird und damit auch zur Interrupt-Behandlung gehört. Datalink_receive hat folgende Aufgaben:

- die empfangen Zeichen zu einem Rahmen zu komplettieren,
- die Art des Rahmens zu erkennen und
- die Fehlerprüfung (LRC) durchzuführen, wenn ein Textrahmen erkannt wird.

Die Prozedur arbeitet unabhängig vom DL-Instanzen-Zustand und übergibt den decodierten Rahmen (Meldungs- oder Textrahmen) an die Pollprozedur datalink. Zur Übergabe ist ein in der Schicht 2 zusätzlich deklarierter SAP DL_COM vorhanden, aus dem datalink die DL-PDU lesen kann. Dieser SAP fungiert als unterlagerter SAP für die Prozedur datalink. Seine Zwischenschaltung mit der vorgeschalteten Interrupt-Prozedur hat den Vorteil, dass die Pollprozedur bereits komplett decodierte Rahmen zur Verarbeitung angeboten bekommt und dass damit datalink nach dem gleichen Schema wie die übrigen Instanzen-Prozeduren der höheren Schichten arbeiten kann.

Ein wichtiger Implementierungsgesichtspunkt betrifft den Schreib-Lese-Zugriff auf den SAP DL-COM (s. Bild 7.43). Er wird von zwei konkurrierenden Prozeduren benutzt. Damit das Lesen aus diesem SAP durch die Polling-Prozedur datalink nicht von dem Schreibzugriff der Interrupt-Prozedur datalink_receive unterbrochen wird - dadurch können möglicherweise unsinnige Inhalte in Feldern des SAPs zurückbleiben - ist eine Semaphorfunktion vorzusehen. Dies geschieht durch Sperren und Freigeben des Interrupts unmittelbar vor und nach dem Lesen des SAPs innerhalb der Polling-Prozedur datalink.

Anzumerken bleibt, dass der physikalische SAP in Empfangsrichtung bei diesem Konzept entfallen kann und stattdessen direkt ein Byte in Form eines parametrisierten Prozeduraufrufs von datalink_receive erfolgen kann.

7. 4. 2. 2. Interruptgesteuerte Zeitbasis

Ein Prozedurkonzept für die Timer-Instanz, das den eingangs gestellten Forderungen nach Zeitmessung mit großem Zeitbereich entspricht, ist in Bild 7.44 abgebildet. Die Funktion der Auftragsverwaltung und Zeitmessung ist in getrennten Prozeduren gelöst.

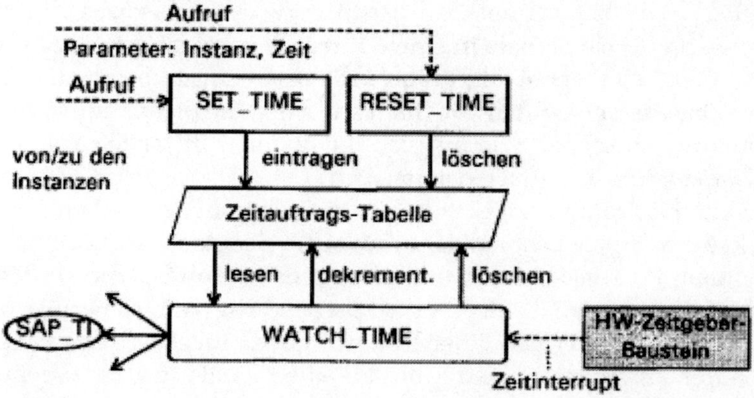

Bild 7.44. Interrupt/Polling Prozeduren für die Timer-Instanz

Instanzen, die einen Zeitauftrag setzen bzw. rücksetzen wollen, rufen die Prozeduren *set_time* bzw. *reset_time* als Unterprogramm auf. Im Prozeduraufruf sind der Instanzenname und die Weckzeit (relativ zum Zeitpunkt des Aufrufs) als Parameter enthalten. Die Prozedur set_time trägt einen Zeitauftrag dann mit den Parametern in eine *Zeitauftrags-Tabelle* ein, in welcher alle aktuellen, noch nicht ausgelaufenen Aufträge stehen. Entsprechend löscht reset_time in der Tabelle einen aktuellen Eintrag.

Ein HW-Zeitgeber-Baustein löst in kurzen, konstanten Zeitabständen Interrupts aus, die zur Zeitmessung herangezogen werden. Die Interrupts rufen eine Interruptprozedur *watch_time* unabhängig vom laufenden Programm auf. Diese Prozedur liest bei jedem Zeitinterrupt aus der Tabelle alle aktuellen Aufträge und dekrementiert die in den Aufträgen enthaltenen Weckzeiten um eins. Wenn die Weckzeit den Wert Null erreicht hat, dies entspricht dem Ablauf der Zeit, informiert die Prozedur watch_time die entsprechende Instanz. Sie schreibt dann in den zugehörigen SAP_TI der Instanz eine Meldung (timeout). Außerdem wird der Auftrag in der Tabelle gelöscht. Die kleinste setzbare relative Zeit des Timers entspricht damit der Zeit zwischen zwei aufeinanderfolgenden Interrupts des HW-Zeitgebers.

Auch hierbei ist eine Semaphorfunktion zwischen den konkurrierenden Prozeduren zu implementieren: set_time und reset_time haben den Zeitinterrupt zu sperren, bevor sie auf den Speicher für die Zeitauftrags-Tabelle zugreifen.

7. 4. 3. Programmsteuerung durch Multitasking

Die Instanzen von Kommunikationssystemen sind vom Prinzip her ereignisgesteuert. Eine Instanz muss zur Ausführung auf den Prozessor gebracht werden, wenn für sie Signale in einem ihrer Dienstzugangspunkte vorhanden sind. Liegt kein Signal vor, braucht die Instanz nicht bearbeitet zu werden und statt dessen sollten im Interesse einer möglichst effektiven Prozessornutzung so schnell wie möglich die anderen Instanzen zur Bearbeitung kommen, für die Signale bereitstehen.

Die zyklische Programmsteuerung ist in Bezug auf die Rechengeschwindigkeit keine optimale Lösung, da sie zwangsweise jede Instanz zur Bearbeitung auf dem Prozessor bringt, unabhängig davon, ob Signale vorliegen oder nicht. Ein weiterer Nachteil der zyklischen Programmsteuerung betrifft die Verweildauer innerhalb einer Instanzenprozedur. Die Instanzenprozeduren laufen unterbrechungsfrei ab, bis alle Signale in den zugehörigen SAPs bearbeitet sind. Vergleicht man den Rechenaufwand und die Ereignisrate in den verschiedenen Kommunikationsschichten, so fällt auf, dass die Instanzen sehr unterschiedliche Prozessorlasten verursachen können.

In den unteren Schichten treten häufiger Ereignisse ein als in den oberen. Andererseits ist der Bearbeitungsaufwand pro eintreffendes Signal in den höheren Schichten meist größer als in den unteren. Bei der "starren", zyklischen Steuerung muss letztlich die Übertragungsgeschwindigkeit auf dem Medium so niedrig gewählt werden, dass alle Instanzen in Echtzeit zum Zuge kommen. Es wird also kostbare Rechenzeit zu Lasten der Übertragungsgeschwindigkeit verschenkt.

Eine bessere Lösung ist die *asynchrone Programmsteuerung* mit Hilfe eines Multitasking-Betriebssystems. Solche, als Echtzeit-Multitasking-Betriebssysteme bekannten Verwaltungsprogramme stehen heute für viele Prozessoren in Form eines linkbaren, in Assembler geschriebenen Programmmoduls zur Verfügung.

Bei der asynchronen Programmsteuerung nach dem Multitasking-Prinzip wird unterschieden zwischen Betriebssystem und Anwenderprogrammen. Das gesamte Anwendungsprogramm wird in einzelne Rechenprozesse (tasks) zerlegt. Die Rechenprozesse konkurrieren untereinander um Rechenzeit auf dem gemeinsamen Prozessor. Sie gelangen mit Hilfe des Verwaltungsprogramms (Betriebssystem) dynamisch so auf dem Prozessor zur Ausführung, dass insgesamt eine optimale Nutzung der zur Verfügung stehenden Rechenleistung erzielt wird. Die wichtigsten Eigenschaften des Multitasking-Prinzips sind:

- es wird zugelassen, dass der einzelne Rechenprozess asynchron, d.h. zu einem beliebigen Zeitpunkt zur Ausführung kommt.
- für Prozesse werden drei Zustände verwaltet (nicht zu verwechseln mit Instanzenzuständen):

  ruhend: der Prozess braucht nicht bearbeitet zu werden, weil kein Ereignis für ihn vorliegt,

  bereit: der Prozess ist bearbeitbar, weil Ereignisse vorliegen, er wartet auf eine Prozessorzuteilung und

  laufend: der Prozess wird gerade auf dem Prozessor ausgeführt.

  Es kommen nur solche Prozesse zur Ausführung, für die Ereignisse zur Bearbeitung vorliegen.
- Die Prozesse haben unterschiedliche Wichtigkeit (Priorität). Sind gleichzeitig mehrere Prozesse bereit, so entscheidet die Priorität, welcher Prozess als nächstes bearbeitet werden soll.
- Prozesse mit höherer Priorität können laufende Prozesse mit niedrigerer Priorität unterbrechen, sofern sie bereit sind.

7. 4. 3. 1. SW-Struktur

Bei einem Kommunikationssystem sind die konkurrierenden Rechenprozesse die Instanzenmodule gemäß Bild 7.36. Jeder COM-Prozess in Verbindung mit seinem CODEX-Prozess bildet eine abgeschlossene, ereignisgesteuerte Task, so dass im Prinzip für jede Schicht innerhalb einer Kommunikationsstation ein Rechenprozess die Aufgabe einer Instanz ausführt. Ausnahmen hiervon sind lediglich in den unteren Schichten zu machen, in denen, wie in Abschn. 7.4.2 gezeigt wurde, die empfangsseitigen von den sendeseitigen Prozessen zu trennen sind. Das dort entworfene Prozedurkonzept ist einfach auf ein Task-Konzept übertragbar, indem jede dieser Prozeduren nun als eigenständige Task definiert wird. Der Unterschied besteht im Steuerungsprinzip. Während bei zyklischer Programmsteuerung, bis auf wenige Interruptprozeduren, alle Instanzenprozeduren zyklisch aufgerufen werden, geschieht dies bei Multitasking für alle Tasks ereignisgesteuert. Ereignisse sind u.a. das Auftreten von Signalen in den SAPs. Dadurch wird das Betriebssystem veranlasst, die betreffende, verarbeitende Instanz zu starten.

Bild 7.45 zeigt ein Steuerungskonzept für Kommunikationssysteme, das auf der Basis eines einfachen Multitasking-Betriebssystems arbeitet.[14]

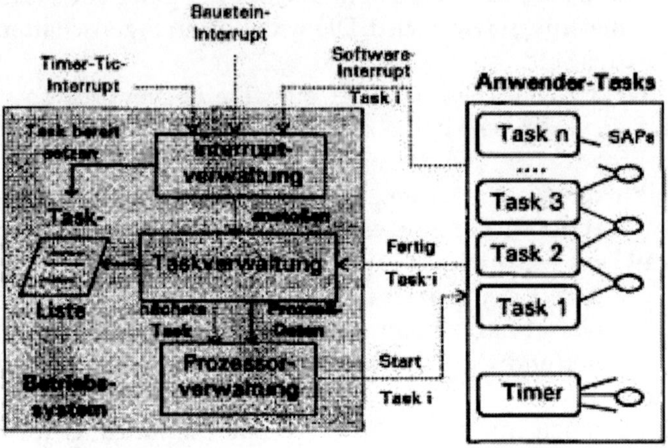

Bild 7.45. Instanzensteuerung mit Multitasking-Betriebssystem

Die Anwendertasks sind die Instanzenprozesse sowie ein Timerprozess, die ihre Signale über SAPs austauschen. Die SAPs dienen also der Kommunikation der Tasks untereinander, wobei zwischen zwei benachbarten Tasks je ein SAP für die Sende- und einer für die Empfangsrichtung vorhanden ist (im Bild ist nur einer gezeichnet).

Das dargestellte (Minimal-) Betriebssystem ist ein Programmodul, auf das die Anwendertasks über mehrere Schnittstellen, meist mit Hochsprachen-Routinen, zugreifen können. Es besteht aus den Verwaltungsprogrammen

- Taskverwaltung,
- Prozessorverwaltung und
- Interruptverwaltung.

In der *Taskverwaltung* wird eine Liste aller Anwendertasks und ihrer momentanen Zustände geführt (ruhend, bereit oder laufend). Die Taskverwaltung durchsucht diese *Taskverwaltungs-Liste* nach ablaufbereiten Tasks und meldet die darin gefundene, erste ablaufbereite Task einer *Prozessorverwaltung,* welche dann diese Task auf dem Prozessor startet (Zustand laufend). Durch eine Fertigmeldung am Schluss der laufenden Task wird dann die Task über die Taskverwaltung in den Zustand ruhend versetzt.

14 Lauber, Rudolf: *Prozessautomatisierung I,* Aufbau u. Programmierung v. Prozessrechensystemen, Springer-Verlag 1976.

7. 4. 3. 2. Ablauf

Die Taskverwaltung wird fortwährend durch eine *Interruptverwaltung* angestoßen, und zwar immer dann, wenn Unterbrechungen anstehen. Die Interruptverwaltung registriert die Unterbrechungen, stellt die Ursache der Unterbrechung fest und setzt in der Taskliste diejenige Task vom Zustand ruhend in den Zustand bereit, für die eine Aktivierung aufgrund des eingetretenen Unterbrechung stattfinden soll. Danach findet der Suchvorgang nach ablaufbereiten Tasks durch die Taskverwaltung statt.

Die Unterbrechungen sind die Ereignisse, durch die eine Task vom Zustand ruhend in den Zustand bereit versetzt wird. Ereignisse des Kommunikationssystems sind

- HW-Interrupts vom Zeitgeberbaustein,
- HW-Interrupt vom Kommunikationsbaustein (z.B. Empfang im FIFO),
- mehrere, verschiedene SW-Interrupts von den Tasks, immer dann, wenn SAPs beschrieben wurden.

Jedem dieser Ereignisse ist eine ganz bestimmte Ziel-Task zugeordnet, die unmittelbar darauf von der Interruptverwaltung aktiviert werden muss, damit sie so schnell wie möglich das zugehörige Signal verarbeiten kann. Beispielsweise muss bei jedem Interrupt vom Zeitgeberbaustein die Timer-Task aktiviert werden; das Beschreiben beispielsweise des Dienstzugangspunktes N-SAP durch eine Task "Transport" führt zu einer Aktivierung der Task "Network". Verallgemeinert ausgesagt aktiviert also eine Instanzen-Task über den SW-Interrupt-Mechanismus ihre überlagerte oder unterlagerte Task, je nachdem, ob sie den überlagerten oder unterlagerten SAP beschrieben hat.

Bei dem beschriebenen Ablauf kann es passieren, dass eine Task unterbrochen wird, während sie gerade die Feldelemente des SAP beschreibt, d.h. den Schreibvorgang noch nicht komplett abgeschlossen hat. Wenn die dann laufende Task genau diesen SAP liest, könnten unvollständige Informationen gelesen werden. Es muss deshalb mit Hilfe einer Semaphorfunktion (Verriegelung) dafür gesorgt werden, dass Tasks nur vollständige Eintragungen im SAP verarbeiten. Dies lässt sich auf der Basis eines *Flags* für jeden Eintrag des als FIFO realisierten SAP erreichen. Zum Schreiben und Lesen müssen dann folgende Regeln beachtet werden:

- eine schreibende Task prüft zuvor, ob ein leerer Speicherplatz im SAP vorhanden ist (Flag zurückgesetzt) und beginnt dann mit dem Schreiben,
- nach der Beendigung des Schreibvorgangs setzt eine schreibende

Task das zugehörige Flag,
- eine lesende Task prüft vor dem Lesen, ob das betreffende Flag gesetzt ist,
- sind durch eine lesende Task die Informationen eines SAP-Eintrags verarbeitet, so löscht die lesende Task das betreffende Flag.

7. 4. 3. 3. Taskverwaltungs-Liste, Prioritäten

Für das Ablaufverhalten entscheidend sind der Aufbau und die Einträge in der Taskverwaltungs-Liste. Insbesondere sind für die Unterbrechbarkeit von Tasks einige Besonderheiten in dieser Liste zu beschreiben. Ein typischer Aufbau solcher Liste ist in Bild 7.46 zu sehen.

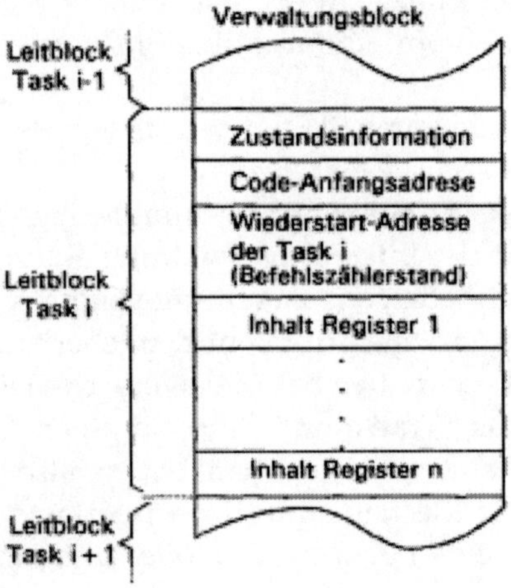

Bild 7.46. Beispiel Taskverwaltungs-Liste, nach[15]

Über alle Tasks werden in der zentralen Verwaltungsliste Informationen geführt. Jede Task belegt in der Liste einen Leitblock, der aus mehreren Zeileneinträgen besteht:
- die Zustandsinformation codiert den Taskzustand (ruhend, bereit, laufend).
- die Code-Anfangsadresse zeigt auf die Programmadresse, an der die Task beginnt und mit der der Befehlszähler zu laden ist, wenn die Task zur Ausführung (laufend) gebracht werden soll.

[15] Koch, Günter: *Maschinennahes Programmieren von Mikrocomputern,* Reihe Informatik, Bd.32, B.I.-Wissenschaftsverlag, 1981.

- in der Zelle für die Wiederstart-Adresse wird die Fortsetzungsadresse der Task bei ihrer Unterbrechung vermerkt. Nach Beendigung der Unterbrechung wird diese Adresse in den Befehlszähler geladen.
- die Registerinhalte speichern die Zwischenwerte der Prozessorregister, die zur Task-Fortsetzung nach einer Unterbrechung wieder geladen werden.

Bei dem Aufruf der Taskverwaltung durch ein Ereignis der Interruptverwaltung wird die Liste beginnend mit dem 1. Leitblock für Task 1 durchsucht, bis eine bereite Task gefunden wird. Die erste gefundene, bereite Task gelangt zur Ausführung auf dem Prozessor. Damit ist die Priorität einer Tasks durch die Position ihres Leitblockes innerhalb der Liste gegeben. Der erste Leitblock gehört zur Task 1. Diese Task hat die höchste Priorität, der zweite Leitblock gehört zur Task 2 mit zweithöchster Priorität usw. Durch den bei jedem Ereignis ausgelösten Suchvorgang gelangt also bei mehreren bereiten, also konkurrierenden Tasks immer die mit der höchsten Priorität zur Ausführung und außerdem wird eine gerade laufende Task unterbrochen, wenn sie in der Rangfolge an niedrigerer Stelle in der Liste geführt wird.

Bei einem Interrupt (Ereignis) werden die Listeneintragungen wie folgt bearbeitet:

1. Die Interruptverwaltung setzt die Zustandsinformation der zugehörigen Task in den Zustand bereit.
2. Die Taskverwaltung sucht nach der ersten bereiten Task. Wenn keine laufende Task oberhalb dieser bereiten Task angetroffen wird, ist diese Task als nächstes lauffähig.
3. Die Taskverwaltung sucht nach einer möglicherweise gerade laufenden Task unterhalb der bereiten Task, die sie unterbrechen muss und schreibt ggf. Befehlszählerstand und Registerinhalte zur Rettung in die Zeilen des Leitblockes der zu unterbrechenden Task. Der Zustand der unterbrochenen Task wird von laufend in bereit geändert.
4. Die Taskverwaltung setzt die bereite, unter 2. gefundene und wichtigere Task in den Zustand laufend. Sie übergibt deren Adressen sowie Registerinhalte an die Prozessorverwaltung, womit die bereite Task zur Ausführung kommt.
5. Die ausgeführte Task teilt ihr Ende der Taskverwaltung mit. Ihr Zustand wird auf ruhend geändert. Ein Suchlauf bei 2. beginnt. Sofern nicht zwischenzeitlich neue Ereignisse eingetreten sind, die noch weitere bereite Tasks mit höherer Priorität ergeben, wird nun

die vorher unterbrochene Task gefunden und dem Prozessor zugeteilt.

Die Festlegung der Prioritäten der Tasks geschieht durch die statische Anordnung in der Taskverwaltungsliste. Die Dimensionierung der Prioritäten hängt von der Speichertiefe der SAPs ab. Sie hat so zu erfolgen, dass keiner der SAPs dadurch überlaufen kann, dass ein SAP im Mittel öfter beschrieben wird als er gelesen wird. Bei einer konstanten Speichertiefe der SAPs lassen sich folgende Grundregeln der Dimensionierung aufstellen:

1. Je größer die Ereignisrate (Signalrate) einer Task ist, desto öfter muss sie zur Ausführung kommen, desto höher ist also ihre Priorität anzusetzen.
2. Je größer der Bearbeitungsaufwand einer Task ist, desto mehr Rechenzeit benötigt sie im Mittel und desto mehr muss man diesem Sachverhalt durch eine hohe Priorität Rechnung tragen.
3. Die höchste Priorität wird i.a. die Timer-Task besitzen, da sie die größte Ereignisrate besitzt, gefolgt von der Task, die den Telekommunikations-Baustein bearbeitet.

Aus diesen Punkten lässt sich verallgemeinernd ableiten, dass das Produkt aus Ereignisrate und Rechenzeit einer Task ein relatives Maß für die Prioritätenabstufung ist. In der Praxis geht man bei der Dimensionierung der Taskprioritäten daher so vor, dass zunächst dieses Produkt für jede Task geschätzt wird und dann gemäß der Rangfolge dieser Produkte Taskprioritäten festgelegt werden. Dabei bekommt die Task mit dem größten Produkt die höchste Priorität und diejenige mit dem niedrigsten Produkt die niedrigste Priorität. Da diese Schätzungen in der Regel nicht ganz einfach sind – sie hängen auch vom schwer schätzbaren Verkehrsverhalten der beteiligten Stationen ab – ist bei der späteren Implementierung durch Verkehrsmessungen zu verifizieren, ob die gewählten Prioritäten richtig sind. Meist ist dann noch eine Feindimensionierung durch Ändern der Prioritäten und/oder Anpassung der SAP-Speichertiefen notwendig. Solche Verkehrsmessungen finden mit Monitorprogrammen statt, die den SAP-Füllstand kontrollieren und für eine gewisse Zeit protokollieren.

7. 4. 4. Programmlaufzeit

Bei den bisherigen Betrachtungen der Instanzenmodule, wurde davon ausgegangen, dass ihre Prozesse bei einer ausreichend hohen Rechengeschwindigkeit quasi ohne Zeitverbrauch ablaufen, die Transitionen also unendlich schnell im Vergleich zu benutzten Timern ablaufen. Dies ist in der Praxis nicht der Fall; die endliche Rechengeschwindigkeit des eingesetzten Prozessors verursacht endliche Verarbeitungsgeschwindigkeiten für die Prozesse. Die Programmlaufzeit insgesamt ist abhängig von

- dem Prozessor und seiner Taktrate,
- der eingesetzten Programmiersprache und den Übersetzern (Compiler, Assembler),
- dem schichtenspezifischen Bearbeitungsumfang und
- den in den SAPs eintreffenden Signalen.

Auch das Software-Konzept beeinflusst die Programmlaufzeit. Ein Multitasking-Konzept ist wegen der Priorisierungsmöglichkeiten in der Regel günstiger als ein Singletask-Konzept. Allerdings wird bei einem Multitasking-Konzept mehr Rechenzeit für die Verwaltungsprogramme verbraucht.

Die Rechengeschwindigkeit, mit der die COM- und CODEX- Prozesse verarbeitet werden müssen, hängt in entscheidendem Maß von der Übertragungsgeschwindigkeit auf dem Medium ab. Die Übertragungsgeschwindigkeit wird im Telekommunikationsbaustein eingestellt. Wenn, wie üblich, der Baustein in Empfangsrichtung im Interrupt-Modus betrieben wird, dann gibt seine Interruptrate den "Verarbeitungstakt" für die in Software realisierten Instanzen-Prozesse vor.

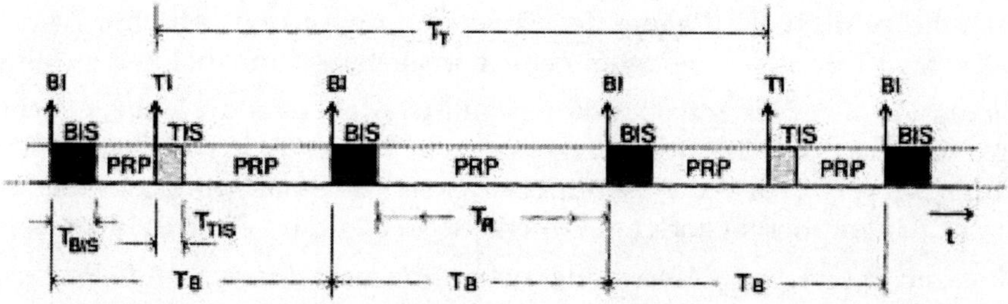

Bild 7.47. Zur Rechenzeitbilanz

Zwischen je zwei aufeinanderfolgenden Baustein-Interrupts muss genügend Zeit für die Abarbeitung der Programmmodule verbleiben. Außerdem wird noch Zeit für die Bearbeitung der Interrupts vom Zeitgeber-Baustein benötigt. Bild 7.47 verdeutlicht die Anforderung an die Rechengeschwindigkeit.

Der Telekommunikationsbaustein liefert bei fortwährendem Empfang und konstanter Übertragungsgeschwindigkeit Bausteininterrupts BI, an die sich unmittelbar die Ausführung einer Baustein-Interruptservice-Routine BIS anschließt. Die Interruptrate ist konstant und demnach verstreicht eine konstante Zykluszeit T_B zwischen zwei dieser Interrupts. Mit ebenfalls konstanter Zykluszeit T_T erscheint ein Interrupt TI vom einem Zeigeber-Baustein, wobei in der Regel $T_T > T_B$ angenommen werden kann. Dieser Interrupt löst die Bearbeitung einer Timer-Interruptservice-Routine TIS aus. Für die Bearbeitung aller übrigen Programme auf dem Prozessor (Instanzenprogramme und Verwaltung) verbleibt eine Restzeit T_R zwischen zwei aufeinanderfolgenden Interrupts vom Telekommunikationsbaustein. Diese Restzeit ist variabel und sie ist minimal, wenn ein Interrupt TI in die Periode T_B fällt:

$$T_B - T_{BIS} - T_{TIS} < T_R < T_B - T_{BIS} \quad . \qquad (7.1)$$

Darin sind T_{BIS} und T_{TIS} die Programmlaufzeiten für die Interruptservice-Routinen. Das Ziel sollte sein, möglichst viel Rechenzeit T_R für die Instanzenprozesse zur Verfügung zu haben. Dies wird erreicht, wenn

1. die Interruptservice-Routinen geringe Rechenzeit benötigen und
2. der Interrupt vom Zeitgeberbaustein nicht öfter als notwendig auftritt.

Die Mindestrate, mit der der Zeitgeberbaustein Interrupts auslösen muss, ist durch die zeitliche Auflösung des Timers bestimmt (vgl. Abschn. 7.4.2.2). Die Taktzeit T_T des verwendeten Zeitgeberbausteins kann im Interesse einer möglichst großen Restzeit so groß gewählt werden, dass die kleinste, benötigte Timerzeit der Instanzenprozesse vom Timer gerade noch aufgelöst werden kann, wobei die Absolutgenauigkeit von untergeordneter Bedeutung ist. Unter allen benötigten Timerzeiten T_x beträgt dann die Interrupt-Zykluszeit $T_T \approx T_{xmin}$. Verwendet man universell einzusetzende Rechner, bei denen Zeitgeberbausteine bereits enthalten sind (z.B. IBM-PC mit einem Interrupt 18,2 mal pro Sekunde), so ist prüfen, ob dieser Interrupt benutzt werden kann, d.h. ob damit einerseits die Auflösung erreichbar ist und andererseits die Forderung nach einer möglichst geringen Interruptrate erfüllt wird. Für die Zykluszeit des Zeitgeberbaustein gilt also

$$T_B < T_T \leq T_{xmin} \quad . \qquad (7.2)$$

Die innerhalb einer Periode T_B tatsächlich benötigte Programmlaufzeit für die Instanzenprozesse kann in weiten Grenzen variieren. Durch die Interruptservice-Routine BIS werden sehr häufig nur Signalverarbeitungen in den unteren Schichten notwendig und nur manchmal, wenn entsprechende Ereignisse vorliegen, wird auch für die oberen Schichten Rechenzeit benötigt (siehe voriger Abschnitt). Im Extremfall verursacht ein Interrupt, dass alle Prozesse Verarbeitungen durchführen müssen. Dann ist die Programmlaufzeit maximal.

Entscheidend zur Beurteilung der zulässigen Programmlaufzeit ist die Dimensionierung der Speichertiefe der Dienstzugangspunkte, die die Meldungspuffer zwischen den Instanzenmodulen darstellen. Wenn im einfachsten Fall jeder SAP nur ein Signal speichern kann und außerdem Interrupts vom Telekommunikationsbaustein im Extremfall zu Ereignissen für alle Instanzen führen, so müssen, damit es nicht zum Überlauf der SAPs kommen kann, alle Programmteile innerhalb der Restzeit T_R verarbeitet sein. Bei einer Speichertiefe der SAPs von Eins gilt demnach für die Programmlaufzeit T_P:

$$T_{Pmax} < T_{Rmin} = T_B - T_{BIS} - T_{TIS} \quad \text{(Speichertiefe = 1).} \tag{7.3}$$

Darin ist T_{Pmax} die maximale Programmlaufzeit, die auftritt, wenn alle Instanzenprozesse Verarbeitungen durchzuführen haben. Man erkennt, dass der Prozessor und die SW-Implementierung hinsichtlich der erforderlichen Rechengeschwindigkeit auf diesen Extremfall zu dimensionieren sind, oder aber die Übertragungsgeschwindigkeit so weit herabgesetzt wird, dass (7.3) erfüllt ist. Dies hat zur Folge, dass entweder die Rechenleistung des Prozessors in der meisten Zeit nicht ausgenutzt wird, oder aber Übertragungsgeschwindigkeit verschenkt wird. Ein Beispiel möge dies verdeutlichen. Ein PC-Kommunikationsprogramm arbeite mit einem UART-Baustein und es sei eine maximale Programmlaufzeit von 20 ms geschätzt. Für die Interruptservice-Routinen BIS und TIS zusammen werde zusätzlich 5 ms Rechenzeit benötigt. Der Baustein soll bei jedem Empfang eines Blocks mit 10 Bit einen Interrupt liefern. Man erhält aus (7.3) für die Zykluszeit des Bausteininterrupts

$$T_B > T_{pmax} + T_{BIS} + T_{TIS} = 25 \text{ ms} \quad , \tag{7.4}$$

womit man dann nur eine maximale Übertragungsgeschwindigkeit

$$v_{ü} = 10 \text{ Bit} / T_B = 400 \text{ Baud} \tag{7.5}$$

realisieren kann.

Günstiger ist es, eine hinreichend große Speichertiefe der SAPs in Verbindung mit einem Multitasking-Prinzip zu wählen. Dann muss die Programmlaufzeit nur im Mittel kleiner als die Restzeit T_R sein; extreme Programmlaufzeiten werden durch das Puffern von Signalen in den SAPs abgefangen.

Zur Abschätzung der mittleren Programmlaufzeit benötigt man die mittleren Programmlaufzeiten der einzelnen Instanzenprozesse. Jede dieser Laufzeiten ist mit der relativen Häufigkeit zu gewichten, dass der betreffende Prozess innerhalb einer Periode T_B Verarbeitung durchführt. Mit folgenden Vereinbarungen

$\bar{T}_{pi}$: mittlere Programmlaufzeit für die Instanz i

$\bar{p}_i$: relative Häufigkeit, mit der die Instanz i innerhalb T_B arbeitet

$\bar{p}_{TIS}$: relative Häufigkeit, mit der ein Zeitinterrupt innerhalb T_B auftritt

erhält man für die mittlere Programmlaufzeit eine Obergrenze:

$$\bar{T}_p = \sum_i \bar{T}_{pi} \bar{p}_i < T_B - T_{BIS} - \bar{p}_{TIS} T_{TIS} \quad , \tag{7.6}$$

oder mit $\bar{p}_{TIS} = T_B/T_T$

$$\bar{T}_p = \sum_i \bar{T}_{pi} \bar{p}_i < T_B \left(1 - \frac{T_{TIS}}{T_T}\right) - T_{BIS} \qquad \text{(Speichertiefe > 1).} \tag{7.7}$$

Die Obergrenze der mittleren Programmlaufzeit ergibt sich durch die in Bild 7.47 definierten Zeiten. Zur Abschätzung und zur Überprüfung der mittleren Programmlaufzeit sind statistische Aussagen über Laufzeiten und Häufigkeiten der einzelnen Instanzenprozesse zu machen. Die einzelnen Programmlaufzeiten kann man z.B. mit Hilfe einer Prozessorsimulation ermitteln. Die Häufigkeit, mit der Programmteile ablaufen, muss anhand der vorliegenden Protokolle und deren Abbildung auf Dienstsignale an den SAPs beurteilt werden. Eine erste Hilfe kann dabei die Anzahl verschiedenartiger Dienstsignale an den SAPs sein. Bedenkt man, dass die komplexen Dienste der höheren Schichten auf die einfachen Dienste (zur Hauptsache der data-Dienst) der unteren Schichten abzubilden sind, so wird deutlich, dass die Ereignisrate an den SAPs in der Regel invers proportional zu der Anzahl verschiedener Dienstsignale ist. Wird die relative Häufigkeit für die PH-Instanz zu eins angenommen, weil bei jedem Bausteininterrupt eine Bearbeitung in dieser Instanz anfällt, so stufen sich die übrigen Häufigkeiten in erster Näherung so ab, dass mit zunehmender Anzahl von Dienstsignalen in den höheren Schichten eine geringere Bearbeitungshäufigkeit für die betreffende Instanz anzunehmen ist. Genauere Aussagen bezüglich der Häufigkeit sind aber nur mit einer Simulation möglich.

7. 5. Implementierung

Die Implementierung von Kommunikationssystemen gliedert sich in die Aufgabenbereiche Hardware- und Software-Implementierung. Die HW-Implementierung befasst sich mit der Auswahl eines geeigneten Telekommunikationsbausteins sowie der schaltungstechnischen Realisierung eines Rechnersystems. Wir wollen uns hier auf die Implementierung der Software konzentrieren, da hier i.a. die Schwerpunkte kommunikationstechnischer Entwicklungsaufgaben liegen.

Objekte der Software-Implementierung von Kommunikationssystemen sind:

1. die Implementierung von SAPs und die Übergabe von Dienstsignalen,
2. die Zustandssteuerung (COM-Prozess) der Instanzen,
3. Codierung und Decodierung von PDUs (CODEX-Prozess der Instanz),
4. die Einricht-Prozesse der Instanzen,
5. die Programmteile für den Timer,
6. nützliche Hilfsprogramme.

Die Punkte 1. bis 3. sollen zur Hauptsache behandelt werden, weil sie nach allgemeingültigen Prinzipien zu implementieren sind. Die Implementierungen bei den übrigen Objekten sind mehr oder weniger abhängig vom konkreten Projekt, z.T. auch von den vorhandenen Rechner- und Betriebssystem-Eigenschaften und sollen deshalb beispielhaft an geeigneter Stelle im Band II des Buches ausgeführt werden.

Die Art und Weise, wie diese Objekte steuerungstechnisch zu binden sind, hängt von dem gewählten Software-Konzept ab. Wir beziehen uns im Folgenden der Einfachheit halber auf ein Singletask-Betriebssystem mit Prozedurkonzept für die Instanzen. Der Übergang auf ein Multitasking-Prinzip sollte mit den Ausführungen des vorigen Abschnittes i.a. keine Schwierigkeiten bereiten.

Die Implementierung der Objekte hängt natürlich auch von der gewählten Programmiersprache ab. Grundsätzlich lässt sich sagen, dass bei zeitkritischen Prozeduren eine Assemblersprache gewählt wird, welche wiederum vom eingesetzten Prozessor bestimmt wird. Zeitkritische Programmteile sind vorwiegend in den unteren, HW-nahen Schichten anzutreffen. In den oberen Schichten sind die Prozeduren meist zeitunkritisch, so dass dort vorzugsweise höhere Programmiersprachen wie Pascal oder C zur Anwendung kommen. Bedingt durch stets steigende Rechengeschwindigkeiten der Prozessoren und durch verbesserte Hochsprachen-Compiler ist allgemein der Trend zur Anwendung höherer Programmiersprachen für die Software in allen Schichten zu beobachten.

Für die Zielsetzung des Buches ist es wichtig, eine möglichst universell nutzbare Darstellung, das heißt prozessorunabhängige Darstellung der Implementierung zu wählen, weswegen die Sprache Turbo-Pascal zur Darstellung gewählt wird. Sie ist weit verbreitet und mindestens Grundkenntnisse können heute bei fast jedem Ingenieur vorausgesetzt werden. Die Sprache hat zudem den Vorteil, dass die hier dargestellten Konstruktionsprinzipien in der Vielzahl von PC-gestützten Kommunikationssystemen direkt übernommen werden können. Das Umsetzen in andere Sprachen, auch in Assemblersprachen, bereitet meist keine besonderen Schwierigkeiten. Wo dieses dennoch nicht so selbstverständlich ist, sollen dann Hinweise auf eine geeignete Assemblerprogrammierung gegeben werden.

7. 5. 1. Implementierung der Dienstzugangspunkte

Über die Dienstzugangspunkte (SAPs) findet der Austausch von Dienstsignalen zwischen den Instanzen innerhalb eines Systems statt. In den Dienstsignalen sind i.a. Parameter enthalten, so z.B. SDUs. Die SAPs sind als Variable deklariert. Wenn die Instanzen bei einem Prozedurkonzept durch verschiedene Prozeduren realisiert sind, müssen die SAP-Variablen im Programm global deklariert sein, damit verschiedene Instanzen auf einen SAP schreibend und lesend zugreifen können. Die Variablen-Namen beinhalten den Dienst-Namen, dem der jeweilige SAP zugeordnet ist sowie die Richtung (sendeseitig/empfangsseitig). Beispielsweise hat der P-Dienst zwei SAP-Variable

psap_tx (sendeseitig) psap_rx (empfangsseitig).

Die Dienstsignale an allen SAPs weisen eine bestimmte Struktur auf (siehe Abschn. 1.4.3). Sie beinhalten:

- den Namen des SAPs,
- den betreffenden Teildienst,
- das Dienstprimitiv sowie ggf. Parameter wie
    - Ergebnisse,
    - Adressinformationen (Quelle und Ziel),
    - SDU-Information oder Parameter für Timer-Signale.

In Pascal bietet es sich an, für alle SAP-Variablen einen einheitlichen *record-Typ* mit Feldelementen zu vereinbaren, welcher die in Bild 7.48 gezeigte Struktur besitzt.

SAP_ID	FLAG	SERVICE	PRIMITIV	RESULT	QUELL-ADRESSE	ZIEL-ADRESSE	INFO

Bild 7.48. Feldelemente der SAP-Variablen

Die Feldelemente dieses records können dann zum Schreiben und Lesen durch die Instanzenprozeduren mit einer Auswahl von Wertzuweisungen belegt werden. Dabei ist die Speichertiefe zu beachten. Soll gleichzeitig mehr als ein Dienstsignal speicherbar sein, wie dies i.a. bei einem Multitasking-Prinzip notwendig ist, so kann ein Array definiert werden, in dem mehrere solcher records aufgenommen werden können.
In dem record haben die Feldelemente folgende Bedeutung:

SAP_ID	kennzeichnet den Dienst : PH, DL, N, T, S, P oder A sowie, ob es sich um einen Sende- oder Empfangs-SAP handelt
FLAG	zeigt an, ob ein gültiges Signal vorliegt, wird nach dem vollständigen Beschreiben gesetzt und nach dem Verarbeiten des Dienstsignals im SAP gelöscht (vergl. auch Abschn. 7.4.3.2)
SERVICE	kennzeichnet den angesprochenen Dienst, z.B. *connect*.
PRIMITIV	kennzeichnet das Dienstprimitiv, z.B. *indication*.

Die weiteren Felder beinhalten die möglichen Parameter:

RESULT	taucht auf im Zusammenhang mit bestätigten Diensten wie z.B. bei dem Primitiv *confirmation*; die Bestätigung kann positiv oder negativ ausfallen.
QUELL-ADR	Quell- und Zieladresse sind erforderlich beim Verbindungsaufbau.
ZIEL- ADR	im Zusammenhang mit dem Teildienst *connect*.
INFO	enthält die zu übertragende Information, taucht z.B. auf als SDU des Teildienstes *data*.

Folgende Typdeklaration sind in Pascal notwendig, um ein record-Format mit dem Namen *sap_format* zu definieren:

```
TYPE  sap_format   = record
         sap_id  :string[5];
         flag            :boolean;
         control1        :service;
         control2        :primitiv;
         control3        :result;
         qaddress        :string[10];
         zaddress        :string[10];
         case infotype   : information of
               zeichen   : (info_txt   : string);
               feld      : (info_array : byte_array);
               bite      : (info_byte  : byte);
         end;
```

In dem record haben die einzelne Feldelemente nichtstandardisierte Typen. Diese sind wieder durch eigene nichtstandardisierte Typen deklariert.

In dem Feld *control1* steht der Dienst (service). Seine Typdeklaration umfasst alle Dienste, die das Kommunikationssystem bietet, z.B.:

```
TYPE  service      = (noservice,
                      connect,
                      data,
                      release,
                      activity_start,
                      activity_end,
                      flow_control_start,
                      flow_control_end,
                      timeout,
                      u_abort,
                      p_abort);
```

Hierin sind alle Dienste aufzuführen, welche lt. SDL-Entwurf benötigt werden. *Timeout* ist ein Signal von der Timerinstanz und es bedeutet, dass eine Weckzeit erreicht wurde.

Im Feld *control2* steht das Dienstprimitiv und im Feld *control3* steht das Ergebnis, jeweils mit eigenem Typ:

```
TYPE primitiv     = (noprimitiv,
                     request,
                     indication,
                     response,
                     confirmation);

TYPE result       = (noresult,posi,nega);
```

Die Wertzuweisung für alle Felder eines SAPs ist verpflichtend. Sind in bestimmten Dienstsignalen einige Feldelemente ohne Belang, so sind die bedeutungslosen Werte wie *noservice, noprimitiv* oder *noresult* zuzuweisen.

Die beiden Felder *qaddress* und *zaddress* werden benutzt, um Adressinformationen vom string-Typ zwischen den Schichten zu transportieren.

Im Feld *information* steht die zu transportierende SDU oder ein Parameter für ein Timer-Signal. Das Informationsfeld der SAPs ist in den verschiedenen Schichten i.a. von unterschiedlichem Typ. So transportiert der PH_SAP Bits, oder Bytes und SAPs der höheren Schichten transportieren Blöcke aus Bits oder Bytes. Es können auch Zeichen oder Zeichenblöcke zu transportieren sein. Um zu einer möglichst universellen Verwendbarkeit nur eines SAP-Formats zu kommen, wird der SAP als sog. Variantenrecord deklariert. Bei dieser Art können einzelne Feldelemente des records wahlweise aus verschiedenen Typen bestehen. Hier können drei Varianten eingesetzt werden, die vor der Typ-Deklaration des records *sap_format* aufzuzählen sind:

```
TYPE information = (zeichen, feld, bite);

     byte_array  =  array[1..255] of byte;
```

In der Auswahl *zeichen* kann das Informationsfeld mit einem 255 Zeichen langen string beschrieben werden, in der Auswahl *feld* besteht das Informationsfeld aus einem 255 Feldelemente umfassenden Byte-Array und in *bite* ist das Informationsfeld 1 byte.

Mit den Typ-Festlegungen kann nun schließlich die eigentliche Deklaration der SAPs erfolgen, die alle vom gleichen (Varianten)record-Typ *sap_format* sind:

```
VAR  psap_rx,  psap_tx,
     ssap_rx,  ssap_tx,
     tsap_rx,  tsap_tx,
     nsap_rx,  nsap_tx,
     dlsap_rx, dlsap_tx,
     phsap_rx, phsap_tx,
     asap_ti,  psap_ti,  ssap_ti, tsap_ti,
     nsap_ti,  dlsap_ti, phsap_ti                   : sap_for-
mat;
```

Letztere Variable repräsentieren die Timer-SAPs zu den Instanzen.

Anhand einiger Programmbeispiele sei nun die Benutzung der SAP-Variablen zum Schreiben und Lesen gezeigt. Vor einer Wertzuweisung im Informationsfeld muss immer der Typ des Informationsfeldes ausgewählt werden, z.B. mit:

```
info_type := zeichen;
```

Damit wird festglegt, dass das Informationsfeld einen string aufnehmen soll. Soll z.B. am N-SAP (in Senderichtung) der connect-Dienst angefordert werden, wobei zwei Adressaten mit den Adressen *maxi* und *mini* zu verbinden sind, so lautet das Dienstsignal

n_connect.request(maxi,mini) .

Das kann durch folgendes Pascal-Stück programmiert werden:

```
info_type := zeichen;
with nsap_tx do
begin
   flag := true;
   control1 := connect;
   control2 := request;
   control3 := noresult;
   qaddress := 'maxi';
```

```
        zaddress := 'mini';
        info_txt := '';
    end;
```

Das Informationsfeld enthält hierbei den Leerstring, da im Dienstsignal keine SDU auftritt und das Feld *control3* erhält den Wert *noresult*, da kein Ergebnis erscheint.

Die N-Instanz setzt den vom N-SAP gelesenen Auftrag in eine N-PDU um und überträgt diese mit dem dl_data-Dienst. Dazu muss die N-PDU geeignet als DL-SDU dargestellt werden, so z.B. als Zeichenkette[16]:

```
    dl_sdu := 'cnrq+maxi+mini+';
```

In dieser Zeichenkette sind 'cnrq' die PCI und die Adressen sind Parameter der N-PDU. Die '+'-Zeichen werden hier als Trennzeichen zwischen den einzelnen Feldern der PDU benutzt, die es dem Empfänger gestatten, die Felder wieder zu extrahieren. Die Übertragung am DL-SAP geschieht mit

dl_data.request(dl_sdu),

was in Pascal lauten könnte:

```
    info_type := zeichen;
    with dlsap_tx do
    begin
        flag := true;
        control1 := data;
        control2 := request;
        control3 := noresult;
        qaddress := '';
        zaddress := '';
        info_txt := 'cnrq+maxi+mini+';
    end;
```

Die N-PDU erscheint nun als DL-SDU im Informationsfeld des DL-SAPs. Als Trennzeichen der PDU-Parameter soll im Folgenden immer das + -Zeichen vereinbart sein, wenn der Typ *zeichen* angesprochen ist.

Ist der Verbindungsaufbau erfolgreich verlaufen, so wird die N-Instanz irgendwann den in Anspruch genommenen connect-Dienst positiv bestätigen wollen, indem sie in den empfangsseitigen N-SAP das Dienstsignal

n_connect.confirmation(+,maxi,mini)

schreibt. Die Pascal-Schreibweise hierfür lautet:

```
    info_type := zeichen;
```

16 Das Formatieren gehört zu den CODEX-Aufgaben.

```
with nsap_rx do
begin
   flag := true;
   control1 := connect;
   control2 := confirmation;
   control3 := posi;
   qaddress := 'maxi';
   zaddress := 'mini';
   info_txt := '';
end;
```

Die Programmbeispiele lassen erkennen, dass die Wertzuweisung der SAP-Feldelemente im Rahmen der noch zu beschreibenden Instanzenprogrammierung eine häufige Aufgabe ist und dass dieses immer nach demselben Schema abläuft. Es ist naheliegend hierfür eine Schreibprozedur mit Parameterübergabe zu deklarieren, die den Programmieraufwand und Quellcodeumfang reduziert (siehe hierzu Band II).

7. 5. 2. Programmierung von Instanzen

Das Automatenverhalten der Instanz wird durch den COM-Prozess beschrieben. Während der CODEX-Prozess durch einfache Zeichen,- Byte oder Bitoperationen realisiert werden kann, muss für den COM-Prozess ein Algorithmus gefunden werden, der das zustands-ereignisabhängige Verhalten der Instanz realisiert. Von den verschiedenen Möglichkeiten, den COM-Prozess für die Instanzen zu programmieren, sollen hier zunächst zwei prinzipielle Schemata angegeben werden, die sich für ein Prozedurkonzept in Hochsprachen-Programmierung eignen. Am Schluss dieses Abschnittes soll dann noch ein Konzept für eine Assembler-Programmierung erläutert werden.

Wichtigste Bearbeitungsmerkmale einer Instanzen-Prozedur sind die Zustandsverwaltung, das Senden und Empfangen von Dienstsignalen, die Bearbeitung von Aufgaben und die Kommunikation mit der Timer-Instanz. Ein Schema besteht darin, das Instanzenverhalten, wie es in der SDL-Protokollspezifikation festgelegt ist, direkt in Form von *if then else*-Ausdrücken oder *case*-Anweisungen in der verwendeten Programmiersprache zu implementieren. Eine andere Möglichkeit geht von einem Tabellen-Bearbeitungsalgorithmus aus. Eine Prozedur setzt dabei die Einträge einer Zustandsübergangstabelle in Automaten-Handlungen um. Zwischen diesen beiden

Grundprinzipien existieren weitere, abgewandelte Möglichkeiten zur Implementierung.[17]

7. 5. 2. 1. Direkte Code-Implementierung

Bei der direkten Code-Implementierung werden die verschiedenen Zustände der Instanz mit einer case-Anweisung implementiert und innerhalb dieser Anweisung in Abhängigkeit des jeweilig vorliegenden Eingangssignals direkt Transitionen implementiert. Das Implementierungsschema möge beispielhaft anhand der N-Instanz erläutert werden (s. Bild 7.33: *PROCEDURE network*).

Die Zustände der 7 Instanzen sind in den globalen integer-Variablen gespeichert:

```
var     stateA, stateP, stateS, stateT,
        stateN, stateDL, statePH      : integer;
```

Die Instanzenprozedur läuft in einer Schleife bis alle Eingangssignale ihrer angrenzenden SAPs bearbeitet sind. Dies betrifft im vorliegenden Beispiel die SAPs *nsap_tx, dlsap_rx* und den Timer-SAP *nsap_ti*.

```
PROCEDURE network;
BEGIN
 repeat
          if nsap_tx.flag then  {Signal im Sende-SAP ? }
          begin
             case stateN of {Bearbeite in Abhängigkeit vom}
             1: Block 1;    {Instanzenzustand vorliegendes}
             2: Block 2;          {Signal im SAP}
             3: Block 3;
             ....usw.
             end;
             clear_sap(nsap_tx) {Lösche den SAP m.Löschprozedur}
          end;

          if dlsap_rx.flag then  {Signal im Empfangs-SAP ? }
          begin
                case stateN of {Bearbeite in Abhängigkeit vom}
                1: Block 8;    {Instanzenzustand vorliegendes}
                2: Block 9;           {Signal im SAP}
```

[17] CCITT: *SDL Methodology Guidelines, Appendix I to Recommondation Z.100, Report to the Plenary Assembly,* June 1992.

```
                3: Block 10;
                ....usw.
                end;
                clear_sap(dlsap_tx)     {Lösche SAP}
        end;
        if nsap_ti.flag then   {Liegt time-out-Meldung vor ? }
        begin
                case stateN of {Bearbeite in Abhängigkeit vom}
                1: Block 4;    {Instanzenzustand vorliegendes}
                2: Block 5;              {Signal im SAP}
                3: Block 6;
                ....usw.
                end;
                clear_sap(nsap_ti)      {Lösche SAP}
        end;

        reset_old_times('n',stateN);
                          {Lösche irrelevante Zeitaufträge}
        datalink;         {Aufruf der unterlagerten Instanz}
    until (nsap_tx.flag=false) and (dlsap_rx.flag=false)
                         and (nsap_ti.flag=flase);
                {wiederhole bis alle Signale bearbeitet}
    END;
```

Die Bearbeitung der Eingangssignale erfolgt in drei Abschnitten, beginnend mit dem SAP *nsap_tx* und endend mit dem Timer-SAP *nsap_ti* und zwar nur dann, wenn ein Signal im betreffenden SAP vorliegt. Dies wird anhand des Flags in den SAP-Variablen erfragt. Am Ende einer Teilbearbeitung wird einer der Hilfsprozedur der jeweilige SAP gelöscht (Rücksetzen des Flags). Nach jedem Schleifendurchlauf werden mit der Timerprozedur *reset_old_times* alle nicht mehr benötigten Zeitaufträge des Timers gelöscht und die Instanzenprozedur der unterlagerten Schicht aufgerufen, in diesem Fall ist dies *datalink*. Nach der Rückkehr aus datalink könnten wieder Signale anstehen, die ein erneutes Bearbeiten des DL-SAPs *dlsap_rx* erfordern.

In jedem der drei Bearbeitungsabschnitte erledigt die Instanzenprozedur in Abhängigkeit ihres Zustandes verschiedene Aufgaben. Dies wird durch eine case-Anweisung programmiert, in der bei den Zustandsfällen verschiedene Programmblöcke einzutragen sind (Block 1, Block 2, usw.). In den Blöcken erfolgt nun die ereignisabhängige Arbeitsweise der Instanz. Die exakte Vorgabe für das ereignis- und zustandsabhängige Automatenverhalten der Instanz liefert die SDL-Protokollspezifikation (s. Abschn. 7.2.6.3). Hieraus folgt, dass in den verschiedenen Blöcken 1,2,3 usw. Anweisungsfolgen zu programmieren sind, die der SDL-Protokollspezifikation entsprechen. Dazu müssen das Dienstsignal im betreffenden SAP hinsichtlich Teildienst, Primitiv und Parameter interpretiert werden und abhängig davon im Wesentlichen neue Dienstsignale generiert werden.

Um dies zu verdeutlichen, wollen wir einen Ausschnitt aus dem SDL-Diagramm für die N-Instanz und die zugehörigen Blockbearbeitungen der Instanzenprozedur betrachten (Bild 7.49)

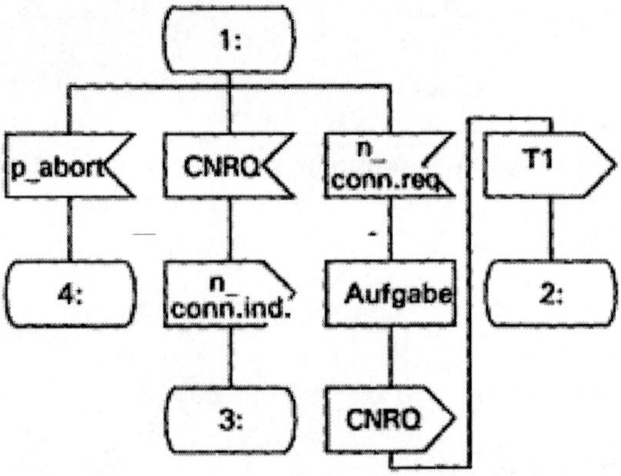

Bild 7.49. Ausschnitt aus dem SDL-Diagramm der N-Instanz

Im Zustand 1 der Instanz ist am N-SAP das Dienstsignal *n_connect.request* zu verarbeiten. Dies geschieht in der Instanzenprozedur von Bild 7.33 in Block 1.

Block 1:

```
case nsap_tx.control1 of                    {welches Dienstsignal ?}
connect : case nsap_tx.control2 of
        request : begin
                AUFGABE;        {irgendeine Aufgabe}
                text := codier('cnrq',nsap_tx.qaddress,
                                    nsap_tx.zaddress);
                            {Formatieren N-PDU}
                        write_sap(dlsap_tx,data,
                           request,noresult,'','',text);
                                    {N-PDU "CNRQ" senden}
```

```
                              set_time('N','1',182);
                                        {Zeitauftrag an Timer }
                              stateN := 2; {Zustandsübergang}
                            end;
          end;
      end;
```

Mit geschachtelten case-Anweisungen werden die Feldelemente des SAPs auf Identität mit dem obigen Dienstsignale abgefragt. Bei Übereinstimmung läuft eine AUFGABE und die N-PDU ist am DL-SAP zu senden. Zur Codierung der N-PDU CNRQ mit den Adressparametern in eine DL-SDU dient die Prozedur *codier*, zum Schreiben in den SAP eine Prozedur *write_sap*. Write_sap sendet hier ein Dienstsignal

dl_data.request('cnrq+quelle+ziel+') .

Die Prozeduren *codier* und *write_sap* stellen also die Implementierung des CODEX-Prozesses in Senderichtung dar. Dabei kettet die Prozedur *codier* 3 strings mit +-Zeichen als Trennung dazwischen.

Am Schluss von Block 1 wird mit *set_time* ein Zeitauftrag der N-Instanz an den Timer abgesetzt und der Zustandsvariablen der neue Wert 2 zugewiesen (stateN:=2;).

Im Zustand 1 der Instanz sind laut SDL-Diagramm außerdem das Dienstsignal *p_abort* am DL-SAP sowie die PDU CNRQ zu verarbeiten. Letztere erscheint auch als Dienstsignal am DL-SAP und zwar mit

dl_data.indication('cnrq+quelle+ziel+') .

Alle Anweisungen zur Bearbeitung des DL-SAPs für den Instanzenzustand 1 befinden sich in Block 8 der Instanzenprozedur *network*.

Block 8:

```
case dlsap_rx.control1 of      {welches Dienstsignal ?}
data : case dlsap_rx.control2 of
   indication : begin
       decodier(dlsap_rx.info,text1,text2,text3);
                    {Teile der N-PDU decodieren}
      if text1 = 'CNRQ' then
       write_sap(nsap_rx,connect,indication,noresult,
                             text2,text3,'');
                             {Dientsignal senden}
                       stateN := 3; {Zustandsübergang}
```

```
                    end;
      end;

    p_abort:   stateN := 4;
    end;
```

Zunächst wird mit der 1. case-Anweisung erfragt, welcher der beiden Dienstsignale eingetroffen ist. Im Fall von *p_abort* ändert sich lediglich der Instanzenzustand. Im Fall von *data* und *indication* im 2. Feldelement des SAPs wird die empfangene DL-SDU mit der Funktion *decodier* in eine N-PDU umgeformt, indem aus der DL-SDU die Bestandteile der N-PDU gewonnen werden (Entpacken von PCI und Parameter). Die Prozedur *decodier* implementiert daher den CODEX-Prozess in Empfangsrichtung. Mit *write_sap* wird das Dienstsignal

n_connect.indication (quelle,ziel)

an den N-SAP gesendet und schließlich der Zustand 3 zugewiesen (stateN:=3;).

In ähnlicher Weise wie hier beschrieben sind alle Transitionen des vollständigen SDL-Diagramms als Blöcke zu programmieren. Dabei ist darauf zu achten, dass im Pascal-Quelltext die Blöcke den korrekten SAPs

nsap_tx   dlsap_rx   nsap_ti

und den korrekten Instanzenzuständen zugeordnet werden.

Man erkennt, dass mit diesem Schema eine relativ einfache Handlungsanweisung für den Programmierer gegeben ist, mit der er die SDL-Spezifikation in einen Programm-Quelltext umwandeln kann. Der Aufwand an Quelltext kann bei größeren Protokollspezifikationen beträchtlich sein; dies ist ein Nachteil der direkten Codeumsetzung. Der Aufwand lässt sich aber durch Einführen nützlicher Hilfsprozeduren und -Funktionen minimieren. Ein Vorteil dieser Implementierung ist, dass sie laufzeiteffizient ist, denn, bedingt durch die case-Anweisungen, werden in jeder Transition nur wenige Programmschritte der Prozedur durchlaufen.

Ein weiterer Nachteil der direkten Implementierung ist, dass sie das Automatenzustandsverhalten durch den Quelltext festlegt. Um Änderungen im Zustandsverhalten vorzunehmen, muss der Quelltext geändert werden. Bei umfangreichen Protokollspezifikationen kann es dann einige Mühe kosten, die richtige Stelle für Änderungen im Quelltext zu finden, neue Transitionen einzubauen und nicht mehr benötigte zu löschen. Fehler in der Programmierung können sich einschleichen, die dann ein manchmal unerwartetes Instanzenverhalten zur Folge haben. Das im Folgenden beschriebene, tabellengetriebene Verfahren ist diesbezüglich von Vorteil.

7. 5. 2. 2. Tabellengetriebene Implementierung

Tabellengetriebene Implementierungen von Instanzen basieren auf Zustandsübergangstabellen, in denen ihr Automatenverhalten festgelegt ist (vgl. Abschn. 1.5.1.4). Für die weitere Betrachtung sei angenommen, dass auch hierbei ein Prozedurkonzept gemäß Bild 7.42 gewählt wird, das das Kommunikationssystem schichtenübergreifend steuert.

Kernstück der Instanzen-Implementierung ist ein auf Tabellenbasis arbeitender universeller Automat, im folgenden *Universalautomat* genannt, der als Prozedur realisiert werden kann (Bild 7.50).

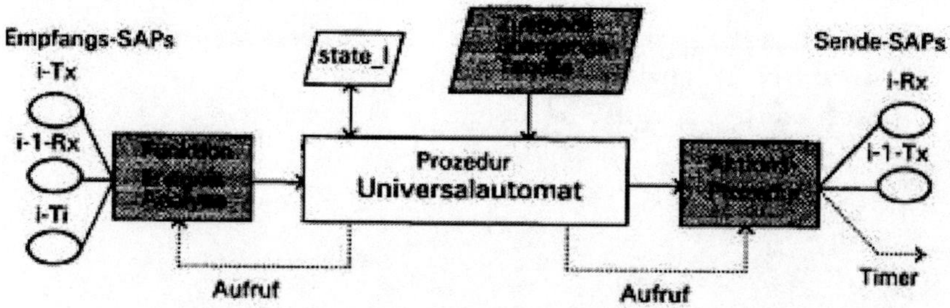

Bild 7.50. Konzept einer tabellengetriebenen Instanzen-Implementierung (grau unterlegte Blöcke sind protokollspezifisch)

Der Automat liest die über die Empfangs-SAPs eintreffenden Signale und vergleicht sie mit den in seiner Zustandsübergangstabelle stehenden Eintragungen. In Abhängigkeit seines momentanen Zustandes *state* vollführt er dann die in dem Aktionsfeld der Tabelle stehenden Aktionen und wechselt seinen Zustand (*state* setzen).

Der Universalautomat bezieht alle Informationen für seine Transition aus seiner Zustandsübergangstabelle. Sie ist gemäß den SDL-Protokollspezifikationen unterschiedlich für die verschiedenen Instanzen. Die Aktionen bestehen aus beliebigen Anweisungsfolgen und dem Senden von Signalen an die Sende-SAPs. Auch diese sind naturgemäß unterschiedlich für jede Schicht. In einer Aktionsprozedur ist festgelegt, was im Einzelnen bei der Transition zu erfolgen hat. Ebenso verhält es sich mit der Bearbeitung der Empfangssignale. Eine dem Universalautomaten vorgeschaltete Analyse-Funktion besorgt das Erkennen und Formulieren von Ereignissen, wie sie in der Zustandsübergangstabelle stehen.

Für die Implementierung einer Zustandsübergangstabelle eignet sich ein record-array. Eine Zeile dieses Arrays repräsentiert eine Transition der Instanz mit entsprechenden Feldelementen des records für das Ereignis, den Ausgangszustand, den Folgezustand und eine in der Transition durchzuführende Aktion. Mit der Type-Vereinbarung

```
TYPE
zeile = record
           event   : string;           {Ereignis}
           a_state : integer;          {Ausgangszustand}
           f_state : integer;          {Folgezustand}
           make    : string;           {Aktion}
         end;
```

können Zustandsübergangstabellen als Konstantenarrays deklariert werden, z.B. für die N-Instanz:

```
CONST state_table_N : array[1..max] of zeile =

     ( (event:'..'; a_state:'..'; f_state:'..'; make:'..'),
       (event:'..'; a_state:'..'; f_state:'..'; make:'..'),
       (event:'..'; a_state:'..'; f_state:'..'; make:'..'),
       .....
       .....     bis zu max Einträge
       .....
       (event:'..'; a_state:'..'; f_state:'..'; make:'..') );
```

In jeder Zeile des Arrays sind die prototokollspezifischen Feldelemente des records als Konstante einzutragen. Für die Zustandsfelder sind Zahlen einzutragen und Ereignisse und Aktionen werden in Textform implementiert. Die Prozedur für den Universalautomaten kann mit diesen Vereinbarungen z.B. in folgender Weise geschrieben (am Beispiel der N-Instanz):

```
PROCEDURE universalautomat_N;
var ereignis : string;

Begin

repeat
ereignis := analyse_N;                          {Ereignisanalyse}

if ereignis <> '' then do                       {wenn Ereignis}
  begin
  for i:= 1 to max do           {Tabellenvergleich}
      if state_table_N[i].a_state = state_N then
```

```
          if state_table_N[i].event = ereignis then
            begin
            action_N(state_table_N[i].make);   {Aufruf der
                                                Aktionsprozedur}
            state_N := state_table_N[i].f_state;
   {Zust.übergang}
            end;
    end;
  until ereignis ='';       {bis kein Ereignis vorliegt}
  end;
```

Die Prozedur liest mit Hilfe einer Funktionsprozedur *analyse_N* von den Empfangs-SAPs und bearbeitet diese in einer Schleife solange, bis keine Ereignisse mehr vorliegen (Ereignis=Leerstring). Tritt ein Ereignis ein, wird die Zustandstabelle daraufhin untersucht, ob ein Zeileneintrag vorhanden ist, bei dem Übereinstimmung zwischen Ereignis und momentanem Instanzenzustand vorliegt. Ist dies der Fall, wird die Aktionsprozedur *action_N* aufgerufen und der Instanzenzustand entsprechend dem in der Tabelle eingetragenen Folgezustand geändert.

Die Ereignisse und Aktionen stellen Schlüsselworte dar und werden in Form von String-Parametern übergeben. Aktionen sind Schlüsselworte, die auf eine Gruppe von durchzuführenden Aktionen innerhalb einer Transition verweisen. Auf eine Aktionsgruppe kann die Instanzenprozedur bei der Bearbeitung der Zustandstabelle in Form des Aufrufs von *action* und dem Schlüsselwort als Parameter verweisen. Die Prozedur *action* kann als einfacher Textinterpreter realisiert werden. Andere Lösungen sind auch denkbar; sie hängen natürlich von den Möglichkeiten der Programmiersprache ab. Das folgende Beispiel zeigt eine Realisierung einer solchen Aktions-Interpreter-Prozedur.

```
PROCEDURE action(b:string);  {Aktions-Interpreter, mit
                                          Schlüsselwort b}
begin

 if b='AKTION1' then begin..protokollspez. Anweisungen... end;
 if b='AKTION2' then begin..protokollspez. Anweisungen... end;
 if b='AKTION3' then begin..protokollspez. Anweisungen... end;
 if b='AKTION4' then begin..protokollspez. Anweisungen... end;
end;
```

Der Prozedur wird als Parameter das Schlüsselwort übergeben, hier AK-

TION1, AKTION2 usw... Abhängig davon implementiert man protokollspezifische Anweisungen. Diese Anweisungen sind, bis auf das Ändern des Instanzenzustandes, wie beim direkten Implementierungsverfahren zu formulieren (Schreiben in einen SAP, Zeitaufträge an den Timer usw.).

Zum Analysieren von Signalen in den Empfangs-SAPs wird die Funktionsprozedur *analyse* benutzt. Ihre Aufgabe ist es, anhand der Feldinhalte des SAPs Schlüsselworte als Ereignis für den Universalautomaten zu generieren:

```
FUNKTION analyse_N : string;
begin
analyse_N:= '';                    {noch kein Ereignis analysiert}
if nsap_tx.flag = true then        {Ereignis am N-SAP ?}
begin
  if (nsap_tx.control1 = connect) and
              (nsap_tx.control2 = request) then
                            analyse_N:= 'connect.request';
  if (nsap_tx.control1 = data) and
              (nsap_tx.control2 = request) then
                            analyse_N:= 'data.request';

  ......  Analyse von weiteren Ereignissen.....
  ......

  clear_sap(nsap_tx);
end else

if dl_sap_rx.flag = true then     {Ereignis am DL-SAP ?}
begin
   .....  Analyse von Ereignissen am DL-SAP  ....
   .....
  clear_sap(dlsap_rx);
end else
if nsap_ti.flag = true then     {Ereignis am Timer-SAP ?}
begin
  .....  Analyse von Ereignissen am Timer-SAP  ....
  .....
  clear_sap(nsap_ti);
end;
end;
```

Die Funktion bearbeitet alternativ die drei der Instanz zugeordneten SAPs und durchsucht diese SAPs nach Ereignissen. Ist einer der SAPs belegt, so wird ein entsprechendes Schlüsselwort generiert. Werden alle SAPs leer vorgefunden, so ergibt *analyse_N* im Ergebnis einen Leerstring, d.h. es liegt laut Definition kein Ereignis vor.

Tabellengetriebene Verfahren haben gegenüber der direkten Implementierung den Vorteil, dass die protokollspezifische Ereignisanalyse und die durchzuführenden Aktionen in eigenständige Prozeduren verlagert werden und somit vom steuernden Automatenprogramm getrennt werden. Das protokollspezifische Automatenverhalten der Instanzen wird in Tabellenform festgelegt und nicht im steuernden Prozedurteil. Dies macht die Programmierarbeit beim Umsetzen der SDL-Diagramme übersichtlicher und fehlerunanfälliger als bei direkter Implementierung. Insbesondere können leichter und fehlerfreier Änderungen eingebracht werden.

Insgesamt sind für jede Instanz folgende Programmteile zu implementieren:

- ein Universalautomat,
- eine Zustandsübergangstabelle,
- eine protokollspezifische Analyse-Funktion und
- eine protokollspezifische Aktions-Prozedur.

Die Prozeduren der Universalautomaten sind in jeder Schicht bis auf ihre Namensgebung gleich; der Programmieraufwand hierfür ist daher gering.

Nachteilig wirkt sich dieses Konzept auf die Laufzeiteffizienz aus. Die indirekte Ereignisanalyse und Aktionsauslösung bedeuten zusätzliche Funktions- und Prozeduraufrufe und die Such- und Vergleichsoperationen, die der Universalautomat bei jedem Ereignis anhand seiner Zustandsübergangstabelle vornimmt, verbrauchen sehr viel Zeit. Nachteilig bei einem tabellengetriebenen Verfahren ist auch, dass es keine alternativen Zustandsübergänge kennt, die an Bedingungen oder Abfragen geknüpft sind. Dies lässt die Tabellenbeschreibung nicht zu. Solche typischen Eigenschaften der erweiterten Automaten (extended finite state machines) sind nicht in der Zustandsübergangstabelle implementierbar. Der Universalautomat verhält sich wie eine normale Finite State Machine.

Es gibt zwei Möglichkeiten, dennoch alternative Zustandsübergänge zu implementieren. Entscheidungen und daran geknüpfte alternative Zustandsübergänge können in der Aktionsprozedur implementiert werden. Dies ist insofern unschön, als dadurch das Zustandsverhalten in diesen Prozeduren "versteckt" wird. Die Zustandstabelle allein ist hinsichtlich des Instanzenverhaltens nicht mehr aussagefähig. Das macht die oben beschriebenen Vorteile zunichte und widerspricht deshalb der Intension des Verfahrens. Von dieser Möglichkeit ist daher dringend abzuraten.

Die empfohlene Lösung, Abfragen und Entscheidungen zu implementieren, ist, Hilfszustände im SDL-Diagramm einzuführen, so dass der erweiterte Automat zum normalen Automaten umformuliert werden kann [18]. Das Prinzip wurde bereits an früherer Stelle erläutert (vgl. Abschn. 1.5.1). Im folgenden Bild soll es nochmals verdeutlichet werden.

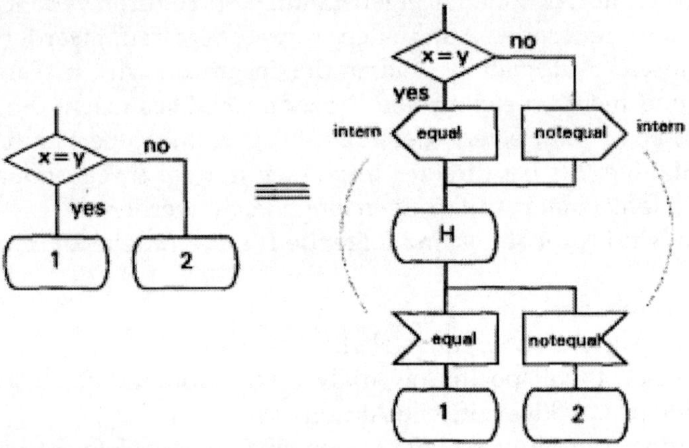

Bild 7.51. Einführung von Hilfszuständen zur Implementierung von entscheidungsabhängigen Übergängen

Wenn im SDL-Diagramm eine Entscheidung auftaucht, die den nächsten Zustand beeinflusst, so wird sie wie ein Zustand behandelt. Die Frage wird so positioniert, dass sie im Diagramm erscheint, bevor der nächste Zustand angenommen wird. Die Antworten werden als automateninterne Signale gesendet; das sind solche, die der Automat selbst wieder in seinen Folgezuständen empfängt. Nach dem Senden dieser Signale nimmt der Automat den eingeführten Hilfszustand H an, in dem er in Abhängigkeit der internen Signale in die Folgezustände 1 bzw. 2 wechselt.

Nachteilig sind die umständliche und aufwendigere SDL-Formulierung und die damit verbundene Laufzeiterhöhung. Das Senden und Empfangen interner Signale kann man über eine einfache zusätzliche Prozedurvariable implementieren, die dann in der Funktion *analyse* zusätzlich abgefragt werden. Um die Geschwindigkeit bei der Entscheidungsfindung zu erhöhen und die Zustandsübergänge vor dem Eintreffen neuer (externer) Signale ab-

[18] CCITT: *SDL Methodology Guidelines, Appendix I to Recommondation Z.100, Report to the Plenary Assembly*, June 1992.

zuschließen, sollten interne Signale Priorität vor externen Signalen in der Bearbeitung haben. Dies lässt sich z.B. dadurch erreichen, dass im Quelltext der Funktion *analyse* die Variable an erster Stelle, also vor der SAP-Bearbeitung positioniert wird.

Nachzutragen bleibt der Fall, dass im SDL-Diagramm normale Abfragen mit Entscheidungsverzweigungen auftreten, ohne dass alternative Zustandsübergänge stattfinden. Dieser Fall kann einfach als Entscheidung innerhalb der Aktionsprozedur *action* behandelt werden und berührt den Universalautomaten nicht.

7. 5. 2. 3. Assemblerprogrammierung

Wenn auch die Hochsprachenprogrammierung wegen ihrer bekannten Vorteile zunehmend die Assemblerprogrammierung verdrängt, so wird es bei der Prozessautomatisierung, also auch bei Kommunikationssystemen, immer noch Bereiche geben, bei denen man auf die Assemblerprogrammierung nicht verzichten kann. Assemblerprogrammierung hat gegenüber einer Hochsprachenprogrammierung generell den Vorteil, dass der vom Übersetzungsprogramm, dem Assembler, erzeugte Programmcode laufzeiteffektiver ist, als dies bei einer Hochsprache mit einem Compiler der Fall ist. Insbesondere in den unteren Kommunikationsschichten sind die Geschwindigkeitsanforderungen an die Instanzenrealisierung i.a. groß, so dass hier manchmal eine Programmierung der Instanzen in einer Assemblersprache unumgänglich ist.

Die Softwarerealisierung in diesen unteren Schichten betrifft nach Abschn. 7.3.1 zur Hauptsache das Zustandsverhalten der Instanzen und die Parameter-Einrichtung, also betrifft die Realisierung der COM-Prozesse und der Einrichtprozesse. Für die CODEX-Prozesse wird dagegen meist die Hardware eines Kommunikationsbausteins benutzt. An die Realisierung der Einrichtprozesse werden keine großen Geschwindigkeitsanforderungen gestellt, so dass wir hier nicht näher darauf eingehen wollen; hierfür wird eine Hochsprachen-Implementierung ausreichend sein. Dagegen wird für die COM-Prozesse nach einem Realisierungskonzept gesucht, das sich für die Assemblerprogrammierung eignet und möglichst laufzeiteffizient ist.

Ein typisches Verfahren, Finite State Machines in Assembler zu programmieren, besteht in einer Variante der direkten Code-Implementierung. Bei dieser Variante werden die Automatenzustände nicht in Variablen gespeichert und abgefragt, sondern sind durch Sprungmarken innerhalb des Programmtextes gegeben, zu denen das Programm gemäß seiner Transitionen verzweigt. Bild 7.52 zeigt den grundsätzlichen Aufbau dieser Assembler-Implementierung mit einem SDL-Beispiel.

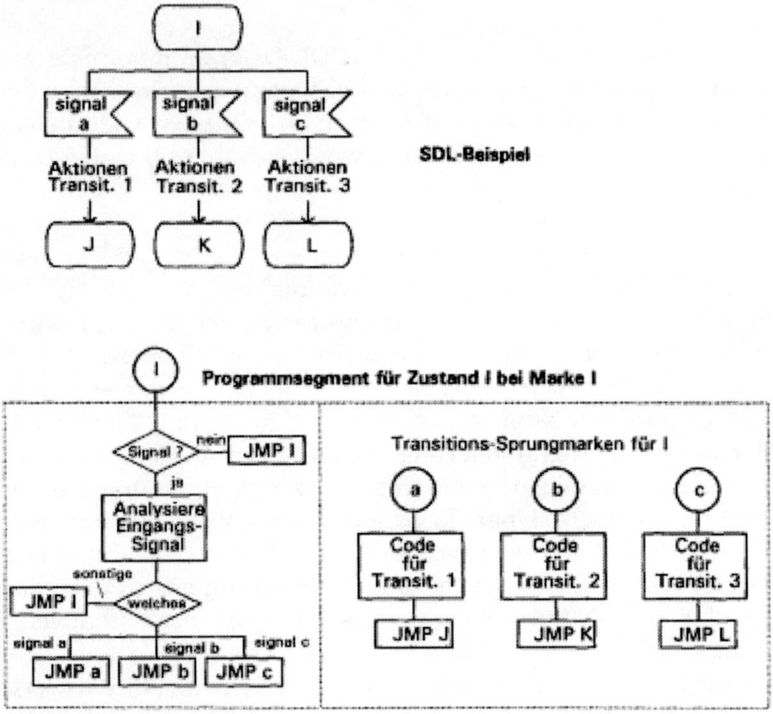

Bild 7.52. Programmaufbau für die Instanz bei einer Assembler-Programmierung

Für jeden Instanzenzustand existiert ein Programmsegment, in dem die Transitionen, ausgehend von dem betreffenden Zustand, codiert sind. Die Programmsegmente erhalten Sprungmarken, deren Namen gleich den Zuständen gewählt werden. Ein Programmsegment enthält einen Hauptteil, in dem die Signalanalyse erfolgt und eine Anzahl Transitions-Segmente, in denen die ereignisabhängigen Aktionen programmiert werden. Das Programm wartet an der Einsprungmarke in einer Schleife solange, bis ein Signal eingetroffen ist (im zugehörigen SAP). Danach wird das Signal ausgewertet und abhängig davon durch Sprungbefehle zu den entsprechenden Marken der Transitions-Segmente gesprungen (a, b oder c). Wenn keines der erwarteten Signale erkannt wird, wird zu Marke I zurückgesprungen. (verharren im Zustand). Am Ende der Transitions-Segmente steht ein Sprungbefehl zur Marke desjenigen Programmsegmentes, das den entsprechenden Instanzenzustand repräsentiert.

Man erkennt, dass bei dieser Art der direkten Programmierung Zustände und auch die Ereignisse als Sprungmarken, d.h. als Programmadressen codiert sind. Sinnvollerweise werden dann auch die Signalnamen als Markennamen verwendet.

Schließlich sei noch erwähnt, dass die Transitions-Programmsegmente natürlich mehrfach, von verschiedenen Zustandsmarken aus, angesprungen werden können. Dies ist immer dann möglich, wenn die gleiche Aktion mit dem bestimmten Folgezustand mehrmals im Automatenverhalten vorkommt.

8. Kommunikationsmesstechnik (KMT)

Ein Kommunikationssystem besteht aus einer Vielzahl von technischen Komponenten, die untereinander kompatibel sein müssen, damit für die Anwender das Gesamtsystem gemäß ihren Anforderungen funktioniert. Die Systemkomponenten sind die Endsysteme, die Netzknoten bzw. Transitsysteme und die Übertragungsmedien.

Die Funktion des Gesamtsystems setzt die Funktion der einzelnen Komponenten voraus. Wir haben in den vorangegangenen Kapiteln den funktionellen Aufbau der einzelnen Komponenten des Kommunikationssystems beschrieben. Für die Funktion des Systems ist nicht die technische Realisierung einzelner Schnittstellen der Komponenten maßgebend, sondern einzig und allein, dass die beteiligten Geräte die Protokolle der verschiedenen Schichten einhalten. Beispielsweise erfordert die Funktionstüchtigkeit einer Datenendeinrichtung nicht nur, dass Schnittstellenbelegungen, Pegelbereiche und Bitraten in der physikalischen Schicht protokollgemäß eingehalten werden, sondern auch dass die Protokolle der Sicherungsschicht bis hin zur Anwendungsschicht exakt eingehalten werden.

Bedenkt man die Komplexität der Kommunikationssysteme aufgrund ihrer Vielfalt von Anwendungen, Vielfalt von Netzen, Vielfalt von Übertragungsmedien und auch, dass die Komponenten von unterschiedlichen Herstellern stammen, so wird deutlich, dass Kommunikationssysteme in der Praxis eine Vielzahl von Fehlern aufweisen können. Im günstigsten Fall wird ein Fehlverhalten einzelner Komponenten diese nur selbst in ihrer Funktion einschränken, schlimmstenfalls kann es aber auch zum Totalausfall der Komponenten oder gar zu Auswirkungen auf andere Komponenten bis hin zum Zusammenbruch eines Netzes führen. Die meisten Fehler in Kommunikationssystemen treten auf, weil 1. die Spezifikation von Protokollen fehlerhaft oder nicht eindeutig ist, 2. Verkehrslasten im späteren Betrieb auftreten, die nicht geplant sind, 3. Entwicklungsfehler in der Software oder bei der Entwicklung von integrierten Schaltkreisen gemacht werden, 4. Installationen falsch gemacht werden oder Betriebsparameter falsch eingerichtet werden, 5. Hardware-Komponenten im Verlauf des Betriebs ausfallen.

Fragt man nach der Reparierbarkeit der Fehler, so lässt sich sagen, dass die Fehler umso schwerwiegender, sind, je weiter sie in der obigen Reihenfolge an den vorderen Positionen rangieren. Fehler, deren Ursachen in der Spezifikation liegen und die erst an einem fertig entwickelten System auftreten, erfordern einen hohen Reparaturaufwand in Form von Nachentwicklungen. Dagegen sind fehlerhafte Hardware-Komponenten meist mühelos auszutauschen. Um Fehlerquellen von vornherein so gering wie möglich zu halten, werden enorme Anstrengungen bei den Herstellern von Kommunikationssystemen unternommen, um Fehler während der Spezifikation und während der Hard- und Softwareentwicklung zu vermeiden. Methodisches Vorgehen in der Planungs- und Entwicklungsphase sowie der Einsatz rechnergestützter Werkzeuge für Entwurf und Simulation, wie sie in Abschnitt 7 beschrieben wurden, sind wichtige Voraussetzungen, um gravierende Fehlerquellen auszuschalten. Dennoch lassen sich Fehler auch während der Planungs- und Entwicklungsphase bei allem Komfort der eingesetzten Werkzeuge nicht ganz vermeiden.

Aufgabe der *Kommunikationsmesstechnik*, kurz *KMT*, ist es, ein Fehlverhalten des Kommunikationssystems zu erkennen und die Fehlerquelle zu lokalisieren. Insbesondere die Lokalisierung der Fehler von Kommunikationssystemen ist mitunter eine sehr schwierige Aufgabe und erfordert spezielle Prüfverfahren und eine spezielle Messgerätetechnik. Die wichtigsten Verfahren und die dazu entwickelten Messgeräte und Messanordnungen sollen in diesem Abschnitt dargestellt werden.

8. 1. Übersicht und Einsatzgebiete

Kommunikationsmesstechnik wird in allen Bereichen eingesetzt, die mit der Technik von Kommunikationssystemen betreut sind. Die wichtigsten Einsatzgebiete finden sich: in den Planungsabteilungen für Netze und Übertragungsmedien, in den Entwicklungsabteilungen, in der Produktion, bei den Abnahmebehörden, in den Installationsabteilungen, bei Netzbetreibern und in den Service-Abteilungen.

Abhängig von den Aufgaben dieser Bereiche werden spezielle Messungen und dazugehörige Messgeräte eingesetzt[1]. Die Tabelle 8.1 gibt einen Einblick in die spezifischen Messaufgaben und ihre Haupteinsatzgebiete.

---

1 Kafka, Gerhard: *Protokollanalysatoren,* eine Betrachtung zum Stand der Technik, Elektronik, H. 4, 1987.

Tabelle 8.1. Klassifizierung von Messaufgaben mit Haupteisatzgebieten

Messaufgabe	Messungen	Einsatzgebiete
Übertragungstechnische Messungen an Übertragungswegen	analoge Messung: - Impedanzen - Frequenzgang - Geräusche - Jitter digitale Messung: - Bitfehlerhäufigkeit	- Planung - Service - Netzbetreiber
Schnittstellentests	Überprüfung von - Kabeldurchgang - Installationen - Pegelbereichen Einschleifen von Signalen	- Entwicklung, - Installation - Service - Netzbetreiber
Daten- und Protokollanalyse	- Aufzeichnung und Auswertung eines Datenstroms - Test von Protokollen	- Entwicklung - Produktion - Installation - Service - Abnahme - Netzbetreiber
Netzanalyse	- Messen von Verkehrslasten im Netz - Erstellen von Statistiken - Simulation von Verkehrslast - Messen von Durchsatz	- Planung - Netzbetreiber - Service

8. 2. Anforderungen an die Kommunikationsmesstechnik

Kommunikationsgeräte zu überprüfen heißt, ihre Protokollkonformität hinsichtlich Syntax, Semantik und der zeitlich logischen Abläufe zu überprüfen. Das bedeutet, die Instanzen des Messobjektes sind zu überprüfen. Hierbei stellen sich für die KMT mehrere grundsätzliche Probleme, die sie von anderen Messtechniken unterscheiden und die besondere Messgeräte erfordern:

1) **Zugänglichkeit des Prüflings und seiner Komponenten**
Will man ein Endgerät, einen Netzknoten oder ein MODEM überprüfen, so ist der innere Aufbau dieser Messobjekte nicht zugänglich. Weder die Instanzen, noch die SAPs sind für ein Messgerät zugänglich. Abgesehen davon gäbe es dann auch eine Unmenge von Adaptionsproblemen für das Messgerät, denn die Implementierungen von Instanzen und SAPs sind ja bewusst nicht Bestandteil einer Standardisierung und daher sehr vielseitig. Stattdessen ist der Prüfling nur von außen, d.h. an der Schnittstelle zum Übertragungsmedium zugänglich. Die Prüfgeräte müssen deshalb immer, wie das Messobjekt, am Medium angeschlossen werden. Dazu besitzen sie in der Regel einen speziellen Hardware-Adapter.

2) **Anschluss unterschiedlicher physikalischer Schnittstellen**
Soll das Prüfgerät universell für mehrere Medien geeignet sein, so besitzt es meist extern steckbare *Schnittstellenmodule* für die gängigsten Übertragungssysteme, die den mechanisch-elektrischen Zugang ermöglichen (z.B. Schnittstelle für Asynchronübertragung V.24 (RS 232), Schnittstelle für synchrone Übertragung X.21/V.11 oder Schnittstelle für ISDN-Basis-Anschluss G.703).

3) **Überprüfung von Protokolldateneinheiten, Datenanalyse**
Die Überprüfung von PDUs auf den verschiedenen Schichten erfordert, dass der Prüfling mit anderen Kommunikationssystemen kommuniziert und der dabei anfallende Datenstrom des Prüflings vom Messgerät aufgezeichnet wird. Dieser Datenstrom muss dann hinsichtlich der zu betrachtenden PDUs analysiert werden. Messgeräte dieser Art nennt man *Datenanalysatoren* (engl. Datascope). Moderne Datenanalysatoren sind, ähnlich wie das Messobjekt, auch in Schichten gegliedert. In den Schichten des Prüfgerätes kann man das "Entpacken" von PDUs organisieren und nur solche PDUs einer bestimmten Schicht anzeigen, die von Interesse sind (siehe hierzu Abschn. 1.3.2.2).

4) **Datenmenge**

Das Aufzeichnen von Daten des Prüflings erfordert einen hinreichend großen Speicher. Insbesondere bei Hochgeschwindigkeitsübertragung im Mbit/s-Bereich können in kurzer Zeit bereits sehr viele Daten anfallen, die, will man alles aufzeichnen, einen schnellen Massenspeicher im Prüfgerät erfordern. Ein RAM-Speicher in der Größenordnung einiger Mbyte ist typischerweise in den Datenanalysatoren zu finden. Mit ihm lassen sich dann über einige Sekunden PDU-Daten in den unteren Schichten aufzeichnen.

5) Geschwindigkeitsproblem

Sollen Kommunikationssysteme höherer Übertragungsgeschwindigkeiten überprüft werden, so stellt sich oftmals das Problem, dass eine Datenanalyse mit Softwaremitteln zu zeitintensiv ist. Man setzt deshalb in der Regel für verschiedene Protokolle der unteren beiden Schichten Kommunikationsbausteine in den Schnittstellenmodulen des Testers ein. Sie besorgen die Entpackung von PDUs per Hardware und kommen den Echtzeitforderungen der Aufzeichnung nach. Eine weitere Maßnahme ist, Datenaufzeichnung und Analyse in getrennten Schritten und mit getrennten Mitteln vorzunehmen. Im sog. *Online-Modus*, in dem das Prüfgerät an das Medium geschaltet ist, findet eine schnelle Datenaufzeichnung in einem RAM-Speicher statt. Die dort abgelegten Daten können dann im *Offline-Modus* einer zeitunkritischen Software-Analyse unterzogen werden.

6) Simulation der Partnerinstanz, Protokolltest

Zwei Probleme entziehen sich der reinen Datenanalyse. Erstens sind mit einer Datenanalyse der Datenstrom und die Auswertung in Bezug auf die PDUs nur passiv beobachtbar. Das Prüfgerät, soll es denn etwas aufzeichnen, ist auf eine bestimmte Aktivität und auch eine bestimmte Mindestfunktionsfähigkeit des Prüflings angewiesen. Dies ist in der Praxis oftmals nicht der Fall. Beispielsweise können die unteren Schichten eines Prüflings funktionieren, aber aufgrund eines fehlerhaften Verhaltens in den oberen Schichten die Bedienungsaktivitäten des Benutzers keinerlei Reaktionen am Messobjekt und im Analysator zeigen. Zweitens lassen sich bei der passiven Aufzeichnung nur eine begrenzte Anzahl von Transitionen der Instanzen überprüfen, nämlich nur solche, die "zufälligerweise" aufgrund der Benutzeraktivitäten veranlasst werden. Insbesondere im Rahmen von Abnahmestests muss aber die vollständige Protokollkonformität überprüft werden. Dazu gehört, dass gezielt und systematisch ganz bestimmte oder auch alle spezifizierten Transitionen der Prüflingsinstanzen getestet werden. Auch die richtige Dimensionierung der Timer ist zu überprüfen, also Reaktionszeiten auf bestimmte Ereignisse sind zu messen. Beide genannten Messprobleme in der KMT lassen sich nur durch eine gezielte "Stimulierung" des Prüflings unter gleichzeitiger Datenanalyse erfassen. Messgeräte, die dies gestatten, werden *Protokollanalysatoren*, manchmal auch schlicht Protokolltester genannt. Sie fungieren als Messnormal, indem sie das Verhalten eines "fehlerfreien" Kommunikationspartners simulieren und mit dem Prüfling in allen Schichten kommunizieren können. Die Protokollanalysatoren besitzen in allen Schichten Automaten, sie sind also ähnlich wie die Prüflinge aufgebaut. Darüber hinaus besitzen sie Steuer- und Analysefunktionen, mit denen man gezielt die Transitionen des Prüflings in verschiedenen Schichten nachprüfen kann.

7) **Universeller Einsatz des Prüfgerätes**

Daten- und Protokollanalysatoren sind recht teure Messgeräte; deswegen wird ein möglichst universeller Einsatz dieser Geräte verlangt. Wegen der Vielfalt heute eingesetzter Datenübertragungsprotokolle ist es deshalb notwendig, dass diese Messgeräte über eine gewisse Grundausstattung verfügen und darüber hinaus individuell an die jeweilig im Prüfling vorhandenen Protokolle adaptiert werden können. Dies erfordert ein strenges modulares Aufbaukonzept dieser Messgeräte mit einer möglichst freizügigen Konfigurierbarkeit der Module. Zur Anschaltung an verschiedene Übertragungsleitungen besitzen sie verschiedene Hardwaremodule und die Protokollanpassung in den höheren Schichten muss individuell durch geeignete Softwaremodule möglich sein. Wünschenswert ist in jedem Fall auch die Möglichkeit der eigenen Programmierung von Protokollen durch den Messtechniker und dies in einer komfortablen Form, z.B. in Form von Zustandstabellen für die Instanzenabläufe.

8. 3. Messschnittstellen im Kommunikationssystem

Die in der Tabelle 8.1 aufgeführten Messaufgaben haben ihren Schwerpunkteinsatz an verschiedenen Messschnittstellen im Kommunikationssystem [2].

---

[2] Tekelec Airtronic: *An introduction to Data and Protocol Testing,* in Produktschrift

Bild 8.1 zeigt eine Übersicht.

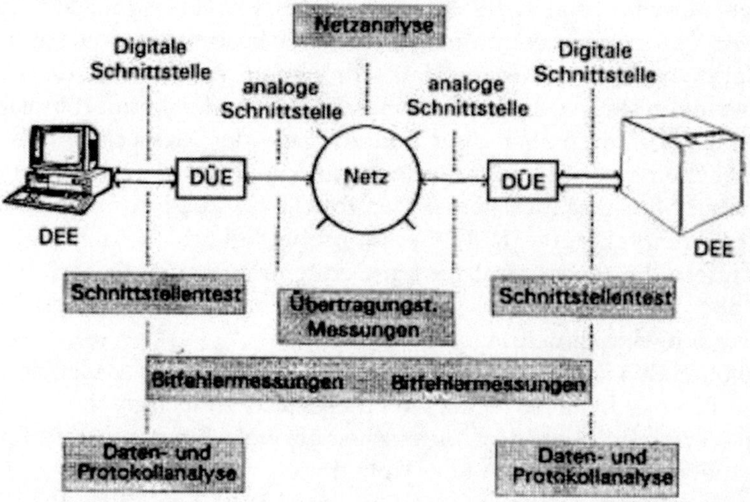

Bild 8.1. Messaufgaben und Schnittstellen im Kommunikationssystem

Zwischen den Datenend- und Datenübertragungseinrichtungen liegen digitale Schnittstellen und zum Netz hin analoge Übertragungsschnittstellen vor.

Übertragungstechnische Messungen finden an den Übertragungswegen zwischen den analogen Netzschnittstellen statt. Typischer Ort der Schnittstellentests, der Datenanalyse und der Protokollanalyse ist die digitale Schnittstelle an der Datenendeinrichtung. Bitfehlermessungen nimmt man beidseitig an den digitalen Schnittstellen unter Einschluss des gesamten Übertragungsweges vor. Die Netzanalyse findet innerhalb des Netzes an seinen einzelnen Knoten statt.

Ergänzend muss erwähnt werden, dass Bild 8.1 natürlich eine stark vereinfachte Darstellung der tatsächlichen Komponenten des Kommunikationssystems ist. So befinden sich im Netz entlang der Übertragungswege zwischen den Knoten vor deren Datenübertragungseinrichtungen weitere digitale Schnittstellen, die ebenso überprüft werden müssen. Sie sind in gleicher Weise, wie dies im Bild dargestellt ist, für die KMT zugänglich.

Data & Voice Communications Test Equipment, 1984 und Wandel & Goltermann: *Datennetze fest im Griff, Übersicht Messaufgaben in Datennetzen*, Produktschrift D 3.90/VMW/105/2.5.

8. 4. Messverfahren und -geräte

In diesem Abschnitt sollen die wichtigsten Messverfahren der KMT und ihre typischen, dafür geeigneten Messgeräte näher besprochen werden. Die auf dem Markt angebotenen Geräte sind sehr vielfältig und bieten, da sie in der Regel rechnergesteuert sind, z.T. einen sehr hohen Messkomfort hinsichtlich Bedienung, Prüfautomatisierung und Anzeige der Messergebnisse. Es ist mitunter schwierig, die Geräte eindeutig zu klassifizieren, d.h. sie eindeutig bestimmten Messaufgaben gemäß der Tabelle 8.1 zuzuordnen. Stattdessen vereinigen marktgängige KMT-Geräte oftmals gleich mehrere Aufgaben. Insbesondere die rechnergesteuerten Geräte erlauben einfache Schnittstellentest aber auch komfortable, prozedurale Prüfungen. Dennoch soll versucht werden, eine Einteilung vorzunehmen.

Wir wollen den Schwerpunkt unserer Betrachtung auf das Gebiet der Daten- und Protokollanalyse legen, weil dieses sich von klassischen Messtechnischen Verfahren besonders unterscheidet, viele Einsatzgebiete und Anwender hat (siehe Tab. 8.1) und es trotz dieser weiten Verbreitung dennoch bisher wenig fundierte Beschreibung in der Literatur gefunden hat. Die übrigen Aufgaben der KMT aus dem Bereich der digitalen Übertragungstechnik sind in der Literatur hinlänglich beschrieben und sollen deshalb nur kurz gestreift werden.

8. 4. 1. Übertragungstechnische Messungen

Die Qualität eines digitalen Übertragungssystems wird durch die Bitfehlerwahrscheinlichkeit am Empfangsort angegeben. Die Bitfehlerwahrscheinlichkeit hängt von den gewählten Übertragungswegen und ihrer Störeinflüsse, der gewählten Übertragungsgeschwindigkeit, und der für Codierung, Decodierung und Regeneration eingesetzten Technik ab. Bitfehler entstehen in den Regenerativverstärkern entlang des Übertragungsweges dadurch, dass der Entscheidungsspielraum des Regenerators eingeengt ist.

8. 4. 1. 1. Analoge übertragungstechnische Messungen

Bitfehler entstehen durch nichtideale Übertragungseigenschaften: lineare Verzerrungen im Frequenzgang des Übertragungsweges, nichtlineare Verzerrungen im Übertragungsweg, Einkopplung von Störgeräuschen in den Übertragungsweg, Phasenrauschen in Taktrückgewinnungsoszillatoren.

Alle Ursachen begrenzen den Amplitudenentscheidungs-Spielraum der Regenerativverstärker. Störgeräusche und Phasenrauschen führen darüber hinaus zu einer zeitlichen Instabilität der Nulldurchgänge eines Digitalsignals, dem Phasenjitter. Der Phasenjitter engt den (zeitlichen) Abtastentscheidungs-Spielraum des Regenerators ein. Der Jitter kann nur unvollständig durch die Regeneratoren beseitigt werden und akkumuliert über mehrere Regeneratoren entlang des Übertragungsweges.

Analoge übertragungstechnische Messungen liegen meist im Vorfeld einer Kommunikationssystem-Entwicklung. Mit ihrer Hilfe sollen zunächst die analogen Übertragungseigenschaften der verwendeten Übertragungswege gemessen werden, um daraus Dimensionierungsgrundlagen für das digitale Übertragungsverfahren (Schicht 1) zu gewinnen. Dies sind: Dämpfungs- und Gruppenlaufzeitverzerrungs-Messungen, Jittermessungen (zulässiger Jitter, Jitterübertragungsfunktion), Messung der nichtlinearen Verzerrungen, Geräuschmessung, Messung von Amplitudensprüngen sowie Frequenzversatz und Phasensprüngen in trägerfrequenten Übertragungssystemen.

Ausführliche Beschreibungen der Störursachen findet man in der Literatur zur Digitalen Übertragungstechnik, z.B. in [3]. Messungen und die dabei eingesetzten Geräte sind z.B. detailliert in [4] beschrieben, weshalb hier nicht weiter darauf eingegangen zu werden braucht.

8. 4. 1. 2. Bitfehlermessung

Bitfehlermessungen sind die Grundlage für die Konzeption eines einzusetzenden Fehlersicherungsverfahrens (Schicht 2). Abhängig von der Art der Bitfehler und abhängig von der Größenordnung der Bitfehlerhäufigkeit ist das Fehlersicherungsverfahren zu entwerfen und ein geeignetes Sicherungsprotokoll auszuwählen (vgl. Abschn. 3.1). Bitfehlermessungen werden deshalb in der Planungsphase eines Kommunikationssystems, vorwiegend von Netzbetreibern durchgeführt, um die Grundlagen für die Entwicklung der Gerätekomponenten festzulegen. Daneben werden Bitfehlermessungen an bestehenden digitalen Übertragungsstrecken durchgeführt, wenn der Verdacht besteht, dass einzelne Übertragungsabschnitte stark gestört sind.

---

3 Gerdsen, Peter: *Digitale Übertragungstechnik,* Teubner Studienskripten, 1983.

4 Wandel & Goltermann: *Der Einfluss von Jitter in digitalen Übertragungssystemen,* Sonderdruck Elektronische Messtechnik, Nr. D.4.92/D2/112/2.; Wandel & Goltermann: *Messtechnik an digitalen Übertragungssystemen,* Application Note 28, Elektronische Messtechnik, Nr. D2.89/200/2 und Wandel & Goltermann: *Messtechnik für die Übertragung analoger Datensignale,* Sonderdruck Elektronische Messtechnik, Nr. 5090d.

Bitfehler misst man mit *Bitfehler-Messgeräten*. Sie ermitteln die relative Bitfehlerhäufigkeit (engl. BER = **B**it **E**rror **R**atio) einer Übertragungsstrecke als Quotient

$$BER = \frac{\text{Anzahl fehlerhafter Bits}}{\text{Gesamtanzahl gesendeter Bits}} \quad .$$

Dieser Quotient wird bei genügend großer Anzahl gesendeter Bits als hinreichend genauer Schätzwert für die tatsächliche Bitfehlerwahrscheinlichkeit angesehen. Man unterscheidet grundsätzlich zwei Messverfahren[5]: Vergleichsmessung mit Zufallsfolge, Messung aus der Codeverletzung.

Vergleichsmessung mit Pseudo-Zufallsfolge

Bei diesem Messverfahren, das für Bitfehlerhäufigkeiten im Bereich $10^{-9}...10^{-2}$ geeignet ist, muss der normale Betrieb einer digitalen Übertragungsstrecke unterbrochen werden. An die Stelle der Datenendeinrichtungen werden die Messgeräte angeschlossen (Bild 8.2)

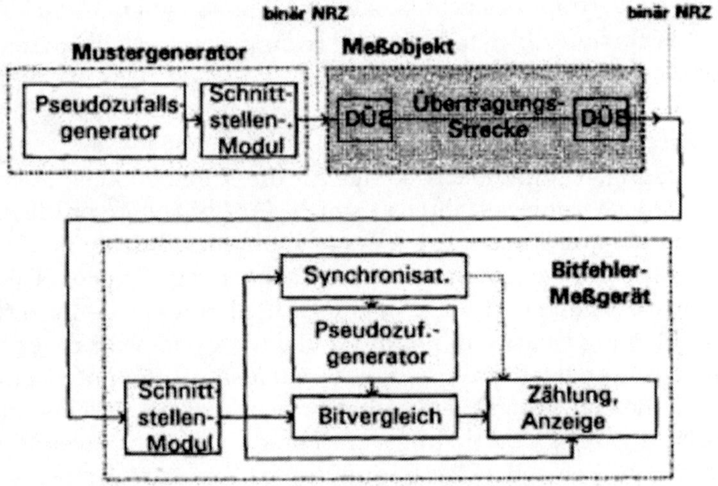

Bild 8.2. Bitfehlermessung mit Pseudozufallsgenerator

Ein Mustergenerator speist ein Bitmuster auf das Messobjekt. Zur Anpas-

---

5 Gerdsen, Peter: *Digitale Übertragungstechnik,* Teubner Studienskripten, 1983 und Wandel & Goltermann: *Katalog Elektronische Messtechnik,* Abschn. DatenMesstechnik, neuester Stand.

sung an die DÜE-Schnittstelle dient ein Schnittstellen-Modul. Am Empfangsort wird in einem Bitfehler-Messgerät ein Bit-für-Bit-Vergleich zwischen der verfälschten Empfangsfolge und einer im Bitfehler-Messgerät erzeugten Referenzfolge durchgeführt. Die Anzahl der gesendeten Bits und die verfälschten Bits werden gezählt und die Bitfehlerhäufigkeit berechnet und angezeigt.

Damit das Messergebnis nicht durch Auswahl bestimmter Bitkombinationen verfälscht wird, setzt man Quasi-Zufalls-Digitalsignale ein, die durch gleiche Pseudo-Zufallsgeneratoren mit großen Wiederholperioden von 2^9-1 bis 2^{11}-1 Taktschritten erzeugt werden. Vor dem Start der Messung muss der empfangsseitige Zufallsgenerator in der Taktfrequenz und Pseudozufallsperiode mit dem sendeseitigen Generator synchronisiert werden.

Eine häufig benutzte Variante dieses Messverfahrens ist das Loop-Back-Verfahren. Hierbei wird die Bitfehlermessung über die Hin- und Rückrichtung zusammen durchführt. Man schließt dazu an der empfangsseitigen DÜE eine Schleife von der Empfangs- auf die Sendeleitung, z.B. mit Hilfe eines Schnittstellentesters, wie er im nachfolgenden Abschnitt beschrieben wird. An **einer** Stelle finden dann die Einspeisung des Zufallssignals und auch die gleichzeitige Auswertung in **einem** Bitfehler-Messgerät statt. Damit entfällt im Gerät der Aufwand für die Synchronisation und den Referenzgenerator. Eine Reihe auf dem Markt erhältlicher Bitfehler-Messgeräte arbeitet nach diesem Prinzip; sie vereinigen den Generatorteil mit dem Auswerteteil.

Messung aus der Codeverletzung

Dieses Verfahren hat gegenüber der im vorigen Abschnitt beschriebenen Methode den Vorteil, dass es im laufenden Betrieb eingesetzt werden kann. Man schließt hierbei lediglich am Empfangsort **ein** Messgerät an; benötigt also keinen Datengenerator.

Das Verfahren nutzt die in der DÜE eingesetzte Leitungscodierung aus, bei der aus dem binären Signal zum Zweck der Erhöhung der Übertragungsgeschwindigkeit ein mehrstufiges Signal erzeugt wird. Die damit verbundene Redundanzzuführung kann auf der Empfangsseite zur Fehlererkennung benutzt werden. Bild 8.3 verdeutlicht das Messprinzip.

Die sendeseitige DÜE codiert nach einer bestimmten Regel das binäre Digitalsignal {as} der DEE in ein mehrstufiges Leitungssignal {cs} um. In der empfangsseitigen DÜE wird nach der gleichen Regel ein binäres Signal decodiert. Durch Übertragungsfehler ist das in der DÜE regenerierte Signal {ce} ungleich zum Sendesignal; dies wirkt sich in Bitfehlern im Signal {ae} aus. Bitfehler lassen sich auf der Übertragungsleitung feststellen, indem die Regeln zur Leitungscodierung überwacht werden. Dazu wird in einem Bitfehler-Messgerät zunächst die Empfangs-DÜE durch einen Regenerator und einen Decoder nachgebildet, an dessen Ausgang das Signal {ae} entsteht. Codiert man dieses abermals nach der gleichen Regel und vergleicht die so entstehende Folge {ce'} mit der Folge {ce}, so lassen sich die Codeverletzungen zählen und anzeigen.

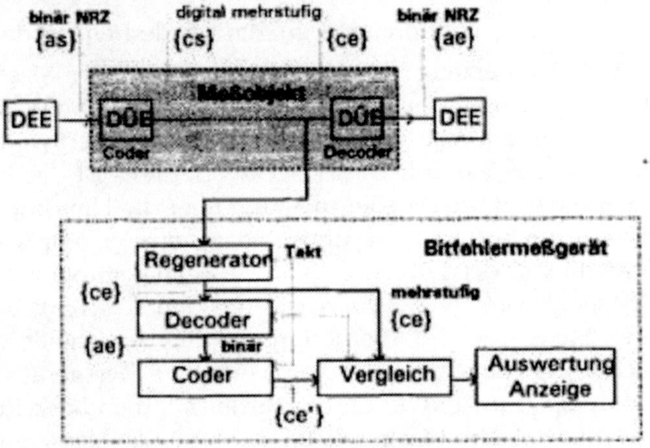

Bild 8.3. Unterbrechungsfreie Bitfehlermessung aus Erkennung der Codeverletzung

Treten keine Bitfehler auf, so treten auch keine Codeverletzungen auf. Es lässt sich nachweisen, dass bei hinreichend kleiner Bitfehlerhäufigkeit ($<10^{-6}$) und gleichmäßig verteilten Bitfehlern die Anzahl der Codeverletzungen hinreichend gut mit der Bitfehlerzahl übereinstimmt [6], so dass dieses Verfahren in solchen Fällen gute Messergebnisse erzielt. Bei Büschelfehlern führen allerdings nicht alle Fehler auch zu Codeverletzungen; dann wird die Bitfehlerhäufigkeit zu niedrig gemessen, d.h. ein zu gutes Messergebnis vorgetäuscht.

8. 4. 2. Schnittstellentests

Beobachtungen zeigen, dass während des Betriebs von Kommunikationssystemen viele Fehler ihre Ursachen in den unteren beiden Schichten haben,

[6] Gerdsen, Peter: *Digitale Übertragungstechnik,* Teubner Studienskripten, 1983.

in denen Hardware eingesetzt wird. Dies liegt zum Teil an ausgefallener Elektronik-Hardware, oft aber an einfacheren Problemen im Zusammenhang mit der Leitungsübertragung. Typische Fehler sind: Verdrahtungsfehler, Kurzschlüsse oder Leitungsunterbrechung, falsche Steckverbindungen, zu geringe Empfangspegel aufgrund zu großer Leitungslänge, fehlerhafte oder ausgefallene Treiberbausteine.

Solche Fehler lassen sich durch Schnittstellentests direkt an der Übertragungsschnittstelle zum Medium feststellen. Schnittstellentests sind die einfachsten Messungen der Kommunikations-Messtechnik, die besonders bei der Installation und bei der Wartung von DEE- und DÜE-Einrichtungen wirkungsvoll und kostengünstig zum Einsatz kommen. Das Messgerät ist der *Schnittstellentester*. Dieser ist ein sehr handliches und preisgünstiges Gerät, das in die Leitungsverbindung zwischen DEE und DÜE oder zwischen zwei DEE eingeschleift wird. Hauptaufgabe des Testers ist es, die Logikpegel auf den Schnittstellenleitungen anzuzeigen.

Schnittstellentester gibt es heute für die meisten seriellen und parallelen Standardschnittstellen, z.B. nach den Empfehlungen V.35, V36, X.21/V11 oder IEEE-488. Am weitesten verbreitet sind jedoch Tester für die serielle Schnittstelle V.24 oder die parallele Centronic-Schnittstelle, wie sie in PCs, Druckern und Modems vorkommen. Bild 8.4 zeigt einen einfachen Tester für V.24-Schnittstellen.

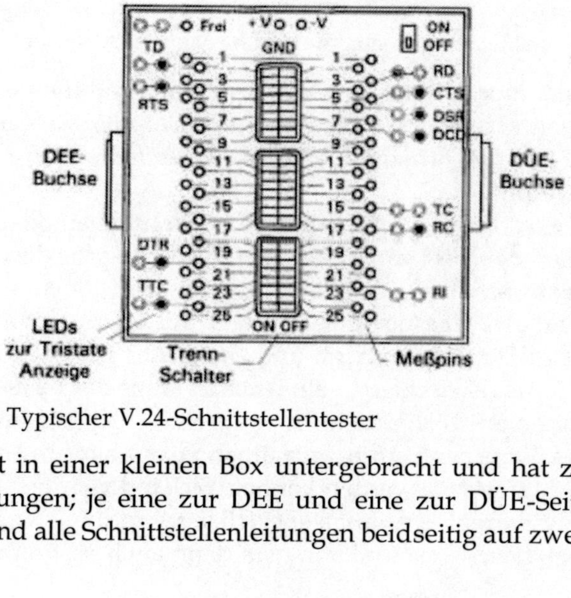

Bild 8.4. Typischer V.24-Schnittstellentester

Der Tester ist in einer kleinen Box untergebracht und hat zwei 25-polige Steckverbindungen; je eine zur DEE und eine zur DÜE-Seite. Auf seiner Frontplatte sind alle Schnittstellenleitungen beidseitig auf zwei Messstiftreihen geführt und so von außen für Signalmessungen z.B. mit einem Oszilloskop zugänglich. An den Stiften lassen sich auch definierte Low- oder High-Pegel einspeisen. Zu diesem Zweck kann jede Verbindungsleitung zwischen DEE und DÜE mit einem Miniaturschalter aufgetrennt werden und der Messpin mittels Drahtbrücken an definiertes High- oder Low-Potential gelegt werden. Die Messstifte benutzt man ferner zum Rangieren einzelner Verbindungsleitungen, z.B. um Sende- und Empfangsleitungen zu kreuzen (Nullmodem-Verbindung über den Tester) oder um Schleifenschaltungen am entfernten Ende einer Übertragungsleitung mit dem Tester herzustellen. Letztere setzt man ein, um die Verbindungsleitungen auf Durchgang zu prüfen.

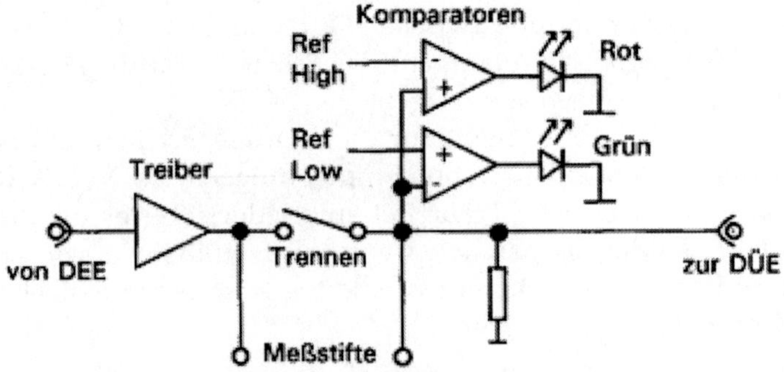

Bild 8.5. Prinzipielle Messschaltung zum Schnittstellentester

Der Tester besitzt eine interne Batterieversorgung und die Logik-Zustände der am häufigsten verwendeten Leitungen können mit LEDs angezeigt werden. Bild 8.5 zeigt die prinzipielle Messgeräteschaltung für die einzelne Schnittstellenleitung.

Der Eingang wird über eine Treiberstufe hochohmig an die Leitung angeschlossen, so dass die Messschaltung keine Belastung für den Prüfling darstellt. Der Miniaturschalter kann den Ausgang vom Eingang trennen. Die Auswertung und Anzeige der Pegel erfolgt mit Komparatoren und zwei LEDs. Eine rote LED zeigt den High-und eine grüne LED den Low-Zustand an. Bei undefinierten Zwischenpegeln leuchtet keine der beiden LEDs.

Etwas komfortablere Tester besitzen heute eine LCD-Anzeige, auf der die Logik-Zustände einzelner Leitungen zeitlich zueinander in Form eines Logik-Diagramms dargestellt werden können. Sie sind vergleichbar mit einfachen Logikanalysatoren, allerdings spezialisiert auf die jeweils betrachtete Schnittstelle. Bei diesen Testern kann man dann auch bestimmte Pulsfolgen auf einzelnen Leitungen, zur DEE oder DÜE gerichtet, einspeisen.

8. 4. 3. Datenanalyse

Die Datenanalyse dient vorwiegend der Aufzeichnung eines kontinuierlichen Datenstroms an einer Datenübertragungsleitung. Das Messgerät ist der *Datenanalysator*, manchmal auch Datascope genannt. In seinen Aufzeichnungs- und Bedienfunktionen ähnelt der Datenanalysator den in der digitalen Schaltungstechnik zur Fehlersuche eingesetzten Logikanalysatoren. Während jedoch Logikanalysatoren in ihrer ursprünglichen Form zur Hauptsache binäre Logikpegel an verschiedenen Schnittstellen als Zeitfunktion darstellen, ist der Datenanalysator in der Lage "höherwertige" Auswertefunktionen wie z.B. die Interpretation von Bit-Ketten, Rahmen und Protokolldateneinheiten verschiedener Schichtenhöhe durchzuführen und diese in mnemonischer Form zur Anzeige zu bringen.

8. 4. 3. 1. Messanordnungen

Ein großer Vorteil der Datenanalyse ist, dass sie als passive Messung an Kommunikationssystemen im laufenden Betrieb eingesetzt wird. Dadurch brauchen Systemteile für die Messungen nicht abgeschaltet zu werden. In 70-80 % aller Störfälle an Kommunikationssystemen lassen sich damit fehlerhafte Geräte lokalisieren.

Leitungsanschaltung

Der Datenanalysator wird gemäß Bild 8.6 hochohmig in einer T-Schaltung an die digitale Schnittstelle angeschlossen oder in das Schnittstellenkabel zwischen DEE und DÜE eingeschleift.[7]

---

[7] Kafka, Gerhard: *Protokollanalysatoren, eine Betrachtung zum Stand der Technik,* Elektronik, H. 4, 1987; Siemens: *KommunikationsMesstechnik,* Katalog KMT, neuester Stand; Siemens: *Protokollanalyse nach Maß,* Produktschrift zum Protokolltester K 1195 und Wandel & Goltermann: *Datennetze fest im Griff, Übersicht Messaufgaben in Datennetzen,* Produktschrift D 3.90/VMW/105/2.5.

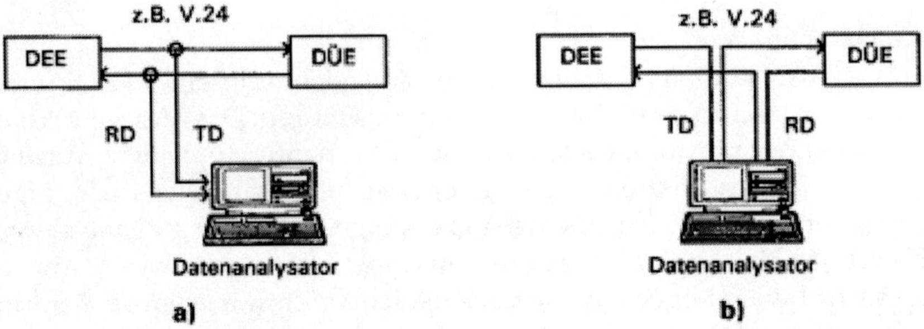

Bild 8.6. verschiedene Anordnungen zur Leitungsanschaltung des Datenanalysators

a) T-Anschaltung **b)** durchgeschleift

Der Analysator besitzt zur Anschaltung verschiedene Schnittstellenmodule mit entsprechend genormten Steckverbindungen zur Messschnittstelle. Die Anschaltung erfolgt immer beidseitig für die Sende- und Empfangsleitung. Für die T-Anschaltung gibt es spezielle T-Kabel (mit Abzweigung); bei eingeschleifter Anschaltung besitzt das Messgerät je eine Buchse für die DEE- und für die DÜE-Verbindung, wobei der Analysator die Empfangsleitungen der Prüflinge niederohmig treibt und hochohmig an deren Sendeleitungen angeschaltet ist.

Messverfahren

Mit den dargestellten Anordnungen sollen die Protokolldateneinheiten der Instanzen eines Prüflings gemessen und analysiert werden. Dabei wird das in Bild 8.7 gezeigte Messverfahren eingesetzt.

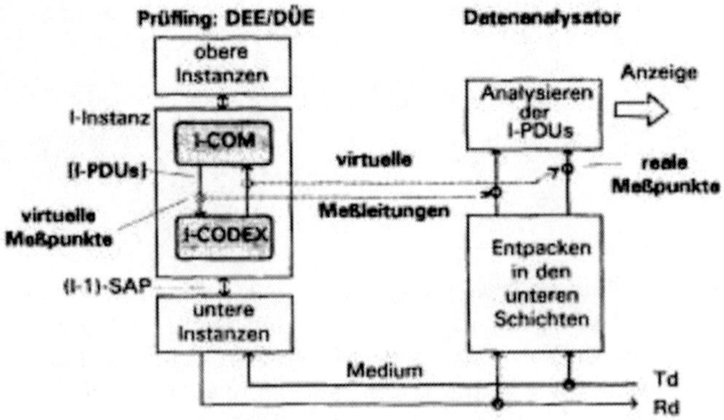

Bild 8.7. Messverfahren und Messpunkte bei der Datenanalyse

Das Messobjekt sei die I-Instanz eines Prüflings, modellhaft beschrieben durch die beiden Prozesse I-COM und I-CODEX, wie sie in Abschn. 7.2.6.3 definiert wurden. Über eine irgendwie gedachte Schnittstelle zwischen diesen beiden Prozessen findet der Datentransport von I-PDUs statt; diese Schnittstelle ist als Messpunkt für den Analysator nicht zugänglich, weil erstens ihre Realisierung unbekannt ist und zweitens der Prüfling ja für die Messaufgabe nicht "zerlegt" werden kann. Stattdessen muss der Analysator, ausgehend von der Leitungsschnittstelle, die Daten in Sende- und Empfangsrichtung aufzeichnen und alle Daten schrittweise für die unteren Schichten "entpacken" (gemäß Protokoll dieser unteren Schichten). Die so decodierten I-PDUs des Prüflings können dann analysiert und angezeigt werden, üblicherweise in mnemonischer Schreibweise.

Bei diesem, allen Datenanalysatoren zugrunde liegenden Konzept wird also ein gedachter, aber physikalisch nicht zugänglicher Messpunkt im Prüfling scheinbar auf einen realen Messpunkt im Analysator abgebildet. Zur Unterscheidung sollen deshalb im Folgenden die Begriffe *Virtueller Messpunkt* und *Realer Messpunkt* verwendet werden. Virtueller und realer Messpunkt sind über eine *virtuelle Messleitung* verbunden.

Der virtuelle Messpunkt liegt, unabhängig von der gerade analysierten Instanz, immer zwischen den Prozessen COM und CODEX. Es wird also nicht der Dienstzugangspunkt (SAP) eines Prüflings abgebildet. Die Realisierung von SAPs und die Codierung der Dienstsignale sind nicht Protokollbestandteil und bleiben demnach für die Datenanalyse verborgen.

8. 4. 3. 2. Aufbau eines universellen Datenanalysators

Moderne Datenanalysatoren sind funktionell gemäß dem Schichtenmodell aufgebaut und gestatten das Filtern ganz bestimmter PDUs. Hierbei können verschiedene Schichten gleichzeitig analysiert werden.

Funktioneller Aufbau

Bild 8.8 zeigt den prinzipiellen, funktionellen Aufbau eines Datenanalysators.

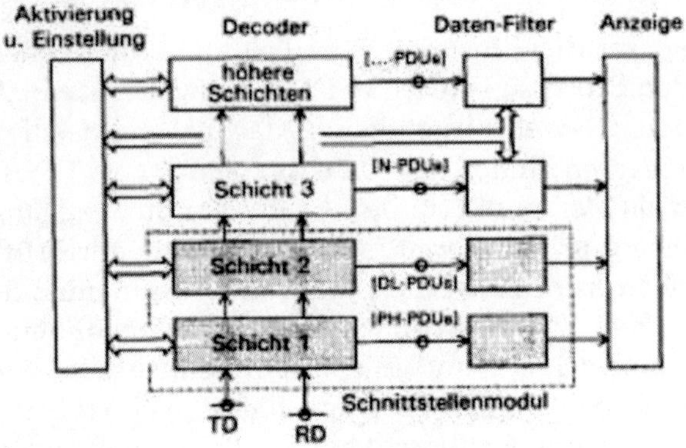

Bild 8.8. Funktioneller Aufbau eines Datenanalysators

Für jede Schicht existiert ein den Protokollen entsprechender Decoder zur Interpretation von PDUs. An den Ausgängen der Decoder liegen die realen Messpunkte als Abbild der virtuellen Messpunkte des Prüflings. An diesen lassen sich die PDUs messen bzw. anzeigen. Nachgeschaltete *Datenfilter* gestatten die Anzeige nur solcher Daten, für die man sich interessiert.

Zur Einstellung der Messanordnung gehören die Aktivierung einzelner Schichten, deren Programmierung in Bezug auf Datenformate und Übertragungsparameter (z.B. Baudrate, Wortlänge, Adressen usw.) und die Programmierung der Filter.

Die unteren Schichten sind aus Geschwindigkeitsgründen in der Regel durch protokollspezifische Hardware realisiert. Auf dem im Datenanalysator einsteckbaren Schnittstellenmodul sind Telekommunikations-Bausteine und spezielle Filter-Hardware untergebracht.

Hardware-Aufbau

Datenanalysatoren sind rechnergesteuerte Messgeräte. Sie werden über eine Tastatur und einen Bildschirm vom Benutzer bedient. Bild 8.9 zeigt die Hardware-Basis eines Analysators, wie er bis zu Übertragungsgeschwindigkeiten von ca. 10 Mbit/s eingesetzt wird und mit dem die oben beschriebenen Funktionen realisiert werden können.[8]

---

[8] Kafka, Gerhard: *Protokollanalysatoren, eine Betrachtung zum Stand der Technik,* Elektronik, H. 4, 1987.

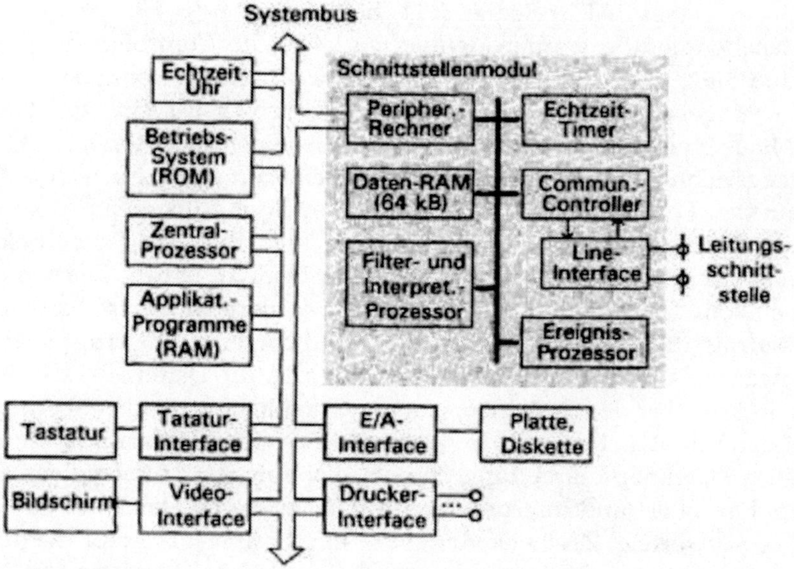

Bild 8.9. Hardware-Aufbau eines universellen Datenanalysators (bis ca. 10 Mbit/s-Übertragungsgeschw.)

Kernstück des Analysators ist eine universelle Rechnereinheit, die über einen Systembus Zugriff zur Peripherie hat. Über eine Tastatur und einen Bildschirm wird das Gerät bedient. Testergebnisse können über das Druckerinterface auf einem Standarddrucker ausgegeben werden oder auf der systeminternen Platte/Diskette gespeichert werden.

Um den Analysator für verschiedenartige Schnittstellen einsetzen zu können, wird der Rechnerteil vom Schnittstellenteil getrennt.[9] Ein als steckbare Platine vorhandener Schnittstellenmodul, der in der Regel einen eigenen Peripherierechner hat, enthält alle spezifischen Interface-Funktionen zwischen dem Systembus und der Leitungsschnittstelle.[10] Zeitkritische Schicht 2-Funktionen werden von einem Communication-Controller in Verbindung

---

9 Wandel & Goltermann: *Daten und Protokollanalyse DA-20,* Produktschrift D11. 89/ VMW/500/4.5/EU; Wandel & Goltermann: *DA-30:* A multi-port dual LAN/ WAN analyser; Siemens: *Das Multiport-Konzept mit Messmodulen nach Wahl,* Produktschrift E80001-V331-W49 und Wandel & Goltermann: *Implementierung von Ethernet im DA-30,* bits 61, 1991.

10 Wandel & Goltermann: *Implementierung von Ethernet im DA-30,* bits 61, 1991.

mit einem Daten-RAM erledigt (vgl. hierzu Bild 8.8). Für verschiedene Schnittstellenmodule werden demnach spezifische Controller eingesetzt; dies sind die gleichen, wie sie auch in den zu prüfenden Kommunikationsgeräten eingebaut sind. Beispiele solcher Controller-ICs sind der UART, ISDN-Bausteine oder Ethernet-Controller-Bausteine (siehe Abschn. 7.3.3). In Empfangsrichtung können die Bausteine Zeichen oder ganze Schicht-2-Rahmen an den Peripheriebus senden, in Senderichtung übernehmen sie entsprechend Zeichen oder Schicht-2-Rahmen vom Bus. Die Sendefunktion wird aber bei der reiner Datenanalyse nicht benutzt. Sobald Zeichen oder Rahmen vom Controller empfangen werden, fordert der Controller den Bus an, überträgt die Daten zum Daten-RAM und löst einen Interrupt beim Peripherieprozessor aus. Der Prozessor kann dann die Daten aus dem RAM lesen und sie über den Systembus zur zentralen Rechnereinheit übertragen.

Auf den Schnittstellenmodulen können sich weitere Hilfsprozessoren zur schnellen Datenvorverarbeitung und Verdichtung der Messergebnisse befinden. Ein Filter- und Interpretationsprozessor wertet Daten auf ganz bestimmte, erwartete Zeichenketten aus, ein Ereignisprozessor zählt bestimmte, eingetretene Ereignisse und ein Echtzeit-Timer liefert zu den Ereignissen Zeitmarken. Solche, von den Hilfsprozessoren erkannten Ereignisse lösen beim Peripherieprozessor einen Interrupt aus; der Prozessor liest daraufhin die Timerzeit als Zeitstempel und das so verdichtete Messergebnis wird zur zentralen Recheneinheit übertragen. Dort können die Messergebnisse dann auf dem Bildschirm in chronologischer Folge und tabellarisch dargestellt werden.

Der universelle Rechnerteil erfüllt in seiner HW und Betriebs-SW alle Merkmale eines handelsüblichen Personal Computers. Datenanalysatoren werden deshalb heute meist auf der Basis einer PC-HW und PC-Betriebssystem-SW realisiert. Um den Anforderungen im Service zu genügen wird die HW in einem tragbaren, robusten Gehäuse untergebracht. Der im Bild gezeigte Systembus ist dann der PC-Bus, an den verschiedene Schnittstellenmodule als PC-Karten gesteckt werden können.

8. 4. 3. 3. Bedienung und Messfunktionen eines Datenanalysators

Monitoring

Eine Grundaufgabe des Datenanalysators ist das Monitoring. Hierbei wird der Datenstrom in den RAM-Speicher gelesen und gleichzeitig in der Anzeige mitgeschrieben, so dass man die empfangenen Daten chronologisch beobachten kann. Bei gerichteten Übertragungsstrecken kann man auswählen, ob man nur die Sendeleitung, nur die Empfangsleitung oder beide monitoren will. Das Aufzeichnen geschieht entweder einmalig, bis der Datenspeicher gefüllt ist, oder fortwährend mit zyklischem Überschreiben des Datenspeichers.

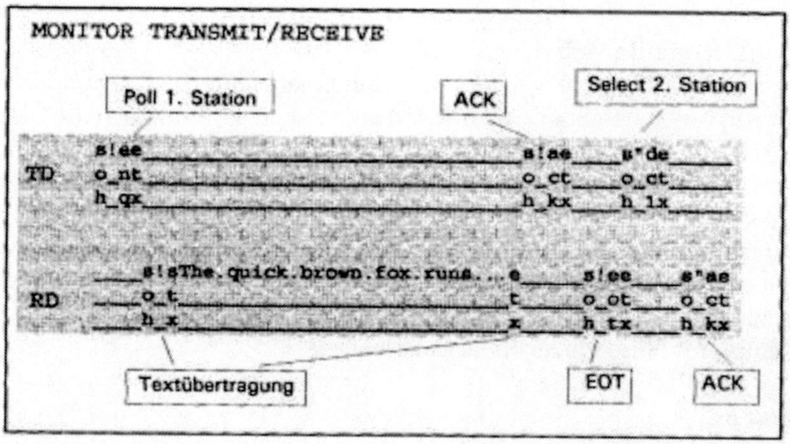

Bild 8.10. Typisches Monitorbild bei asynchroner, zeichenorientierter Übertragung

Die Darstellung der Daten auf dem Bildschirm hängt von dem Protokoll des Prüflings ab, genauer vom Format und natürlich auch von der Datenvorverarbeitung mit den eingesetzten Filtern. Grundsätzlich ist eine binäre oder HEX-Darstellung der Datenworte möglich. Bild 8.10 zeigt ein typisches Monitorbild eines Analysators [11]. Bei zeichenorientierten Formaten, wie sie auf asynchronen und synchronen Schnittstellen benutzt werden, lassen sich die empfangenen Datenworte nach verschiedenen Zeichencodes, z.B. ASCII oder EBCDIC decodieren und dann als Zeichen darstellen. Steuer- und Sonderzeichen werden meist in mnemonischer Form angezeigt, z.B. *soh* für SOH, *stx* für STX, *etx* für ETX, *ack* für ACK usw.

Bei bitorientierten Formaten wird in der Schicht 2 vorwiegend nur die Art des empfangenen Rahmens decodiert (unter Einsatz der Filter) und diese in mnemonischer Form, mit standardisierten Abkürzungen angezeigt, z.B. *SABM, SNRM, RR, UA, INFO, UI* usw.

---

11 Wandel & Goltermann: *Daten und Protokollanalyse DA-20*, Produktschrift D11. 89 /VMW/500/4.5/EU.

Die Darstellung der Daten höherer Schichten orientiert sich ebenfalls an den Standard-Notationen für die PDUs. Die Auswertung solcher PDUs geschieht, da sie in der Regel nicht zeitkritisch ist, in der zentralen Recheneinheit mit den Applikationsprogrammen, so dass Notationen in diesen Schichten meist auch frei programmierbar sind.

Online-/Offline-Betrieb

In der Betriebsart Online zeichnet der Datenanalysator die Bits auf der Übertragungsleitung in seinem Daten-RAM auf und gestattet, sofern die Übertragungsgeschwindigkeit nicht zu hoch ist, einfache Decodierung und Anzeigen von PDUs der unteren Schichten. Bei höheren Übertragungsgeschwindigkeiten ist im Online-Betrieb nur ein bitserielles Aufzeichnen möglich. Zur Decodierung von PDUs ist dann der Offline-Betrieb geeignet. Hierbei ist die Aufzeichnung gestoppt, der Analysator wird von der Übertragungsleitung abgeschaltet und der im RAM gespeicherte Datenstrom bestimmter Länge wird dann mit Hilfe von Software analysiert.

Triggerung

Oftmals wird im Datenstom ein bestimmtes Ereignis gesucht. Wegen des begrenzten Speicherplatzes im Daten-RAM ist es dann sinnvoll, die Datenaufzeichnung erst zu beginnen, wenn bestimmte Ereignisse eingetreten sind. Hierzu besitzen Datenanalysatoren Triggermöglichkeiten. Es können Start- und Stop-Triggerpunkte gesetzt werden, zwischen denen Datenaufzeichnungen einmalig oder auch mehrmalig stattfinden sollen. Getriggert werden kann auf bestimmte PDUs oder Parameter hierin, z.B. Adressen oder auch auf frei programmierbare, bestimmte Bit- und Bytekombinationen, die man im Datenstrom erwartet.

Filter und Interpretation von Standard-Protokollen

Unterschiedlich zum Trigger arbeiten die Filter. Während die Triggerpunkte die Aufzeichnung zeitlich begrenzen reduzieren Filter die Aufzeichnung gezielt hinsichtlich bestimmter Inhalte im Datenstrom. Filter können ebenso wie die Triggerpunkte programmiert werden (bestimmte PDUs, Parameter hierin, frei wählbare Bit- oder Byteketten). Mit Filtern lassen sich die PDUs verschiedener Schichten aus dem Datenstrom decodieren und zur Anzeige bringen. Die Programmierung der Filter kann je nach Schichtenhöhe recht aufwendig sein. Deswegen kann man zu der Grundausstattung eines Datenanalysators meist verschiedene Softwaremodule laden, bei denen die Filterprogrammierung standardisierter Protokolle bereits vorliegt.

Zeitstempel

Zum Prüfen des zeitlichen Instanzenverhaltens, d.h. der von ihnen benutzten Timer, gehört das Festhalten der exakten Zeitpunkte des Eintreffens von PDUs. Zeitpunkte in der Aufzeichnung können relativ zum Startzeitpunkt der Aufzeichnung mit Hilfe des Echtzeittimers im Datenanalysator gemessen werden (vgl. Bild 8.9). Beim Start der Aufzeichnung setzt der Peripherieprozessor den Echtzeittimer zurück und fragt dann mit dem Eintreffen eines bestimmten Ereignisses jedes Mal den momentanen Wert des Timers ab. Die Anzeige von PDUs auf dem Bildschirm kann dann fortlaufend mit einer Zeitangabe, *Zeitstempel* genannt, versehen werden. Übliche Maßeinheiten für Zeitstempel sind Millisekunden oder Sekunden.

Bildschirmdarstellung (Interpretation)

Datenanalysatoren stellen ihre analysierten Ereignisse (PDUs) in Form von Tabellen auf dem Bildschirm dar. Jede interpretierte PDU nimmt eine Zeile des Bildschirms ein. Im Online-Betrieb werden die PDUs sofort Zeile für Zeile auf dem Bildschirm unter Scrollen des Bildschirms dargestellt. Im Offline-Modus kann man sich den gesamten Inhalt des Datenspeichers nachträglich ansehen, indem man mit einem Cursor die Zeileneinträge durchblättert.

Je nach gewünschtem Detaillierungsgrad der Analyse lassen sich in den Spalten der Tabelle entweder die Analyseergebnisse nur einer bestimmten Schicht oder aber auch mehrerer Schichten gleichzeitig darstellen. Die nachfolgenden Bilder zeigen zwei typische Beispiele von Anzeigen mit unterschiedlichem Detaillierungsgrad.

In Bild 8.11 ist eine detaillierte Analyse der Schicht 2-PDUs eines lokalen Netzes zu sehen. Die interpretierten PDUs werden in der Spalte *Type* in mnemonischer Form dargestellt. Man erkennt die für ein bitorientiertes Format typischen Schicht 2-PDUs und ihre Parameter (vergl. hierzu Abschn. 3.3.1.2). Der Analysator empfängt Rahmen aller am Netz angeschlossenen Stationen. Mit Hilfe von Filtern wurde in diesem Beispiel eingestellt, dass nur die Rahmen der Stationen mit den Adressen 04 und 08 analysiert und dargestellt werden sollen. Der korrekte Empfang einer PDU wird am Ende jeder Zeile mit einem Zeitstempel versehen, hier als Absolutzeit in den Einheiten Stunde bis zur Auflösung Millisekunden.

Mit dem Cursor (im Offline-Modus) lässt sich der gesamte Datenspeicher durchsuchen und gezielt eine bestimmte PDU anwählen, um sie in allen Parametern darzustellen (meist in hexadezimaler Form).

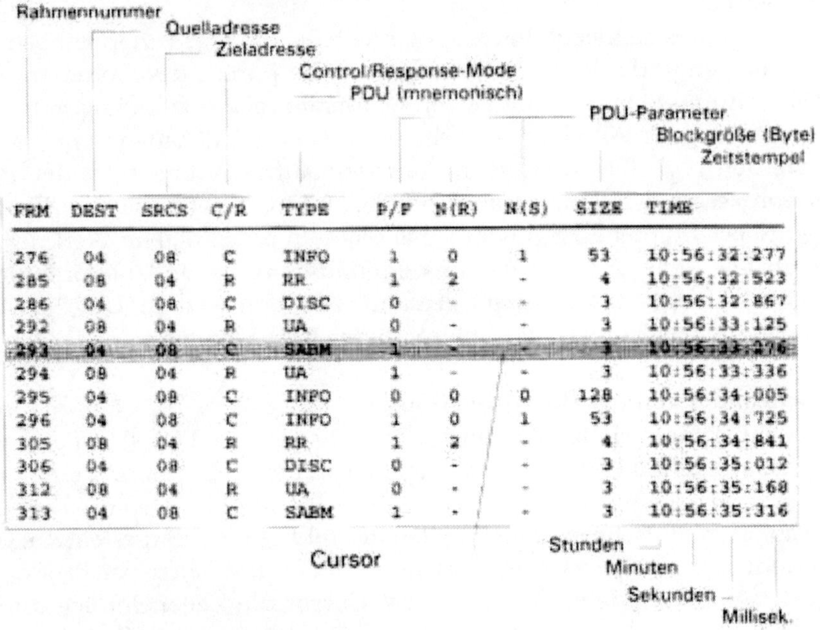

FRM	DEST	SRCS	C/R	TYPE	P/F	N(R)	N(S)	SIZE	TIME
276	04	08	C	INFO	1	0	1	53	10:56:32:277
285	08	04	R	RR	1	2	-	4	10:56:32:523
286	04	08	C	DISC	0	-	-	3	10:56:32:867
292	08	04	R	UA	0	-	-	3	10:56:33:125
293	04	08	C	SABM	1	-	-	3	10:56:33:276
294	08	04	R	UA	1	-	-	3	10:56:33:336
295	04	08	C	INFO	0	0	0	128	10:56:34:005
296	04	08	C	INFO	1	0	1	53	10:56:34:725
305	08	04	R	RR	1	2	-	4	10:56:34:841
306	04	08	C	DISC	0	-	-	3	10:56:35:012
312	08	04	R	UA	0	-	-	3	10:56:35:168
313	04	08	C	SABM	1	-	-	3	10:56:35:316

Bild 8.11. Bildschirmdarstellung der Schicht 2-PDUs am LAN-Beispiel[12], (Logical ink Control Layer nach IEEE 802.2)

Eine Analyse von gleichzeitig mehreren Schichten ist in Bild 8.12 zu sehen, am Beispiel einer Paketvermittlungsschnittstelle X.25 zwischen einer DEE und einer DÜE. Es werden die PDUs der Schichten 2 und 3 interpretiert. In der ersten Spalte (ORIGinate) ist der Sender (DÜE bzw. DEE) aufgeführt, in der zweiten Spalte die Adresscodierung nach LAPB. Der Bildschirmausschnitt zeigt in den ersten Zeilen einen fehlerfreien Verbindungsaufbau in der Schicht 2 und nach diesem, in den unteren Zeilen, die Einleitung einer Schicht 3-Verbindung. Die Interpretation der Schicht 3-PDUs erfolgt aus einer Decodierung der I-Rahmen der Schicht 2.

Im Beispiel wird ein Zeitstempel verwendet, der relativ zum vorangegangenen Schicht 2-Rahmen errechnet ist. Dieser sog. differentielle Zeitstempel TIME (D) gibt unmittelbar die Zeit zwischen zwei Rahmen an und ist für die Überprüfung des Prüflingszeitverhaltens besser geeignet als ein absoluter Zeitstempel.

---

12 Wandel & Goltermann: *DA-30:* A multi-port dual LAN/WAN analyser.; Siemens: *Protokollanalyse nach Maß,* Produktschrift zum Protokolltester K 1195.

ORIG	LAYER 2 ADRESS	TYPE	LAYER 3 LCI	TYPE	SIZE	TIME(D)
DÜE	01	DM			6	0:01:06:850
DEE	01	SABM			6	0:00:00:012
DÜE	03	SABM			6	0:00:00:952
DEE	03	UA			6	0:00:00:013
DÜE	03	I	00.000	RESTART	11	0:00:00:077
DEE	01	SABM			6	0:00:01:954
DÜE	01	UA			6	0:00:00:013
DÜE	03	SABM			6	0:00:25:104
DEE	03	UA			6	0:00:00:013
DÜE	03	I	00.000	RESTART	11	0:00:00:017
DEE	03	RR			6	0:00:00:019
DTE	01	I	00.000	RESTART	11	0:00:00:120
DÜE	01	RR			6	0:00:00:018
DÜE	03	I	00.001	CALL	19	0:00:00:118

Bild 8.12. Gleichzeitige Bildschirmdarstellung der Schicht 2- und Schicht 3-PDUs am Beispiel X.25/LAPB-Paketnetz [13].

8. 4. 4. Protokollanalyse

Protokollanalysen werden durchgeführt, um das komplette zeitlich, logische Verhalten der Instanzen eines Prüflings, ggf. in allen Transitionen nachzuprüfen. Das Messgerät hierzu ist der *Protokollanalysator*, kurz auch als Protokolltester bezeichnet.[14] Er kann die Instanzen des Prüflings ganz gezielt mit bestimmten PDUs stimulieren und Antwort-PDUs des Prüflings auswerten. Der Protokollanalysator ist daher Datengenerator und -analysator in einem Gerät. Dabei können sowohl der eigene als auch der Datenstrom des Prüflings aufgezeichnet werden. Protokollanalysatoren schließen die Datenanalyse mit ein; daneben müssen sie das Automatenverhalten des Prüflings in Echtzeit nachbilden, man spricht auch von emulieren. Protokollanalysatoren haben innerhalb dieser Nachbildung sehr umfangreiche Messaufgaben. Sie sind deshalb um ein Vielfaches teurer in der Anschaffung als reine Datenanalysatoren.

8. 4. 4. 1. Messanordnungen

Protokolltester prüfen das Messobjekt aktiv, indem der Tester mit dem Prüfling kommuniziert. Zur Messung ist der Prüfling von seiner normalen Um-

---

13 Siemens: *Überwachung und Protokollanalyse in WAN*, KMT-Report 11.

14 Wandel & Goltermann: *Daten und Protokollanalyse DA-20*, Produktschrift D11. 89/ VMW/500/4.5/EU.; Wandel & Goltermann: *DA-30:* A multi-port dual LAN /WAN analyser. Siemens: *High-End für die Protokollanalyse*, Protocol Tester K 1197, Produktschrift E-80001-V331-W50.

gebung zu trennen und stattdessen mit dem Protokollanalysator zu verbinden. Der Protokollanalysator bildet dann die Partnerinstanzen des Prüflings nach, wie sie in normaler Umgebung auftreten.

Physikalische Messanordnungen und Leitungsanschaltung

Zur Anschaltung an das Übertragungsmedium besitzt der Protokollanalysator Schnittstellenmodule ähnlich wie der Datenanalysator. In Abhängigkeit von der zu prüfenden Komponente des Kommunikationssystems und den Messaufgaben unterscheidet man vier prinzipielle Messanordnungen (Bild 8.13).[15]

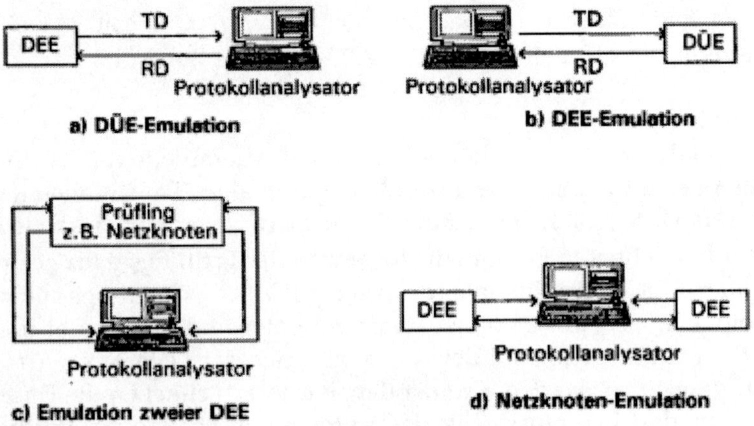

Bild 8.13. verschiedene Messanordnungen mit einem Protokollanalysator

Mit der Messanordnung **a)** werden die Protokolle der Datenendeinrichtung überprüft. Dies sind zum einen Protokolle die zwischen DEE und DÜE festgelegt sind, d.h. Protokolle der unteren Schichten. Aber es können auch Protokolle der höheren Schichten getestet werden, vorausgesetzt der Tester verfügt über entsprechende Emulations-Software.

In der Messanordnung **b)** wird das Verhalten von Datenübertragungseinrichtungen geprüft (untere Schichten). Der Tester emuliert hierbei die Datenendeinrichtung in den unteren Schichten.

[15] Kafka, Gerhard: *Protokollanalysatoren, eine Betrachtung zum Stand der Technik,* Elektronik, H. 4, 1987 und Siemens: *KommunikationsMesstechnik,* Katalog KMT, neuester Stand.

Soll das Verhalten eines Netzknotens überprüft werden (z.B. seiner Vermittlungsschicht) so ist eine Messanordnung nach **c)** einzusetzen. Hierbei besitzt der Protokollanalysator zwei oder mehr Schnittstellenmodule und er emuliert gleichzeitig mehrere Datenendeinrichtungen. Die Schnittstellenmodule wie auch die Protokollemulationen können gleichartig oder unterschiedlich sein. Beispielsweise sind unterschiedliche N-Protokolle zu emulieren, wenn am Prüfling eine DEE-Schnittstelle und eine Schnittstelle zu einem Nachbarknoten im Test sind. Protokollanalyse mit mehreren Emulationen bedeuten naturgemäß höheren HW- und funktionellen Aufwand und auch höhere Geschwindigkeitsanforderungen an den Protokolltester als dies bei den einfachen Konfigurationen a) und b) der Fall ist.

Mit der Messanordnung **d)** wird ein Transitsystem nachgebildet. Man benutzt diese Messanordnung häufig, um die Kommunikation zweier Datenendeinrichtungen in den höheren Schichten mithilfe von Bedienungsabläufen an den DEEn zu überprüfen. Der Protokolltester wird als Protokolladapter zur Anpassung in den unteren Schichten benutzt, wenn die DEE-Protokolle in den unteren Schichten unterschiedlich sind.

In allen Konfigurationen speist der Protokollanalysator die Empfangsleitungen der Prüflinge niederohmig und er ist hochohmig an deren Sendeleitungen angeschaltet.

Prinzipielles Messverfahren

Die grundsätzliche Messaufgabe eines Protokollanalysators besteht darin, ein Protokoll einer bestimmten Schicht an einem Prüfling zu überprüfen. Bild 8.14 verdeutlicht dies für eine beliebige Schicht I.

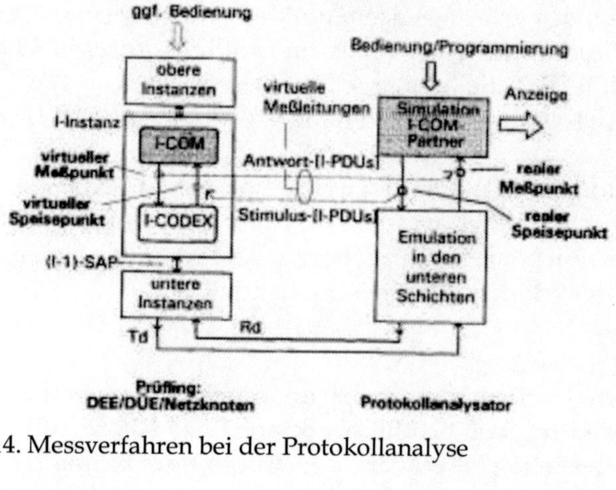

Bild 8.14. Messverfahren bei der Protokollanalyse

Messobjekt sei eine beliebige Instanz I im Prüfling, genauer der COM-Prozess, der das Automatenverhalten der Instanz beschreibt. Der Protokollanalysator muss dazu das Eingangs-Ausgangsverhalten des Automaten I-COM testen. Dies geschieht durch Kommunikation mit dem Messobjekt über *virtuelle Messleitungen*. Sie verbinden (scheinbar) in der einen Richtung einen *realen Speisepunkt* im Tester mit einem *virtuellen Speisepunkt* im Prüfling und in der anderen Richtung einen *virtuellen Messpunkt* im Prüfling mit einem *realen Messpunkt* im Tester. Über die virtuellen Messleitungen speist der Protokollanalysator das Messobjekt mit stimulierenden I-PDUs und empfängt von diesem Antwort I-PDUs.

Der Protokollanalysator muss, damit er in der I-Schicht kommunizieren kann, dem Prüfling in allen Schichten bis hinauf zur I-Schicht Partnerinstanzen "vortäuschen"; d.h. er besteht selbst aus Automaten, die dem Prüfling Partnerinstanzen simulieren. Unterhalb der I-Schicht bis einschließlich I-CODEX muss die Simulation in Echtzeit erfolgen, wobei angenommen wird, dass der Prüfling in diesen unteren Schichten fehlerfrei arbeitet. Die Funktion der Echtzeit-Simulation des Analysators wird, wie üblich, als *Emulation* bezeichnet.

An die Stelle des I-COM-Prozesses tritt im Protokollanalysator ein Funktionsblock, der dem I-COM Prozess einen Partnerprozess simuliert, indem er am Speisepunkt I-PDUs generiert und am Messpunkt I-PDUs analysiert. Dieser Vorgang kann, muss aber nicht in Echtzeit erfolgen, weshalb für diesen Funktionsblock der Oberbegriff *Simulaton* verwendet werden soll. Aufgaben des Simulators sind im Einzelnen: Stimulus-PDUs zum Prüfling zu senden, Antwort-PDUs vom Prüfling zu empfangen und zu prüfen, Zustandsverhalten des Prüflings nachzubilden und zu messen, Prüfabläufe zu steuern, d.h. bestimmte Transitionen im Prüflingsprozess I-COM zu veranlassen und schließlich die Messergebnisse anzuzeigen.
Die Messergebnisse sind während (Online) oder nach dem Test (offline) anzuzeigen.

Der Simulator und der Emulator sind von außen bedienbar und sollten, wie wir später noch sehen werden, in jedem Fall benutzerprogrammierbar sein. Ggf. muss auch der Prüfling für den Test bedient werden, z.B. wenn es sich um ein Endsystem mit Bedienung handelt.

Messablauf
Die Messungen des Simulators sollen im Ergebnis aufzeigen, ob der Prüfling das betreffende Protokoll erfüllt, im Beispiel das I-Protokoll. Dazu hat der Simulator festzustellen: 1. erkennt der Prüfling den Stimulus (Syntax- und

Semantik-Prüfung)? 2. führt er die richtige Transition aus (logisches Verhalten)? 3. liefert der Prüfling die richtige Antwort-PDU (Syntax und Semantik)? 4. nach welcher Zeit erscheint die Antwort-PDU (zeitliches Verhalten)? Punkt 1 und 2 erkennt der Protokollanalysator indirekt daran, dass er eine von ihm erwartete (korrekte) Antwort-PDU erhält.

Aus den genannten Messaufgaben lässt sich ein genereller Ablauf für den Simulator entwickeln, wie er in Bild 8.15 gezeigt ist. Das Bild zeigt das Zusammenspiel zwischen dem COM-Prozess im Prüfling und dem Simulator im Tester. Da hierbei zwei Automaten beteiligt sind, bietet sich die SDL-Beschreibungsform an.

Der Analysator und der Prüfling durchlaufen, wenn kein Fehler im Prüfling vorliegt, synchron die im Protokoll festgelegten Zustände. Der Simulator zeigt seinen momentanen Zustand an. Es möge eine bestimmte Transition, im Beispiel von Zustand 1 nach Zustand 2, zu überprüfen sein.

Der Simulator sendet aufgrund eines Ereignisses, z.B. eines Bedienungssignals, die Stimulus-PDU. Zum Messen der Zeit, die bis zum Eintreffen der Antwort-PDU vergeht, wird ein Timer T1 gesetzt, dessen Stand später abgefragt werden kann. Weiterhin wird ein Timer T2 gestartet, der wirksam wird, wenn der Prüfling überhaupt nicht antworten sollte und der Simulator auf die Antwort wartet. Nachdem der Prüfling die Stimulus-PDU empfangen hat, führt er Aufgaben durch, antwortet mit einer PDU und geht in einen Folgezustand (hier 2). Im Simulator wird die Antwort-PDU empfangen, der Zeitstempel gespeichert und die PDU schrittweise hinsichtlich Format und Inhalt analysiert. Entsprechende Fehlermeldungen oder Korrektmeldungen werden angezeigt. Wenn die Antwort-PDU im Prinzip erkannt und richtig ist, wechselt der Simulator ebenfalls in den Folgezustand 2. Andererseits, wenn der Prüfling gravierendes Fehlverhalten zeigt, z.B. nicht die erwartete Transition durchführt oder gravierende PDU-Fehler im Format oder im Inhalt auftreten, kehrt der Simulator in den Ausgangszustand zurück. Dabei meldet er die festgestellten Fehler.

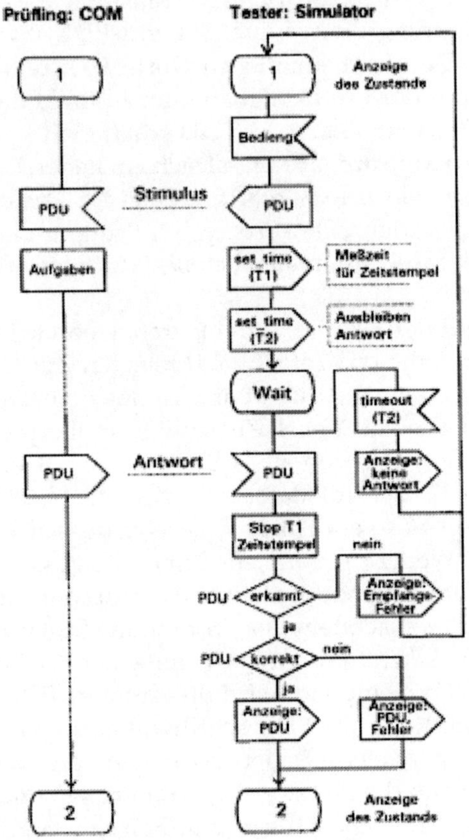

Bild 8.15. Prinzipieller Prüfablauf im Zusammenspiel zwischen Protokollanalysator und Prüfling

Ergänzende Messverfahren

Im Bild 8.15 wird das Protokoll für genau eine Transition des Prüflings überprüft. Der Prüfling besitzt natürlich mehrere Transitionen. Man kann nun nacheinander durch manuelle Bedienung gezielt einzelne Transitionen überprüfen, indem schrittweise gespeicherte Prüfabläufe abgerufen werden. Will man alle Transitionen des Protokolls nachprüfen, so empfiehlt es sich, einen umfangreicheren Ablauf für den Simulator festzulegen, und zwar so, dass nacheinander in den verschiedenen Zuständen genau in der richtigen Reihenfolge die gewünschten Stimuli gesendet werden. Dabei sind, wie dies Bild 8.15 für die Einzeltransition zeigt, nun in jeder Transition Messungen durchzuführen und die Ergebnisse auszugeben. Durch entsprechende Verknüpfungen von Einzeltransitionen lässt sich erreichen, dass nahezu automatisch alle im Protokoll angegebenen Transitionen überprüft werden können. Dieses Verfahren bezeichnet man gelegentlich als *Protokoll-Konformitätstest*.

In Bild 8.15 wurde ferner angenommen, dass der Analysator nur das Protokoll einer Schicht überprüft und die darunter liegenden Schichten emuliert. I.a. können Protokollanalysatoren jedoch gleichzeitig mehrere Schichten überprüfen. Die Emulationen bestehen dann aus Automaten, die sich vom Simulator darin unterscheiden, dass sie keine speziellen Prüfzustände durchlaufen sondern lediglich Datenanalyse durchführen. Ergänzt man die Emulationen um diese Messtechnischen Aktionen, so bedeutet das einen größeren und komplexeren Programmieraufwand für den Tester als dies der Fall ist, wenn nur innerhalb einer Schicht geprüft wird. Der Aufwand für Simulation und Emulation in einem Protokollanalysator kann insbesondere dann sehr groß werden, wenn Messanordnungen mit mehreren Schnittstellen eingesetzt werden, bei denen der Analysator als Transitsystem fungiert. (s. Bild 8.13 Teil d).

8. 4. 4. 2. Aufbau eines universellen Protokollanalysators

HW-Aufbau

Der HW-Aufbau eines universellen Protokollanalysators ist ähnlich zu dem eines Datenanalysators (vgl. Bild 8.9). Basis moderner Tester kann auch hierbei ein PC sein, der über Schnittstellenmodule und spezifische Software konfiguriert wird. In Messanordnungen, bei denen gleichzeitig mehre Schnittstellen getestet werden, müssen mehrere Schnittstellenmodule als Platinen gesteckt sein und die entsprechenden, mehrfachen Emulationen bzw. Simulationen im Gerät vorhanden sein.

Funktioneller Aufbau

Protokollanalysatoren sind in ihren Funktionen wie Datenanalysatoren geschichtet aufgebaut, wobei allerdings neben den reinen Interpretationsfunktionen nun auch der meldungsgenerierende Teil und Automatenfunktionen hinzukommen.

Die Komplexität der Messaufgaben und die Vielfalt zu überprüfender Protokolle verschiedener Schichten erfordern es, dass universell einsetzbare

Protokollanalysatoren in ihren Schichtenfunktionen konfigurierbar und individuell programmierbar sein müssen.[16] Moderne Protokollanalysatoren bestehen daher aus programmierbaren und konfigurierbaren Automaten. Die Anzahl der Automaten hängt davon ab, welches Protokoll welcher Schichtenhöhe überprüft werden soll und die Konfiguration ist in Anlehnung an die im Prüfling vorhandenen Protokolle vorzunehmen.

Die Forderungen nach einem universellen Einsatz der Analysatoren mit den Möglichkeiten der individuellen Programmierbarkeit lassen sich am besten auf der Basis von tabellengetriebenen Universalautomaten realisieren, wie sie in Abschn. 7.5.2.2 behandelt wurden. Die meisten Protokollanalysatoren setzen dieses Konzept für die Schichtenemulation und die Prüfautomaten ein. Bild 8.16 zeigt den typischen Funktionsaufbau während des Online-Betriebes.

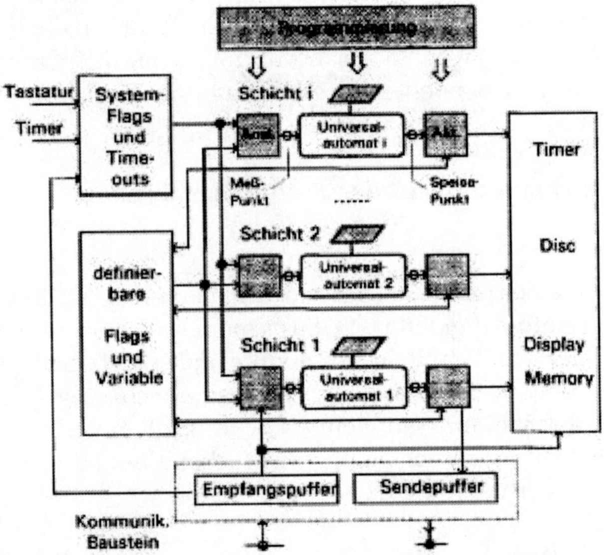

Bild 8.16. Funktioneller Aufbau eines programmierbaren Protokollanalysators

In jeder Schicht wird eine Instanzen-Emulation bzw. -Simulation in Form

---

[16] Siemens: *KommunikationsMesstechnik,* Katalog KMT, neuester Stand.; Wandel & Goltermann: *Daten und Protokollanalyse DA-20,* Produktschrift D11.89/VMW-/500/4.5/EU.; Siemens: *Do it yourself: Anwenderdefinierte Messapplikationen,* KMT-Report 12.

eines Universalautomaten mit Zustandsübergangstabelle und Routinen für die Ereignisanalyse und Aktionen eingesetzt. Die Automaten sind als Prozesse definiert, die im Rahmen eines Multitasking-Betriebssystems ablaufen. Der Benutzer kann eine große Anzahl dieser Prozesse definieren und Prozessprioritäten vergeben, um so das Laufzeitverhalten des Testers in den verschiedenen Schichten an die Protokollanforderungen anzupassen. In den unteren Schichten sind die Automaten auf dem Schnittstellenmodul mit Einsatz eines Kommunikationsbausteins realisiert und die oberen Schichten sind vorwiegend im PC in Software realisiert. Zur Übertragungsleitung hin arbeitet der Analysator über einen Sende- und einen Empfangspuffer.

Die Kommunikation der Automaten untereinander erfolgt ausschließlich über Flags und Variable, die die Automaten zu diesem Zweck über ihre Aktionsprozeduren beschreiben und mit Hilfe ihrer Analyse-Funktionen lesen können. Dabei können auch komplexe Ereignisanalysen in Form von logischen Verknüpfungen oder das Abfragen bestimmter Ereigniskombinationen stattfinden, ebenso wie komplexe und mehrfache Aktionen ausgelöst werden können. Datenfilter können sowohl in den Analyse-Funtionen als auch in den Aktions-Prozeduren definiert sein.

Eine Standardaufgabe der Ereignisanalyse ist das Decodieren von Empfangs-PDUs. und eine Standardaufgabe der Aktionsprozedur das Codieren und senden von PDUs. Die Routinen für Analyse und Aktion emulieren hierbei CODEX-Funktionen (vergl. Bild 8.14) Man kann deshalb den realen Messpunkt und den realen Speisepunkt an den Schnittstellen zwischen Universalautomat und diesen Routinen lokalisieren.

Die Automaten können ihre Messergebnisse auf ein Display, in einen Speicher oder auf Diskette ausgeben. Was im einzelnen ausgegeben wird, bestimmen die Aktions-Prozeduren. Dazu gehört auch das Setzen von Timern, um einerseits das zeitliche Verhalten der Instanzen-Emulation zu implementieren und andererseits Antwortzeiten des Prüflings messen zu können (Zeitstempel).

Der Protokollanalysator besitzt zwei Arten von Ereignisspeichern. In einem Speicher befinden sich Systemflags und die Antworten des Timers über ausgelaufenen Zeiten. Systemflags werden gesetzt, wenn bestimmte peripherere Systemereignisse eintreten. dazu gehören u.a. beliebiger Tastendruck, bestimmter Tastendruck, z.B. Funktionstaste, Online/Offline-Umschaltung, der Empfang eines Zeichens aus dem Kommunikationsbaustein. Die Automaten können diesen Speicher nur lesen. Daneben gibt es einen Speicher für benutzerdefinierbare Flags und Variable, die von den Automaten für ihre Kommunikation untereinander gelesen und beschrieben werden können.

Aus Geschwindigkeitsgründen kommunizieren die Automaten in den unteren Schichten direkt mit dem Sende- und Empfangspuffer des Kommunikationsbausteins. Zum Aufzeichnen von Daten dieser Schichten ist aus gleichen Gründen ein direktes Beschreiben des Displays oder des Datenspeichers aus dem Kommunikationsbaustein möglich.

Die prinzipielle Ablauf der Universalautomaten ist in jeder Schicht identisch: sie analysieren Ereignisse aus Flags und Variable, sie führen Aktionen durch (Display beschreiben, Setzen von Flags, Beschreiben der Variable) und sie wechseln ihren Zustand.

Maßgebend für die Protokollspezifika sind die spezifischen Routinen für die Ereignisanalyse und die Aktionsprozeduren sowie die Einträge in den Zustandsübergangstabellen. Bedingt durch das Konzept der tabellengetriebenen Universalautomaten lassen sich die Tabellen und die Routinen vom Benutzer programmieren, so dass ein individueller Prüfablauf in jeder Schicht programmierbar ist. Dies ist entscheidend für die Realisierung von Prüfabläufen, wie sie mit Bild 8.15 erläutert wurden.

8. 4. 4. 3. Offline-Funktionen, Programmierung

Die bisher beschriebenen Funktionen des Protokollanalysators beziehen sich zur Hauptsache auf den Online-Betrieb. Im Offline-Betrieb besitzt der Tester weitere Funktionen, die auch schon bei der Datenanalyse behandelt wurden, die jedoch aus Gründen der Übersichtlichkeit nicht in Bild 8.16 aufgenommen wurden. Offline-Funktionen sind die (nachträgliche) Analyse des Datenspeichers, das Programmieren und das Speichern und Laden von Software-Modulen für die Emulationen und die Simulation. Jeder Modul beinhaltet die Prozessdaten für einen Universalautomaten, bestehend aus Name des Prozesses mit Priorität, Zustandsübergangstabelle, Liste von Variablen und benutzerdefinierten Flags, Ereignisanalyse-Funktion und Aktionsprozedur.

Die Module werden im Programmiermodus des Analysators mit Editoren erstellt. Die Eingabe der Zustandsübergangstabelle und Variablen-/Flaglisten erfolgt meist noch unübersichtlich mit Tabelleneditoren. Dazu muss in umständlicher Weise ein SDL-Diagramm in die Tabellenform umgesetzt werden. In Zukunft wird erwartet, dass sich hierfür zunehmend die direkte graphische SDL-Eingabe einführen und durchsetzen wird.

Ereignis-Funktionen und Aktionsprozeduren können in einer hochsprachenähnlichen Programmiersprache eingegeben werden, wobei die Routinen alle definierten Flags und Variable sowie die Systemflags benutzten können. Der Analysator interpretiert die Routinen im Online-Modus oder, was die laufzeiteffizientere Lösung ist, compiliert die Routinen zuvor im Offline-Modus.

Einmal editierte Module kann man auf Diskette speichern, später wieder laden und individuell für verschiedene Schichten zusammenstellen. Der Programmieraufwand für Module kann, wie beim Datenanalysator, auch hier sehr groß sein, weswegen man für gängige Standardprotokolle meist die entsprechenden Software-Module vom Hersteller des Protokollanalysators fertig programmiert beziehen kann.[17]

8. 4. 5. Netzanalyse

Die Netzanalyse ist eine wichtige Messung zur Überwachung von Datennetzen im laufenden Betrieb. Hier geht es darum, durch Langzeitbeobachtungen Aussagen über die Qualität des Netzes mit seinen angeschlossenen Datenstationen als Ganzes zu gewinnen und um ggf. Schwachstellen lokalisieren zu können. Das Messgerät ist der *Netzanalysator*. Mit ihm werden u.a. überprüft: die aktuelle Verkehrsbelastung bzw. Auslastung eines Netzes, der Datendurchsatz (Kapazität) des Netzes, Antwortzeiten, Gesamtzahl fehlerhafter Datenpakete, Anzahl fehlerhafte Blockübertragungen, Längenverteilung der Datenpakete, Datenstationen mit hohem Verkehrsaufkommen und fehlerhafte und u.U. störende Datenstationen.

Netzanalysen sind wichtig für Netzbetreiber und das Servicepersonal, um Fehler im Netz lokalisieren und abzustellen zu können und um eine effiziente Nutzung der Komponenten des Kommunikationsnetzes sicherstellen zu können. Auslastungsmessungen beispielsweise sind notwendig, wenn im Rahmen von Erweiterungsmaßnahmen entschieden werden soll, wieviele Datenstationen bei einem bestimmten Verkehrsaufkommen insgesamt zufriedenstellend über ein Netz kommunizieren können.

Netzanalysatoren liefern ihre Messergebnisse meist in Form von Statistiken, die sie durch Zählungen von Ereignissen innerhalb einer bestimmten Messzeit gewinnen. Natürlich sind auch Absolutergebnisse anzeigbar. Der Netzanalysator wird wie ein normales Datenendgerät oder wie ein Daten- bzw. Protokollanalysator an das Netz angeschlossen und "hört" den gesamten Datenverkehr am Messpunkt ab, analysiert ihn in den Schichten und

---

[17] Siemens: *Das Multiport-Konzept mit Messmodulen nach Wahl,* Produktschrift E80001-V331-W49.; Siemens: *KommunikationsMesstechnik,* Katalog KMT, neuester Stand.; Wandel & Goltermann: *Katalog Elektronische Messtechnik,* Abschn. Daten-Messtechnik, neuester Stand.

zählt bestimmte Ereignisse.

Messungen zu den oben aufgeführten Punkten lassen sich heute technisch auf der Basis moderner Daten- und Protokollanalysatoren durchführen. Liegt diesen Geräten ein Aufbau zu Grunde, wie er in den vorigen Abschnitten gezeigt wurde, so kann man mit relativ einfachen Zusatzfunktionen und entsprechender Programmierung der Analyse- und Aktionsroutinen in einzelnen Schichten die Daten- bzw. Protokollanalysatoren zu Netzanalysatoren erweitern.[18] Ein spezielles Gerät zur Netzanalyse ist deshalb i.a. nicht notwendig. Dies soll in den folgenden Abschnitten an einigen Punkten gezeigt werden.

8. 4. 5. 1. Netzauslastung

Die Netzauslastung ist eine wichtige Messgröße, die den Grad der Verkehrsbelastung der Netzknoten beschreibt. Je nach Anzahl der von einem Knoten zu bedienenden Endsysteme und deren Verkehrsaufkommen entsteht im Netzknoten eine i.a. zeitabhängige Verkehrsbelastung VL. Ein Maß für die Verkehrsbelastung ist die Anzahl der Protokolldateneinheiten, beispielsweise alle DL-PDUs, die in einer bestimmten Zeit vom Knoten zu verarbeiten und zu übertragen sind:

$$VL = \frac{\text{Anzahl PDUs}}{\text{Zeiteinheit}} \quad . \qquad (8.1)$$

Die Netzknoten können wegen ihrer endlichen Verarbeitungsgeschwindigkeit und Übertragungsgeschwindigkeit nur eine bestimmte, maximale Anzahl von PDUs pro Zeiteinheit verarbeiten, die man maximale Verkehrsleistung oder Kapazität K des Knotens nennt.

Netze sollten so bemessen sein, dass das Verkehrsaufkommen der Stationen wenn möglich nie, oder allerhöchstens kurzfristig in Spitzenzeiten dazu führt, dass die Verkehrsbelastung der Knoten größer als ihre Kapazität wird. Es sollte demnach immer $VL \leq K$ sein. Netzanalysatoren messen die Verkehrsbelastung, indem sie über einen bestimmten Zeitraum die Anzahl der in einen Knoten einlaufenden PDUs zählen und anzeigen. In der Regel wird dabei die Verkehrsbelastung auf die Kapazität des Netzknotens bezogen und dies als relative Verkehrsbelastung oder *Netzauslastung*

$$NA = \frac{VL}{K} \quad \text{in \%} \qquad (8.2)$$

[18] Wandel & Goltermann: *DA-30: Simulation, Überwachung und Analyse von Datennetzen,* bits 61, 1991.; Siemens: *Protokollanalyse nach Maß,* Produktschrift zum Protokolltester K 1195.

berechnet und dargestellt. Bild 8.17 zeigt eine typische Bildschirmdarstellung. Es kann ein Aufzeichnungszeitraum zwischen zwei Uhrzeiten festgelegt werden. Der Analysator misst dann für eine festgelegte Zeiteinheit wiederholt die Netzauslastung, im Beispiel in Minutenabständen, und stellt sie als Histogramm dar.

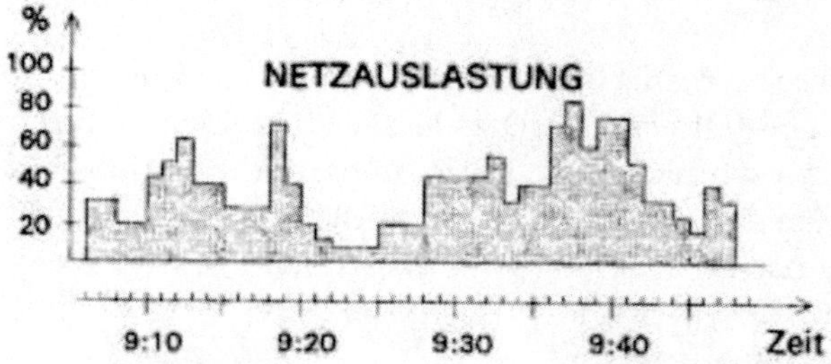

Bild 8.17. Darstellung der Auslastung mit Netzanalysator

Die konstante Bezugsgröße K eines Netzknotens lässt sich aus verkehrstheoretischen Betrachtungen oder durch Messungen (s. unten) gewinnen. Sie wird für die Knoten von Standardnetzen als bekannt vorausgesetzt. Für ein lokales Netz mit CSMA/CD-Zugriffsverfahren lässt sie sich folgendermaßen leicht abschätzen. Es sei z.B. ein Ethernet mit 10 Mbit/s Übertragungsgeschwindigkeit und einer minimalen Blocklänge der Schicht 2-PDUs von 70 Byte gegeben. Der Bus stellt in diesem Fall den Netzknoten dar, dessen Kapazität erreicht ist, wenn er ununterbrochen durch Datenpakete mit minimaler Blocklänge belegt ist. Dann beträgt seine Kapazität

$$K = \frac{10\ \text{Mbit/s}}{70 \cdot 8\ \text{bit/Block}} = 1{,}8 \cdot 10^4\ \frac{\text{Blöcke}}{\text{s}} \quad . \qquad (8.3)$$

Die Messung kann mit einem Protokollanalysator nach Bild 8.16 durchgeführt werden. Es sind die Instanzen bis zur Schicht 2 zu emulieren, wobei die PDUs aller Datenstationen empfangen werden (alle Adressen). Dies ist durch die Programmierung einer Analysefunktion einstellbar. Als Aktionsprozedur in der Schicht 2 wird im Prinzip ein Zähler und eine Auswerte-/Anzeige-Prozedur programmiert, wobei der Zähler bei jedem Empfang einer PDU erhöht wird und nach Ablauf der Zeiteinheit abgefragt und dann rückgesetzt wird.

8. 4. 5. 2. Statistiken

In ähnlicher Weise lassen sich durch die Programmierung weiterer Ereignisse innerhalb der Analysefunktion andere statistische Messergebnisse gewinnen. Dazu sind im Prinzip weitere, beliebige Zähler in den Aktionsprozeduren zu programmieren, die immer dann inkrementiert und angezeigt werden, wenn solche Ereignisse eintreten. Bei solchen Netzprüfungen werden z.B. gezählt: die Anzahl der syntaktisch und semantisch korrekt empfangenen PDUs, die Anzahl fehlerhaft empfangener PDUs, Längen-Verteilung der PDUs.

Treten im Netz vermehrt fehlerhafte PDUs auf, so muss die verursachende Datenstation ermittelt werden. Dies lässt sich einfach dadurch lokalisieren, dass in der Analysefunktion ein Datenfilter auf die Stationsadresse definiert wird und nacheinander für jede mögliche Stationsadresse die PDUs getrennt analysiert und nach korrekten sowie inkorrekten gezählt werden.

8. 4. 5. 3. Kapazitätsmessung

Ist eine verkehrstheoretische Berechnung der Netzkapazität schwierig oder liegen hierzu keine Angaben vor, so kann man die Kapazität auch durch eine Netzanalyse ermitteln. Dazu muss im Prinzip ein am Netz angeschlossener Analysator eine einstellbare Verkehrslast erzeugen und die Antwortzeiten des Netzes messen. Auch dies geschieht mit einem Protokollanalysator. Er erzeugt gemäß Bild 8.14 an irgendeinem realen Einspeisepunkt fortwährend PDUs mit einer einstellbaren Rate, wobei er die gesendeten PDUs an sich selbst adressiert. Diese, empfangenen PDUs sind dann am realen Messpunkt beobachtbar und über das Messen von Antwortzeiten kann die Kapazität ermittelt werden. Ist die Senderate niedrig, so werden die Antwortzeiten niedrig sein. Durch schrittweise Erhöhung und Messung der Senderate lässt sich das Erreichen der Kapazität durch ein sprunghaftes Ansteigen der Antwortzeit feststellen.

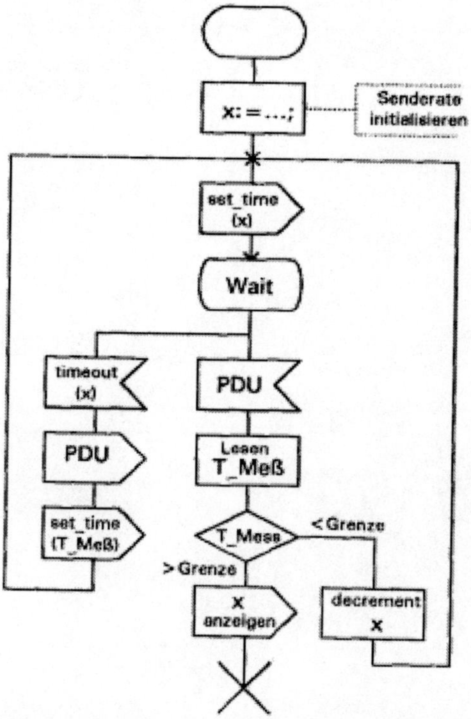

Bild 8.18. Prüfautomat zur Bestimmung der Netzkapazität

Für den Universalautomaten in einer betrachten Schicht kann ein Prüfablauf programmiert werden, der das schrittweise Erhöhen der Senderate und die Anzeige des Messergebnisses automatisiert (Bild 8.18). Jedes Mal, wenn die Zeit x ausgelaufen ist, sendet der Automat eine PDU in das Netz, die er darauf selbst wieder empfängt. Über das Setzen eines Messtimers T_Mess wird die Zeit zwischen Senden und Empfangen der PDU gemessen. Ist die Zeit unterhalb einer Grenze, so wird die Senderate erhöht, indem die Zeitperiode x dekrementiert wird. Überschreitet die Messzeit die Grenze, so ist das ein Indiz für das Erreichen der Netzkapazität. Der Automat zeigt dann die zuletzt eingestellte Rate an.

Abschließend sei noch erwähnt, dass die Hersteller von Daten- und Protokollanalysatoren für ihre Geräte in der Regel zusätzliche SW-Module anbieten, mit denen Netzanalysen bei Standardprotokollen durchgeführt werden können. So kann auch hierbei die zeitaufwendige Eigenprogrammierung entfallen.

9. Anhang

9. 1. Standardisierungs- und Normungsgremien

ISO *International Standard Organisation*
erarbeitet und empfiehlt Strukturen, Funktionen, Dienste und Protokolle in Telekommunikationssystemen

CEN *Comité Européen de Normalisation*
Europäische Sektion der ISO

DIN *Deutsches Institut für Normung*
Deutsche Sektion der ISO

ANSI *American National Standard Institute*
US-Amerikanische Sektion der ISO

CCITT (ITU) *Comité Consultatif International Télégraphique et Téléphonique*
(jetzt **ITU** *International Telecommunication Union*)
Internationales Normungsgremium von 185 nationalen Fernmeldeverwaltungen. Zuständig für öffentliche Netze. Legt verbindliche Standards fest.

CEPT *Conférence Européen des Administrations des Postes et des Télécommunication*
Europäische Fernmeldeverwaltung des CCITT

DBP-Telekom *Deutsche Bundespost Telekom*
Deutsche Fernmeldeverwaltung des CCITT

ECMA *European Computer Manufactures Association*
Zusammenschluß von ca. 15 namhaften europäischen Computerherstellern. Erarbeitet Produktstandards in der Datenverarbeitung und der Datenkommunikation

IEEE *Institute of Electrical and Electronic Engineers*
bedeutsame Festlegungen von Standards für Lokale Netze (LAN)

IEC *International Electronical Commission*
bekannt durch Festlegung des IEC-Bus-Standards

9. 2. Liste von CCITT-Empfehlungen

In diesem Abschnitt werden die wichtigsten CCITT-Empfehlungen zusammengestellt, soweit sie den Themenkreis dieses Buches berühren. Das sind alle wichtigen Empfehlungen, die die Datenübertragung im Fernsprechnetz und den Datennetzen betreffen und die Empfehlungen, die zur Kommunikationstheorie, der Begriffsbestimmung und der Beschreibung der Systeme notwendig sind.

9. 2. 1. Datenübertragung im Fernsprechnetz (V-Serie)

Diese Empfehlungen sind nachzulesen in [1].

Abschnitt 1: Allgemeines

V.1	Äquivalenz zwischen Binärzeichen und den Kennzuständen eines Zwei-Zustands-Codes
V.2	Leistungspegel für Datenübertragung über Fernsprechleitungen
V.4	Allgemeine Struktur von Signalen, die nach dem Alphabet Nr.5 codiert sind und im öffentlichen Fernsprechnetz übermittelt werden
V.5	Normierung der Übertragungsgeschwindigkeiten für synchrone Datenübertragung über das öffentliche Fernsprechwählnetz
T.50	Internationales Alphabet Nr. 5

Abschnitt 2: Schnittstellen und Modems im Fernsprechband

V.10	Elektrische Eigenschaften für unsymmetrische Doppelstromschnittstellenleitungen zur allgemeinen Benutzung mit integrierten Schaltkreisen im Bereich der Datenkommunikation (ident. mit X.26)
V.11	Elektrische Eigenschaften für symmetrische Doppelstromschnittstellenleitungen zur allgemeinen Benutzung mit integrierten Schaltkreisen im Bereich der Datenkommunikation (identisch mit X.27)
V.21	Modems mit 300 bit/s zur Benutzung im öffentlichen Fernsprechwählnetz

---

1 CCITT: *Empfehlungen der V- und X-Serie,* Band 1: Datenübertragung über das Telefonnetz, R. v. Decker`s, 1985.

V.22	Duplex-Modem mit 1200 bit/s zur Benutzung im öffentlichen Fernsprechwählnetz und auf festgeschalteten Zweidrahtleitungen
V.22 bis	Duplex-Modem mit 2400 bit/s im öffentlichen Fernsprechwählnetz und auf festgeschalteten Zweidrahtleitungen unter Verwendung des Frequenzgetrenntlageverfahrens
V.24	Liste der Definitionen für Schnittstellenleitungen zwischen DEE und DÜE
V.25 bis	Automatische Wähl- und/oder Anrufbeantwortungseinrichtungen im öffentlichen Fernsprechwählnetz unter Verwendung der Schnittstellenleitungen der 100er Gruppe
V.26	Modem mit 2400 bit/s zur Benutzung auf festgeschalteten Vierdrahtleitungen
V.27	Modem für eine Übertragungsgeschwindigkeit von 4800 bit/s auf festgeschalteten Leitungen mit manuell einstellbarem Entzerrer
V.27 bis	Modem für eine Übertragungsgeschwindigkeit von 4800 bit/s auf festgeschalteten Leitungen mit automatischem Entzerrer
V.28	Elektrische Eigenschaften für unsymmetrische Doppelstrom-Schnittstellenleitungen
V.29	Modem mit einer Übertragungsgeschwindigkeit von 9600 bit/s zur Benutzung auf festgeschalteten Leitungen
V. 31	Elektrische Eigenschaften für Einfachstrom-Schnittstellen mit Kontakten
V. 31 bis	Elektrische Eigenschaften für Einfachstrom-Schnittstellen mit Optokopplern
V.32	Familie von Zweidraht-Duplex-Modems mit einer Übertragungsgeschwindigkeit bis 9600 bit/s (Wählnetz u. festgesch. Leitungen)

Abschnitt 3: Breitbandmodems

V.35	Datenübertragung mit 48 kbit/s über Primärgruppenleitungen im Bereich 60 bis 108 kHz
V.36	Modems zur synchronen Datenübertragung auf Primärgruppenleitungen (60 bis 108 kHz)
V.37	Synchrone Datenübertragung mit einer Übertragungsgeschwindigkeit von mehr als 72 kbit/s auf Primärgruppenleitungen (60 bis 108 kHz)

Abschnitt 5: Übertragungsqualität und Unterhaltung

V.50	Standardgrenzwerte für die Übertragungsgüte von Datenübertragung

V.52	Kennwerte für Verzerrungs- und FehlerratenMessgeräte für Datenübertragung
V.53	Betriebswerte bei Datenübertragung über Fernsprechwege
V.54	Schleifenschaltung für Modems
V.57	Zusammengefasstes Messgerät für hohe Übertragungsgeschwindigkeiten
V.100	Verknüpfung zwischen öffentlichen Datennetzen und dem öffentlichen Telefonnetz
V. 110	Unterstützung von DEE mit V-Schnittstellen durch ein ISDN

9. 2. 2. Datenübermittlungsnetze, Schnittstellen (X-Serie)

Diese Empfehlungen legen die Schnittstellen zwischen DEE und DÜE in öffentlichen Datennetzen fest. Unter Schnittstellen werden in diesem Zusammenhang nicht nur die Geräteschnittstelle, sondern allgemeiner auch die Protokolle der Schicht 1 bis 3 verstanden. Die Empfehlungen sind nachzulesen in.[2]

X.20	Schnittstelle zwischen DEE und DÜE für Datenübertragungsdienste im Start-Stop-Verfahren in öffentlichen Datennetzen
X.20 bis	Der Betrieb von DEE, die für den Anschluss an asynchrone Duplexmodems der V-Serie konzipiert sind, in öffentlichen Datennetzen
X.21	Schnittstelle zwischen DEE und DÜE für Synchronverfahren in öffentlichen Datennetzen
X.21 bis	Der Betrieb von DEE, die für den Anschluss an synchrone Modems der V-Serie konzipiert sind, in öffentlichen Datennetzen
X.24	Liste der Definitionen für Schnittstellenleitungen zwischen DEE und DÜE in öffentlichen Datennetzen
X.25	Schnittstelle zwischen DEE und DÜE für Endeinrichtungen, die im Paketmodus in öffentlichen Datennetzen arbeiten und über festgeschaltete Leitungen herangeführt sind
X.26	identisch zu V.10
X.27	identisch zu V.11
X.29	Verfahren für den Austausch von Steuerinformation und von Benutzerdaten zwischen einer Paketierungs-/Depakatierungs-Einrichtung (PAD) und einer Paket-DEE oder einer anderen PAD-Einrichtung

---

2 CCITT: *Empfehlungen der V- und X- Serie,* Band 3: Datenübermittlungsnetze, Schnittstellen, R. v. Deckers Verlag, 1986.

X.31	Unterstützung von paketorientierten DEE durch ein ISDN

9. 2. 3. Offene Kommunikationssysteme, Beschreibung, Struktur (X- und Z-Serie)

Ein Teil der X-Serie definiert die Systemtheorie der Kommunikationssysteme, deren Begriffe und standardisierte Dienste der höheren Schichten. Diese sind nachzulesen in [3]. In der Z-Serie sind die Beschreibungstechniken für Kommunikationssysteme niedergelegt.

X. 200	Referenzmodell für die Kommunikation offener Systeme von CCITT-Anwendungen ˜— OSI-Referenzmodell –
X.210	Konventionen für Dienste der OSI-Schichten
X. 213	Definition des Vermittlungsdienstes für die Kommunikation offener Systeme von CCITT-Anwendungen
X. 214	Definition des Transportdienstes für offene Kommunikationssysteme von CCITT-Anwendungen
X. 215	Definition des Kommunikationssteuerungsdienstes für offene Kommunikationssysteme von CCITT-Anwendungen
X. 224	Spezifikation des Transportprotokolls für offene Kommunikationssysteme von CCITT-Anwendungen
X. 225	Spezifikation des Kommunikationssteuerungsprotokolls für offene Kommunikationssysteme von CCITT-Anwendungen
X. 250	Formale Beschreibungstechniken für Datenübermittlungsprotokolle und Datenübermittlungsdienste
Z. 100	Specification and Description Language SDL

9. 3. Liste sonstiger Normen

DIN 66221 (Teil 1)	Bitorientierte Steuerungsverfahren zur Datenübermittlung
DIN ISO 7498	Informationsverarbeitung-Kommunikation Offener Systeme, Basis-Referenzmodell
DIN ISO 8072	Informationsverarbeitung-Kommunikation Offener Systeme, Definition der Dienste der Transportschicht
DIN ISO 8326	Informationsverarbeitung-Kommunikation Offener Systeme, Definition der verbindungsorientierten Basisdienste der Kommunikationssteuerungsschicht

---

3 CCITT: *Empfehlungen der V- und X- Serie,* Band 5: Datenübermittlungsnetze, Offene Kommunikationssysteme, Systembeschreibungstechniken, R. v. Deckers Verlag, 1987.

DIN ISO 8348	Informationsverarbeitung-Kommunikation Offener Systeme, Definition des Vermittlungsdienstes
ECMA-72	ECMA-Transport Protocol
ECMA-80	Local Area Networks CSMA/CD Baseband Coaxial Cable System
ECMA-81	Local Area Networks CSMA/CD Baseband Physical Layer
ECMA-82	Local Area Networks CSMA/CD Baseband Link Layer
ECMA-TR/14	Local Area Networks Layers 1-4, Architecture and Protocols
IEEE 802.3	Carrier Sense Multiple Access with Collision Detection
IEEE 802.4	Token-Passing Bus Access Method
IEEE 802.5	Token-Ring Access Method
ISO 7498	OSI Basic Reference Model

9. 4. SDL-Automatensymbole

Die nachfolgenden Referenztabellen fassen die Automaten-Symbole auf den verschiedenen Ebenen der SDL-Spezifikation zusammen und erläutern deren Bedeutung.

9. 4. 1. Symbole der System- und Blockspezifikation

SDL-Symbol	Bedeutung	Syntax
	Blockreferenzsymbol oder Referenz für Unterblock mit Blocknamen	
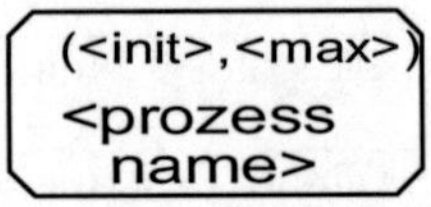	Prozessreferenzsymbol (unterste Blockebene) mit Prozessnamen und Zahl der vorhandenen Einheiten bei Prozessstart (init) und maximal vorhandene Einheiten (max) dieses Typs	<process name > [([<init>],[<max>]]
	Textsymbol für Definitionen	

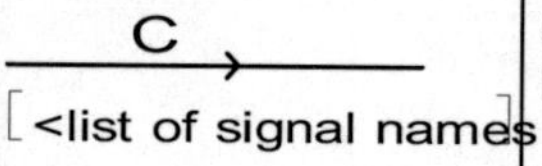	Channel (unidirektional) mit Channelnamen C und Namen der Signale	<signal_1 [,signal_2][,.]>
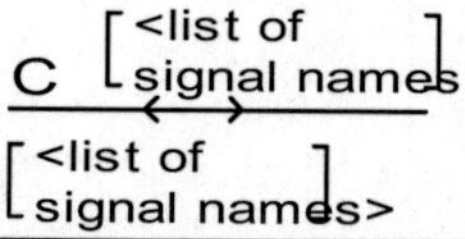	Channel (bidirektional) mit Channelnamen C und Namen der Signale	<signal_1 [,signal_2][,.]>
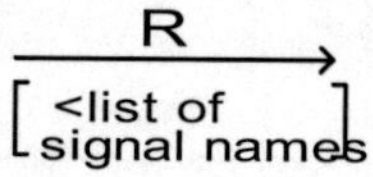	unterste Blockebene: Route (unidirektional) mit Routenamen R und Namen der Signale	<signal1 [,signal2][,.]>
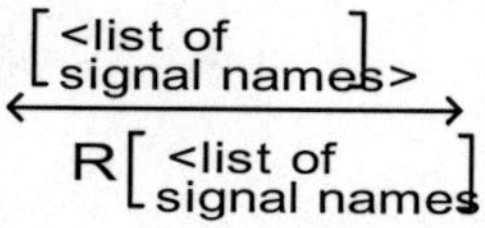	unterste Blockebene: Route (bidirektional) mit Routenamen R und Namen der Signale	<signal1 [,signal2][,.]>
	Prozess-Create-Linie (optional) gibt an, welcher Prozess welchen startet	

9. 4. 2. Symbole der Prozess- und Prozedurspezifikation

SDL-Symbol	Bedeutung	Syntax
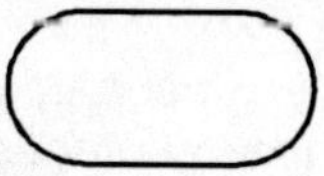	Prozess-Startsymbol	
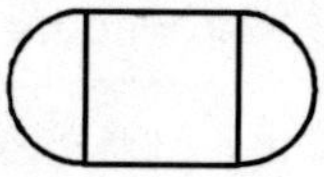	Prozedur-Startsymbol (nur bei Prozedurspezifikation)	

	Prozesszustand mit Namen des Zustands	<state name> oder <*>
	Eingangssignal mit Signalnamen und (optional) Parameterliste	<signal name> [parameter list] oder <*>
	Ausgangssignal mit Signalnamen (optional Parameterliste u. Ziel)	<signal name> [parameter list] [via <route_name>] [to <address>]
	Anweisungsblock	a := b;
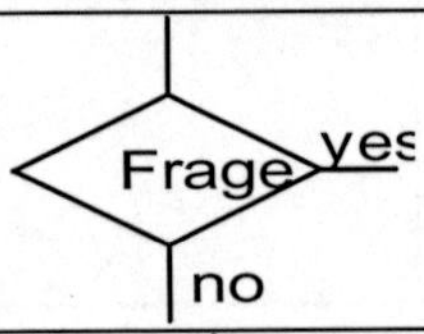	Frage und Entscheidung	
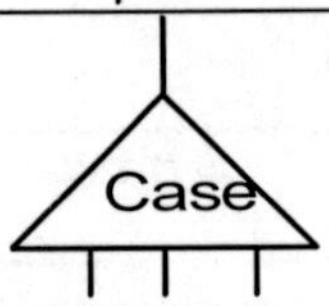	optionale Transitionen	
	Eingangssignal, das gespeichert wird und in einem anderen Zustand verarbeitet wird	<signal name> [parameter list]
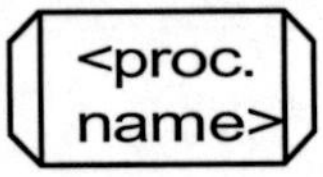	Prozedur-Referenzsymbol mit Namen der Prozedur (optional mit Parametern)	<procedure name> [list of formal parameters]

	Prozeduraufruf mit Namen der Prozedur (optional mit Param.)	<procedure name> [list of actual parameters]
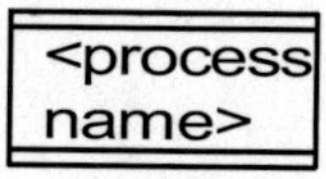	Starten eines anderen Prozesses mit Namen des Prozesses	<process name> [list of actual parameters]
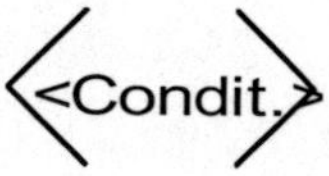	Enabling Condition Symbol: zusätzliche Bedingung, unter der ein Eingangssignal zur Transition führt	
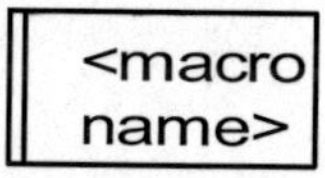	Macro-Aufruf mit Namen des Macros (option. mit Parametern)	<macro name> [list of actual parameters]
	Kommentarsymbol in Verbindung mit einem anderen Symbol	
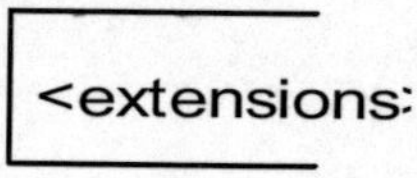	Text-Erweiterungssymbol in Verbindung mit einem anderen Symbol	
	Verbindungssymbol mit Namen, um den Graphen an anderer Stelle fortzusetzen	
	Verbindungslinien im Graphen, mit und ohne Flussrichtungspfeil	

	Prozedur-Return-Symbol, nur bei Prozedurspezifikation am Prozedurende	
	Prozess-Stopsymbol	
	Textsymbol für Definitionen	

9. 5. ASCII-Zeichensatz

DEZ	HEX	Zch	DEZ	HE X	Zch	DEZ	HEX	Zch	DEZ	HEX	Zch
0	00	**NUL**	32	20		64	40	**@**	96	60	**`**
1	01	**SOH**	33	21	**!**	65	41	**A**	97	61	**a**
2	02	**STX**	34	22	**"**	66	42	**B**	98	62	**b**
3	03	**ETX**	35	23	**#**	67	43	**C**	99	63	**c**
4	04	**EOT**	36	24	**$**	68	44	**D**	100	64	**d**
5	05	**ENQ**	37	25	**%**	69	45	**E**	101	65	**e**
6	06	**ACK**	38	26	**&**	70	46	**F**	102	66	**f**
7	07	**BEL**	39	27	**'**	71	47	**G**	103	67	**g**
8	08	**BS**	40	28	**(**	72	48	**H**	104	68	**i**
9	09	**HT**	41	29	**)**	73	49	**I**	105	69	**j**
10	0A	**LF**	42	2A	*****	74	4A	**J**	106	6A	**k**
11	0B	**VT**	43	2B	**+**	75	4B	**K**	107	6B	**l**
12	0C	**FF**	44	2C	**,**	76	4C	**L**	108	6C	**m**
13	0D	**CR**	45	2D	**-**	77	4D	**M**	109	6D	**n**
14	0E	**SO**	46	2E	**.**	78	4E	**N**	110	6E	**o**
15	0F	**SI**	47	2F	**/**	79	4F	**O**	111	6F	**p**
16	10	**DLE**	48	30	**0**	80	50	**P**	112	70	**q**
17	11	**DC1**	49	31	**1**	81	51	**Q**	113	71	**r**
18	12	**DC2**	50	32	**2**	82	52	**R**	114	72	**s**
19	13	**DC3**	51	33	**3**	83	53	**S**	115	73	**t**
20	14	**DC4**	52	34	**4**	84	54	**T**	116	74	**u**
21	15	**NAK**	53	35	**5**	85	55	**U**	117	75	**v**
22	16	**SYN**	54	36	**6**	86	56	**V**	118	76	**w**
23	17	**ETB**	55	37	**7**	87	57	**W**	119	77	**x**
24	18	**CAN**	56	38	**8**	88	58	**X**	120	78	**y**
25	19	**EM**	57	39	**9**	89	59	**Y**	121	79	**z**
26	1A	**SUB**	58	3A	**:**	90	5A	**Z**	122	7A	**{**
27	1B	**ESC**	59	3B	**;**	91	5B	**[**	123	7B	**|**
28	1C	**FS**	60	3C	**<**	92	5C	****	124	7C	**}**
29	1D	**GS**	61	3D	**=**	93	5D	**]**	125	7D	**~**
30	1E	**RS**	62	3E	**>**	94	5E	**^**	126	7E	
31	1F	**US**	63	3F	**?**	95	5F	**_**	127	7F	**DEL**

9. 6. Lösungen zu den Übungsaufgaben

Aufgabe 1.4

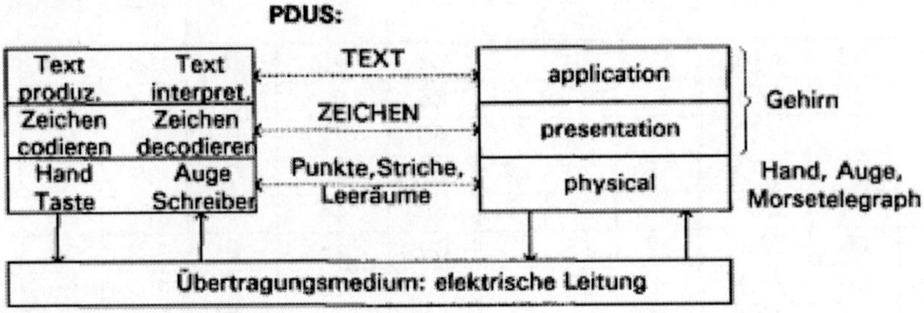

Aufgabe 1.5

Das Kommunikationssystem besteht aus End- und Transitsystemen. In den Transitsystemen (PH-Instanz) wird die elektrisch/optische Wandlung vorgenommen. Die PH-Protokolle sind verschieden; das Sicherungsprotokoll ist Ende zu Ende definiert.

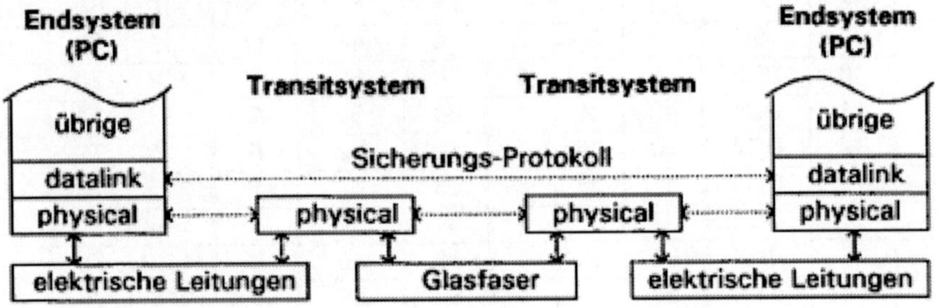

Aufgabe 1.6

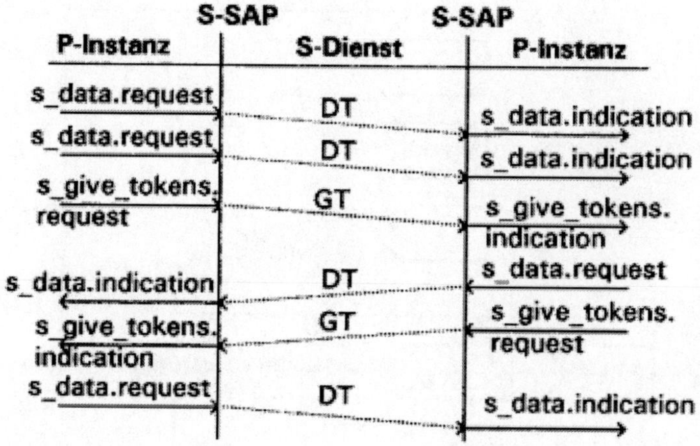

Aufgabe 1.8

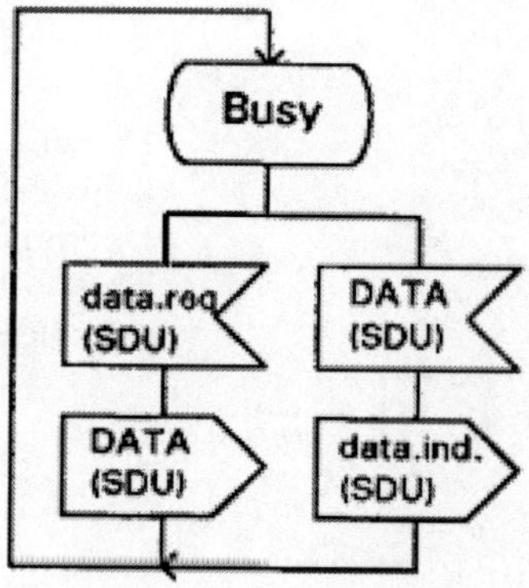

Aufgabe 1.9

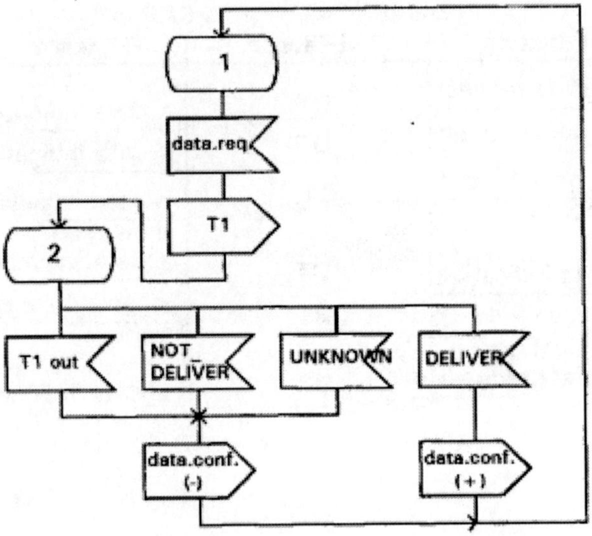

Aufgabe 2.1

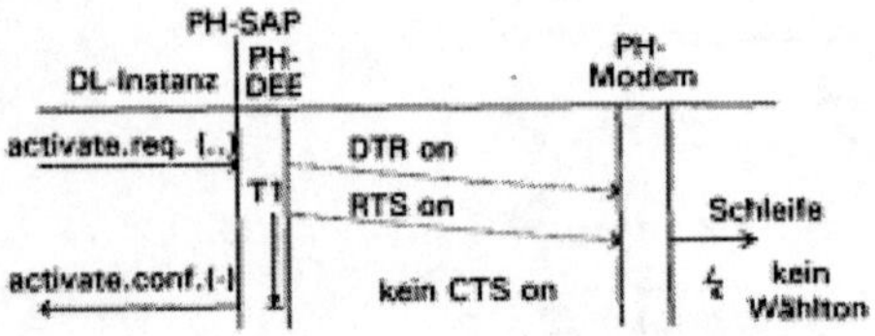

Es wird angenommen, dass kein Wählton eintrifft.
Der mit *RTSon* gestartete Timer T1 läuft aus. *activate.request* wird negativ bestätigt.

Aufgabe 2.2

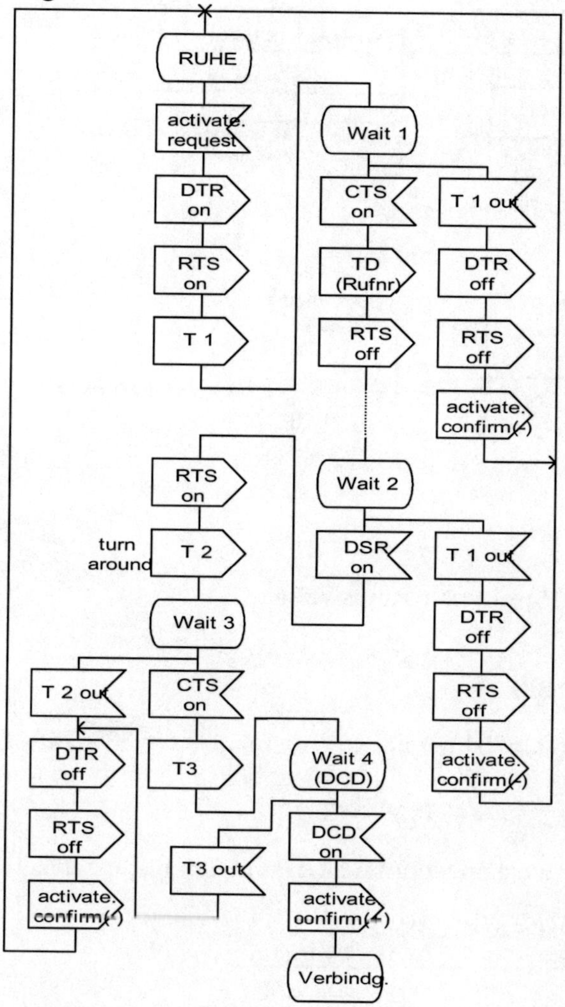

Automatenverhalten der PH-Instanz einer DEE bei der Modem-Kommunikation über die V.24-Schnittstelle

Timer:

T 1: Antwort auf RTS

T2: größer als turn-around-time

T3: warten auf DCD nach CTS on

Aufgabe 3.5

Das Dienstsignal *connect* wird auf das Dienstsignal *activate* abgebildet. Die N-, die DL- und die PH-Instanz benutzen Timer (T1, T2, T3). Bei fehlender Leitungsverbindung vermisst die PH-Instanz die Antwort-PDU CTS. Timer T1 läuft zuerst aus. Für die korrekte Arbeitsweise müssen die Timer mit T1>T2>T3 dimensioniert sein.

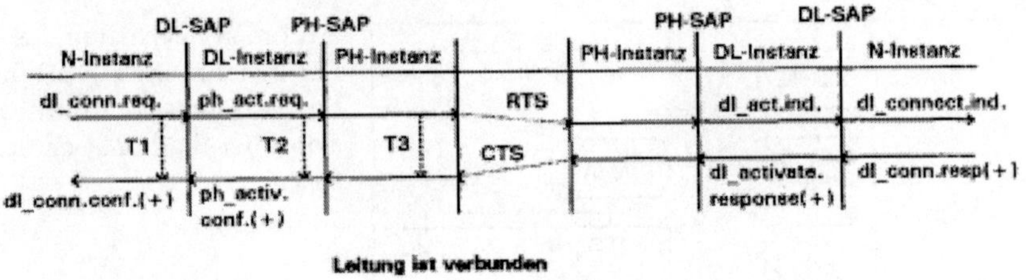

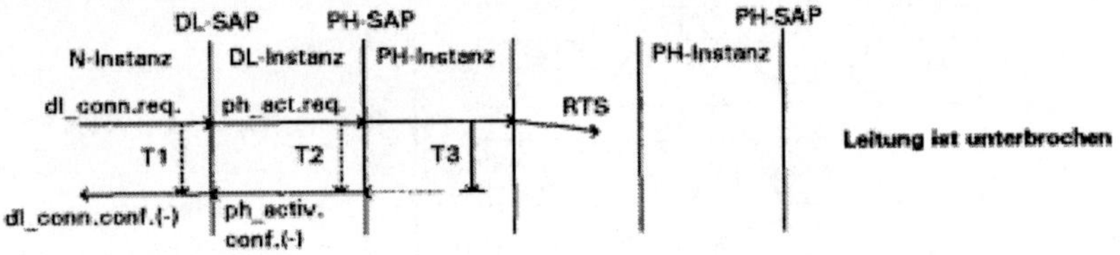

Aufgabe 3.6

a) Mit $\frac{4}{r+n_a} = 4{,}5 \cdot 10^{-2} \gg P_o$ gilt näherungsweise

$$m_{opt} \approx \sqrt{\frac{r + n_a}{P_o}} = 3000 \text{ Bits} \; .$$

Daraus erhält man die optimale Rahmenlänge $n = m_{opt} + r = 3056$ Bits .

b) $\eta_{opt} = (1\text{-}P_o)^n \frac{m_{opt}}{m_{opt} + r + n_a} \approx (1\text{-}P_o)^n = 0{,}97$

c) Bei der Dimensionierung wird angenommen, dass in den Instanzen keine Bearbeitungszeiten anfallen.

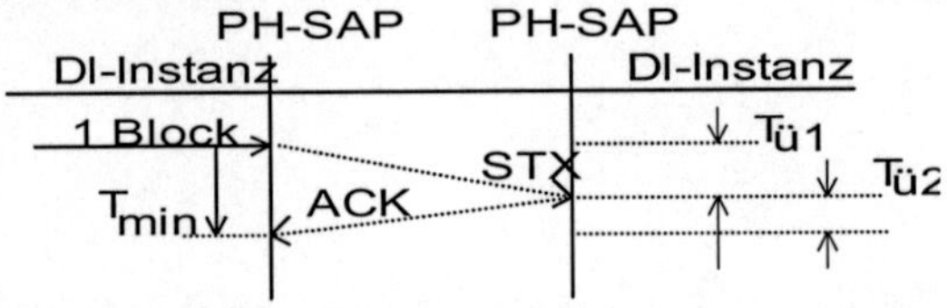

$T_{ü1} = \frac{n}{v_ü} = 318$ ms Übertragungszeit für einen Info-Block mit n = 3056 Bit

$T_{ü2} = \frac{n_a}{v_ü} = 3{,}3$ ms — Übertragungszeit für eine Bestätigung mit

$n_a = 32$ Bit

Timerzeit — $T_{min} = T_{ü1} + T_{ü2} = 321{,}3$ ms

Aufgabe 3.7

Es wird diejenige Übertragungsgeschwindigkeit gewählt, bei der die größte effektive Übertragungsgeschwindigkeit erreicht wird.

$v_e = \eta\, v_ü$ $\qquad r + n_a = 80$ Bit $\qquad m_{opt} \approx \sqrt{\frac{r + n_a}{P_o}}$

$$\eta_{opt} = (1-P_o)^{mopt+r}\ \frac{m_{opt}}{m_{opt} + r + n_a}$$

$v_ü$	P_o	m_{opt}	h_{opt}	v_e
1200 bit/s	10^{-6}	$9 \cdot 10^3$ Bit	0,98	1179 bit/s
2400 bit/s	10^{-4}	855 Bit	0,84	2005 bit/s
4800 bit/s	10^{-2}	58 Bit	0,15	695 bit/s

Auswahl: $v_ü = 2400$ bit/s

Aufgabe 3.8

a)

Überwachungsbits: $r = 6 \cdot 8$ Bit $= 48$ Bit

Bits Bestätigungsblock: $n_a = 6 \cdot 8$ Bit $= 48$ Bit

$r + n_a = 96$ Bit

$\frac{4}{r+n_a} = 4 \cdot 10^{-2}$ » $P_o = 10^{-4}$ $\qquad m_{opt} \approx \sqrt{\frac{r + n_a}{P_o}} = 980$ Bit

L_{opt} = integer $(m_{opt}/8)$ = 122 Byte

b) Übertragungszeit für Info-Block $T_{ü1} = \frac{m_{opt} + r}{v_ü} = 4$ ms

Übertragungszeit für Steuerblock $T_{ü2} = \frac{n_a}{v_ü} = 0{,}2$ ms

minimale Timerzeit b1) $T_{1min} = T_{ü1} + T_{ü2} + 2T_d + T_p = 6{,}2$ ms
minimale Timerzeit b2) $T_{2min} = 2T_{ü2} + 2T_d + T_p = 2{,}4$ ms

Aufgabe 3.9

a) Mindestblocklänge $n_{min} = 2\,a\,v_ü = 400$ bit

b) Wartezeit $T_w = i \cdot 2a \qquad 0 \leq i < 2^k$

max. Wartezeit ($i_{max} = 2^5$) $T_{wmax} = 2^5 \cdot 2a = 1{,}6$ ms

Aufgabe 3.10

a) $$\eta = \frac{N\,m}{N_{ges}\,(m + r + n_a)} = \frac{100 \cdot 64}{250\,(64 + 48 + 32)} = 0{,}18$$

b) $v_e = \eta\, v_ü = 8{,}5$ kbit/s

c) aus $\eta = (1-P_o)^n \dfrac{m}{m + r + n_a}$ folgt

$$P_o = 1 - \sqrt[n]{\frac{\eta\,(m + r + n_a)}{m}} = 8{,}15 \cdot 10^{-3} \quad \text{mit} \quad n = m + r = 112$$

d) Eine Verkürzung der Blocklänge ergibt bei r =48 Bit und m =64 Bit einen noch schlechteren Wirkungsgrad. Stattdessen muss die Übertragungsgeschwindigkeit reduziert werden, um eine merklich geringere Bitfehlerrate zu bekommen.

Aufgabe 3.11

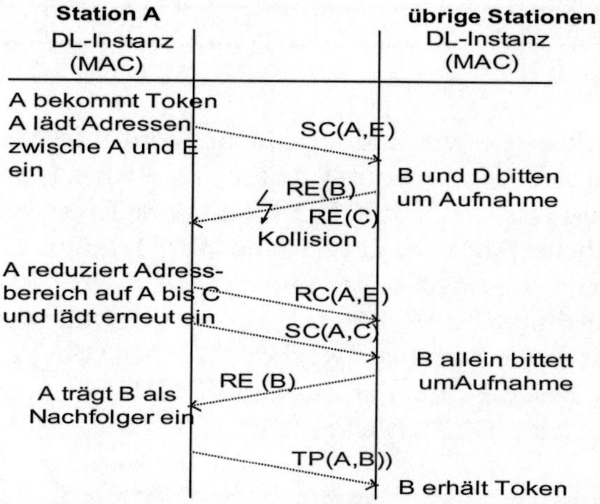

Abkürzungen für PDUs:

SC SOLICIT_SUCCESSOR
RE REQUEST_ENTRANCE
CR CONTENTION_RESOLU-
TION
TP TOKEN_PASSING

Aufgabe 4.2

Verbindungstabelle für den Knoten B:

<--- Referenz -->

Adresse	Verbind.-Nr.	Adresse	Verbind.-Nr.
A	1	C	2
C	1	E	1
C	3	D	1
E	2	D	2

Aufgabe 4.3

Vom Knoten D ausgehende optimale Pfade:

Zielknoten	A	B	C	E
optimaler Pfad	A	B	AEC oder BC	AE
Summen-Gew.	1	1	5	3

Daraus folgt die Routing-Tabelle für Knoten D:

Zielknoten	A	B	C	E
nächster Knoten	A	B	A, B	A

Aufgabe 4.4

Es wird nur die Phase des Verbindungsaufbaus betrachtet. Die T-Instanz löst eine Verbindungsanforderung mit *n_connect.request* aus. Nach dem Aussenden der Aufbau-PDU CALL_REQUEST muss ein Timer gestartet werden (Ausbleiben jeglicher Antwort). Im Zustand WARTE können drei Ereignisse eintreten: Verbindung wird angenommen (CALL_ACCEPTED), Verbindung wird abgelehnt (CLEAR_REQUEST) oder der Timer läuft aus (T1out). In Abhängigkeit dieser Ereignisse wird der T-Instanz die Verbindung positiv oder negativ bestätigt und der Zustand CONNECT angenommen, bzw. in den Grundzustand IDLE zurückgekehrt.

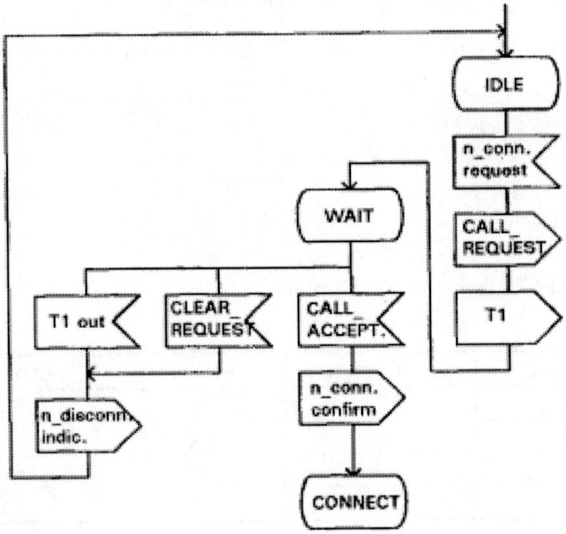

Glossar

abort	Abbruchdienst
application layer	Anwendungs-Schicht
ARQ (Automatic Repeat Request)	Verfahren der Fehlersicherung, bei dem eine automatische Wiederholung fehlerhafter Blöcke erfolgt
bestätigter Dienst (engl.: confirmed service)	Dienst, bei dem der *user* eine positive oder negative Bestätigung nach seiner Anfrage bekommt
bitorientiertes Format	Format, bei dem die Feldelemente eines Rahmens aus Bits gebildet werden
Body	Informationsteil eines Datenrahmens, einer *PDU*
CODEX-Prozess	Instanzen-Prozess, der das Codieren und Decodieren von Datenrahmen, (*PDUs*) beschreibt
COM-Prozess	Instanzen-Prozess, der das Zustandsverhalten einer Instanz beschreibt
confirmation	Dienstprimitiv zur Dienst-Bestätigung
connect	Verbindungsaufbaudienst
CRC (Cyclic Redundancy Check)	Prüfsummenbildung bei Fehlersicherung
CSMA/CD (Carrier Sense Multiple Access/Collision Detection)	zufälliges Mediumzugriffsverfahren für gleichberechtigte Endsysteme
data	Datenübertragungsdienst

Datagram	Vermittlungsdienst, bei dem keine Verbindung vor der Datenübertragung aufgebaut wird
datalink layer	Sicherungsschicht
Datenanalysator	Messgerät für *Protokoll-Dateneinheiten (PDUs)*
DEE	Abkürzung für Datenendeinrichtung
Dienst(e) (engl.: service)	Menge der Kommunikationsfunktionen, die an der Grenze zu einer Kommunikationsschicht geboten werden
Dienstsignal	Schnittstellensignal am *Dienstzugangspunkt*, mit dem *Dienst(e)* gesteuert werden
Dienstspezifikation	formale Festlegung aller Funktionen eines *Dienstes* und seiner Dienstsignale am *Dienstzugangspunkt*
Dienstzugangspunkt (DZP)	Schnittstelle zu einem *Dienst*, an der der Dienst einer Schicht gesteuert werden kann und Dienstdateneinheiten (SDUs) übergeben werden
Diffusionsvermittlung	Vermittlungsprinzip ohne *Routing*
disconnect	Verbindungsabbaudienst
DÜE	Abkürzung für Datenübertragungseinrichtung
Duplex	zweiseitige Übertragung
Durchsatz	Verhältnis von Nutzbits zu tatsächlichen Bits bei einem Fehlersicherungsprotokoll
Endsystem	Station, bei der alle Schichten vorhanden sind

Finite State Machine (FSM)	zustandsgesteuerter Automat, der endlich viele Zustände durchläuft
Flusskontrolle	Verfahren zur Steuerung der Datenmenge zum Verhindern von Überflutungen
Format (Datenformat)	Bestandteil eines *Protokolls*, Festlegung der Feldelemente eines Datenrahmens und ihrer Codierung
Gewinn	Maß für den Gewinn an Fehlersicherheit durch fehlersichernde Maßnahmen
Halb-Duplex	wechselseitige Übertragung
Header	Startteil eines Datenrahmens, einer *PDU*
indication	Dienstprimitiv zur Dienst-Anzeige
Instanz (engl.: entity)	kleinste, eigenständige Arbeitseinheit einer Kommunikationsschicht, Automat
KMT	Abkürzung für KommunikationsMesstechnik
LAN	Abkürzung für Local Area Network
LAP	Link Access Procedure (Protocol)
Leitungsvermittlung (engl. circuit switching)	Vermittlungsverfahren, mit garantierter Bandbreite für die Verbindung
Link Management	Aufgabe der Sicherungsschicht zur Steuerung eines Übertragungskanals, insbesondere in Mehrpunktanordnungen
LLC-(layer)	Abkürzung für Logical Link Control Layer, Fehlersicherungsschicht in Lokalen Netzen

logische Adressen	Adressen der Dienstzugangspunkte des Vermittlungsdienstes (Rufnummern)
MAC-(layer)	Abkürzung für Medium Access Layer, Schicht des Medium-Zugriffs in Lokalen Netzen
network layer	Vermittlungs-Schicht
Netzanalysator	Messgerät zur Ermittlung von Netzstatistiken
optimale Blocklänge	Länge eines Datenrahmens, die bei einem Fehlersicherungsprotokoll den maximalen *Durchsatz* liefert
OSI	Abkürzung für Open System Interconnection
Paketvermittlung	Vermittlungsverfahren mit Zwischenspeicherung der Daten in den Vermittlungsknoten
PDU (Protocol Data Unit)	Protokoll-Dateneinheit, Daten die zwischen Instanzen einer Schicht übertragen werden
physical layer	Bitübertragungs-Schicht
physikalische Adressen	Stations-Adressen in einer Mehrpunkt-Topologie (Bus, Ring , Stern)
Poll/Select	geordnetes Linkzugriffsverfahren und Protokoll, arbeitet mit einer Leitstation und mehreren Folgestationen
Pollen	Sendeaufforderung einer Leitstation an eine Folgestation
presentation layer	Darstellungs-Schicht

Primary	Leitstation für das Linkmanagement innerhalb der Sicherungsschicht
Primitiv (engl.: prititive)	Steuerungselement im Dienstsignal, siehe *request,indication,response,confirmation*
Protocol Control Information (PCI)	Steuerungsdaten in der *PDU,* bestehend aus *Header*und *Trailer*
Protokoll (engl.: protocol)	Satz von Vereinbarungen (Regelverzeichnis), legt die Kommunikation von Instanzen gleicher Schicht fest.
Protokollanalysator	Messgerät zum Simulieren und Analysieren von *Protokoll-Dateneinheiten (PDUs)*
Protokollspezifikation	formale Festlegung des Prozessaufbaus von Instanzen, der *PDUs* und des zeitlich, logischen Ablaufs des Zustandsverhaltens einer *Instanz*
provider	allgemein Diensterbringer, alle Schichten unterhalb eines *Dienstzugangspunktes*
Prozess, Prozesse	Implementierungen der *Instanzen*
release	Verbindungsabbaudienst
request	Dienstprimitiv zur Dienst-Anfrage
response	Dienstprimitiv zur Dienst-Beantwortung
Routing	Verfahren der Vermittlungsschicht zur Ermittlung eines (optimalen) Leitweges für Datenpakete
Routing-Tabelle	Tabelle eines Vermittlungsknotens, in der Leitweginformationen für Datenpakete stehen

SAP (Service Access Point)	*Dienstzugangspunkt*
Schicht(en) (engl.: layer)	Basis-Strukturelement des Kommunikationssystems
Schnittstellentester	Messgerät zur Überprüfung der Pegel auf Leitungsschnittstellen
SDL	Specification and Description Language, formale Beschreibungsmethode für Kommunikationssysteme
SDU (Service Data Unit)	Dienst-Dateneinheit, Information in der *PDU*
Secondary	Folgestation für das Linkmanagement innerhalb der Sicherungsschicht
Send and Wait -(Protokoll)	Kommunikationsablauf, bei dem jeder gesendete Informationsrahmen unmittelbar bestätigt werden muss
session layer	Kommunikationssteuerungs-Schicht
Simplex	einseitige Übertragung
Sliding Window -(Protokoll)	Kommunikationsablauf, bei dem eine Kette von Informationsrahmen als Ganzes bestätigt wird.
Systemspezifikation	formale Festlegung des Blockaufbaus eines Kommunikationssystems und seiner Schnittstellen
Teilstrecke	Punkt-zu-Punkt-Verbindung zwischen DL-Dienstzugangspunkten
Timer	ZeitMess- und Weckeinrichtung, Zeitgeberprozess

Token	allgemein: Berechtigungsmarke, speziell: Sendeberechtigungsmarke
Token Bus	Medium-Zugriffsverfahren bei einem Bus-Netz
Token Ring	Medium-Zugriffsverfahren bei einem Ring-Netz
Trailer	Schlußteil eines Datenrahmens, einer *PDU*
Transaktion	Vorgänge innerhalb eines Dienstes und Reaktionen an den *SAPs*, ausgelöst durch ein Dienstsignal
Transition (engl.: transition)	Vorgänge in einer Instanz, beschreibt den Übergang von einem Zustand in den Folgezustand
Transitsystem	Station, die nur die unteren Schichten besitzt
transport layer	Transport-Schicht
unbestätigter Dienst (engl.: unconfirmed service)	Dienst, bei dem der *user* keine Bestätigung nach seiner Anfrage bekommt
user	allgemein Dienstbenutzer, *Instanz*
Verbindungstabelle	Tabelle eines Vermittlungsknotens, in der die momentan verbundenen Teilnehmer eingetragen sind
Virtual Circuit	Vermittlungsverfahren, bei dem vor der Datenübertragungsphase eine Verbindung aufgebaut werden muss
Wirkungsgrad	siehe *Durchsatz*
XON/XOFF	Protokoll zur *Flusskontrolle*

zeichenorientiertes Format	Format, bei dem die Feldelemente eines Rahmens aus Zeichen eines Alphabets gebildet werden
Zeitfolgediagramm	Diagramm, das den zeitlichen Ablauf von Kommunikations-*Diensten* beschreibt
Zustandsübergangstabelle	Tabelle zur formalen Beschreibungs des Zustandsverhaltens von *Instanzen*